校企合作高职高专“十二五”规划教材

适用于项目化教学

环境工程CAD

荣梅娟　主编

化学工业出版社

·北京·

本书是供高职高专使用的项目化教学用书。本书以绘制环境工程给水排水、水处理及其他工程图和居民室内工程图为教学目标，从 AutoCAD 制图基本操作开始，以项目和任务的形式，循序渐进地使读者掌握相关的绘图方法和技巧。为适应行业发展的要求，还专门介绍了环境工程三维图形。

本书可供环境、工程管理、市政工程、环艺、建筑等专业选用，也可供平面设计人员参考。

图书在版编目（CIP）数据

环境工程 CAD /荣梅娟主编. —北京：化学工业出版社，2013.1（2024.11重印）
校企合作高职高专“十二五”规划教材
ISBN 978-7-122-16097-3

Ⅰ.①环… Ⅱ.①荣… Ⅲ.①环境工程-计算机辅助设计-AutoCAD 软件-高等职业教育-教材 Ⅳ.①X5-39

中国版本图书馆 CIP 数据核字（2012）第 304301 号

责任编辑：李玉晖　　　　文字编辑：云　雷
责任校对：徐贞珍　　　　装帧设计：史利平

出版发行：化学工业出版社（北京市东城区青年湖南街 13 号　邮政编码 100011）
印　　装：河北延风印务有限公司
787mm×1092mm　1/16　印张 18　字数 448 千字　　2024 年 11月北京第 1 版第 13 次印刷

购书咨询：010-64518888　　　　售后服务：010-64518899
网　　址：http: // www. cip. com. cn
凡购买本书，如有缺损质量问题，本社销售中心负责调换。

定　　价：**48.00** 元

编审人员

主　编　荣梅娟　南通农业职业技术学院

副主编　朱磊　　南通航运职业技术学院

　　　　孟翔　　南通紫琅学院

参　编　杨春和　南通农业职业技术学院

　　　　闫生荣　南通农业职业技术学院

　　　　杨佳　　南通大学艺术设计学院

　　　　杜中英　南通市市政工程设计院有限责任公司

　　　　顾建光　中国故事设计事务所

主　审　程晓强　南通农业职业技术学院

前言

FOREWORD

根据国务院《关于大力发展职业教育的决定》精神，为适应高职高专的教学改革要求，本着“能力本位”、“岗位群导向”、“与时俱进”原则，以及“行业支持，企业参与”的校企合作要求，化学工业出版社牵头组织了多所高职院校的资深教师和来自企业一线的设计人员，共同编写了这本《环境工程 CAD》教材。本书在编写上突破了传统章节型，转化为具体的项目任务型，有针对性地将理论知识融合于具体的项目任务中。学生完成相应的项目任务后，随之也掌握了相关知识点。这本校企合作教材在某种意义上更贴近了当今教育的发展需求。

本书所使用的软件为 AutoCAD 绘图软件，该软件具有使用广泛、简单易懂、功能齐全、兼容性及二次开发性强等诸多优势，深受广大设计人员的青睐。AutoCAD2010 版本相对于之前的其他版本，在使用上更快捷和易于掌握，对于 PDF 性能的多项升级和意想不到的三维打印效果，使得设计与画图变得非常简单。AutoCAD2010 让所有的设计想法转化为现实，许多重要功能都升级成为自动化版，使得设计人员能更加迅速方便地进行绘图。在环境工程 CAD 的设计与绘图中，常以二维图形的绘制与编辑为主，其中包括总平面图、管道布局图、工艺流程图等。系统掌握此类常用二维图形的绘制技能是专业人员必须具备的技能。

本书可作为环保类专业、工程管理类专业、市政工程类专业、环艺设计类专业、建筑设计类专业等的计算机辅助设计、AutoCAD、环境工程 CAD 等课程的教材，亦可作为从事广告设计、装潢设计人员的自学阅读教材。

《环境工程 CAD》的编写主线是：“基本概念→命令解析→命令使用环境→案例分析→案例讲解→任务训练”。在编写内容上，注意了削弱抽象理论，重视实用技术，突出实践技能。全书安排 45～80 课时，各校可根据自己的实际情况，对教学内容进行适当取舍。

《环境工程 CAD》一书由荣梅娟担任主编，朱磊、孟翔担任副主编。荣梅娟负责教材的整体内容安排与构思，确定各项目的任务目标与要求，并负责全文润饰，全书统稿校对均由荣梅娟负责。程晓强审阅了全书，并提出了许多宝贵的意见，在此一并表示最衷心的感谢。

由于编者水平有限，不当之处在所难免，恳望同仁不吝赐教，还敬请广大读者给予批评与指正。谢谢。

编　者

2012 年 12 月

目录 CONTENTS

项目一 环境工程 CAD 基础入门知识 …… 1

任务一 环境工程 CAD 基础知识 …… 1
任务二 环境工程制图的常用制图标准 …… 10
任务三 绘图环境基本设置 …… 13
任务四 精确绘图工具、查询命令和显示控制 …… 17

项目二 环境工程 CAD 二维图形绘图命令 …… 30

任务一 直线类绘图命令 …… 30
任务二 圆类绘图命令 …… 41
任务三 多边形类绘图命令 …… 54
任务四 曲线类绘图命令 …… 61
任务五 综合实例 …… 64

项目三 环境工程 CAD 的二维图形修改命令 …… 67

任务一 删除与恢复类修改命令 …… 67
任务二 复制类修改命令 …… 74
任务三 修剪类修改命令 …… 82
任务四 扩展类修改命令 …… 92
任务五 综合实例 …… 100

项目四 环境工程 CAD 制图其他必备操作 …… 104

任务一 文字、图案填充和表格 …… 104
任务二 块、属性与外部参照 …… 117
任务三 尺寸标注与编辑 …… 126

项目五 绘制居民室内建筑工程图 …… 146

任务一 绘制居民室内建筑平面图 …… 146
任务二 绘制居民室内顶面图 …… 159
任务三 绘制居民室内水电排线图 …… 164
任务四 绘制居民室内立面、剖面与节点详图 …… 168
任务五 出图 …… 184

项目六 环境工程三维图形 …… 187

任务一　三维视点命令……187
任务二　三维绘制命令……192
任务三　三维实体编辑命令……208
项目七　环境工程图……224
任务一　环境工程专业给水排水工程图……224
任务二　环境工程水处理工程图……229
任务三　环境工程专业的其他工程图……245
任务四　环境工程图的输出与打印……252
附录　CAD 软件常用快捷键……278
参考文献……280

项目一

环境工程 CAD 基础入门知识

任务一　环境工程 CAD 基础知识

任务概述： 了解 CAD 软件基础知识，能独立进行 CAD 软件的安装与正常使用，熟悉工程制图专业用语。

能力目标： 具备绘制和识读工程图形的基本能力。

知识目标： 具有绘图、读图和空间造型的想象能力。

素质目标： 具备实事求是的工作作风，养成精益求精的工作精神和良好的职业情操。

知识导向： 图样种类识别，以及由环境工程手工制图向环境工程计算机制图的转变。

一、AutoCAD 的概述

随着人类社会与科技的日益发展，绘制图形软件的使用对于现代人来说显得越来越重要了，而 CAD 软件属于图形绘制软件中的一种。CAD 是英文 Computer Aided Design 的缩写，该软件是设计人员利用计算机来进行相关产品及工程方面设计的一门技能型技术。现在 CAD 经过不断的完善，已经成为国际上广为流行的绘图工具。它被广泛运用到多个领域，如建筑装饰、机械制造、交通运输、航天航空、电子电器、服装设计等，被多数设计师作为首选辅助设计软件。

AutoCAD 绘图软件包是美国 Autodesk（欧特克）公司于 1982 年开发并推出用于计算机图形辅助设计与绘制的软件包。AutoCAD 软件完全可以运用于环境工程 CAD 的开发与运用中。此软件具有使用广泛、简单易懂、功能齐全、兼容性及二次开发性强等诸多优势，所以，深受广大设计人员的青睐。AutoCAD 2010 版本相对于之前的其他版本，在使用上更快捷、更易于掌握，许多的重要功能已升级为自动化版，能使你的工作更加得心应手。对于 PDF 性能的多项升级和意想不到的三维打印效果，使得设计与画图变得非常简单。AutoCAD 2010 让所有的设计想法转变为现实的过程，比此前任一版本更加迅速和方便。

二、CAD 在环境工程中的应用

1．环境工程的内涵

环境工程学是环境科学的一个分支。它主要研究运用工程技术和有关学科的原理和方法，保护和合理利用自然资源，防治环境污染，以改善环境质量的学科。环境工程的主要内容包括大气污染防治工程、水污染防治工程、固体废物的处理和利用，以及噪声控制等。环境工程学还研究环境污染综合防治的方法和措施，以及利用系统工程方法，从区域的整体上寻求解决环境问题的最佳方案。环境工程是一门涉及多学科的综合性工程学科。它与物理学、生物学、医学等学科具有相关性，运用于给排水工程、机械工程、建筑工程、卫生工程、化学工程等领域。环境工程设计是环境工程设计人员利用环境工程和相关学科知识，对防治环境污染、合理使用自然资源、保护和改善环境质量的工程建设项目进行的设计工作。它的工作流程主要包括：收集环境工程相关资料信息，也就是工程设计的文件资料和设计标准要求，进行工程规划和创造设计，最终得到相关工程建设项目的重要技术设计资料，如文案分析、系列图纸、设计说明等配套材料。

2．环境工程技术研究

环境工程 CAD 设计中，使用频率最高的还是二维图形的绘制。二维图形的绘制主要包括总平面图、管道布局图、工艺流程图等。系统掌握绘制此类常用的二维图形技能，是该专业所有人员所必备的。环境工程设计人员对三维图形的运用目前涉及较少。三维绘图技术在环境工程设计领域中的应用有待发展。

由原来手绘的工程图转换为用计算机来进行绘制，在某种意义上说，不仅仅是工具的转移，还是效能的提高。如何很好地运用计算机来处理好这些工程设计中的数据及图形处理工作，并使得此行为在整个工程设计过程中自然连为一体，这是我们设计人员所需要考虑的问题，同时也是环境工程 CAD 设计的一个重要方面。

三、AutoCAD 2010 的安装与启动

1．AutoCAD 2010 的安装

AutoCAD 2010 软件的运行环境为 Win9X/2000/XP/2003/。该软件的安装与其他应用型软件的安装方式相同，可以用光盘或网上下载的安装包进行安装。在安装包中，双击名为 Setup.exe 的安装文件，便可执行安装。安装结束后，需重新启动程序，进行产品激活的步骤，之后即可使用软件了，但要注意，注册机上有六个，请选择“permanent”（永久使用）按钮。

2．启动 AutoCAD 2010

启动 AutoCAD 2010 的方法如下。

① 双击安装结束后在桌面上自动生成的快捷图标进行程序启动；

② 选择“开始”菜单下的“所有程序”，找到“AutoCAD2010-Simplified Chinese”文件夹下的“AutoCAD2010”即可；

③ 双击打开 AutoCAD 图形文件，与此同时便可打开程序了。

3．用户界面

在启动软件后，会打开如图 1-1 所示的用户界面。界面中包括标题栏、菜单栏、工具栏、绘图区、光标、坐标系图标、模型/布局选项卡、命令输入窗口和状态栏。2010 版的 CAD 软件提供了三种用户界面，一是“二维草图与注释”界面，二是“AutoCAD 经典”界面，三是“三维建模”界面。三个界面的切换只要选择“工具→工作空间”菜单中相应的子命令即可。各界面如图 1-2～图 1-4 所示。

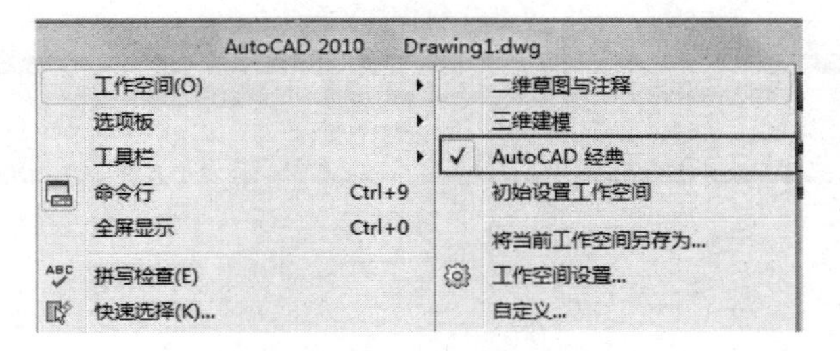

图 1-1 “工作空间”选项提示

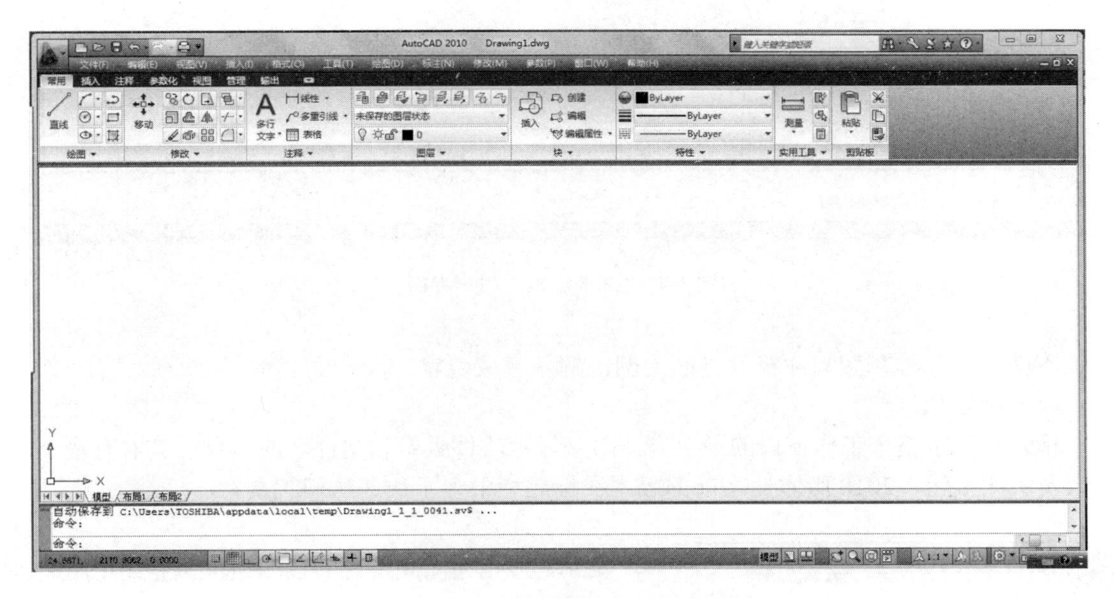

图 1-2 “二维草图与注释”用户界面

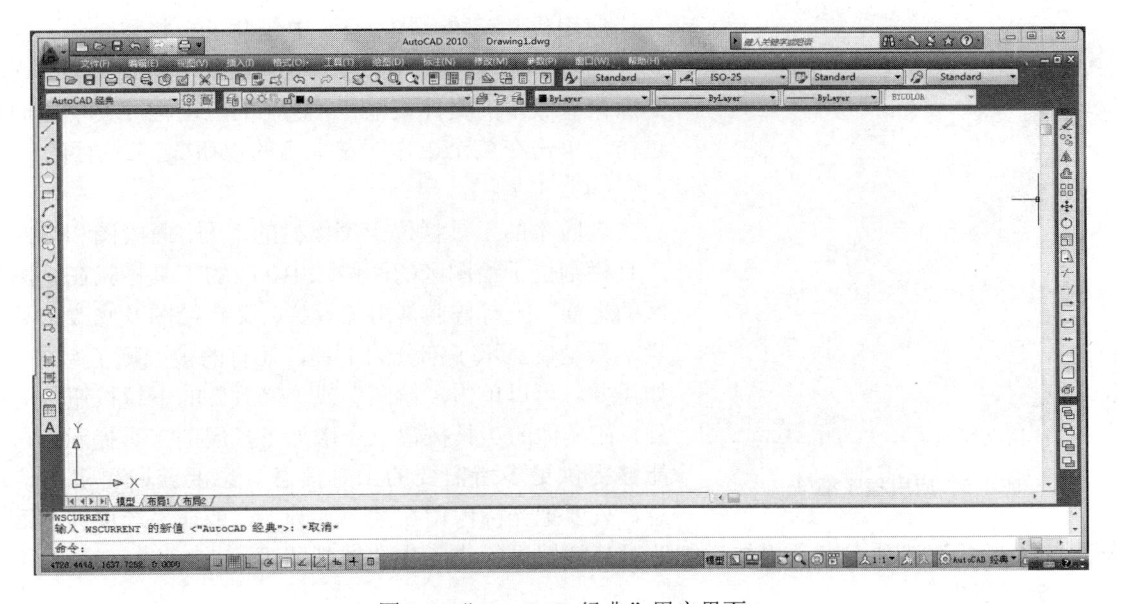

图 1-3 “AutoCAD 经典”用户界面

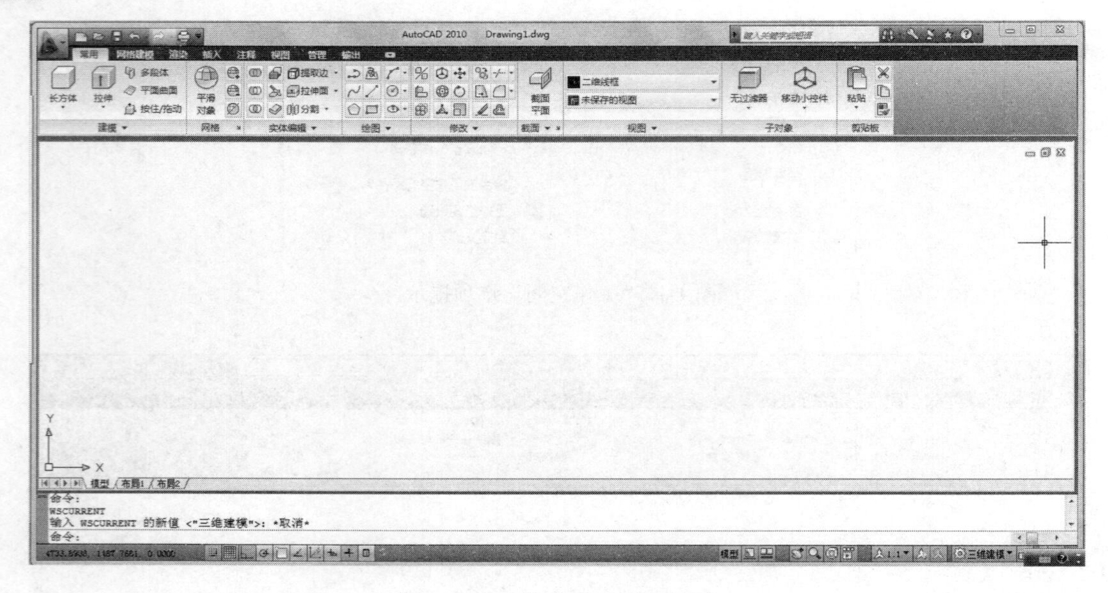

图 1-4 “三维建模”用户界面

下面以“二维草图与注释”界面为例讲解各区域内容。

（1）标题栏

标题栏位于整个工作窗口的最上方，用来显示软件版本和文件名的信息，其右有最小、最大及关闭按钮。2010 版本比之前的版本在标题栏中多了快速访问工具栏。

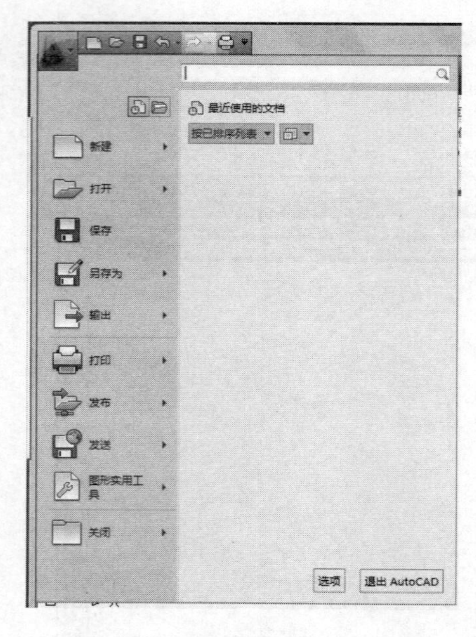

图 1-5 应用程序菜单

（2）菜单栏

菜单栏中包括常用、插入、视图、注释、管理、输出。

（3）应用程序菜单

应用程序菜单（图 1-5）中包含了一些和绘图文件相关的基本命令，如：打开、保存、打印和导出等。这是原来老版本的文件菜单栏，现在的应用程序菜单是通过访问单击在整个工作区左上角的按钮来执行的。

（4）工具栏

老版本的工具栏位于菜单栏的下面，而绘图和修改工具栏则位于绘图区的两侧。2010 版的工具栏就在绘图区的上面，既有普通常用工具栏，又有绘图及修改工具栏，只是仅显示了部分的工具，还有的被隐藏了起来，如需要，可以单击“绘图”或“修改”的下拉按钮。另外，在具体的工具按钮上还增加了扩展的工具提示，它能够提供更多所需要的工具信息。想要获取更多的信息，只要把光标停留在某一工具上，或在“选项”对话框中的“显示”选项卡上，更加详细地对其特性进行进一步的控制即可。

（5）绘图区

绘图区占据了用户界面的绝大多数的空白，它是用户用来绘图的区域。在绘图区的左下角有坐标系图标。在绘图区的右边和下边各有一个滚动条，用户可以用它来进行视图的调节，但一般不提倡使用滚动条，因为还有其他更好的方法来完成此调节。

（6）模型/布局选项卡

模型/布局选项卡用于实现模型空间与图纸空间的相互切换。

（7）命令窗口

命令窗口主要是用来显示用户所输入的命令，已经显示操作过程中的相关提示信息。系统一般默认最后执行的三行命令信息或提示，可以直接拖动命令窗口上方的边框来改变窗口的显示大小。

（8）状态栏

状态栏位于窗口的最下方，它用来显示或设置当前的绘图状态。在状态栏的最左边显示着当前光标的具体坐标位置，其右有捕捉、栅格、正交、极轴、对象捕捉等按钮。单击一次可执行按钮命令的开与关，当按钮显示为蓝色时，让用户能够一目了然地查看到有哪些设置为开启状态。

2010 版 AutoCAD 的亮点在于功能考虑得更加细微了。如，通过右键点击其中的选项[例如极轴（Polar）或对象捕捉（Osnap）]，能够快速地改变其设置，省去了另外两次的单击按钮来操作。

4. AutoCAD 命令的执行

（1）输入命令

AutoCAD 软件是通过命令来指挥程序进行绘图的，由此可见输入命令是必须要掌握的基本操作。AutoCAD 命令的输入有四种，一是在命令输入行中直接输入命令；二是在菜单栏中选择所需执行的命令，程序会自己进行命令的输入；三是在工具栏中单击工具按钮，也可执行相应的命令；最后一种是利用快捷键的输入法来执行命令。利用键盘输入好命令后，要按回车键，方能执行命令，命令输入时英文字母的大小写均可。

（2）确认命令

按 Enter 回车键、按空格键或右击选择快捷菜单中的“确认”，都可以完成确认命令。

（3）取消命令

按 Esc 键可以取消当前所操作的命令。

（4）重复输入命令

用 Enter 回车键结束当前命令后，再按一次回车键，便可重复执行上一步命令。

（5）普通命令与透明命令

CAD 中大多数命令均为普通命令，也就是这些命令只能单独使用，不能同时进行操作。而透明命令则相反，它可以在执行其他命令的同时也执行该命令，如对象捕捉、正交等命令，它们对其他命令来说起到了辅助的作用。当然透明命令也可以像普通命令一样，单独进行使用。

5. 点的输入

在 AutoCAD 命令的执行过程中其实就是对逐一点的控制过程，也就是对相应点的位置进行指定，如对起点、端点、圆心等点，这些点可以用鼠标直接确定，也可以用键盘输入的方式确定。我们知道，点的确定主要通过坐标来实现，而点的坐标一般说来共有四种：绝对直角坐标、相对直角坐标、绝对极坐标和相对极坐标。下面就具体点的坐标，来探讨一下如何利用键盘来实现点的输入。

（1）绝对直角坐标

既然是绝对坐标值，那么在使用过程中，坐标系仅此一个，原点仅此一个。点的坐标表示方法为 X、Y 坐标所对应的值来表示，具体键盘输入方式为：X,Y↙（其中符号“,”为半角状态下输入的，“↙”符号表示回车，后面都为此意）。

例：绘制一个边长为 100 的正方形，左下角的起点位于坐标原点上。

步骤：l↙

指定第一点：0,0↙

指定下一点〔放弃（U）〕：0,100↙

指定下一点〔放弃（U）〕：100,100↙

指定下一点〔放弃（U）〕：100,0↙

指定下一点〔放弃（U）闭合（C）〕：C↙

（2）相对直角坐标

此坐标是相对的，不是一成不变的，它会为了更快捷、更方便地使用直角坐标而随着下一个点的出现，去变化坐标原点的位置。具体键盘输入方式为：@X,Y↙。为了区分相对与绝对坐标，在命令输入前加了一个“@”符号。

例：绘制一个边长为 100 的正方形，正方形左下角的起点的绝对直角坐标为（200,300）。

步骤：l↙

指定第一点：200,300↙

指定下一点〔放弃（U）〕：@0,100↙

指定下一点〔放弃（U）〕：@100,100↙

指定下一点〔放弃（U）〕：@100,0↙

指定下一点〔放弃（U）闭合（C）〕：C↙

（3）绝对极坐标

此坐标的键盘输入方式为：极半径<极角↙。其中，点到坐标原点之间的直线距离为“极半径”；极半径与 X 轴产生的夹角称为“极角”。极半径均为正值，极角值有正负之分，其中以逆时针方向打开为正，反之为负值。

例：绘制一个边长为 100 的正三角形，左下角的起点为坐标原点。如下图。

步骤：l↙

指定第一点：0,0↙

指定下一点〔放弃（U）〕：100<0↙

指定下一点〔放弃（U）〕：100<60↙

指定下一点〔放弃（U）闭合（C）〕：C↙

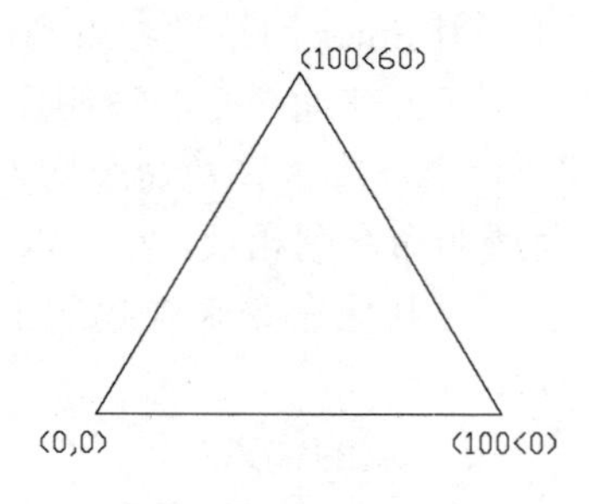

（4）相对极坐标

此坐标的键盘输入方式为：@极半径<极角↙。其步骤如下：在第一个点的坐标确定之后，下一步所要进行确定的点，其坐标原点定为上一步所绘制的点，所以坐标原点的确定是会随着所要绘制的点的位置而发生相应改变的。其他内容都同绝对极坐标。

例：绘制一个边长为 100 的正三角形，左下角的起点为绝对直角坐标（100,100）。如下图。

步骤：l↙

指定第一点：100,100↙

指定下一点〔放弃（U）〕：@100<0↙

指定下一点〔放弃（U）〕：@100<120↙

指定下一点〔放弃（U）闭合（C）〕：C↙

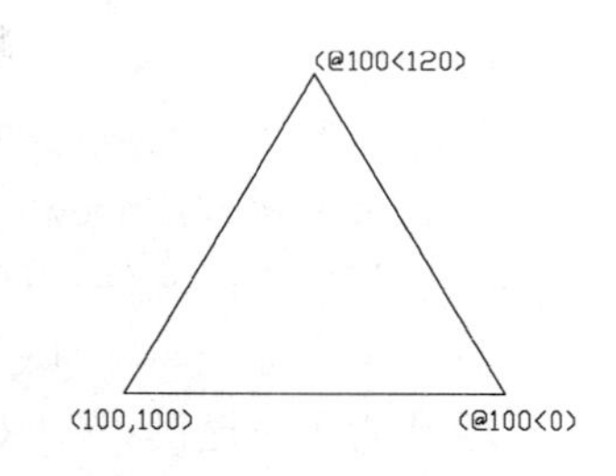

6．文件操作

（1）新建文件

启动 AutoCAD 2010，可用系统提供的“选择样板”对话框进行创建。具体方法有五种。

一是在命令行里输入：new↙；

二是在菜单栏：文件→新建；

三是在“标准”工具栏或“快速访问”工具栏中单击图标；

四是输入快捷键：CTRL+N 组合键；

五是单击菜单浏览器按钮：→新建→图形菜单项。

命令执行后，可在 Template 文件夹下进行选择，选中其中某一个样板后，就可以在预览框中看到该样板的图框内容。单击“打开”按钮，将自动生成样板中的内容。在这些样板中，有两个空白的样板，一个是 acad.dwt，还有一个是 acadiso.dwt，这两个样板没有图框。acadiso.dwt 文件，默认图形界限前者为“12in×9 in”，后者为“420 mm×297mm”，中国的用户一般都会选择后者样板。如图 1-6 所示。

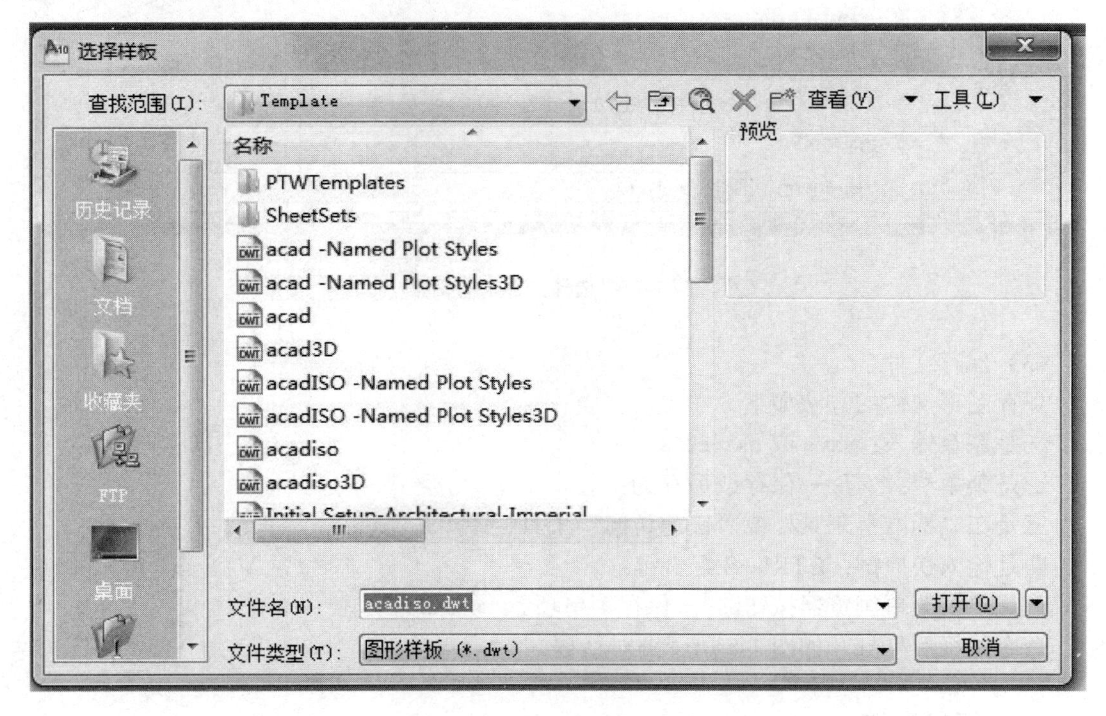

图 1-6 “新建文件”对话框

（2）打开文件

打开图形文件的方法如下。

一是命令输入：open↙；

二是菜单栏：文件→打开；

三是在“标准”工具栏或“快速访问”工具栏中单击；

四是输入快捷键：CTRL+O 组合键；

五是单击菜单浏览器按钮→打开→图形菜单项。

命令执行后，可对所要打开的文件进行选择。如图 1-7 所示，此对话框同新建文件对话框相似。

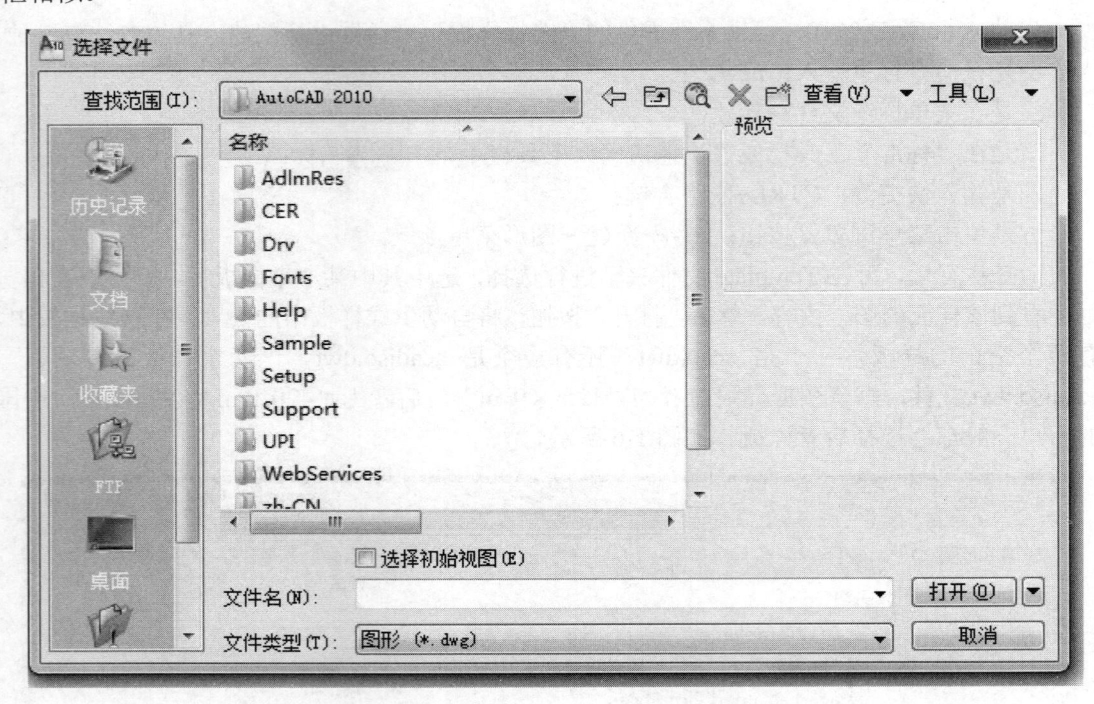

图 1-7 “选择文件”对话框

（3）保存文件

保存图形文件的方法如下。

一是命令输入：save 或 qsave↙；

二是菜单栏：文件→保存或另存为；

三是在“标准”工具栏或“快速访问”工具栏中单击；

四是输入快捷键：CTRL+S 组合键；

五是单击菜单浏览器按钮→保存菜单项。

命令执行后可打开如图 1-8 所示的对话框。

四、任务训练

（1）利用相对直角坐标或相对极坐标绘制如图 1-9、图 1-10 所示图形。

图 1-8 “保存文件”对话框

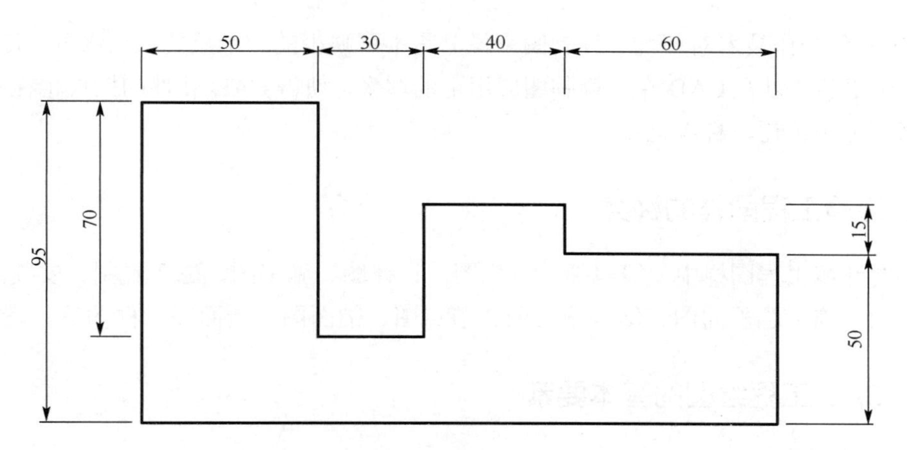

图 1-9　练习 1（1）

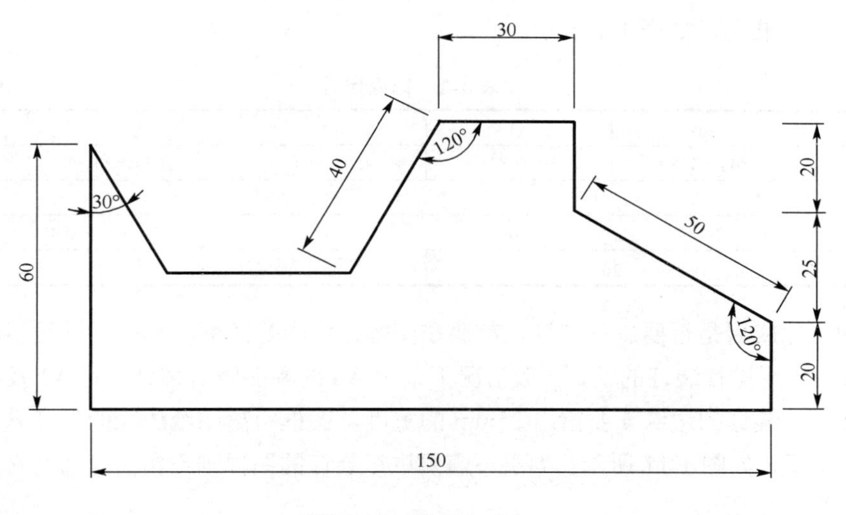

图 1-10　练习 1（2）

（2）将第 1 题中所绘制的图形进行保存，保存的文件名为“班级姓名学号.dwg”，保存的路径为 D：\新建文件夹。保存好后关闭软件。

（3）打开软件，将第 2 题所绘制的图形按相应路径打开。

任务二　环境工程制图的常用制图标准

任务概述： 对 CAD 工程绘图的图样、图框、比例、图线等有所了解，并知道常用的一些要素数据。

能力目标： 对常用的制图要素数据有良好的分辨能力和快速反应能力。

知识目标： 明确工程绘图的基本要素。

素质目标： 通过相互配合，培养团结协作、和谐共事的团体意识。

知识导向： 严格按照国家标准绘制图形。

CAD 软件操作技术对环境工程制图来说，是不可缺少的一个重要组成部分。随着 CAD 软件的不断更新，以及 CAD 在工程制图应用上的增多，使得 CAD 软件的操作也在不断地完善，从而更加规范化、标准化了。

一、环境工程图样的种类

整套的环境工程图样中一般包括：方案图、设计图、施工图、总布置图、安装图、零件图、表格图、施工总平面图、结构施工图、节点图、剖面图、断面图、框图等。

二、CAD 工程绘图的基本要素

1．图幅与图框

图幅也叫图纸的幅面。为了规范化使用图纸，将图纸划分为特定的幅面，幅面的尺寸必须符合“国家标准”。如表 1-1 所示。

表 1-1　幅面尺寸　　单位：mm

幅面代号		A0	A1	A2	A3	A4
尺寸 $B\times L$		841×1189	594×841	420×594	297×420	210×297
边框	a	25				
	c	10			5	
	e	20		10		

不管图样完成后是否要进行装订，都要在图幅之内画好图框，其中图框线用粗的实线来表示，如果图样要进行装订的话，一般情况下采用 A4 的幅面竖着装订，而 A3 及以上的幅面采用横向装订。装订的边缘 a 要留出 25mm 的宽度，图框距离图纸边缘的尺寸 c 就要根据幅面的大小来定了，如图 1-11 所示。如果不需要进行装订的图样则不留装订边，它的边界尺寸 e 的安放如图 1-12 所示。

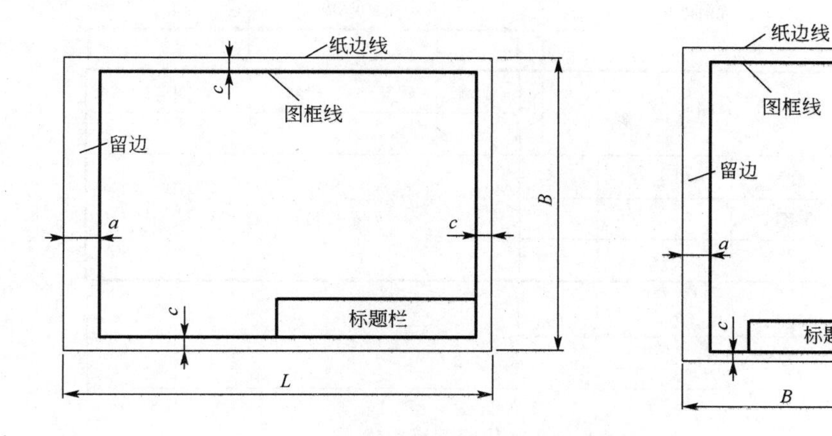

图 1-11　留装订边的图框样式

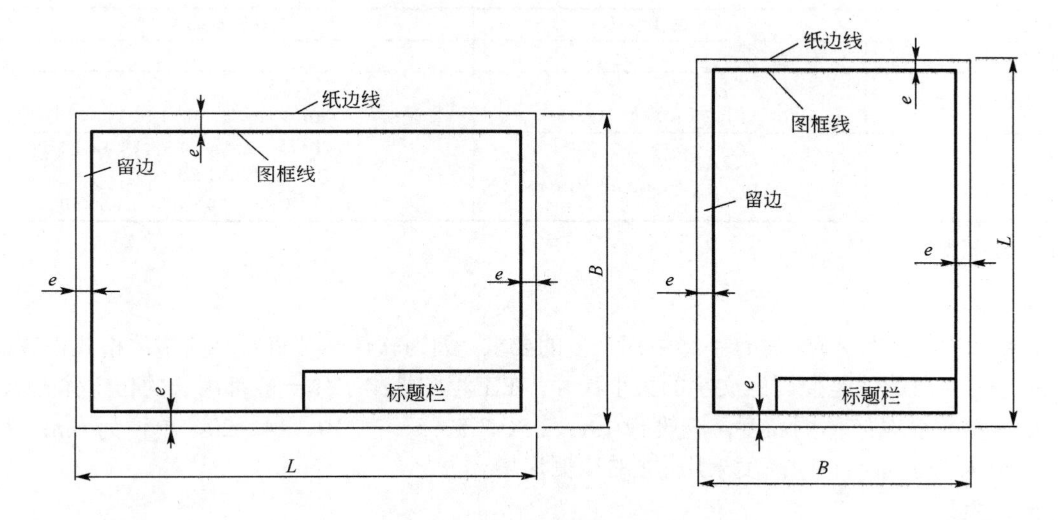

图 1-12　不留装订边的图框样式

2．标题栏

在每一张图纸上都必须标有标题栏，其位置一般置于图纸的右下角上，对于标题栏的尺寸大小及格式在“国标”上也有规定。比如标题栏的外框用粗实线来表示，而里面的表格线均使用细实线。表格大小：长边为 140，短边为 30～50 之间，具体视所要描述的内容而定。图 1-13 所示标题栏可供学生用于作业中参考。

3．比例

图中图形与其实物相应要素的线性尺寸之比称之为比例。在绘图时，比例也要求符合“国标”规定，如表 1-2 所示，正常情况下一般选用“优先选择系列”的比例，特殊情况下可以参考“允许选择系列”。为了更好地反映原图，绘图过程中使用原值比例，只是在打印出图的时候再考虑放大或缩小比例的问题，这些内容，后面会进行具体阐述。

总之，不管比例放大或缩小，标注尺寸是不能随之发生任何改变的，应该还表现为原尺寸数据。

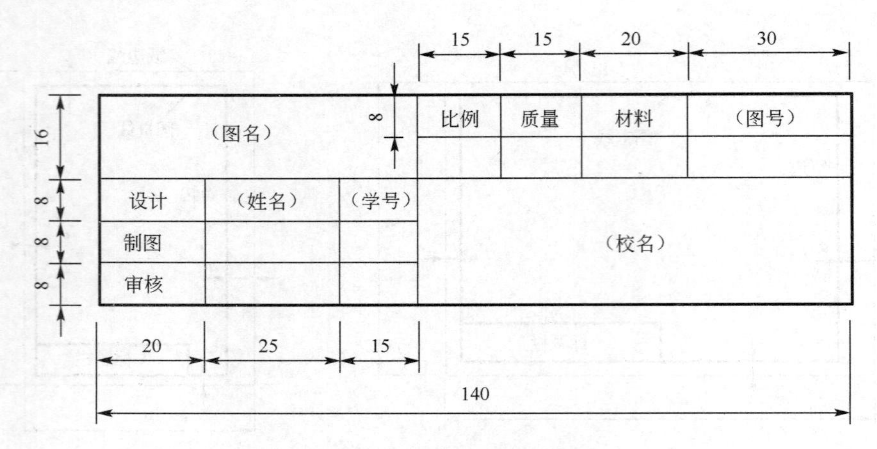

图 1-13 简化标题栏格式

表 1-2 图样比例对照表

种类	比值	优先选择系列	允许选择系列
原比例	1	1∶1	—
放大比例	大于 1	5∶1，2∶1， 5×10^n∶1，2×10^n∶1，1×10^n∶1	4∶1，2.5∶1， 4×10^n∶1，2.5×10^n∶1
缩小比例	0～1	1∶5，1∶2，1∶10 1∶5×10^n，1∶2×10^n，1∶1×10^n	1∶1.5，1∶2.5，1∶3，1∶4，1∶6， 1∶1.5×10^n，1∶2.5×10^n， 1∶3×10^n，1∶4×10^n，1∶6×10^n

注：n 为正整数。

4．字体

CAD 中的字体表示，没有手绘中那么多的要求，因为软件中都将文字的字体格式设置好了，我们需要做的就是控制好文字的大小尺寸。在工程图纸中字体一般都用长的仿宋体表示，字体的号数也就是字体的高度，一般有 1.8、2.5、3.5、5、7、10、14、20，单位为 mm。如果使用更大的字体，它的高度采用 $\sqrt{2}$ 的比例递增。

5．图线

工程图样中的图线是为了便于看图和绘图，采用国标（GB/T）中的图线标准来统一规定所绘图线。工程制图中的各种基本线型如表 1-3 所示。

表 1-3 基本线型

名 称	线 型	线宽	一 般 应 用
粗实线	———	b	可见轮廓线
细实线	———	0.5b	尺寸界线、尺寸线、指引线和基准线、剖面线、重合断面轮廓线
波浪线	～～～	0.5b	断裂处的边界线、视图和剖视图的分界线
双折线	—∧∨—∧∨—	0.5b	断裂处的边界线、视图和剖视图的分界线
细虚线	------------	0.5b	不可见轮廓线
细点划线	—·—·—·—	0.5b	中心对称线、轴线、分度圆线
细双点划线	—··—··—	0.5b	重心线、成形前轮廓线、轨迹线、极限位置的轮廓线

三、任务训练

（1）绘制一个留装订边的横向 A3 图框，图框中要有标题栏。

（2）在一般工程图纸中常用哪些放大和缩小图样比例？在使用图样比例时需注意什么？
（3）工程图样中有哪些常用线型？这些线型一般应用于哪些地方？

任务三　绘图环境基本设置

任务概述： 通过该任务的探讨与学习，了解绘图的基本步骤，理解图层的概念和具体用途，熟悉图形界限的设置方法，为绘图提供一个良好的制图环境。
能力目标： 具有进行图形界限设置的能力。
知识目标： 了解图形单位的设置方法，掌握对象特性的使用方法。
素质目标： 能较好地运用设置为绘图提供良好的制图环境。
知识导向： 图层的颜色、线宽、线型的设置与管理应用。

一、图形界限与绘图单位的设置

设置图形的界限有两种方法。一是直接在命令栏里输入：limits↙；二是在菜单栏：格式→图形界限。

在命令执行后，在命令行中有如下提示：

重新设置模型空间界限：

指定左下角点或[开（on）/关（off）]<0.0000,0.0000>（输入左下角的坐标之后回车或选择输入 on、off 后回车。）

指定右上角点<420.0000,297.0000>（输入右上角的坐标之后回车。如直接回车，则默认选择了“<>”内的数值。）

一般情况下，不需要改变左下角的坐标位置，只需要对右上角的坐标进行修改即可。当绘图界限的检查功能设置为“on”时，当所输入的点超出绘图的界限时，所进行的操作将无法进行；反之，当绘图界限的检查功能设置为“off”时，所绘制的图形将不受到绘图范围的限制，这也是 AutoCAD 默认的设置。

例：用图形界限将图纸设定为 2 号图纸（420mm×594mm）。

步骤：在命令行中输入

Limits↙

重新设置模型空间界限：

指定左下角点或[开（on）/关（off）]<0.0000,0.0000>↙

指定右上角点<420.0000,297.0000>：594,420↙

重复 Limits↙

重新设置模型空间界限：

指定左下角点或[开（on）/关（off）]<0.0000,0.0000>：on↙

二、设置绘图单位

1．图形单位的设置命令

图形单位在默认的情况下，是用十进制进行数值显示的，用户也可以根据自己的需求自行对单位进行定义。设置图形单位的方法有两种。

一是直接在命令栏里输入：units↙。

二是在菜单栏：格式→单位。

在命令执行后，系统将自动弹出“图形单位”的对话框，如图 1-14 所示。

2．“图形单位”对话框选项含义

“图形单位”对话框中的各个选项设置的内容如下。

① 长度。用来设置长度测量单位类型和测量的精确度。其中，“类型”下拉表框中又列出了“小数、工程、建筑、分数、科学”等选项。在“精度”下拉表框中列出了各种绘图精确度，可以根据自己的需要选择合适的精度。

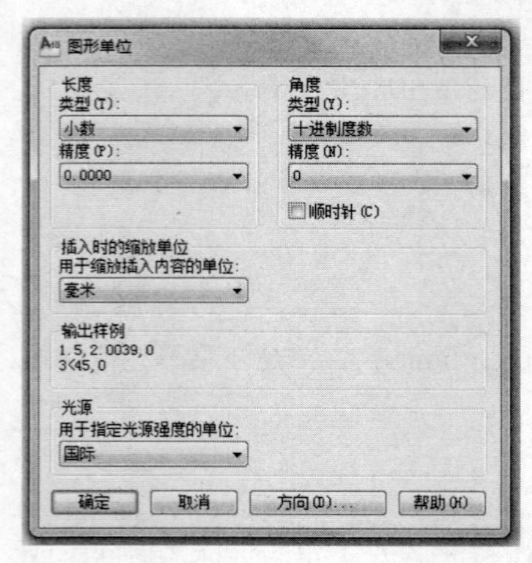

图 1-14 “图形单位”对话框

② 角度。用来设置角度测量单位类型、精度和旋转方向。其中，“类型”下拉表框中列出了“十进制度数、度/分/秒、百分度、弧度、勘测单位”等选项。在“精度”下拉表框中列出了多种角度单位类型的精确度。“顺时针”复选框可进行勾选，默认情况下是不勾选的，也就是逆时针方向为正值，如进行勾选后，则相反。

③ 插入时的缩放单位。用于对插入图形的单位控制。在“用于插入内容的单位”下拉表框中，可以对当前图形被引用到某个图形中的单位做一个规定。如果块和图形创建时使用的单位与该选项指定的单位不一样时，则在插入这些块或图形时，将对其按比例进行缩放。如果在和其他图形相互引用时，软件会自行在两种图形单位中进行换算。

④ 输出样例。显示当前所应用的计数制和角度制的样例预览。

⑤ 光源。是用于指定光源强度的单位。

⑥ 方向。主要用于设置基准角度的方向，也就是零度角度的方向。默认的零度角度方向是 X 轴也就是“东”为正方向。

三、图层

1．图层的概念

用户可以将图层看成是一张张的透明纸的叠加，每张透明纸上分别分布着不同特性的对象，然后对这些图层按一定的顺序显示，就得到了一张完整的图形。用图层来管理不同的对象，可以更系统、更快捷地对相关对象进行有效的编辑和修改，大大方便了用户的绘图管理。

2．图层的设置

一幅图纸中可以创建多个图层，一个图层将管理具有一定特性的一个层，如“辅助线”图层，就专门管理图形中的辅助线；“标注”图层，就专门管理整幅图的标注特性等。但用户只能在当前所激活的图层中绘制图形。

LAYER 命令可以对图层进行设置与管理，具体的图层创建如下。

一是命令输入：layer↙；

二是菜单栏：格式→图层；

三是菜单栏：工具→选项板→图层；

四是单击“图层”工具栏上的“图层特性管理器”按钮。

打开的“图层特性管理器”对话框如图 1-15 所示。

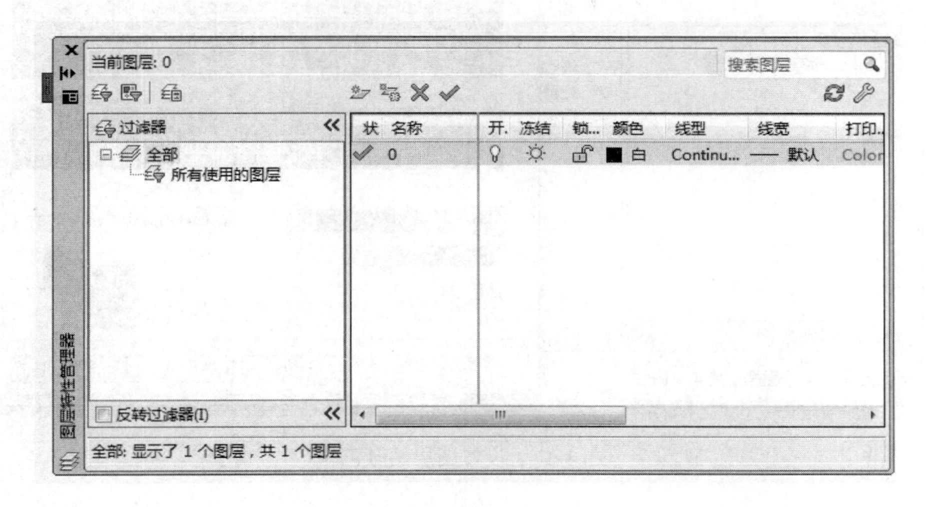

图 1-15　“图层特性管理器”对话框

（1）新建图层

每次新建好图层后，要对图层进行合理的命名，以便自己能快速分辨图层及对其进行修改。一般工程图中至少设置三个图层，即辅助线、轮廓线、标注图层。可以根据具体需要进行图层的创建（图 1-16）。

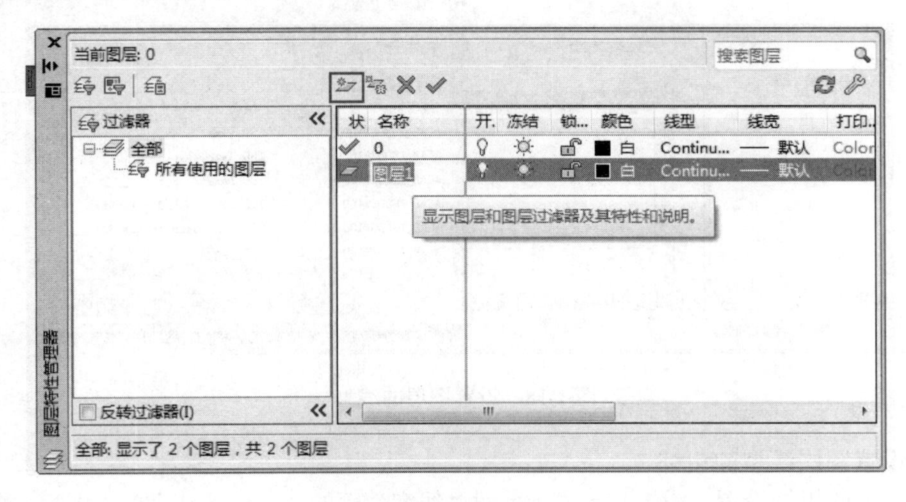

图 1-16　新建图层

（2）设置图层的颜色

设置图层的颜色（图 1-17），只需对相应图层“颜色”下的小方块进行单击即可设置。一般情况下，辅助线图层的颜色设置为红色、外轮廓线或建筑物墙体为白色、玻璃为蓝色等。当然也可以根据实际的具体需要来设置不同的颜色，要强调的是所设置的颜色不宜过于繁多，以免画面过于花哨，影响识读。

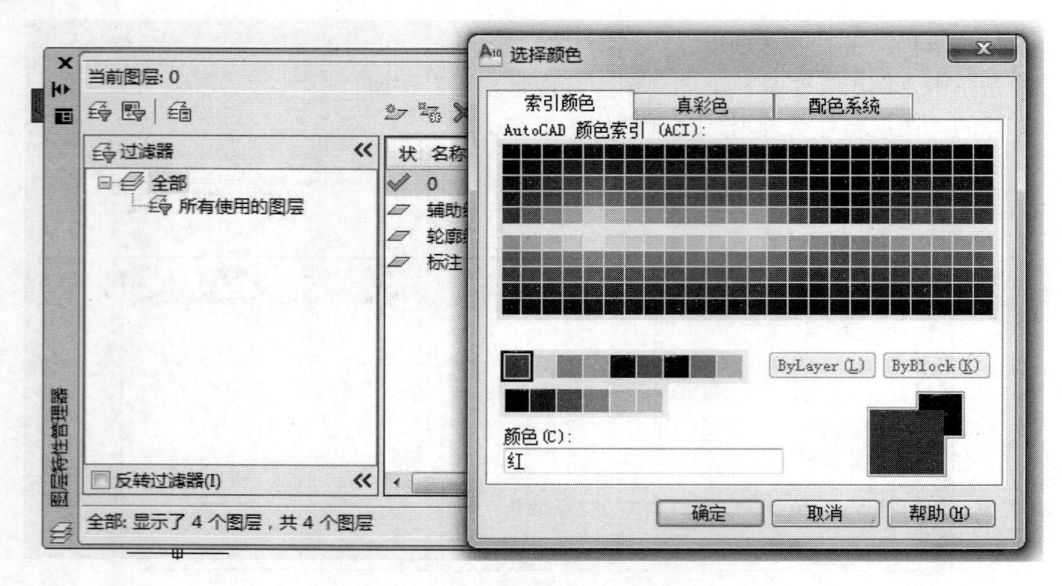

图 1-17 设置图层的颜色

(3) 设置图层的线型种类

图层的线型种类的设置方法与图层的颜色设置相同，单击“线型”下的“continue…”即可设置（图 1-18）。对于图层的线型种类设置一般为三种，即实线、虚线和点划线。具体设置要求请根据前面所列出的图线标准来进行。

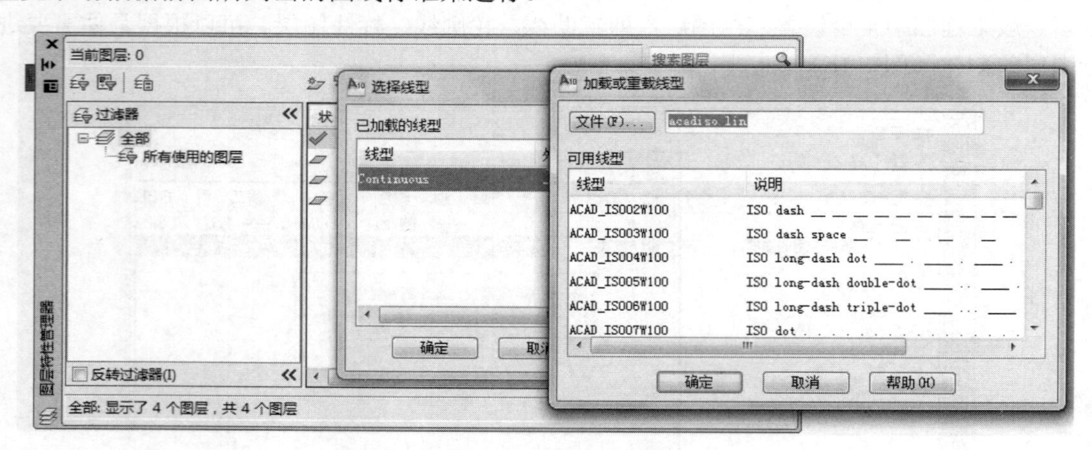

图 1-18 设置图层的线型

(4) 设置图层线型的粗细

图层线型的粗细设置（图 1-19）同上，对“线宽”下的“——默认”单击即可进行设置。线型的粗细要求，也按照前面所提的图线国家标准来进行设置。一般在一张图纸中只需设置三种线型，即粗、中、细。

(5) 图层的开/关

默认情况下图层都为打开状态，如需要关闭图层，可单击有“灯泡”的图标，再次单击为打开。当图层关闭时，该图层中所有图形将全部隐藏，同时也不可对其进行打印出图。

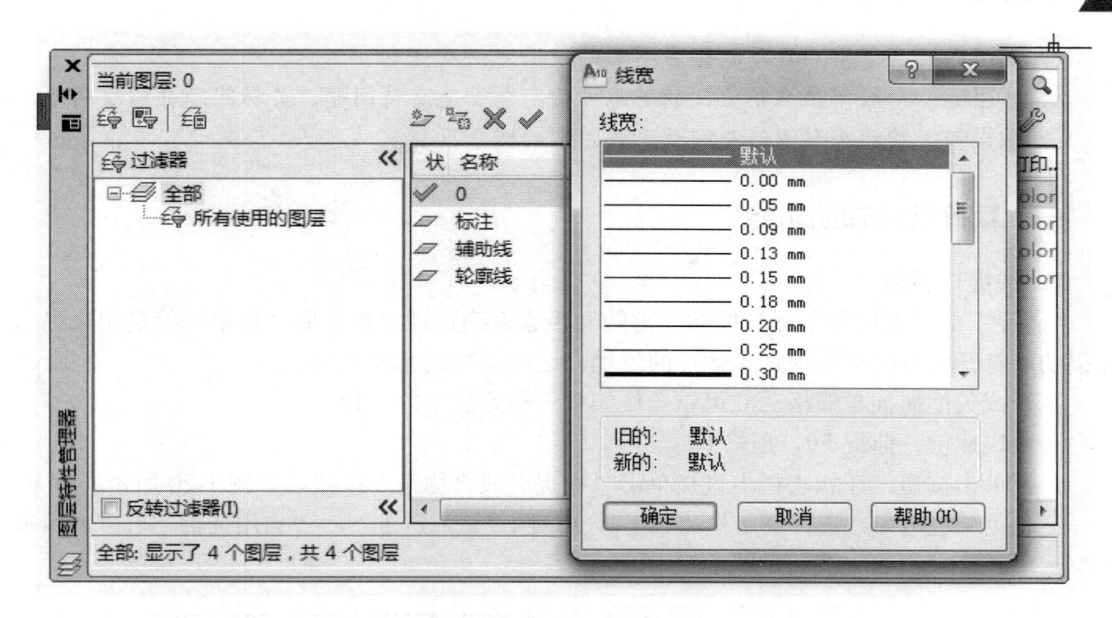

图 1-19　设置图层线型的粗细

（6）图层的冻结/解冻

默认情况下图层为解冻状态，如果单击了当前的“太阳”图标，则该图层为冻结状态，“太阳”图标也跟随改变为“雪花”图标，此时的图层不显示也不能被打印出来。反之，单击“雪花”图标，变为“太阳”图标时，图层被解冻，该图层中的图形又重新显现出来。该命令的优点是，当图形过于复杂，用户在执行视图缩放与平移等命令时，将省略掉被冻结的图层的重新生成时间，大大提高了绘图效率。

（7）图层的锁定/解锁

图层的锁定/解锁图标为一把“锁”，“锁”打开时为该图层没有锁，“锁”闭合时为该图层已经锁定了。如果对于比较复杂的图层，且不想对其进行再修改了，可以将该图层锁定。被锁定的图层不仅不隐藏而且也可以被打印出来，只是不可以对该图层进行修改及选择了。（注意：被锁定的图层图形，可以作为修剪和延伸命令的边界线）。

四、任务训练

（1）利用图形界限命令，将图纸尺寸设置为 600mm×800mm 大小。

（2）在“图层特性管理器”对话框中创建图层名依次为：标注线、轮廓线、中心轴线、不可见轮廓线、辅助线；颜色依次为：蓝色、白色、红色、绿色、洋红色；线型及线宽依次为：默认实线、粗实线、细点划线、细直线、细虚线；其他选项不变。

任务四　精确绘图工具、查询命令和显示控制

任务概述： 利用捕捉、栅格和正交功能键来定位点，可以根据绘图需要合理运用对象捕捉、极轴追踪等方法精确绘制图形。

能力目标： 形成使用对象捕捉和极轴追踪精确绘图的能力。

知识目标： 了解重画和重新生成图形的使用方法及区别。
素质目标： 形成辩证唯物主义的思维方法，全面地看待问题、分析问题并解决问题。
知识导向： 缩放平移图纸与缩放平移图形的概念区别。

一、精确绘图辅助功能

1. 捕捉与栅格

“捕捉”是用来设置鼠标光标按一定的间距进行确定锁定点，而“栅格”就是用来显示捕捉功能打开状态时进行锁定具体点的位置，这两个功能相辅相成。

打开或关闭捕捉与栅格功能可以操作如下三种方法中的一种。

一是快捷键：捕捉 F9，栅格 F7。

二是单击按钮：在状态栏中直接单击“捕捉”或“栅格”按钮，如图 1-20 所示。

三是菜单栏选择：选择菜单栏的“工具→草图设置”选项。对“启用捕捉”、“启用栅格”选项进行勾选或取消。如图 1-21 所示。

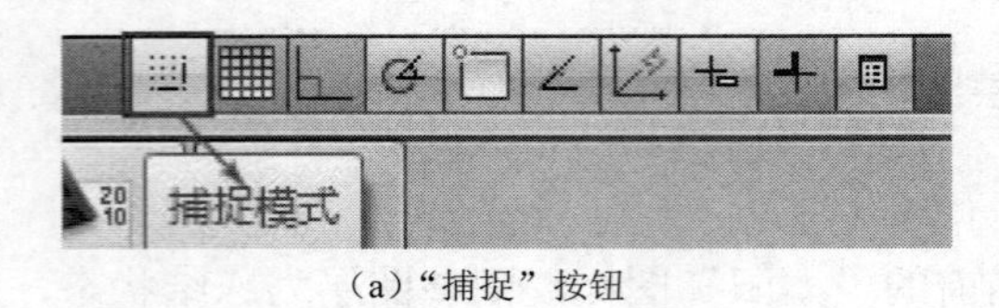

（a）“捕捉”按钮

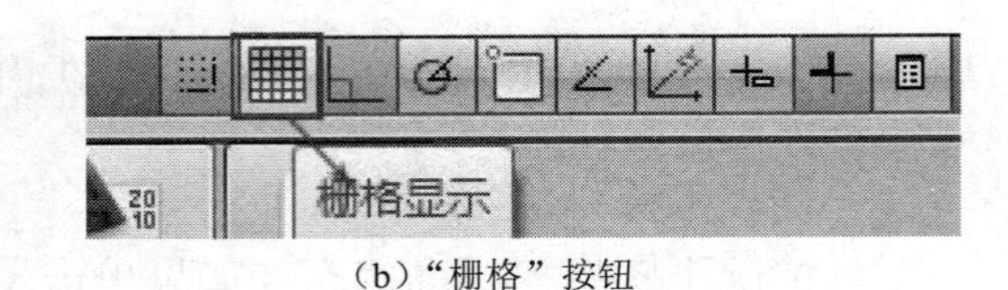

（b）“栅格”按钮

图 1-20 捕捉与栅格

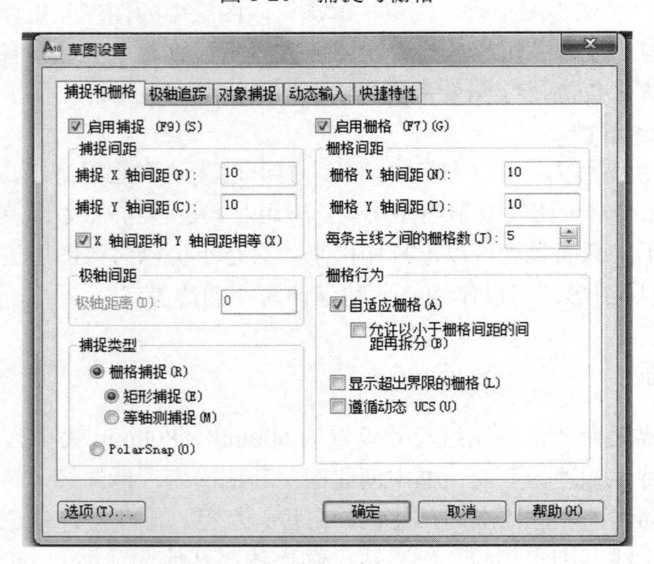

图 1-21 “草图设置”对话框

2. 正交

“正交”功能是用来约束光标的移动位置的，当“正交”命令打开时，光标所要确定的连线只能在水平或垂直方向上进行；关闭后才可恢复光标的任意方向确定。该功能在机械制图中经常被使用，大大提高了绘图效率。正交功能其实就是运用了前面所说的点的直角坐标原理来执行的。

打开或关闭正交功能可以操作如下两种方法中的一种。

一是快捷键：正交 F8。

二是单击按钮：在状态栏中直接单击“正交”按钮，如图 1-22 所示。

3．极轴追踪

“极轴追踪”功能是用户可以按设置好的角度增量来追踪相应点，此功能的使用必须是用户事先知道要追踪的角度值。先确定开始点的位置，打开极轴追踪，然后鼠标寻找极轴的方向，当在光标旁出现所需要的角度提示时，接着在命令行中输入线段的长度值，下一个点即可确定出。

打开或关闭极轴追踪功能可以操作如下三种方法中的一种。

一是快捷键：极轴 F10。

二是单击按钮：在状态栏中直接单击“极轴追踪”按钮，如图 1-23 所示。

图 1-22 “正交”按钮

图 1-23 “极轴追踪”按钮

三是菜单栏选择：选择菜单栏的“工具→草图设置→极轴追踪”选项，对“启用极轴追踪”选项进行勾选或取消，如图 1-24 所示。

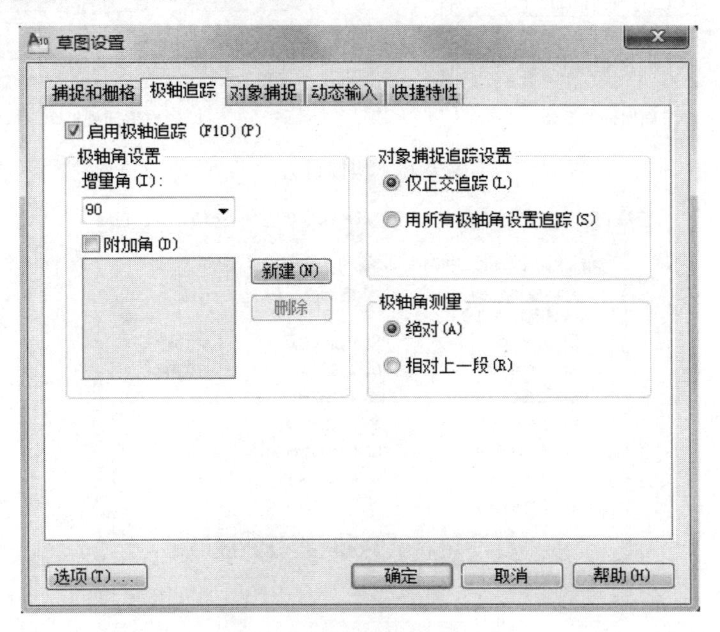

图 1-24 “极轴追踪”选项

“极轴追踪”选项卡中各选项的功能如下。

① 启用极轴追踪。可打开或关闭极轴。

② 极轴角度设置。用来设置极轴角度，以逆时针方向的角度为正值。其中“增量角”下拉选项中为常用的角度值，如果没有用户所需的角度值时，可自行设置，此时请勾选“附

加角”选项，然后单击“新建”按钮设置用户所需的角度值。

③ 对象捕捉追踪设置。用来设置对象捕捉追踪。如勾选“仅正交追踪”选项时，其功能与正交命令相类似。如勾选“用所有极轴角设置追踪”选项时，当使用对象捕捉追踪，其光标将从获取的对象捕捉点开始沿着极轴对齐的角度进行追踪。

④ 极轴角测量。是用来设置极轴追踪对齐角度的测量标准。如勾选“绝对”选项，其角度值是相对于当前的用户坐标系来确定的。如勾选“相对上一段”选项，则就相对于最后一步所绘制的线段来确定其极轴追踪角度。

4．对象捕捉

“对象捕捉”功能执行时，能帮助用户快速且准确的确定相应的点位置。此功能是为了能更加精确绘图的基础功能，也是所有精确绘图辅助功能中使用最频繁的，在软件的默认情况下该功能为打开状态。当光标在接近用户所设置的捕捉点时，软件会自动生成捕捉标记及捕捉提示，以便快速吸附到相应的点上。

打开或关闭对象捕捉功能可以操作如下三种方法中的一种。

一是快捷键：对象捕捉 F3，对象捕捉追踪 F11。

二是单击按钮：在状态栏中直接单击“对象捕捉”钮或单击“对象捕捉追踪”钮，如图1-25 所示。

三是菜单栏选择：选择菜单栏的“工具→草图设置→对象捕捉”选项，如图 1-26 所示。

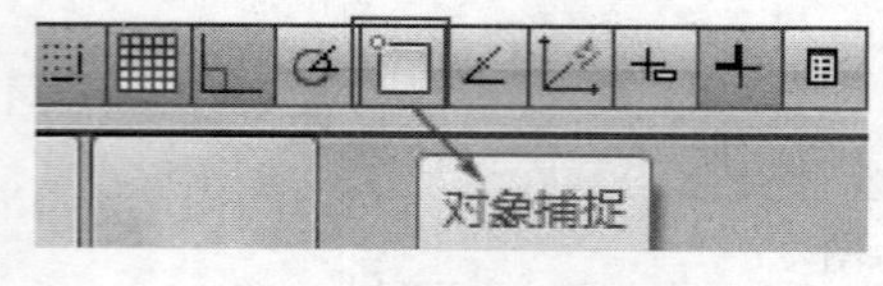

（a）“对象捕捉”按钮

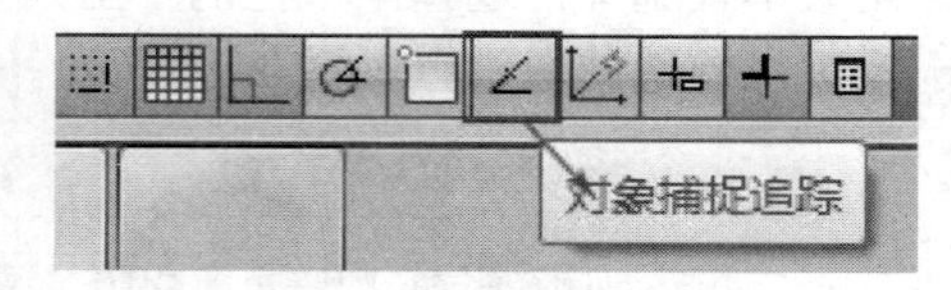

（b）“对象捕捉追踪”按钮

图 1-25　快捷键方式

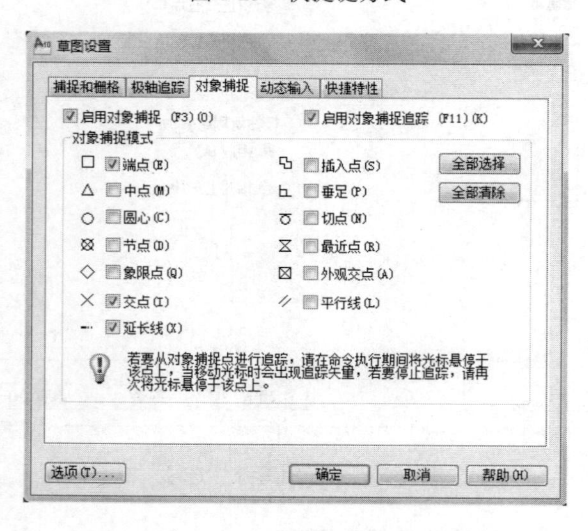

图 1-26 “对象捕捉”选项

在“对象捕捉”设置选项中，可以根据用户自己的需要勾选多个特殊点选项用以绘制图形，但不要全部进行勾选，以免混淆捕捉点的位置。

5．动态输入

"动态输入"功能是 2010 版 CAD 的一个重要功能。利用该功能，用户可以快捷地完成图形的绘制。"动态输入"功能的设置，在菜单栏中选择"工具→草图设置"选项，之后切换到"动态输入"选项卡，并按照自己的使用习惯对动态输入进行设置。

一是快捷键：F12。

二是单击按钮：在状态栏中直接单击"动态输入"按钮，如图 1-27 所示。

三是菜单栏选择：选择菜单栏的"工具→草图设置→动态输入"选项。如图 1-28 所示。

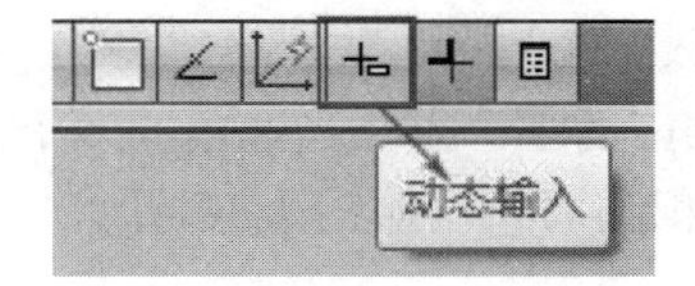

图 1-27　"动态输入"按钮

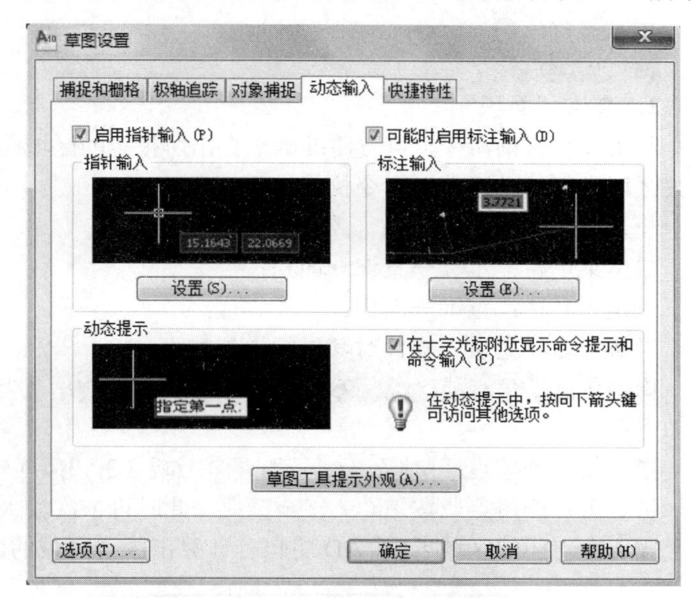

图 1-28　"动态输入"选项

二、查询功能

在绘图时，有时需要对图形上的数据信息进行查询，如查询面积、周长、距离、坐标等等。可执行如下步骤对相关内容进行查询。

一是菜单栏选项：工具→查询，如图 1-29 所示。

二是任意工具栏：右击选择"查询"。

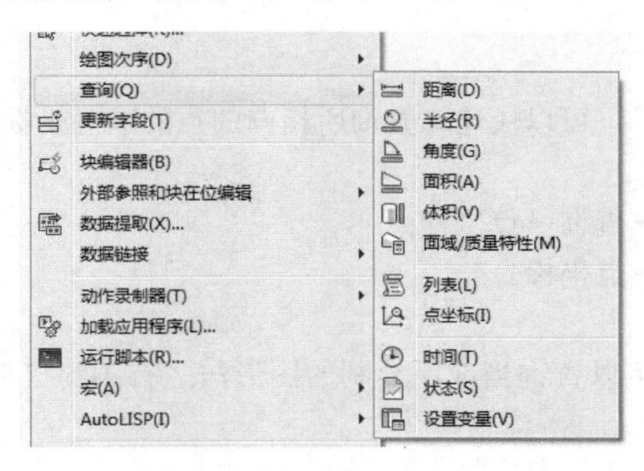

图 1-29　"查询"工具栏

1．查询“距离”

AutoCAD 提供的查询距离命令，可以方便快捷地查出两点间的距离及轴间的夹角。命令执行如下。

一是命令输入：dist↙；

二是菜单栏：工具→查询→距离；

三是工具栏：查询→距离。

当执行命令之后，软件对其进行提示，如下：

指定第一点：

指定第二点：

2．查询“面积”

利用面积查询命令，可方便准确地查出所指定的区域面积及周长，与此同时，还可以对相关区域进行加减运算。命令执行如下。

一是命令输入：area↙；

二是菜单栏：工具→查询→面积；

三是工具栏：查询→面积。

当执行命令之后，软件对其进行提示如下。

指定第一个角点或[对象（O）/加（A）/减（S）]：（当指定好第一个角点后，会再次出现如下提示）；

指定第一个角点或[对象（O）/加（A）/减（S）]：（输入下个点）；

指定第一个角点或按 Enter 键全选：（此时可依次输入相应的多个点，当选出的多个点围合成一个封闭的区域后，CAD 将自行计算出围合区域的面积和周长，如图 1-30 所示。）

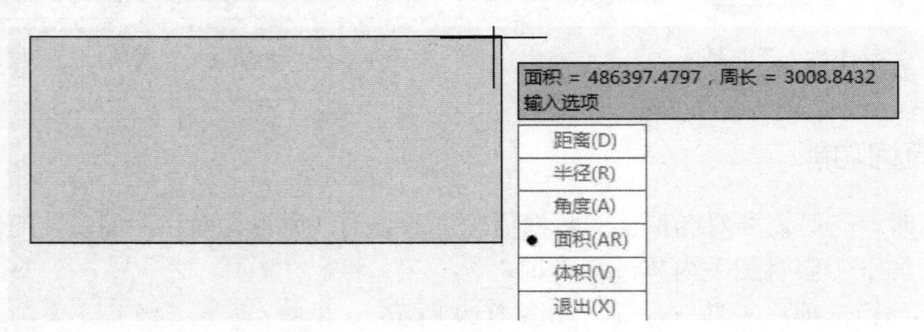

图 1-30 “面积查询”显示方式

3．查询“点坐标”

用户使用“点坐标”，可以快速地查询所指向的点的准确坐标。命令执行如下。

一是命令输入：id↙；

二是菜单栏：工具→查询→点坐标；

三是工具栏：查询→点坐标。

4．查询“时间”

通过该命令，用户可以查询当前所绘制的图形与之有关的日期和时间信息。命令执行如下。

一是命令输入：time↙；

二是菜单栏：工具→查询→时间。

5．查询系统的“状态”

使用该命令，可以查询当前系统所运行的状态情况，如图 1-31 所示。命令执行如下。

一是命令输入：status↙；

二是菜单栏：工具→查询→状态。

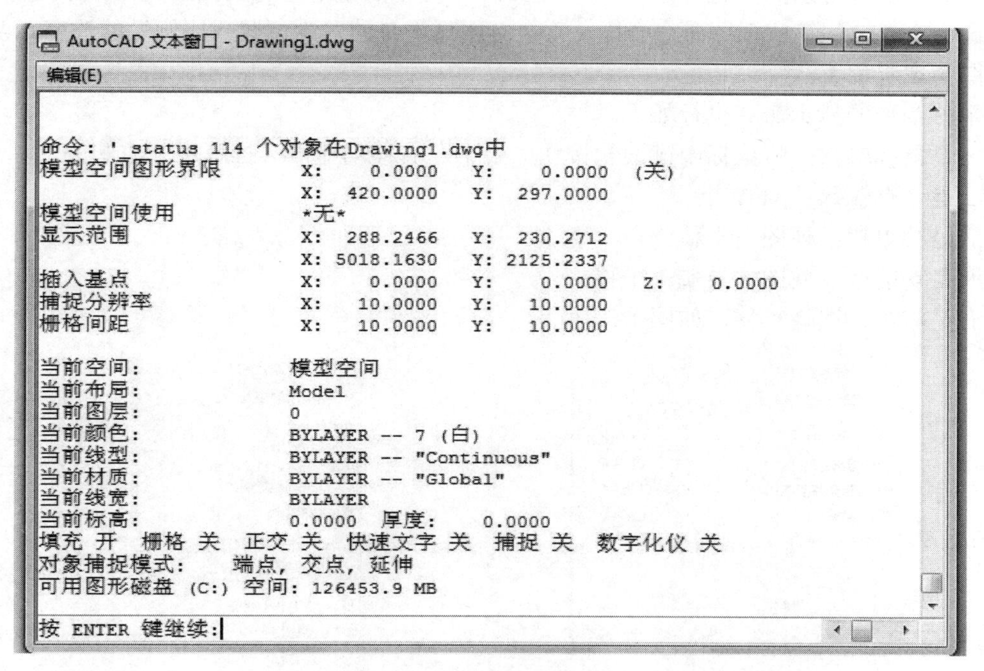

图 1-31　“状态”文本框显示

当命令被执行后系统会弹出文本框窗口，在文本窗口中显示了当前的图形文件相关状态的信息，显示了图形界限的坐标信息，栅格点之间的距离信息，捕捉分辨率是多少，还反映了当前空间为图纸空间还是模型空间，当前视图所显示的范围情况，当前的图层名称、颜色、线型、线宽，当前所使用栅格、正交、捕捉、填充等的开关设置状态，当前所剩余的磁盘空间，当前所剩余的物理内存空间等信息。

三、控制图形显示

所谓控制图形的显示，就是对所绘制的图形进行缩放和移动等操作，这是用户在绘制图形过程中为了更好地绘制图形的细节部分，经常使用的一种方法。

1．缩放视图

用户通过放大视图可以准确细致地绘制图形的局部和细节，缩小视图可以观看整体图形效果，但不管是放大还是缩小视图，都不可改变图形本身尺寸的大小，此控制方法对图形没有任何的修改作用。

缩放图形的显示命令执行如下。

一是命令输入：鼠标中键滚轮上下推动，向上为放大，向下为缩小（推荐用此方法）。

二是命令输入：zoom↙。

三是菜单栏：视图→缩放→范围。

四是功能区：标准→窗口缩放。

五是右击：选择缩放，如图 1-32 所示。

2．平移视图

用户在放大视图的同时，使用平移视图命令，可以清楚地查看到图形的每一个细微之处。使用此命令时，同缩放视图命令一样，不会对图形本身的发生位置或比例做的改变，仅改变了视图的观看位置。

平移图形的显示命令执行如下。

一是鼠标输入：将鼠标中键滚轮按住，上下左右移动即可（推荐用此方法）。

二是命令输入：pan↙。

三是菜单栏：视图→平移。

四是功能区：视图→导航→平移。

五是右击：选择平移，如图 1-33 所示。

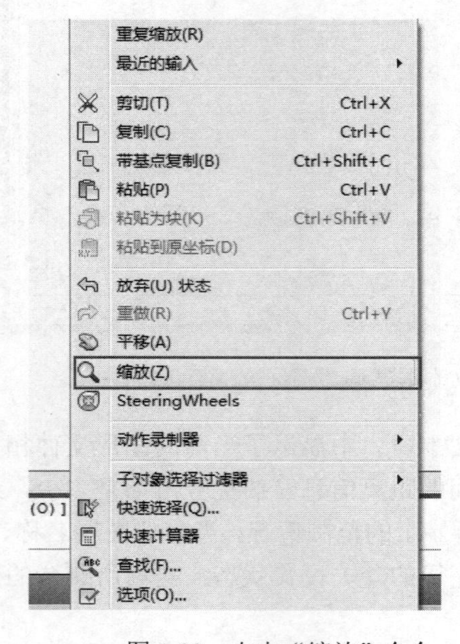

图 1-32 右击“缩放”命令

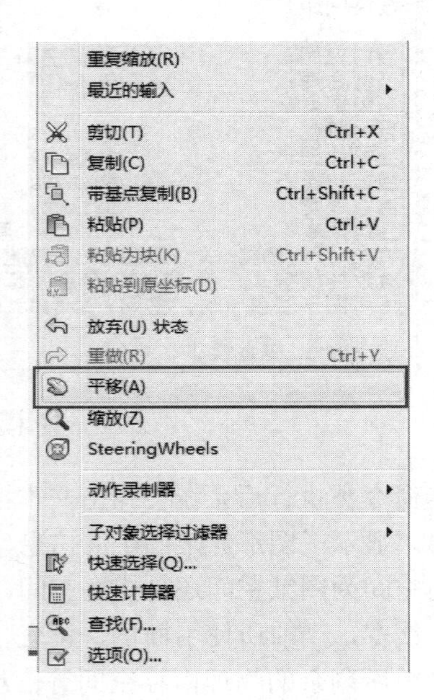

图 1-33 右击“平移”命令

3．视图的命名

在 AutoCAD 2010 中，用户可以通过以下方法对视图进行命名操作。

菜单栏：视图→命名视图。

以上的操作可打开如图 1-34 所示的“视图管理器”对话框。用户可以进行新建、编辑、重命名和删除视图等的操作。

4．平铺视口

为了更好地编辑所绘制的图形，如需要对图形的局部进行放大，用来查看细节之处。在 AutoCAD 2010 中，当需要查看图形的整体效果时，单使用一个视口已经无法满足用户的要求，此时就需要使用 CAD 的平铺视口功能，将绘图区域划分成多个视口，以便相互结合多方面查看图形。

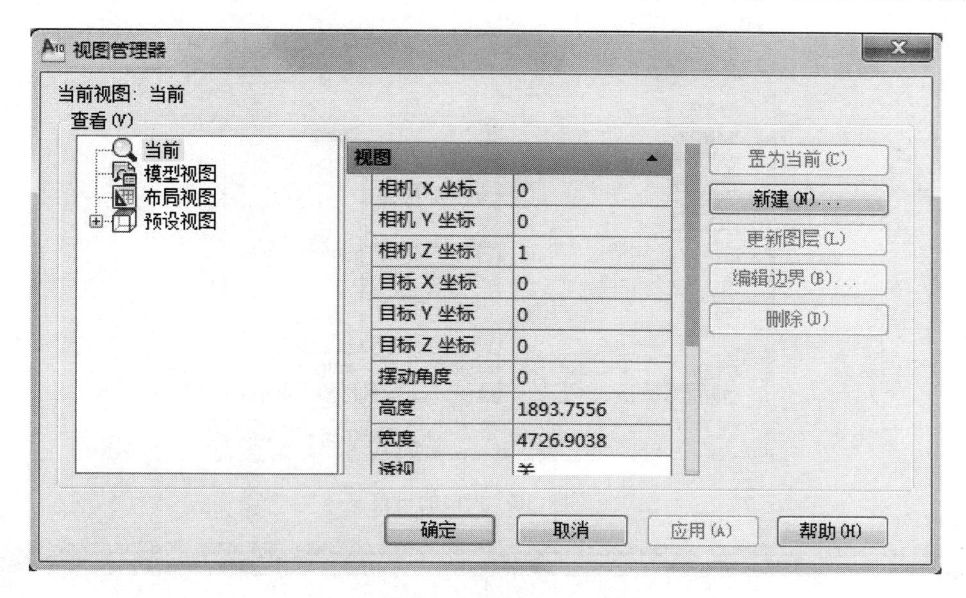

图 1-34　“视图管理器”对话框图

首先，启动软件后，在菜单栏中选择“视图→视口→新建视口”命令，可打开如图 1-35 所示的“视口”对话框。

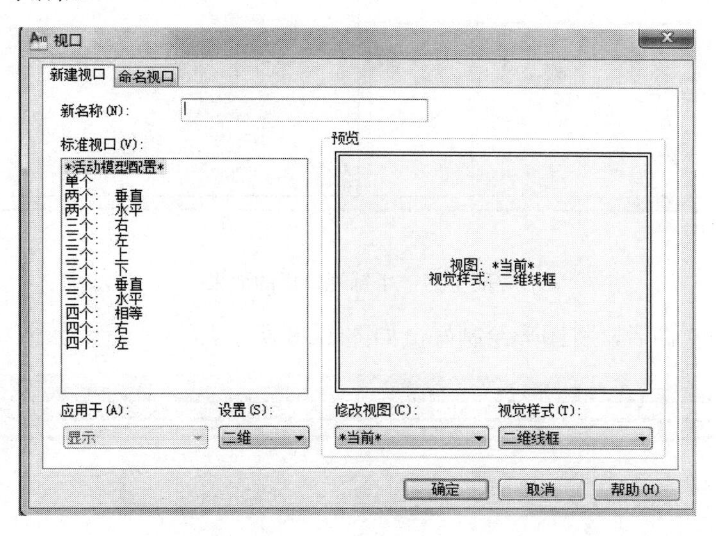

图 1-35　“视口”对话框

其次，在对话框中的“新名称”文本框中输入新创建的平铺视口的名称。在“标准视口”的列表栏中，选择所需要的视口类型，如图 1-36 所示。

最后，单击“确定”按钮就可以创建好所需要的平铺视口了。最终的视口效果如图 1-37 所示。

5．鸟瞰视图

该视图为整个图形的缩略图，用户可以快速地查看整个图形的效果，也可以在该缩略图中进行平移视图的操作。

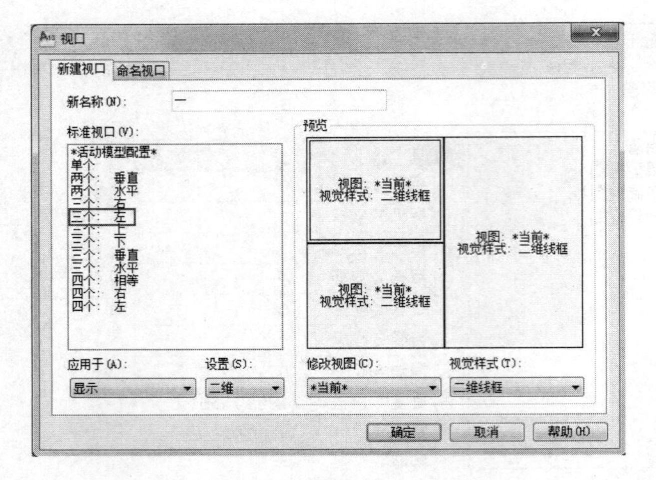

图 1-36 视口的设置

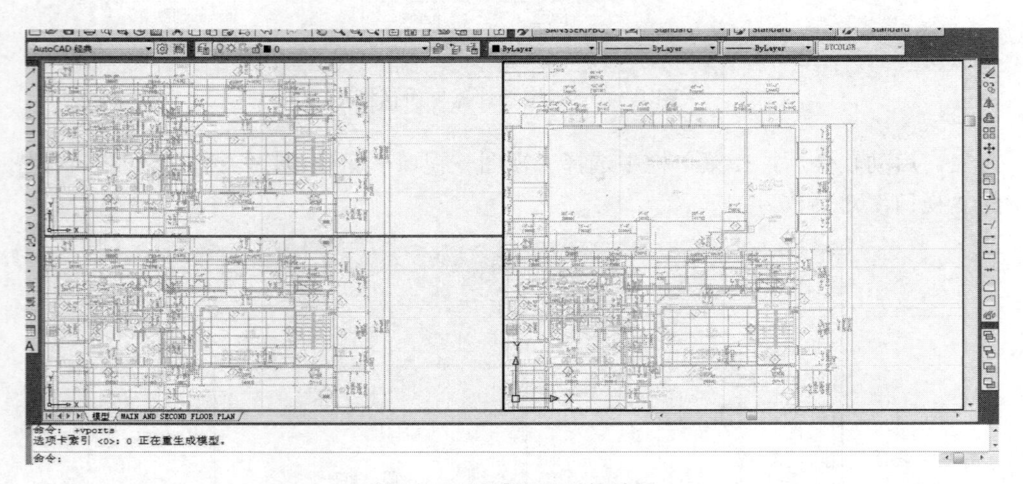

图 1-37 平铺视口后的效果

首先，启动软件后，将图形绘制好，如图 1-38 所示。

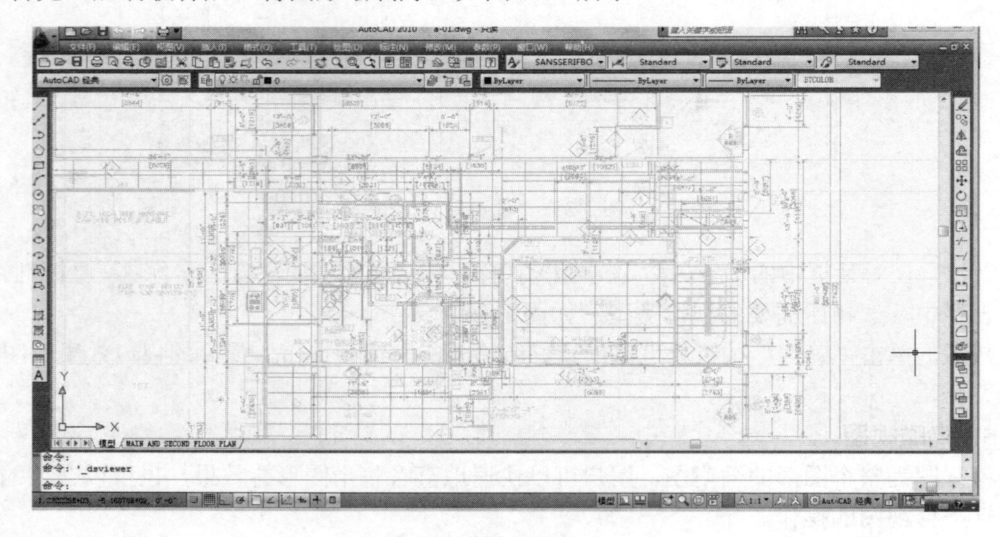

图 1-38 已绘制好的图形

然后，在菜单栏中选择“视图→鸟瞰视图”命令，可打开如图 1-39 所示的“鸟瞰视图”窗口，进行图形的查看。

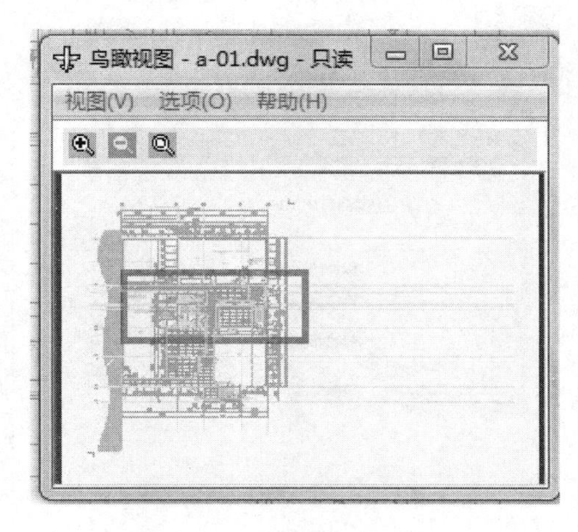

图 1-39　“鸟瞰视图”的窗口

6．重画与重新生成

重画与重新生成的主要目的在于让整个图形看上去更美观些。如用户在绘制或编辑图形时，绘图区经常会留有选取标记，而这些标记并不是用户绘制上去的，此时会觉得画面很乱，只要进行了重画或重新生成命令就可以消除这些多余的标记了。

重画：启用了重画命令，系统就会重新刷新绘图区，清除掉临时标记。

重画命令执行一是命令输入：redrawall↙；二是菜单栏：视图→重画。

重新生成：可以对所绘制的图形进行重新生成，当命令执行后，系统就会从磁盘中调出当前图形的所有数据。所以该命令更新绘图区的时间比重画的长一些。在绘图过程中，有些编辑操作完成后并没有对图形发生改变，此时可使用重新生成命令，命令执行后编辑操作方可生效。该命令的另一个优点就是，如果用户在直接打开软件后就开始绘制建筑图，当画了一根超出视图范围的辅助线时，发现视图无法对所绘制的内容进行完整观看，此时也可使用重新生成命令，它可以使没有进行图形界限设置的图形生成至适合视图大小的界限。

重新生成命令执行一是命令输入：regen↙；二是菜单栏：视图→重新生成。

7．ShowMotion

用户所绘制的图形可通过视图的快照来进行观看，这样用户可更完整地查看到整个图形的外貌。

ShowMotion 命令执行为：视图→ShowMotion，便可打开 ShowMotion 的命令面板，如图 1-40 所示。

当打开命令面板后，单击新建快照按钮，即可随之打开其对话框，如图 1-41 所示。

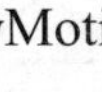

图 1-40　ShowMotion 面板

其各选项的功能如下。

“视图名称”：用于输入视图的名称。

“视图类别”：可以在下拉列表框中输入所需要显示的视图类别。

“视图类型”：可以从下拉列表框中选择视图类型，视图类型确定了视图的活动情况。

“转场”：可以设置视图的转场类型和转场时所需的时间。

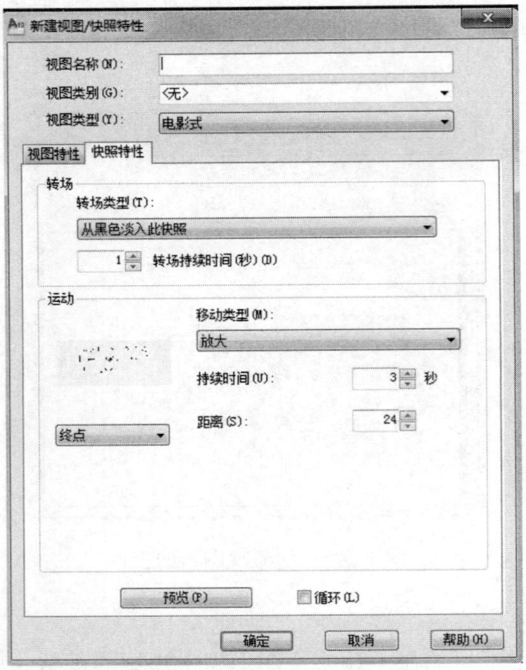

图 1-41 “新建视图 / 快照特性”对话框

“运动”：用于设置视图的移动类型，以及移动持续的时间、之间的位置等。

“预览”：单击该按钮，即可观看视图汇总的图形状况。

“循环”：如选中了该复选框，可循环观看视图中绘制图形的运动情况。

当创建了快照后，ShowMotion 面板将会以缩略图的形式记录下所创建的快照，如单击某个缩略图，都可以预览显示图形的活动状况。

四、任务训练

（1）利用精确绘制图形的功能绘制图 1-42 所示图形。

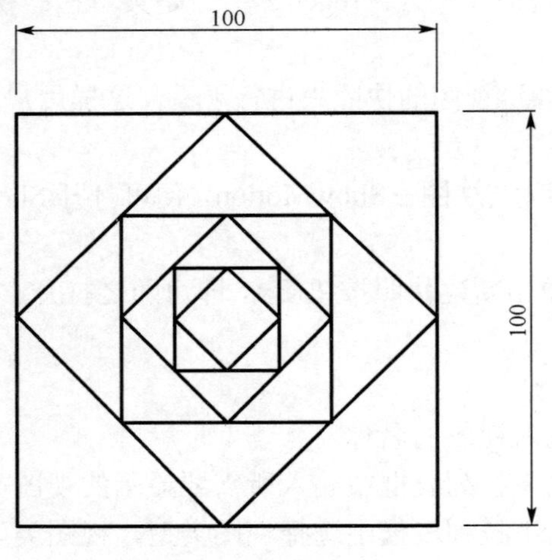

图 1-42 练习 1

提示：用 line 命令绘制，勾选对象捕捉中的中心点。再次输入 Enter 键为重复上一步命令。

（2）先绘制如图 1-43 所示图形，再利用查询功能对该图形进行距离、面积和时间的查询。

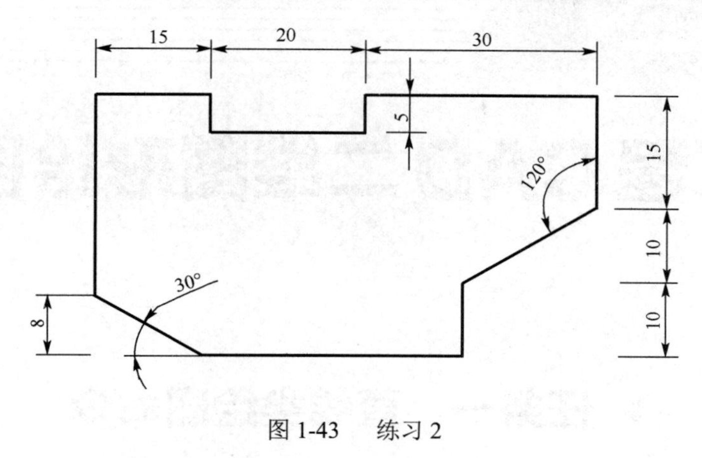

图 1-43　练习 2

提示：用 line 命令配合正交、极轴追踪等命令来绘制图形，完成后再进行面积和周长等的查询。

项目二

环境工程CAD二维图形绘图命令

▶ 任务一　直线类绘图命令

任务概述： 认识 AutoCAD 2010 的直线绘图命令，了解其使用特点与方法。

能力目标： 会利用直线绘图命令绘制所需要的相关图形。

知识目标： 具有对直线、射线、构造线、多段线、多线命令的编辑能力，并能够综合运用多种图形编辑命令绘制有关图形。

素质目标： 实事求是，一丝不苟，循序渐进，养成正确的学习习惯。

知识导向： 在掌握基本操作的基础上深入理解软件的性能及特点，并能举一反三，将其他命令的操作融会贯通。

在 AutoCAD 2010 中，使用“绘图”菜单中的命令，可以进行绘制点、直线、圆、圆弧和多边形等二维图形。二维图形对象是整个 AutoCAD 的绘图基础，因此熟练地掌握它们的绘制方法和技巧是迈向制图的关键。

一、 图方法

1．绘图菜单

绘图菜单（图 2-1）是绘制图形最基本、最常用的方法，其中包含了 AutoCAD 的大部分绘图命令。选择该菜单中的命令或子命令，可绘制出相应的二维图形。

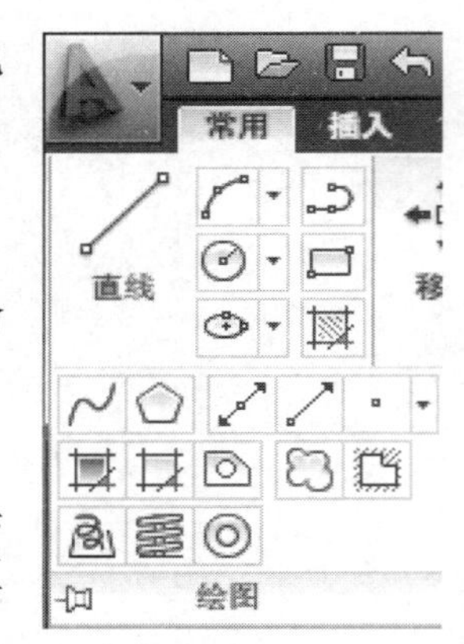

图 2-1　绘图菜单

2．绘图工具栏

“绘图”工具栏中的每个工具按钮都与“绘图”菜单中的绘图命令相对应，是已经图形化了的绘图命令。

3．屏幕菜单

“屏幕菜单”是 AutoCAD 的另一种菜单形式。选择其中的“工具 1”和“工具 2”子菜单，可以使用绘图相关工具。“工具 1”和“工具 2”子菜单中的每个命令分别与 AutoCAD 的绘图命令相对应。默认情况下，系统不显示“屏幕菜单”，但可以通过选择“工具”下的“选项”命令，打开“选项”对话框，在“显示”选项卡的“窗口元素”选项组中选中“显示屏幕菜单”复选框将其显示。

4．绘图命令

使用绘图命令也可以绘制图形，在命令提示行中输入绘图命令，按 Enter 键确认所输入的命令，便可按照提示信息进行绘图操作了。这种方法快捷，准确性高，但要求掌握绘图命令快捷输入及其选择项的具体用法。

AutoCAD 在实际绘图时，采用命令行工作机制，以命令的方式实现用户与系统的信息交互，而前面介绍的三种绘图方法是为了方便操作而设置的，是三种不同的调用绘图命令的方式。

二、绘制直线（快捷键 L）

“直线”是各种绘图中最常用、最简单的一种图形对象，只要指定了起点和确定了终点即可绘制一条直线。在 AutoCAD 中，可以用二维坐标(x,y)或三维坐标(x,y,z)来指定端点，也可以混合使用二维坐标和三维坐标。如果输入二维坐标，AutoCAD 将会用当前的高度作为 Z 轴坐标值，默认值为 0。选择“绘图”下的“直线”命令(LINE)，或在“绘图”工具栏中单击“直线” ╱ 按钮，就可以进行绘制直线了。

1．绘制方法

一是命令输入：输入“L”↙；二是菜单栏选择：“绘图”→“直线”进入直线命令。

执行命令后 AutoCAD 2010 会进入以下操作。

指定第一点：确定直线起始点。

指定下一点或［放弃（U）］：输入直线起始端点或输入 U 回车放弃点的输入。

指定下一点或［放弃（U）］：假如只绘制一条直线，即可直接回车结束操作；如果要绘制多条直线，则可在该提示下继续下一条直线的起始点。

指定下一点或［闭合（C）/放弃（U）］：绘制多条直线后可继续输入下一条直线端点，或者输入 C 将起始点与最终点相连接成为一段封闭折线，如果输入 U 则取消最后绘制的直线，若完成绘制任务直接回车即可。

指定下一点或［闭合（C）/放弃（U）］：回车。

2．各命令选项的具体含义

（1） 指定第一点

此项为 AutoCAD 2010 默认选项，可以直接用鼠标确定点，或者键入坐标确定点。

（2）放弃（U）

按照系统提示输入 U↙，则取消之前绘制的一段内容，如是多段直线则可连续输入使用。

（3）闭合（C）

输入 C 回车，则自动将第一条线段的起始点与最后一条线段的终点相重合，形成封闭的图形，并且结束直线命令。

对于不同的对象会选择不同的绘制方法，常用的有下面几项。

① 长度数据输入　长度数据输入指直接用键盘输入线段长度，并通过鼠标确定线段方向和角度。

实例 1：使用长度数据输入法绘制图 2-2 所示图形。

制图过程：

先打开正交命令：F8

命令：_line 指定第一点：输入第一点，任意在绘图区域内单击。

指定下一点或［放弃（U）］：200↙（将鼠标拉到刚输入点的右侧输入 200）；

指定下一点或［放弃（U）］：150↙（将鼠标拉到刚输入点的下侧输入 150）；

指定下一点或［闭合（C）/放弃（U）］：200↙（将鼠标拉到刚输入点的左侧输入 200）；

指定下一点或［闭合（C）/放弃（U）］：C↙。

② 角度替代输入　角度替代输入属于隐含操作命令，也就是前面提到的极轴输入方式。具体操作方法在提示“指定下一点”时输入线段与水平轴（即 X 轴）正向的夹角，即输入“<角度数据”，然后再输入线段长度数据。

实例 2：使用角度替代绘制图 2-3 所示等腰直角三角形。

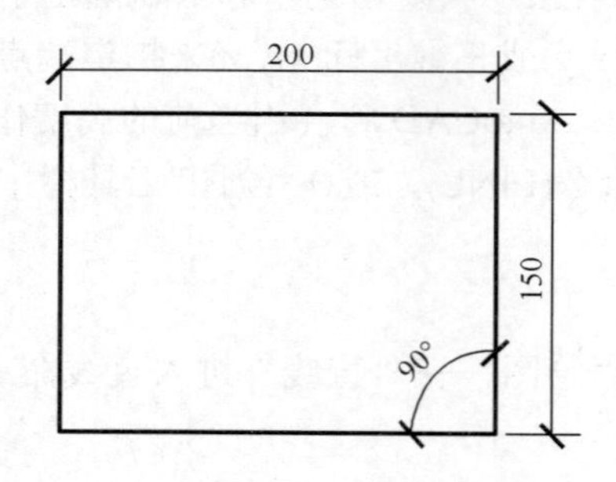

图 2-2　长度数据输入画直线

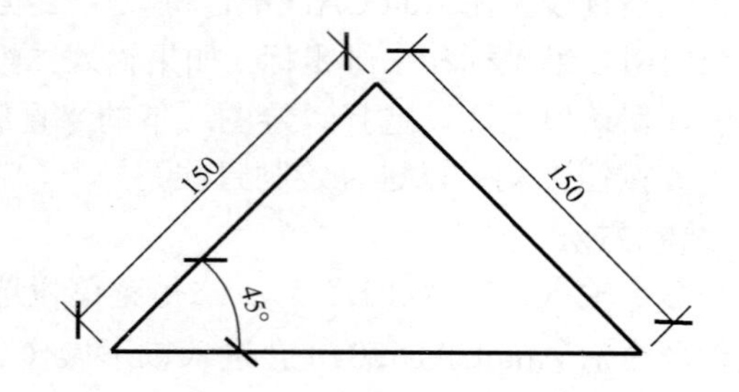

图 2-3　角度替代画等腰直角三角形

制图过程：

命令：_line 指定第一点：在绘图区域内输入第一点；

指定下一点或［放弃（U）］：<45↙；

角度替代：45；

指定下一点或［放弃（U）］：150↙；

指定下一点或［放弃（U）］：<135↙；

角度替代：135；

指定下一点或［放弃（U）］：150↙；

指定下一点或［闭合（C）/放弃（U）］：C↙。

③ 直接回车　直接回车同样属于隐含操作命令，此操作不在命令提示栏中显示。如，输入“LINE”命令，对“指定第一点”提示直接回车，AutoCAD 2010 将上一命令所绘制的直线或圆弧的端点作为下一条直线的起始点。

假如绘制直线，那么前一条直线的终止点就是新直线的起始点。

假如最后绘制圆弧，那么圆弧的终止点不仅是新直线的起点，而且也确定了新直线的方向为圆弧的切线方向，这个方法也是求直线和圆弧相切连接的最简单方法。

实例 3：绘制图 2-4 所示直线续接圆弧。

制图过程：预先绘制完成圆弧 AB，之后，

命令：_line 指定第一点：↙；

直线长度：100↙（输入 BC 的长度）；

指定下一点或［放弃（U）］：↙。

三、绘制射线（快捷键 RAY）

射线为一端固定，另一端无限延伸的直线。选择“绘图”→“射线”命令（RAY），指定射线的起点和通过点即可绘制一条射线。在 AutoCAD 中，射线主要用于绘制辅助线。

1．具体绘制方法

一是命令输入法：ray↙；二是菜单栏：选择“绘图”→“射线”命令。

执行命令后 AutoCAD 2010 会进入以下操作：

命令：ray 指定起点：确定射线的起始点。

指定通过点：指定射线的方向。

指定通过点：假如只绘制一条射线，即可直接回车结束操作；如果要绘制多条射线，则只需变换角度即可。

2．各命令选项的具体含义

（1）Ray 指定起点

此项为 AutoCAD 2010 默认选项，可以直接用鼠标确定点，或者键入坐标确定点。

（2）指定通过点

通过鼠标移动的方向及角度确定射线射出方向和角度。

实例 4：绘制图 2-5 所示 60° 夹角双射线。

制图过程：键入“RAY”或选择“绘图”→“射线”进入射线命令。

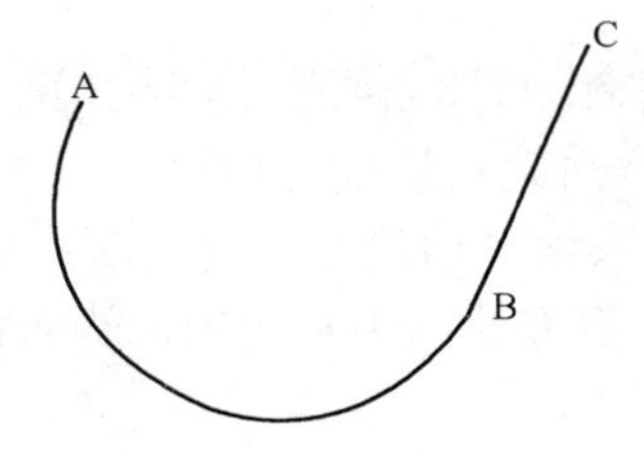

图 2-4　直线与圆弧相切

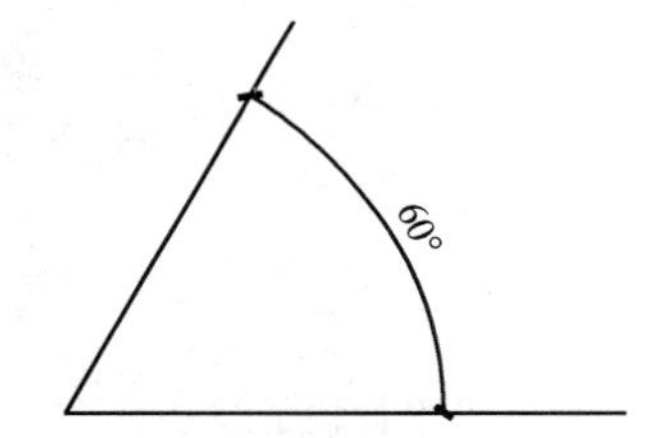

图 2-5　60° 夹角双射线

命令：ray 指定起点：确定射线的起始点；

指定通过点：水平引出一条射线；

指定通过点：鼠标上移 60° ，引出另一条射线，回车。

四、绘制构造线（快捷键 XL）

构造线为两端无限延伸的直线，没有起点和终点，可以放置在三维空间的任何地方，主要用于绘制辅助线。选择“绘图”→“构造线”命令（XLINE），可绘制构造线。如果调用了命令却不想使用了，可以按键盘上的“Esc”键来退出。整个过程和绘制直线的过程相似。

具体绘制方法如下：

一是命令输入法：xl↙。二是菜单栏：选择“绘图”→“构造线”命令。

执行命令后 AutoCAD 2010 会进入以下操作：

XLINE 指定点或［水平（H）/垂直（V）/角度（A）/二等分（B）/偏移（O）］：确定构造线起始点。

指定通过点：确定构造线的方向和角度。

指定通过点：如果有多条构造线可以继续移动鼠标点击，按回车键结束任务。

以下是各命令选项的具体含义。

（1）XLINE 指定点

此项为 AutoCAD 2010 默认选项，可以直接用鼠标确定点，或者键入坐标确定点。

（2）水平（H）

输入 H 进入水平模式，绘制的构造线均为水平直线。

（3）垂直（V）

输入 V 进入垂直模式，绘制的构造线均为垂直直线。

（4）角度（A）

输入 A 可以调整构造线的角度。

（5）二等分（B）

确定创建二等分指定角的构造线。指定用于创建角度的顶点和直线。

（6）偏移（O）

在已知的构造线上偏移一定距离，生成另一条与之平行的构造线，偏移距离可直接输入。

实例 5：绘制图 2-6 所示三条间距为 200 的水平平行构造线。

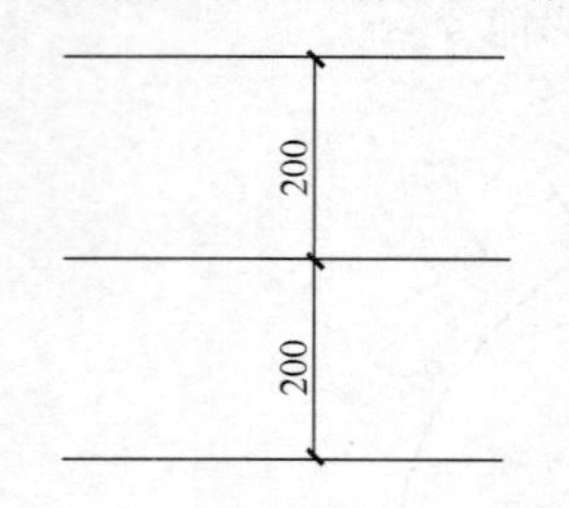

图 2-6 间距 200 水平平行构造线

制图过程：在命令输入行中键入“XL”↙，进入构造线命令。

XLINE 指定点或［水平（H）/垂直（V）/角度（A）/二等分（B）/偏移（O）］：确定构造线起始点

指定通过点：绘制一条水平构造线

偏移（O）：输入 O 回车进入偏移选项，输入偏移数据 200↙

选择直线对象：点击已绘制的构造线

指定向哪侧偏移：在已有构造线上或下方点击即可生成一条构造线，重复此操作完成任务。

五、绘制多段线（快捷键 PL）

如果使用了“直线”命令，可绘制出多个直线段，而且每个直线段均为独立对象。但有时也需要绘制一系列相关联的线段元素，这时就需要使用到“多段线”命令了。其功能不仅可以用来绘制直线，还可切换线型绘制圆弧，从而组合成逐段相连的整体线段。

具体绘制方法如下。

一是命令输入法：pl↙。

二是菜单栏：选择“绘图”→“多段线”命令（PLINE）。

三是工具栏：在“绘图”工具栏中单击“多段线”按钮。

进入绘制多段线命令，执行命令后 AutoCAD 2010 会进入以下操作。

指定起点：确定多段线起始点。

指定下一个点或[圆弧(A)/半宽(H)/长度(L)/放弃(U)/宽度(W)]:确定组成多段线中第一条直线或圆弧的位置。

指定下一点或 [圆弧(A)/闭合(C)/半宽(H)/长度(L)/放弃(U)/宽度(W)]: 确定多段线中下一组成元素的位置，或者键入所示命令执行相应的操作命令，调整直线和圆弧的数据。

多段线命令能够设定多段线中线段及圆弧的宽度；可以利用有宽度的多线段形成实心圆、圆环、带锥度的粗线等；能在指定的线段交点处或对整个多段线进行倒圆角或倒斜角处理；可以使线段、圆弧构成闭合多段线。

以下是各命令选项的具体含义。

（1）圆弧（A）

使用此选项可以画圆弧。当选择它时，AutoCAD 将有下面的提示：指定圆弧的端点或“角度（A）/圆心（CE）/闭合（CL）/方向（D）/半宽（H）/直线（L）/半径（R）第二点（S）/放弃（U）/宽度（W）”。

① 角度（A）：指定圆弧的夹角，负值表示沿顺时针方向画弧。

② 圆心（CE）：指定圆弧的中心。

③ 闭合（CL）：以多段线的起始点和终止点为圆弧的两端点绘制圆弧。

④ 方向（D）：设定圆弧在起始点的切线方向。

⑤ 半宽（H）：指定圆弧在起始点及终止点的半宽度。

⑥ 直线（L）：从画圆弧模式切换到画直线模式。

⑦ 半径（R）：根据半径画弧。

⑧ 第二点（S）：根据 3 点画弧。

⑨ 放弃（U）：删除上一次绘制的圆弧。

⑩ 宽度（W）：设定圆弧在起始点及终止点的宽度。

（2）闭合（C）

此选项使多段线闭合，它与 LINE（直线）命令的“C”选项作用相同。

（3）半宽（H）

该选项使用户可以指定本段多段线的半宽度，即线宽的一半。

（4）长度（L）

指定本段多段线的长度，其方向与上一直线段相同或是沿上一段圆弧的切线方向。在主提示下输入 L 回车，此时 AutoCAD 将提示

指定直线的长度：输入长度数据。

对于直线的长度数据可以直接输入数值，也可以移动鼠标拾取一点，其长度为端点到鼠标中心的距离。

（5）放弃（U）

删除多段线中最后一次绘制的直线段或圆弧。

（6）宽度（W）

设置多段线起点到终点的宽度，此时 AutoCAD 将提示：

指定起点宽度＜0.0000＞：输入多段线的起点线宽；

指定端点宽度＜0.0000＞：输入多段线的终点线宽。

用户可以输入不同的起始宽度和终点宽度值以绘制一条宽度逐渐变化的多段线，但是起点的默认值不一定每次都是 0，它的数值取决于最近的一次设置，而终点宽度则默认为起点宽度，如果起点宽度与终点宽度不一致，则会绘制成变宽的多段线。

实例 6：绘制图 2-7 所示图形。

制图过程：在命令输入行中键入“PL”↙（打开正交 F8），进入多段线命令。

指定起点：确定多段线起始点；

指定下一个点或 [圆弧(A)/半宽(H)/长度(L)/放弃(U)/宽度(W)]:（鼠标指向起点的左侧输入长度）500↙；

指定下一个点或 [圆弧(A)/半宽(H)/长度(L)/放弃(U)/宽度(W)]: A↙（圆弧命令）；

[角度(A)/圆心(CE)/闭合(CL)/方向(D)/半宽(H)/直线(L)/半径(R)/第二个点(S)/放弃(U)/宽度(W)]:（鼠标指向上一起点的下方输入圆弧直径数据）300↙；

[角度(A)/圆心(CE)/闭合(CL)/方向(D)/半宽(H)/直线(L)/半径(R)/第二个点(S)/放弃(U)/宽度(W)]: L↙（进入直线命令）；

指定下一点或 [圆弧(A)/闭合(C)/半宽(H)/长度(L)/放弃(U)/宽度(W)]:（鼠标指向上一点的右侧输入直线长度）500↙；

指定下一点或 [圆弧(A)/闭合(C)/半宽(H)/长度(L)/放弃(U)/宽度(W)]:（鼠标指向上一点的上方输入直线长度）300↙。

再次回车结束命令。

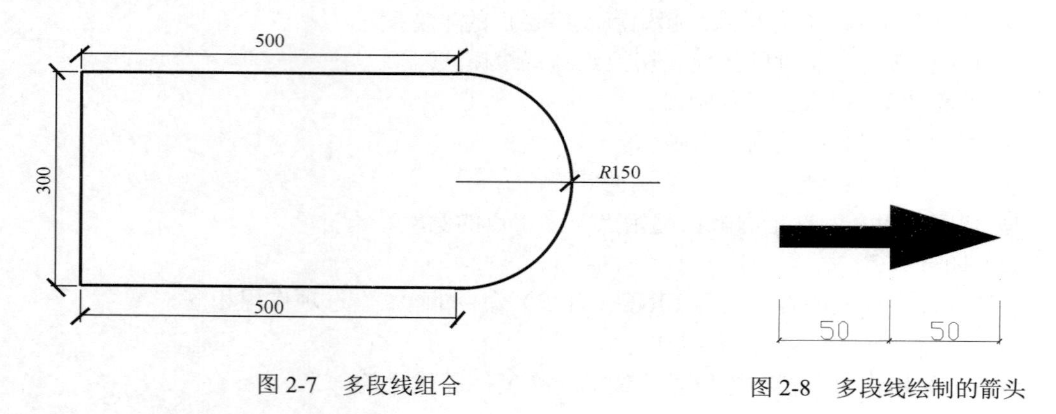

图 2-7　多段线组合

图 2-8　多段线绘制的箭头

实例 7：绘制图 2-8 所示图形。

制图过程：在命令输入行中键入“PL”↙（打开正交 F8），进入多段线命令。

指定起点：确定多段线起始点；

指定下一个点或 [圆弧(A)/半宽(H)/长度(L)/放弃(U)/宽度(W)]: W↙（宽度选项）；

指定起点宽度<0.0000>:10↙；

指定端点宽度<0.0000>:10↙（确定整个直线的宽度）；

指定下一个点[圆弧（A）/半宽（H）/长度(L)/放弃(U)/宽度(W)]:50↙（画出直线的长）；

指定下一个点[圆弧（A）/闭合（C）/半宽（H）/长度(L)/放弃(U)/宽度(W)]:50↙；

指定起点宽度<0.0000>:30↙（确定箭头的起始宽度）；

指定端点宽度<0.0000>:0↙（确定箭头的结束宽度）；

指定下一个点[圆弧（A）/闭合（C）/半宽（H）/长度(L)/放弃(U)/宽度(W)]:50↙；

指定下一个点[圆弧（A）/闭合（C）/半宽（H）/长度(L)/放弃(U)/宽度(W)]:↙（或 ESC 键结束命令）。

六、绘制多线（快捷键 ML）

多线是一种由两条以上的多条平行线构成的组合对象，平行线之间的间距和数目是可以进行调整的，多线常用于绘制建筑图中的墙体、窗户、电子线路图等平行线对象。

具体绘制方法如下。

一是命令输入法：ml↙。二是菜单栏：选择“绘图”→“多线”命令（MLINE）。

进入绘制多线命令，当执行命令后 AutoCAD 2010 会进入以下操作：

当前设置：对正 ＝ 上，比例 ＝20.00，样式 ＝STANDARD；

指定起点或 [对正(J)/比例(S)/样式(ST)]：输入多线起始端点。

指定下一点或［放弃（U）］：假如只绘制一条多线，即可直接回车结束操作；如果要绘制多条多线，则可在该提示下继续下一条多线的起始点。

指定下一点或［闭合（C）/放弃（U）］：绘制多条多线后可继续输入下一条多线端点，或者输入C将起始点与最终点相连接成为一段封闭折线，如果输入U则取消最后绘制的多线，若完成绘制任务，直接回车即可。

指定下一点或［闭合（C）/放弃（U）］：回车。

以下是各命令选项的具体含义。

（1）指定第一点

此项为 AutoCAD 2010 默认选项，可以直接用鼠标确定点，或者输入坐标来确定点。

进入多线命令，在指定起点或 [对正(J)/比例(S)/样式(ST)]:中可以进行相应调节。

① 对正(J)：调整控制对齐方式。“上”表示以所设置的多线，其最上面的一条直线的端点和将进行拾取的点进行对齐；“下”表示以所设置的多线，其最下面的一条直线的端点和将进行拾取的点进行对齐；而“无”表示以所设置的多线，其中轴端点和将进行拾取的点进行对齐。如图 2-9 所示。

② 比例（S）：调整多线间距比例。一般设置为 1。

③ 样式（ST）：调用多线样式中所设置的多线名称，也就是可通过此选项在预先设置的不同多线样式中相互调用。

输入对正类型

● 上(T)

无(Z)

下(B)

图 2-9　输入对正类型

（2）放弃（U）

按照系统提示输入 U 回车，则取消之前绘制的一段内容，如果是多段多线则可连续输入使用。

（3）闭合（C）

输入 C 回车，则自动将第一条线段的起始点与最后一条线段的终点相重合，形成封闭的图形，并且结束多线命令。

（4）多线样式的设置

选择“格式”→“多线样式”命令（MLSTYLE），打开“多线样式”对话框，可以根据需要创建多线的样式，设置其线条数目和线的拐角方式。该对话框中各选项的功能如图 2-10 所示。

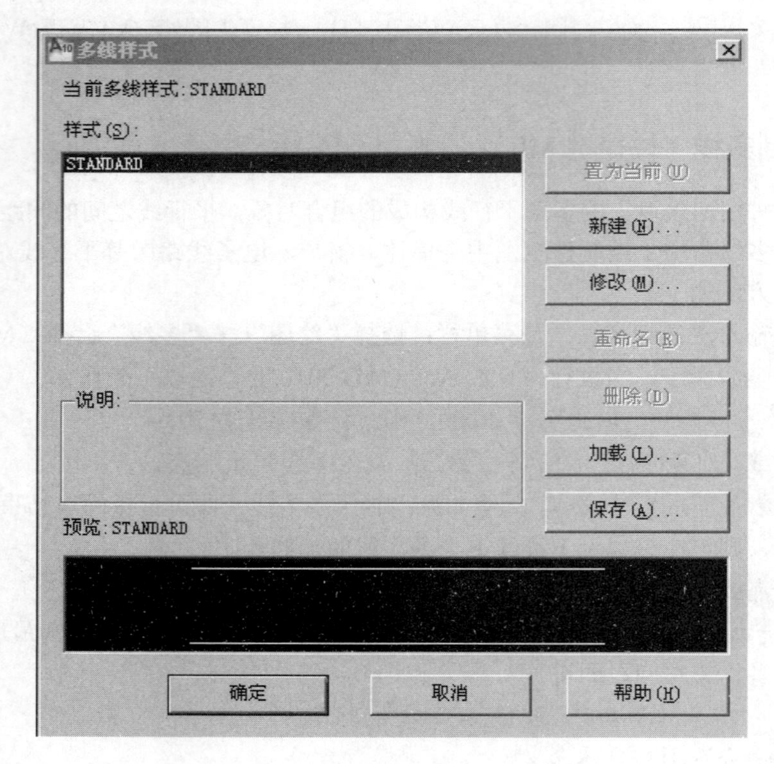

图 2-10 “多线样式”对话框

① 新建：创建新的多线样式。需输入新样式名，为后续修改创建文件，如图 2-11 所示。需注意的是，“新样式名”尽量使用易分辨的单个英文字母来代替，此举为之后的样式调用，将带来诸多方便。

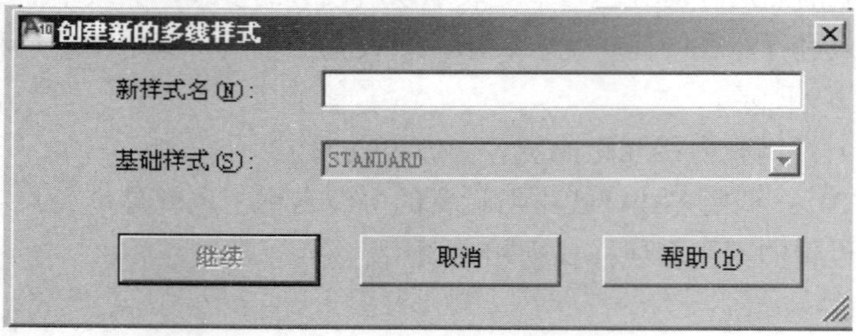

图 2-11 “创建新的多线样式”对话框

② 修改：修改多线样式，从端点、填充、图元、颜色等选项，使之达到多线的使用目的。其中偏移值的设置有正负之分，其默认的“0”值，为多线虚构的中轴线所在位置，之上的线为正值，之下的线为负值，其值均为当前所设置的线，距中轴线的实际距离。如图 2-12 所示。

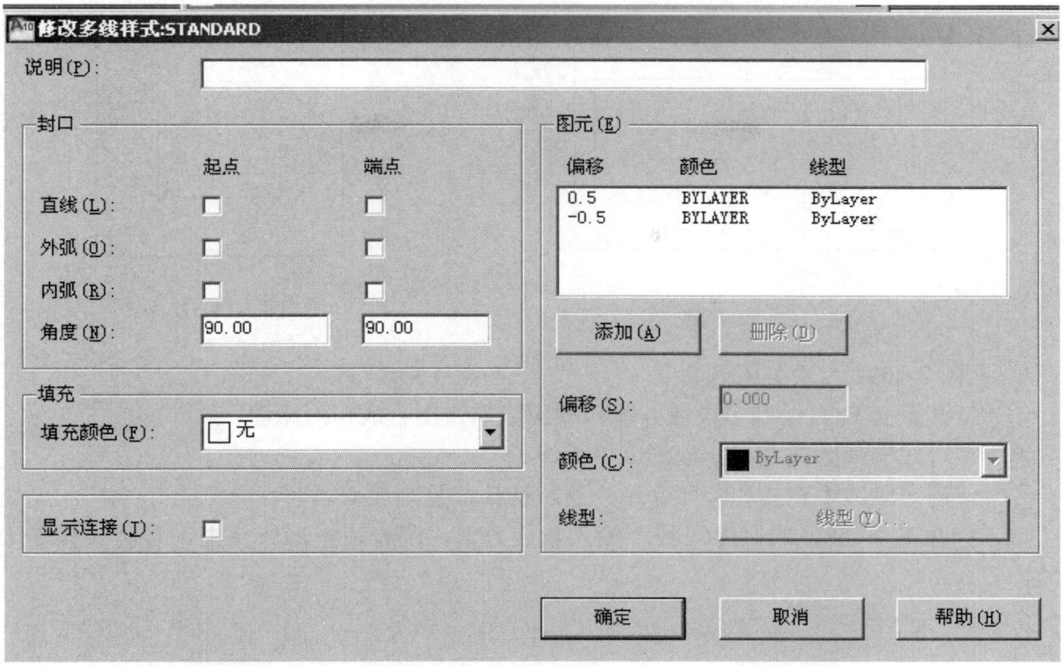

图 2-12 “修改多线样式”对话框

实例 8：制图 2-13 所示图形。

制图过程：键入“ML”进入多线命令，

当前设置：对正 = 上，比例 =20.00，样式 =STANDARD，

指定起点或 [对正(J)/比例(S)/样式(ST)]：输入 S↙，

输入“80”↙，确定多线比例，输入多线起始端点，其他项均为默认值。

指定下一点或［放弃（U）］：鼠标向右输入多线长度数据 1500↙；

指定下一点或［放弃（U）］：鼠标向下输入多线长度数据 800↙；

指定下一点或［放弃（U）］：鼠标向左输入多线长度数据 1500↙；

指定下一点或［放弃（U）］：鼠标向上输入多线长度数据 800↙；

指定下一点或［闭合（C）/放弃（U）］：↙。

七、任务训练

（1）如图 2-14 所示绘制边长为 100 的正方形，内部的正方形的顶点为外面边长的中点。

① 打开正交 F8，绘制边长为 100 的正方形。

② 对象捕捉打开中点设置，连接正方形四边中点，形成内部小正方形。

③ 重复步骤（2），完成绘制。

（2）如图 2-15 所示绘制餐桌。

① 打开正交 F8，绘制多段线，输入相应数据，围合成矩形桌面。

② 打开正交 F8，绘制多段线，输入相应数据，围合成矩形座椅椅面。

③ 按座椅靠背厚度数据，绘制直线形成椅背。

④ 绘制座椅，使用移动命令将其放置在桌面两侧。

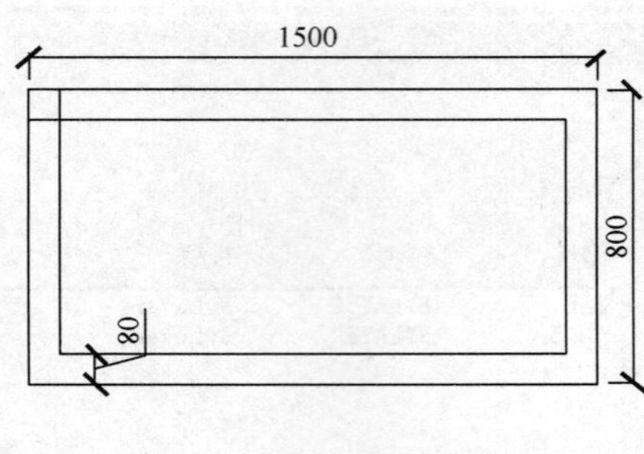

图 2-13　多线组合

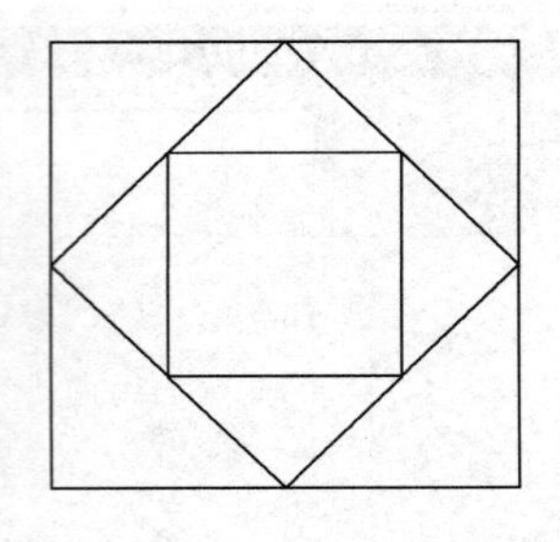

图 2-14　练习 1

（3）图 2-16 所示绘制床。

① 打开正交 F8，绘制多段线，输入相应数据，围合成矩形床面。

② 多段线输入圆弧命令，绘制床单弧线。

③ 使用多段线中直线和圆弧命令，绘制枕头。复制成双。

④ 打开正交 F8，绘制多段线，输入相应数据，围合成矩形床头柜，复制放置于床头两侧。

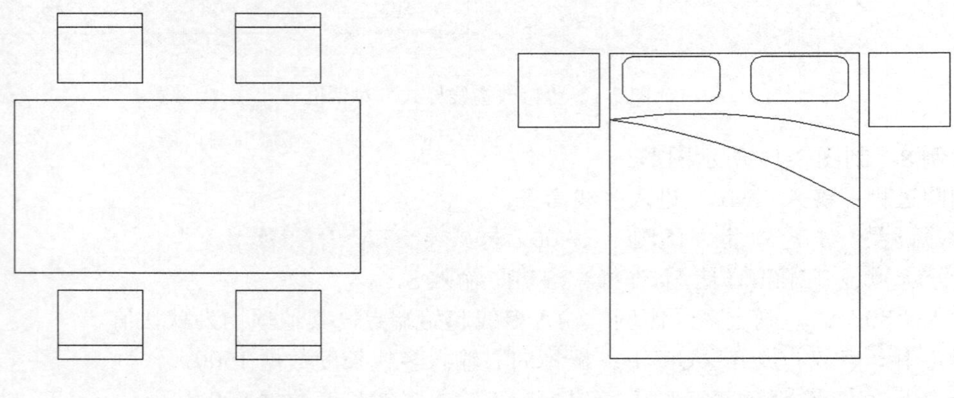

图 2-15　练习 2　　　　图 2-16　练习 3

（4）如图 2-17 所示绘制沙发。

① 打开正交 F8，绘制多段线，输入相应数据，围合成矩形沙发坐垫。

② 多段线输入数据，绘制沙发靠背和扶手。

③ 绘制一根直线连接沙发坐垫平行线中点，将坐垫分成两块。

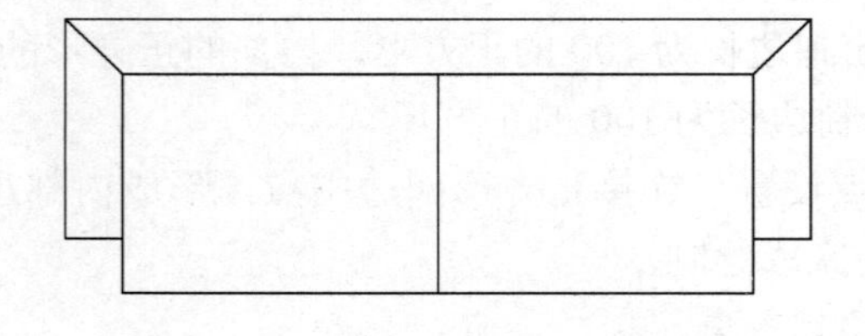

图 2-17　练习 4

（5）如图 2-18 所示绘制推拉门。

① 打开正交 F8，绘制直线，输入相应数据，围合成矩形，绘制单扇推拉门边框。

② 使用偏移命令绘制推拉门内框。

③ 复制推拉门门框，将其对齐，组合成双推拉门。

④ 填充玻璃图形。

（6）绘制如图 2-19 所示图形。

① 使用“多段线”命令中的圆弧“A”绘制外周的圆，设置线宽“W”为 10；圆的半径为 50。

② 以圆左侧象限点为起点用“多段线”命令绘制箭头。线宽开始为 10，后面为 30，终点为 0，箭头长度可以自定。

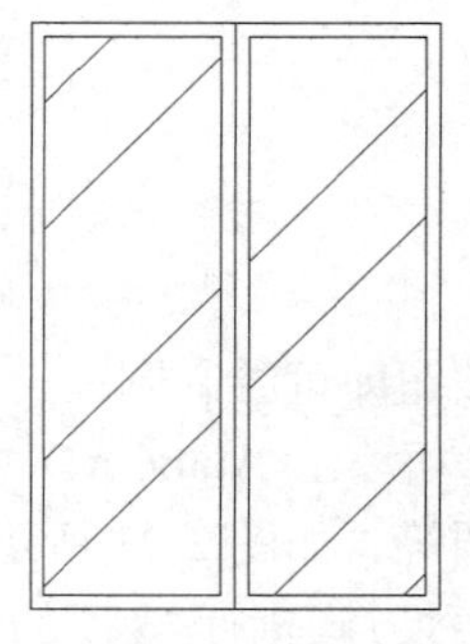

图 2-18　练习 5

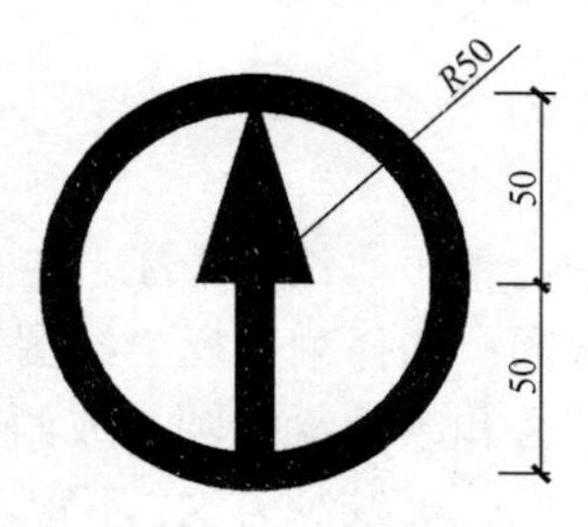

图 2-19　练习 6

（7）绘制如图 2-20 所示图形。

① 使用“多段线”命令或“直线”命令，打开极轴，设置好极轴的“附近角”的度数“130”等。

② 绘制如下的外框。

③ 用“直线”命令确定中间图形的左下角位置，仍然利用极轴来进行绘制。

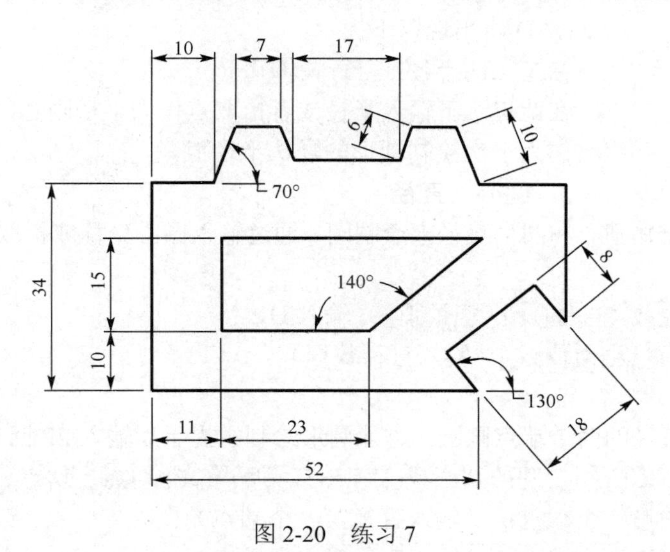

图 2-20　练习 7

▶ 任务二　圆类绘图命令

任务概述： 通过对圆类绘图命令的讲解，阐述圆类绘图命令的基本概念，使学生初识

AutoCAD 2010 的圆类绘图命令并对其特点有一定了解。

任务概述： 对圆类绘图命令具有一定的操作能力。

知识目标： 掌握圆、圆弧、椭圆、椭圆弧、圆环、点命令绘制对象的方法，以及综合运用多种图形命令绘制图形。

素质目标： 培养学生的软件操作能力以及养成正确的绘图习惯。

知识导向： 以圆形绘图命令的学习作为一个切入点，深入浅出地介绍相关操作技巧，比较圆、圆弧命令的相似性，达到举一反三的学习效果。

一、绘制圆（快捷键 C）

绘制圆的方法如下。

一是快捷键：C↙；

二是单击按钮：单击“绘图”工具栏中的“圆”按钮即可绘制圆；

三是菜单栏选项：选择菜单栏“绘图”→“圆”选项。在 AutoCAD 中，可以根据用户的需要选择指定圆心和半径绘制圆，或两点或三点画圆等。如图 2-21 所示。

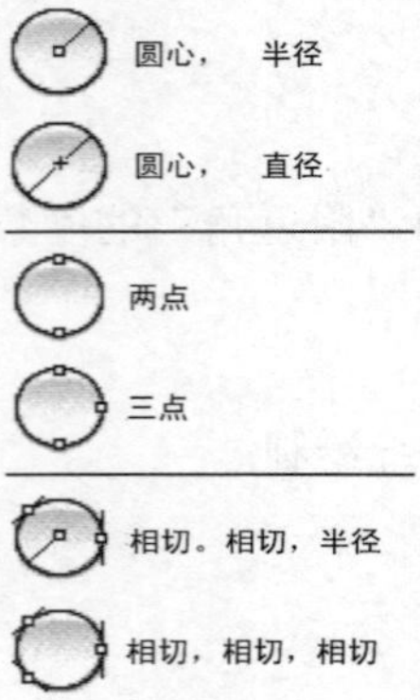

圆心，半径

圆心，直径

两点

三点

相切。相切，半径

相切，相切，相切

图 2-21 “圆”选项

绘制方法：不管选用以上的哪种方式执行“圆”的命令后，AutoCAD 2010 都会进入以下操作。

命令：_CIRCLE 指定圆的圆心或 [三点(3P)/两点(2P)/切点、切点、半径(T)]:

一共有 6 种画圆的方法，下面就各种画圆方法分别进行介绍。

1．圆心、半径

AutoCAD 2010 默认方式，输入给定的圆心坐标或拾取圆心后，AutoCAD 将出现以下提示。

指定圆的半径或 [直径(D)]:

在此提示下输入半径或者拾取点作为半径画圆，每次输入半径的数值将作为下次绘制圆形的默认半径值。

2．圆心、直径

指的是通过已知圆心和圆形直径来绘制圆。通过输入圆心坐标或拾取圆心后，AutoCAD 将出现以下提示。

指定圆的半径或 [直径(D)] <当前值>：输入 D↙；

指定圆的直径 <当前值>：（输入直径数据）。

3．两点（2P）

通过已知圆直径的两个端点画圆。进入圆形绘制主提示后输入 2P 回车，进入以下提示。

命令：_CIRCLE 指定圆的圆心或 [三点(3P)/两点(2P)/切点、切点、半径(T)]：2P↙；

指定圆直径的第一个端点：（输入直径第一个端点）；

指定圆直径的第二个端点：（输入直径第二个端点）。

4．三点（3P）

通过已知过圆周上的 3 个点绘制一个圆，这 3 点排列不可位于同一直线上。进入圆形绘制主提示后有以下提示。

命令：_CIRCLE 指定圆的圆心或 [三点(3P)/两点(2P)/切点、切点、半径(T)]：3P↙；

指定圆上的第一个点：（输入任一点）；

指定圆上的第二个点：（输入任一点）；

指定圆上的第三个点：（输入任一点）。

5．相切、相切、半径（T）

已知与圆相切的两个对象（该对象可以是直线也可以是圆弧），并知圆半径，即可用此法绘制出所需的圆。进入圆形绘制主提示后有以下提示。

命令：_CIRCLE 指定圆的圆心或 [三点(3P)/两点(2P)/切点、切点、半径(T)]：T↙；

指定对象与圆的第一个切点：用鼠标选取第一个相切对象；

指定对象与圆的第二个切点：用鼠标选取第二个相切对象；

指定圆的半径 <当前值>：输入圆形的半径值。

使用相切、相切、半径方法画圆，可以很好解决环境工程制图中圆弧连接的问题，如图 2-22 所示（参见剪切命令）。

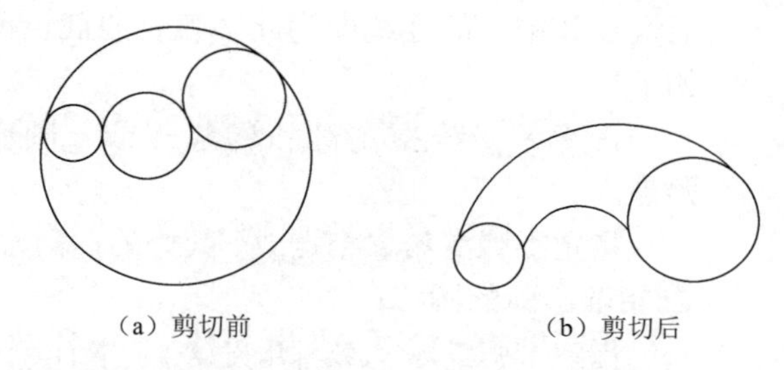

（a）剪切前　　（b）剪切后

图 2-22　使用相切、相切、半径方法（T）绘制图形

6．相切、相切、相切

选取与圆相切的三个指定对象，AutoCAD 将自动生成圆。如图 2-23 所示各图形实例。

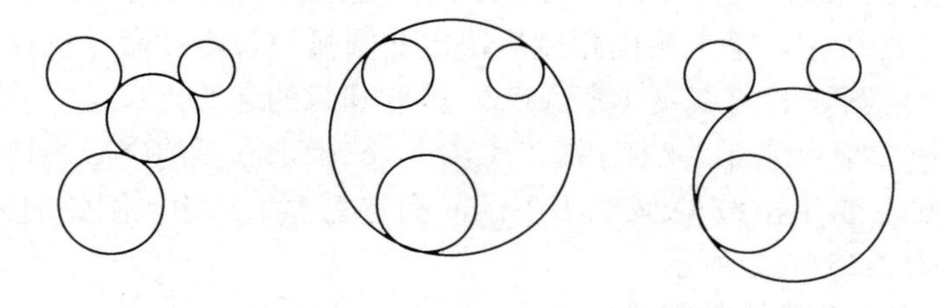

图 2-23　使用相切、相切、相切方法绘制的各种图形

二、绘制圆弧（快捷键 A）

绘制圆弧的方法如下。

一是快捷键：A↙；

二是单击按钮：单击“绘图”工具栏中的“圆弧”按钮；

三是菜单栏选项：选择“绘图”→“圆弧”命令中的子命令，即可绘制圆弧。

在 AutoCAD 2010 中圆弧有 11 种绘制方法，当执行命令 AutoCAD 2010 会进入以下操作。

ARC 指定圆弧的起点或 [圆心(C)]：

下面就各种方法进行介绍，如图 2-24 所示。

1．三点绘制圆弧

三点绘制圆弧指通过指定圆弧起始点为第一点，此圆弧上的任意第二点以及此圆弧终止点这三点生成一段圆弧。命令执行后提示如下。

命令: _arc 指定圆弧的起点或 [圆心(C)]: 拾取圆弧起始点；

指定圆弧的第二个点或 [圆心(C)/端点(E)]: 单击圆弧上任意一点为第二点；

指定圆弧的端点: 拾取圆弧的终止点。

操作结果如图 2-25（a）所示。

2．起点、圆心、端点绘制圆弧

如果已知圆弧的起始点、圆心以及端点位置，即可以用此方法绘制。给出圆弧起始点和圆心位置之后此圆弧的半径就已经确定，而终止点只是决定此圆弧的长度。圆弧并不一定通过端点，而端点和中心的连线即为此圆弧长的截止位置。命令执行后提示如下。

命令: _arc 指定圆弧的起点或 [圆心(C)]: 拾取圆弧的起始点。

指定圆弧的第二个点或 [圆心(C)/端点(E)]: _c 指定圆弧的圆心:拾取圆弧的圆心；

指定圆弧的端点或 [角度(A)/弦长(L)]: 拾取圆弧的终止点。

操作结果如图 2-25（b）所示。

三点
起点，圆心，端点
起点，圆心，角度
起点，圆心，长度
起点，端点，角度
起点，端点，方向
起点，端点，半径
圆心，起点，端点
圆心，起点，角度
圆心，起点，长度
连续

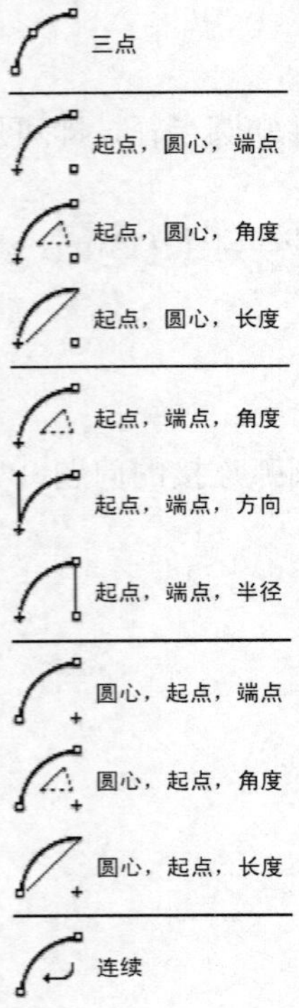

图 2-24 圆弧绘制的方法

3．起点、圆心、角度绘制圆弧

如果已知圆弧的起始点、圆心以及该圆弧的扇面角的角度（即圆弧的两端点与圆心连线的夹角），即可以用此方法绘制。给出圆弧起始点和圆心位置之后此圆弧的半径就已经确定，输入扇面角度后决定此圆弧的长度。命令执行后提示如下。

命令: _arc 指定圆弧的起点或 [圆心(C)]: 拾取圆弧的起始点；

指定圆弧的第二个点或 [圆心(C)/端点(E)]： _c 指定圆弧的圆心：拾取圆弧的圆心；

指定圆弧的端点或 [角度(A)/弦长(L)]：_a 指定包含角：输入圆弧的夹角角度。

操作结果如图 2-25（c）所示。

4．起点、圆心、长度绘制圆弧

如果已知圆弧的起始点、圆心以及圆弧的弦长（即圆弧的两端点的距离），即可以用此方法绘制。一般情况下，如果指定弦长为正值，将得到与弦长相应的最小的圆弧（即短圆弧），如果指定弦长为负值，将得到与弦长相应的最大的圆弧（即长圆弧）。命令执行后提示如下。

命令: _arc 指定圆弧的起点或 [圆心(C)]: 拾取圆弧的起始点；

指定圆弧的第二个点或 [圆心(C)/端点(E)]: _c 指定圆弧的圆心: 拾取圆弧的圆心；

指定圆弧的端点或 [角度(A)/弦长(L)]: _l 指定弦长：输入圆弧的弦长值。

操作结果如图 2-25（d）所示。

5．起点、端点、角度绘制圆弧

如果已知圆弧的起始点、端点以及该圆弧的扇面角的角度（即圆弧的两端点与圆心连线的夹角），即可以用此方法绘制。命令执行后提示如下。

命令: _arc 指定圆弧的起点或 [圆心(C)]: 拾取圆弧的起始点；

指定圆弧的第二个点或 [圆心(C)/端点(E)]: _e：拾取圆弧的端点；

指定圆弧的圆心或 [角度(A)/方向(D)/半径(R)]: _a 指定包含角：输入圆弧的扇面角的角度。

操作结果如图 2-25（e）所示。

6．起点、端点、方向绘制圆弧

如果已知圆弧的起始点、端点以及该圆弧在起始点的切线方向，即可以用此方法绘制。命令执行后提示如下。

命令: _arc 指定圆弧的起点或 [圆心(C)]: 拾取圆弧的起始点；

指定圆弧的第二个点或 [圆心(C)/端点(E)]: _e：拾取圆弧的端点；

指定圆弧的圆心或 [角度(A)/方向(D)/半径(R)]: _d 指定圆弧的起点切向：输入一点确定起始点切线方向或者输入角度值。

操作结果如图 2-25（f）所示。

7．起点、端点、半径绘制圆弧

如果已知圆弧的起始点、端点以及该圆弧的半径，即可以用此方法绘制。命令执行后提示如下。

命令: _arc 指定圆弧的起点或 [圆心(C)]: 拾取圆弧的起始点；

指定圆弧的第二个点或 [圆心(C)/端点(E)]: _e: 拾取圆弧的端点；

指定圆弧的圆心或 [角度(A)/方向(D)/半径(R)]: _r 指定圆弧的半径:输入圆弧的半径长度值。

操作结果如图 2-25（g）所示。

8．圆心、起点、端点绘制圆弧

如果已知圆弧的圆心、起始点和用来确定端点的第三个点，即可以用此方法绘制。用于确定端点的第三个点并不一定通过圆弧，但是这个点和圆弧终止点同在终止点和圆心的连线上。命令执行后提示如下。

命令: _arc 指定圆弧的起点或 [圆心(C)]: _c 指定圆弧的圆心:拾取圆弧的圆心；

指定圆弧的起点:拾取圆弧的起始点；

指定圆弧的端点或 [角度(A)/弦长(L)]:拾取端点或者输入角度数据。

操作结果如图 2-25（h）所示。

9．圆心、起点、角度绘制圆弧

如果已知圆弧的圆心、起始点和该圆弧的扇面角的角度（即圆弧的两端点与圆心连线的夹角），即可以用此方法绘制。起点与圆心之间的距离决定半径，圆弧的另一端通过指定将圆弧的圆心用作于顶点的夹角来确定。所得圆弧始终从起点按逆时针方向绘制。命令执行后提示如下。

命令: _arc 指定圆弧的起点或 [圆心(C)]: _c 指定圆弧的圆心:拾取圆弧的圆心；

指定圆弧的起点:拾取圆弧的起始点；

指定圆弧的端点或 [角度(A)/弦长(L)]: _a 指定包含角:输入夹角的角度数据。

操作结果如图 2-25（i）所示。

10．圆心、起点、长度绘制圆弧

如果已知圆弧的圆心、起始点和该圆弧的弦长，即可以用此方法绘制。起点与圆心之间的距离决定半径，圆弧的另一端通过指定圆弧的起点与端点之间的弦长来确定。所得圆弧始终从起点按逆时针方向绘制。命令执行后提示如下。

命令: _arc 指定圆弧的起点或 [圆心(C)]: _c 指定圆弧的圆心: 拾取圆弧的圆心；

指定圆弧的起点: 拾取圆弧的起始点；

指定圆弧的端点或 [角度(A)/弦长(L)]: _l 指定弦长: 输入圆弧的弦长值。

操作结果如图 2-25（j）所示。

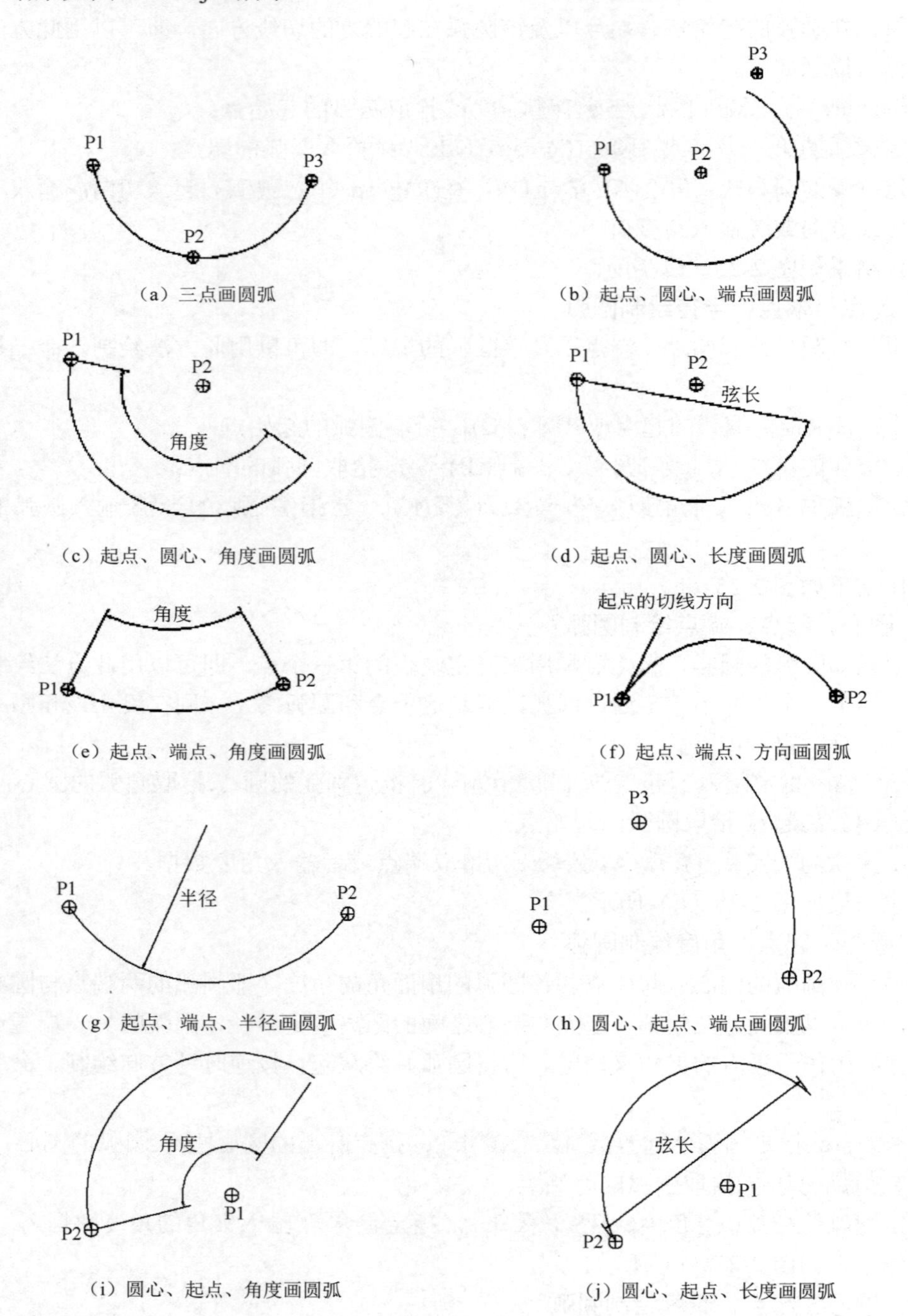

图 2-25 圆弧的画法

11．连续方式绘制圆弧

基于已绘制的圆弧或直线，通过其终止点，可以绘制一端与之相切的圆弧。命令执行后提示如下。

命令:　ARC 指定圆弧的起点或 [圆心(C)]:指定前一段圆弧或直线的终止点；

指定圆弧的第二个点或 [圆心(C)/端点(E)]:直接回车；

指定圆弧的端点:拾取端点。

操作结果如图 2-26 所示。

在实际绘图中可以根据不同需要选择相适应的圆弧绘制方式。

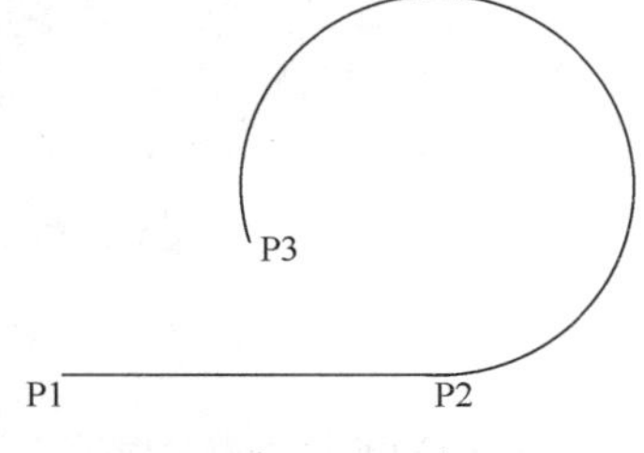

图 2-26　直线与圆弧相接

三、绘制椭圆和椭圆弧（快捷键 EL）

绘制椭圆的方法如下。

一是快捷键：EL↙；

二是单击按钮：单击“绘图”工具栏中的“椭圆”按钮；

三是菜单栏选项：选择“绘图”→“椭圆”子菜单中的命令，即可绘制椭圆。

可以选择“绘图”→“椭圆”→“中心点”命令，指定椭圆中心、一个轴的端点（主轴）以及另一个轴的半轴长度绘制椭圆；也可以选择“绘图”→“椭圆”→“轴、端点”命令，指定一个轴的两个端点（主轴）和另一个轴的半轴长度绘制椭圆。对于一个椭圆，主要参数为中心和长短两轴，绘制椭圆有以下三种方式。

采用以上三种方法均可进入椭圆命令，执行命令后 AutoCAD 2010 会进入以下操作：

指定椭圆的轴端点或 [圆弧(A)/中心点(C)]：指定一点或按提示输入一个选项后回车。

下面对每个选项分别介绍。

1．指定椭圆的轴端点

此方法只要确定一个轴的两端点距离和另一个轴的半轴长度，即可绘制椭圆。

在命令执行后先确定一点后的提示为：

指定轴的另一个端点：输入一个轴长度值或拾取该轴的端点。

指定另一条半轴长度或 [旋转(R)]：输入另一个半轴长度完成操作或者键入 R 回车进入旋转指令。

在输入另一个半轴长度时，可以直接输入长度；也可以移动鼠标指定一点，这个点与椭圆中心点之间的距离即为另一个半轴长度距离值。

如果键入“R”回车，另一个半轴长度将由“旋转(R)”选项命令确定。此旋转指的是一个圆形以其直径为轴旋转，旋转一定角度后该圆在与其直径相平行的平面上的投影即为一个椭圆，此时椭圆的长轴就是圆的直径，长度保持不变，而短轴的长度由旋转角度决定，等于长轴长度乘以旋转角的余弦。如旋转角度为 0°，则画出一个圆；旋转角度最大为 89.4°，此时椭圆已经接近于一条直线。

如图 2-27 所示，相同长轴的椭圆随旋转角度变化而不断变化。

2．中心点（C）

中心点(C)命令选项是以中心点、一个半轴的端点以及另一半轴长度绘制椭圆。

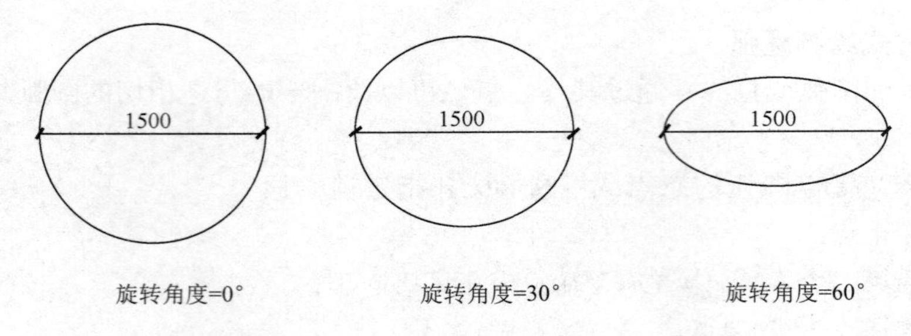

图 2-27 通过长轴长度和旋转角度绘制椭圆

指定椭圆的轴端点或 [圆弧(A)/中心点(C)]: C↙。

指定椭圆的中心点：指定椭圆中心点。

指定轴的端点：指定第一条轴的一个端点。

指定另一条半轴长度或 [旋转(R)]：输入另一半轴长度数据或者指定另一轴的一个端点。

如图 2-28 所示。

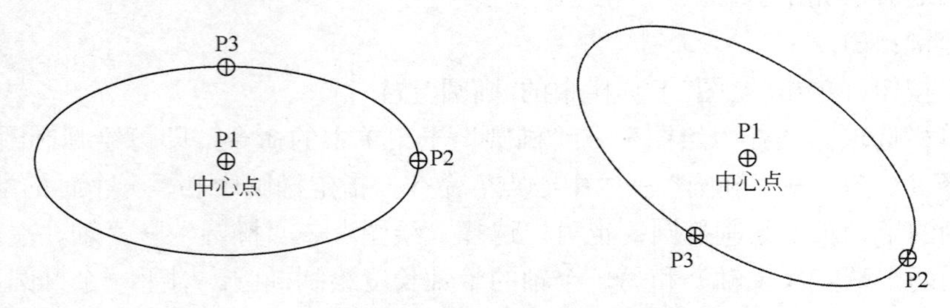

图 2-28 通过定义中心点和两个轴端点绘制椭圆

3．椭圆弧

在 AutoCAD 2010 中，椭圆弧的绘图命令和椭圆的绘图命令都是 ELLIPSE，但命令行的提示不同。可在命令行中输入“EL”回车，或在菜单栏中选择“绘图”→“椭圆”→“圆弧”命令，或在“绘图”工具栏中单击“椭圆弧”按钮，都可用来绘制椭圆弧。当然也可以先画出完整的椭圆，然后再使用修剪命令进行修剪，从而得到所需的椭圆弧。

绘制方法：

输入 EL 回车，或选择“绘图”→“椭圆”→“圆弧”命令，或在“绘图”工具栏中单击“椭圆弧”按钮，执行命令后 AutoCAD 2010 会进入以下操作：

指定椭圆的轴端点或 [圆弧(A)/中心点(C)]: A↙。

指定椭圆弧的轴端点或 [中心点(C)]：指定第一条轴的第一个端点。

指定轴的另一个端点：指定第一条轴的第二个端点。

指定另一条半轴长度或 [旋转(R)]：输入第二条轴的半长或者指定该轴的一个端点。

指定起始角度或 [参数(P)]：输入起始角度数据或者指定起始角度的位置。

指定终止角度或 [参数(P)/包含角度(I)]：输入终止角度数据或者终止角度的位置。

简单来说，创建椭圆弧的基本方法就是以椭圆弧上的 P1 和 P2 两个点确定椭圆第一条轴的位置和长度，P3 点确定椭圆弧的圆心与第二条轴的端点之间的距离，P4 点和 P5 点确定起始和终止角度。如图 2-29 所示。

四、绘制圆环（快捷键 DO）

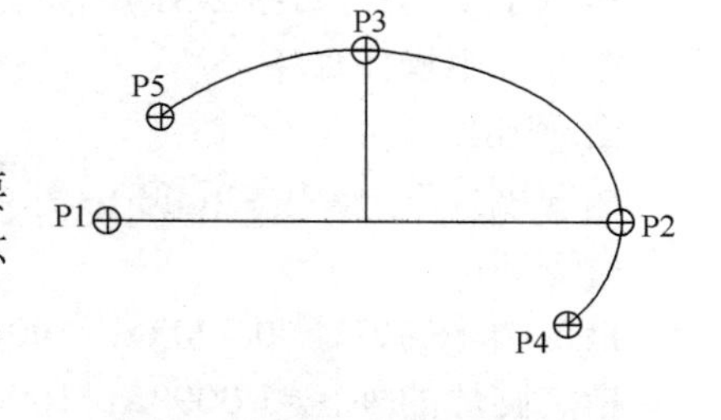

图 2-29　绘制椭圆弧

在 AutoCAD 2010 中，圆环的绘制命令是 DONUT，圆环是由同一圆心的两个同心圆组成的。控制圆环的主要参数是圆心、内直径和外直径。如果内直径为 0，则圆环为填充圆。如果内直径与外直径相等，则圆环为普通圆。

绘制圆环的方法如下。

一是快捷键：DO↙。

二是菜单栏选项：选择“绘图”→“圆环”，进入圆环命令。

执行命令后 AutoCAD 2010 会进入以下操作。

指定圆环的内径<0.5000>：输入内直径数据。

指定圆环的外径<1.0000>：输入外直径数据。

指定圆环的中心点或<退出>：鼠标指定圆环中心点位置或者直接输入圆心坐标。

圆环命令的选项介绍如下。

1．两点(2P)

通过指定圆环宽度和直径上两点的方法画圆环。

2．三点(3P)

通过指定圆环宽度及圆环上三点的方式画圆环。

3．切点、切点、半径

通过与已知对象相切的方式画圆环。

4．圆环体内径

指圆环体内圆直径。

5．圆环体外径

指圆环体外圆直径。

注意点：

- 圆环对象可以使用编辑多段线（Pedit）命令编辑。
- 圆环对象可以使用分解（Explode）命令转化为圆弧对象。
- 开启填充（Fill=on）时，圆环显示为填充模式。
- 关闭填充（Fill=off）时，圆环不显示为填充模式。

实例 9：绘制图 2-30 所示三个圆环。

输入 DO 进入圆环命令，执行命令后 AutoCAD 2010 会进入以下操作。

指定圆环的内径<0.5000>：500↙。

指定圆环的外径<1.0000>：1000↙。

指定圆环的中心点或<退出>：鼠标指定圆环中心点位置或者直接输入圆心坐标。

如果内径与外径相等，则圆环为圆。内径为 0，则圆环为填充圆。

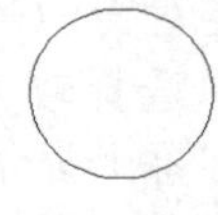

内径=500　外径=1000　　内径=1000　外径=1000　　内径=0　外径=1000

图 2-30　不同内、外径的圆环

实例 10：绘制如图 2-31 所示无填充模式的圆环。

命令行中操作如下。

命令 fill↙。

输入模式[开(ON)/关(OFF)]<开>：off↙。

命令 do↙。

指定圆环的内径<0.5000>：500↙。

指定圆环的外径<1.0000>：1000↙。

指定圆环的中心点或<退出>：鼠标指定圆环中心点位置或者直接输入圆心坐标。

如果内径与外径相等，则圆环为圆。内径为 0，则圆环为无填充圆。

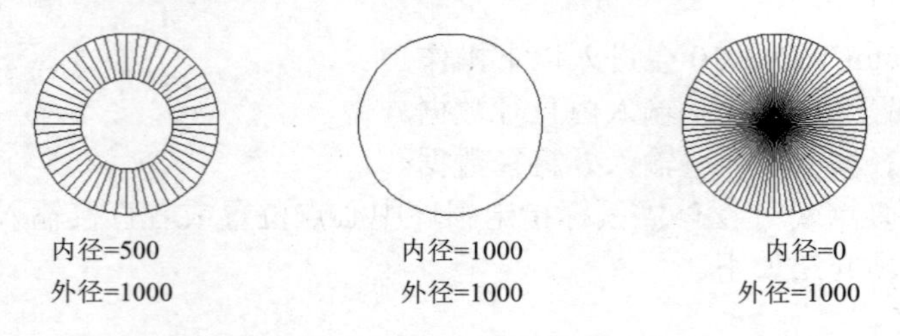

图 2-31　不同内、外径的填充模式为无的圆环

五、绘制点对象（快捷键 PO）

在 AutoCAD 2010 中，点对象有多点、定数等分和定距等分 3 种，如图 2-32 所示。点的用途是作为标记位置或者作为参考点，例如端点、圆心等。点也可编辑，设置其样式和大小。

1．设置点的样式和大小

输入 DDPTYPE 回车，进入“点样式”对话框，在此对话框里可以对点的参数进行设置和调整。如图 2-33 所示。

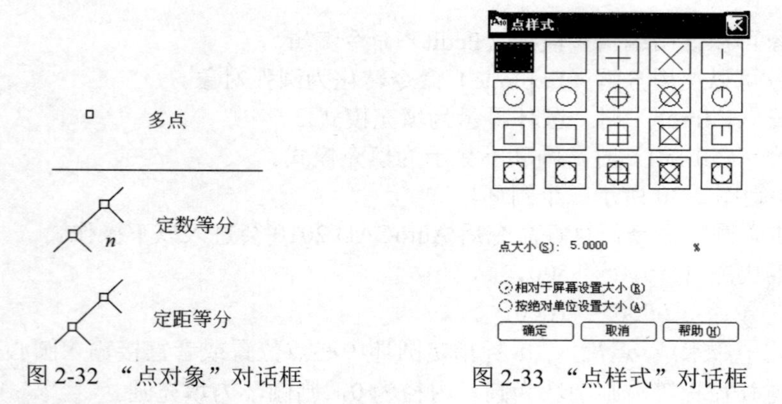

图 2-32 “点对象”对话框　　图 2-33 “点样式”对话框

默认情况下绘制的点较小，用户不一定看得清楚，如果遇到与其他对象相重叠时可能会产生误解，所以此时可以在点样式对话框里选择较大的样式。

“点大小（S）”文本框用于设定点在屏幕上显示的大小。其大小设置有两种：点相对于屏幕设置大小，此时如果把该点所在区域放大，再使用 REGEN 重生成命令，该点就会恢复成放大前的大小；点按绝对单位设置大小，此时如果把该点所在区域放大，该点也会同时变大，即使使用 REGEN 重生成命令，该点也不会恢复成放大前的大小。

2．绘制多点

在菜单栏中选择“绘图”→“点”→“多点”选项，或者输入 PO 进入多点命令，执行命令后 AutoCAD 2010 会进入以下操作。

当前点模式：　PDMODE=0　PDSIZE=0.0000；

指定点：直接指定点或者输入点的坐标。

此方法可以在绘图窗口中一次指定多个点，最后可按 Esc 键结束。

3．定数等分（DIVIDE）

如果要等分直线、圆弧等图形对象，可以使用定数等分命令，这样可以在指定的对象上绘制等分点或者在等分点处插入块。

选择“绘图”→“点”→“定数等分”，或者输入 DIVIDE 进入定数等分命令，执行命令后 AutoCAD 2010 会进入以下操作：

选择要定数等分的对象：选择要等分的图形对象；

输入线段数目或 [块(B)]：输入线段数目或者 B 输入块。

输入线段数目：

用户可以按提示选择被等分的对象并输入等分的数量，即可将所选对象精确等分，如图 2-34 所示一条直线被四等分。

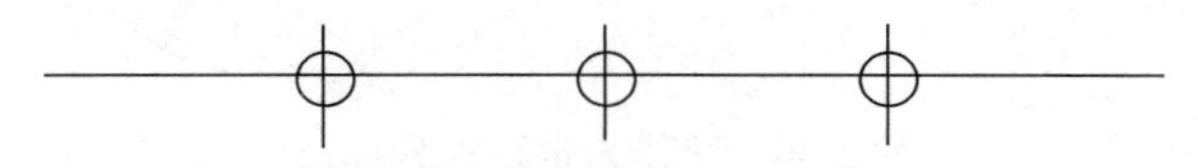

图 2-34　四等分直线

需要注意的是执行完该命令后，被选图形对象好像没什么变化，这是因为系统默认的等分点是一个细点，该细点与图形相重合，从而造成观察不清，此时只要参考点样式设置即可对点的大小和样式进行调整。当然也可以采用对象捕捉的方式来定位这些点。

块(B)：

选择块(B)命令也可以等分对象，用事先定义好的块来作为等分对象的标记，操作如下。

选择要定数等分的对象：（选择被等分的圆形）；

输入线段数目或 [块(B)]：　B↙；

输入要插入的块名：三角形；

是否对齐块和对象？[是(Y)/否(N)] <Y>：Y 或 N↙（如输入“Y”↙，块与对象对齐；输入“N”↙，块与对象不对齐）；

输入线段数目：　5↙。

操作结果如图 2-35 所示。左侧的为块与对象对齐，右侧的为块与对象不对齐。

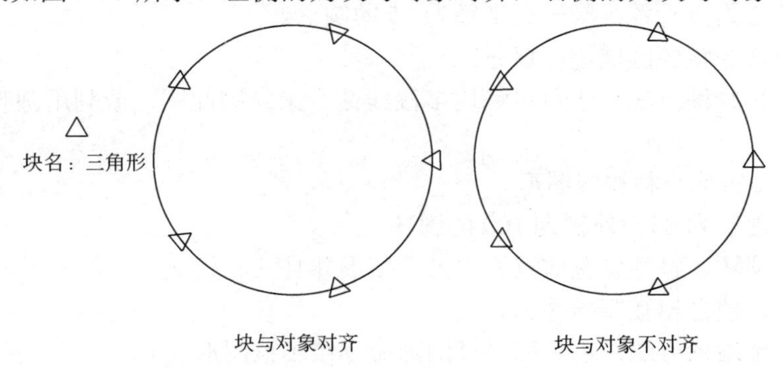

图 2-35　块作为定数等分标记

4．定距等分（MEASURE）

定距等分命令主要用于将“点”或者“块”在指定对象上按指定距离放置。在菜单栏中选择“绘图”→“点”→“定距等分”选项，或者在命令行中输入“ME”回车，进入定距等分点命令，可以在指定的对象上按指定的长度绘制点或者插入块，如图 2-36 所示，执行命令后 AutoCAD 2010 会进入以下操作。

选择要定距等分的对象：（选择曲线）；

指定线段长度或 [块(B)]：输入 B↙；

输入要插入的块名：植物；

是否对齐块和对象？[是(Y)/否(N)] <Y>：Y 或 N↙（输入“Y”，块与对象对齐；输入“N”，块与对象不对齐）；

指定线段长度：800↙（输入间距长度）。

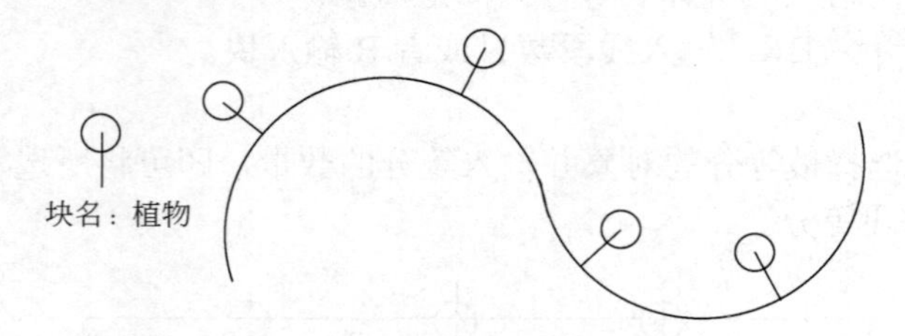

图 2-36　块作为定距等分标记

六、任务训练

（1）如图 2-37 所示绘制相应图形。

① 绘制一个半径为 50 的圆。

② 绘制一个半径为 20 的同心圆（也可使用圆环命令绘制）。

③ 通过圆心每 45° 绘制一条直线，将两圆形平均分成八份。

④ 使用填充命令将分割后的图形进行间隔填充。

（2）如图 2-38 所示绘制相应图形。

① 绘制两个半径为 50 的圆，并使之相切。

② 绘制一个半径为 100 的圆，围合并外切之前绘制的两个圆。

③ 修剪线条，使之形成上下两个半圆。

④ 以半圆圆心为点，各绘制一个半径为 15 的圆。

⑤ 使用填充命令将各区域进行填充。

（以上只是一种绘图方法，也可以利用多段线命令来绘制此图，或利用圆弧命令绘制此图。）

（3）如图 2-39 所示绘制相应图形。

① 绘制一个内径为 85、外径为 100 的圆环。

② 复制三个圆环，将其位置放置为“品”字形并且三者相交。

③ 修剪线条，使之相互穿插叠加。

（以上只是一种绘图方法，也可以通过圆形命令绘制该图形。）

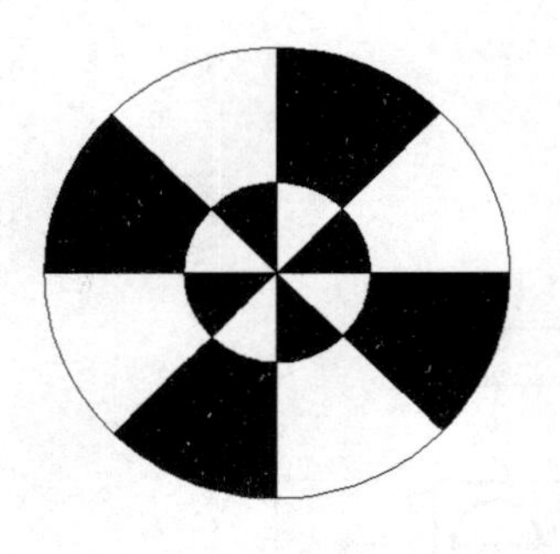

图 2-37　练习 1

图 2-38　练习 2

（4）如图 2-40 所示绘制相应图形。

① 绘制一个半径为 50 的圆。

② 将该圆向上垂直复制五个，两两相切。

③ 将此五个圆旋转 30°，然后镜像复制，保留源对象。

④ 把底面的一个圆水平复制五个，两两相切。

⑤ 使用相切，相切，相切画剩余三个圆中上面一个圆。

⑥ 再使用相切，相切，相切画剩下两个圆

（以上只是一种绘图方法，也可以通过阵列命令绘制该图形）。

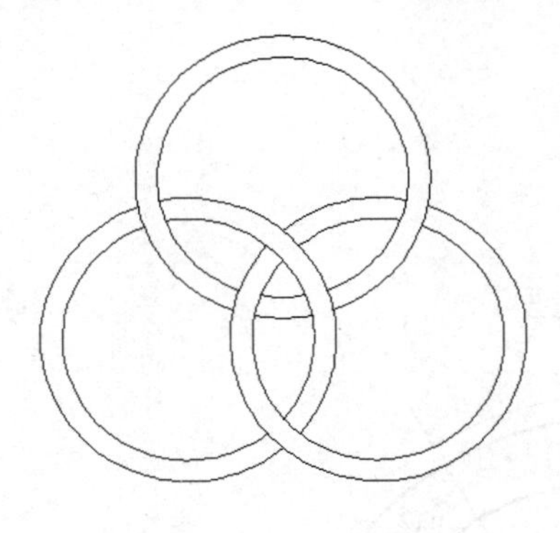

图 2-39　练习 3

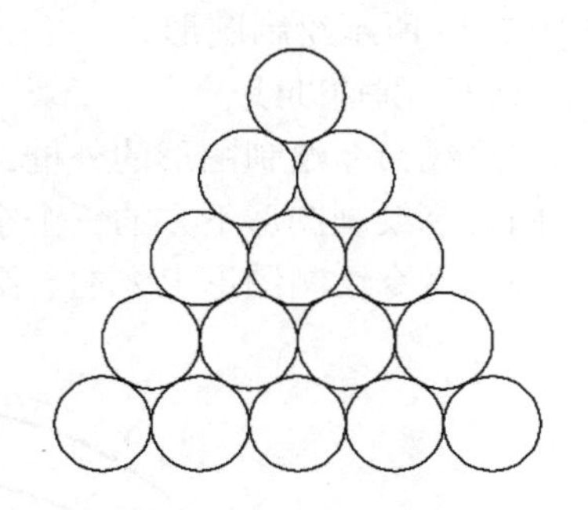

图 2-40　练习 4

（5）如图 2-41 所示绘制马桶。

① 绘制一个短半轴为 250，长半轴为 450 的椭圆。

② 使用偏移命令使其偏移 20。

③ 截去椭圆一端，余下图形长度为 750。(可用直线确定距离，再使用修剪命令横截）

④ 绘制一个长 500，宽 250，圆角半径为 20 的长方形。

⑤ 将两个图形组合。

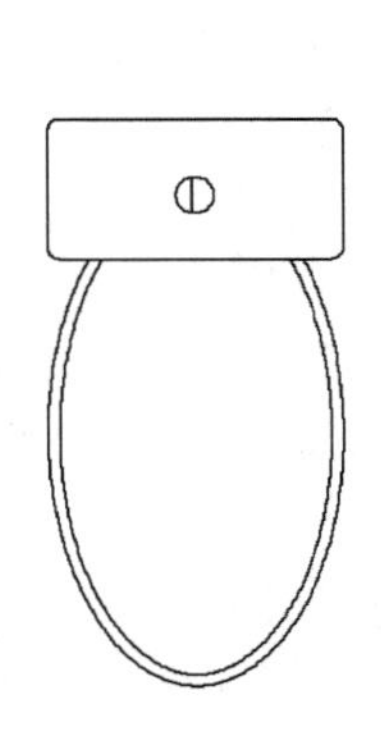

图 2-41　练习 5

（6）如图 2-42 所示绘制图形。

① 使用直线命令绘制矩形，然后使用直线来确定矩形四个角的小圆的圆心。

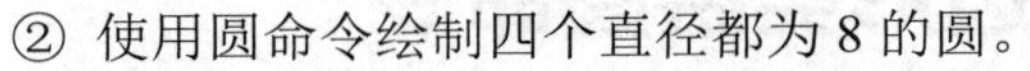

② 使用圆命令绘制四个直径都为 8 的圆。

③ 使用直线命令确定矩形的中轴线位置，以及中间两个同心圆的圆心位置。

④ 使用圆的命令绘制两个同心圆。

⑤ 最后用直线命令连接中间两圆的切点。

（此方法并不是唯一的绘图方法。）

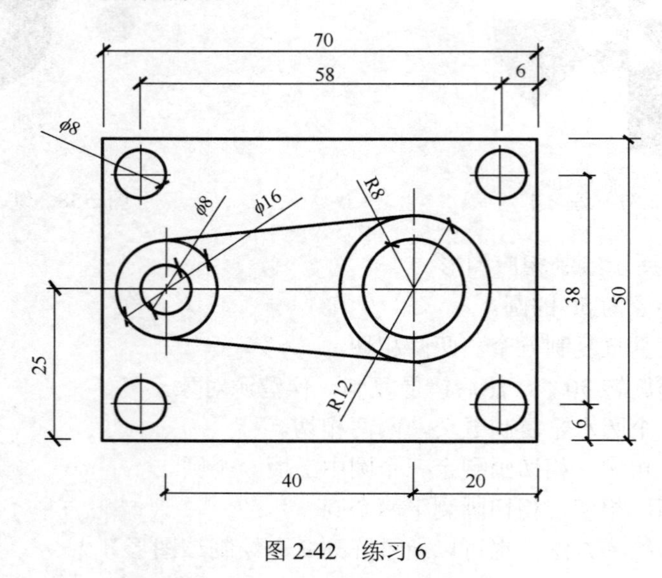

图 2-42 练习 6

（7）如图 2-43 所示绘制图形。

① 使用直线绘制辅助线。

② 使用多段线命令绘制图形的外框。

③ 使用圆命令绘制图形下方的三个小圆。

④ 使用圆弧命令绘制图形上方的一组圆弧造型。

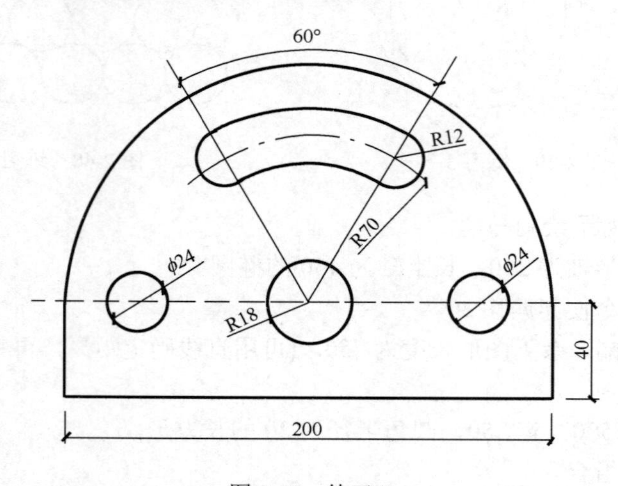

图 2-43 练习 7

▶ 任务三 多边形类绘图命令

任务概述： 书了解多边形类绘图命令的基本概念，识别多边形类的重要绘图命令，了解其特点。

能力目标： 会采用多边形类绘图命令绘制有关多边形。

知识目标： 熟记矩形、正多边形命令及特点，综合运用这些命令绘制相关图形。

素质目标： 训练软件操作的细心与耐心，养成良好的绘图习惯。

知识导向： 熟记多边形类绘图命令，摸索矩形、正多边形的绘制技巧。

一、绘制矩形（快捷键 REC）

矩形命令可以绘制三种矩形，包括直角矩形、倒角矩形和圆角矩形。在 AutoCAD 2010 中，“矩形”命令提供了一种简单的围合型矩形之方法。

绘制矩形的方法如下。

一是快捷键：REC↙；

二是菜单栏选项：在菜单栏中选择“绘图”→“矩形”命令（RECTANGLE）选项；

三是工具栏：在“绘图”工具栏中单击按钮，即可绘制矩形。

进入矩形命令后 AutoCAD 2010 将会进入如下操作。

指定第一个角点或 [倒角(C)/标高(E)/圆角(F)/厚度(T)/宽度(W)]：

下面对各选项分别进行介绍。

1．指定第一个角点

在此提示下，使用者指定矩形的一个角点。拖动鼠标时屏幕上显示出一个矩形，此时 AutoCAD 会有以下提示。

指定另一个角点或 [面积(A)/尺寸(D)/旋转(R)]：直接用鼠标确定另一个角点或输入另一角点的坐标，再或者输入 A、D、R 其中任一命令后回车。

①“输入另一个角点”，此角点与第一个角点间即可确定出一矩形。输入另一个角点可以用鼠标直接拾取，也可以输入相应的点坐标位置。如果只是向另一个角点位置移动鼠标而不点击鼠标，那么也可以直接输入数据，但是此时的数据是矩形对角线的长度，方向为鼠标所在位置。如图 2-44 所示。

② 输入 A 回车，使用面积和长度或者面积和宽度绘制矩形。

指定另一个角点或 [面积(A)/尺寸(D)/旋转(R)]： A↙。

输入以当前单位计算的矩形面积 <默认值>：输入矩形面积数据回车。

计算矩形标注时依据 [长度(L)/宽度(W)] <长度>： 输入长度“L”或者宽度“W”回车。

输入矩形长度 <默认值>：输入长度或者宽度数据。

③ 输入 D 回车，直接输入长度和宽度数据绘制矩形。

指定另一个角点或 [面积(A)/尺寸(D)/旋转(R)]：D↙。

指定矩形的长度 <默认值>： 指定第二点：输入长度数据回车。

指定矩形的宽度 <默认值>： 指定第二点：输入宽度数据回车。

④ 输入 R 回车，可以按指定的旋转角度绘制倾斜的矩形。

指定另一个角点或 [面积(A)/尺寸(D)/旋转(R)]：R↙。

指定旋转角度或 [拾取点(P)] <0>：输入旋转角度回车。

指定另一个角点或 [面积(A)/尺寸(D)/旋转(R)]：输入另一个角点坐标回车。

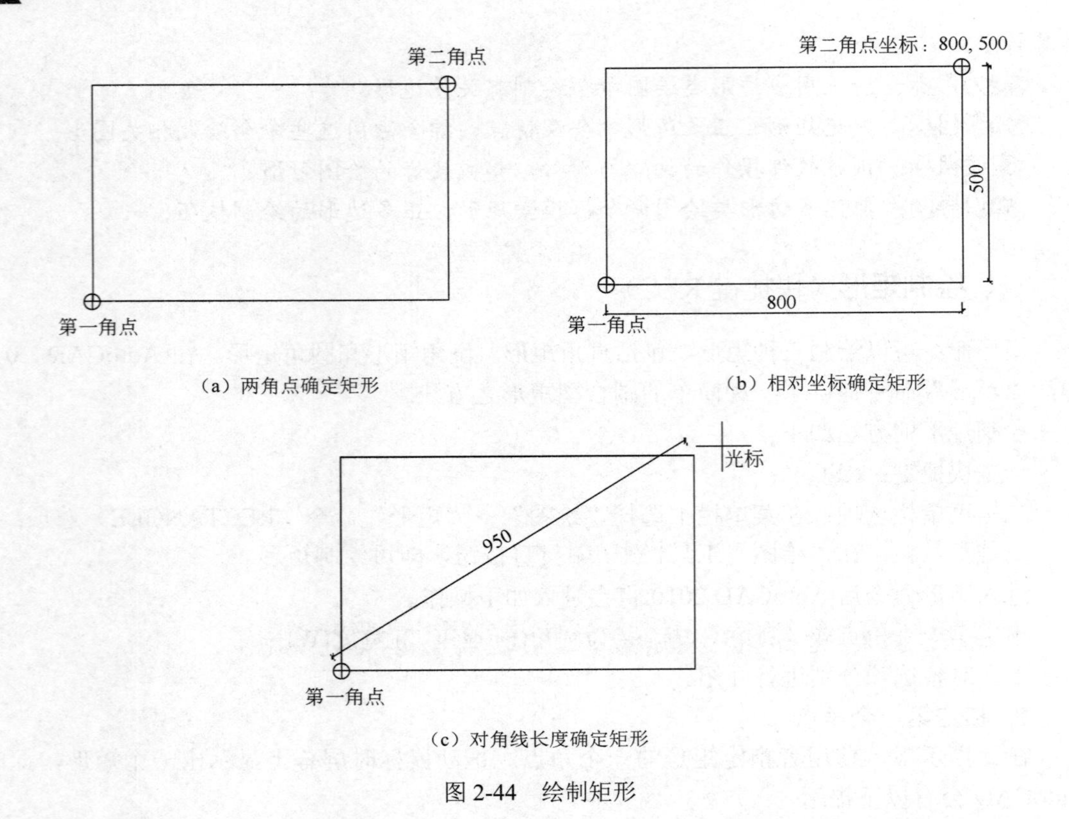

（a）两角点确定矩形　　（b）相对坐标确定矩形

（c）对角线长度确定矩形

图 2-44　绘制矩形

2．倒角（C）

指定矩形四个角为倒角且设定各个顶点倒角的大小。选择此选项后 AutoCAD 会有以下提示。

指定矩形的第一个倒角距离 <默认值>：输入数据回车。

指定矩形的第二个倒角距离 <默认值>：输入数据回车。

指定第一个角点或 [倒角(C)/标高(E)/圆角(F)/厚度(T)/宽度(W)]：设定完倒角距离后，AutoCAD 会回到第一次提示开始绘制带倒角的矩形。

倒角数据一旦设置后，AutoCAD 将会始终一直默认这两个数据来绘制倒角矩形，只有重新设置“第一倒角距离”和“第二倒角距离”，将其数据均设置为“0”，即可恢复为绘制直接矩形了。如图 2-45 所示，可绘制两种不同造型的倒角矩形。

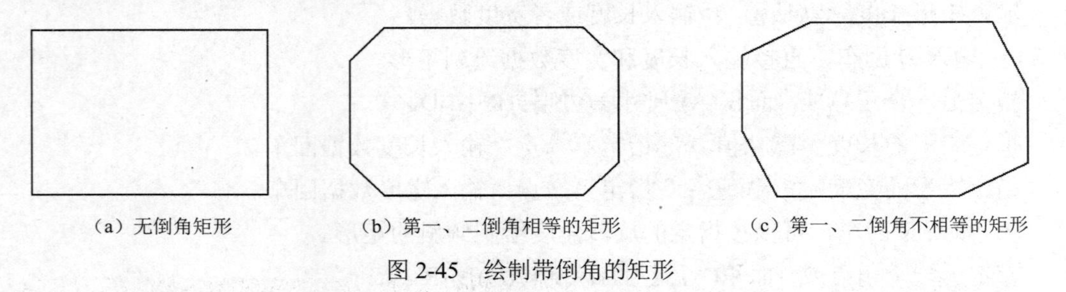

（a）无倒角矩形　　（b）第一、二倒角相等的矩形　　（c）第一、二倒角不相等的矩形

图 2-45　绘制带倒角的矩形

3．高（E）

确定矩形所在的平面高度，缺省情况下，矩形是绘制在 X、Y 坐标轴建立的二维平面内

的（因为不是三维图形，故 Z 坐标值为 0）。

4．圆角（F）

指定矩形四个角为圆角且设定各个顶点圆角的半径。选择此选项后 AutoCAD 2010 会有如下提示。

指定矩形的圆角半径 <默认值>：输入数据回车。

指定第一个角点或 [倒角(C)/标高(E)/圆角(F)/厚度(T)/宽度(W)]：设定完圆角半径后，AutoCAD 会回到第一次提示，开始绘制带圆角的矩形。如图 2-46 所示。

圆角数据一旦设置后，AutoCAD 将会始终一直默认这一半径数据来绘制带圆角的矩形，只有将半径数据重新设置为“0”，即可恢复为绘制直角矩形了。

5．厚度（T）

设置矩形的厚度，在绘制三维矩形时常使用该选项，而二维图形的绘制中不用此项。

6．宽度（W）

该选项可以设置边的宽度。选择此选项后 AutoCAD 2010 会有如下提示。

指定矩形的线宽 <默认值>：输入数据回车。

指定第一个角点或 [倒角(C)/标高(E)/圆角(F)/厚度(T)/宽度(W)]：W↙。

指定矩形的线宽<0.0000>:设定完线条宽度后，AutoCAD 会回到第一次提示，开始绘制矩形。如图 2-47 所示。

宽度数据一旦设置后，AutoCAD 将会始终按这一线条宽度来绘制矩形，只有重新将线条宽度设置为“0”，即可恢复为绘制没有宽度的矩形了。

图 2-46　圆角矩形　　　　图 2-47　绘制带线宽的矩形

二、绘制正多边形（快捷键 POL）

在 AutoCAD 2010 中，可以使用“正多边形”命令来绘制正多边形。

绘制正多边形的方法如下。

一是快捷键：POL↙；

二是菜单栏选项：选择“绘图”→“正多边形”命令(POLYGON)；

三是工具栏：在“绘图”工具栏中单击⬠按钮，可绘制边为 3～1024 的正多边形。

进入正多边形命令 AutoCAD 2010 将会进入如下操作。

POLYGON 输入边的数目 <4>：输入正多边形边的数目回车。

指定正多边形的中心点或 [边(E)]：输入正多边形边的中心或者输入 E↙进入边设置。

下面对各选项分别进行介绍。

1．指定正多边形的中心点

此选项为 AutoCAD 2010 默认选项，“指定正多边形的中心点”，用户可以直接在屏幕

上指定一点或者输入该点坐标，下一步提示为

输入选项 [内接于圆(I)/外切于圆(C)] <I>: 输入“I”回车，将绘制的正多边形则内接于圆；或者输入“C”回车，将绘制的正多边形则外切于圆。

① 输入 I 回车，绘制的正多边形内接于圆，接下来提示

指定圆的半径：输入半径数据回车。

这个半径等于正多边形中心到其顶点的距离，即正多边形所有顶点都在一个假设的圆周上，这个圆为不可见，不用真实地画出来。如图 2-48（a）所示。

② 输入 C 回车，绘制的正多边形外切于圆，接下来将提示

指定圆的半径：输入半径数据回车。

这个半径等于正多边形中心到其边的距离，即正多边形所有边都外切于一个假设的圆周上，这个圆为不可见，不用真实地画出来。如图 2-48（b）所示。

2．指定正多边形的边长

选择指定正多边形的边长（E）来绘制正多边形，AutoCAD 2010 将会进入如下提示。

指定正多边形的中心点或 [边(E)]：E↙。

指定边的第一个端点：拾取正多边形边的 P1 点。

指定边的第二个端点：拾取正多边形边的 P2 点。如图 2-48（c）所示。

用此方法只要指定正多边形的一条边的两端点，AutoCAD 就能以该边为第一条边，逆时针绘制出一个正多边形。

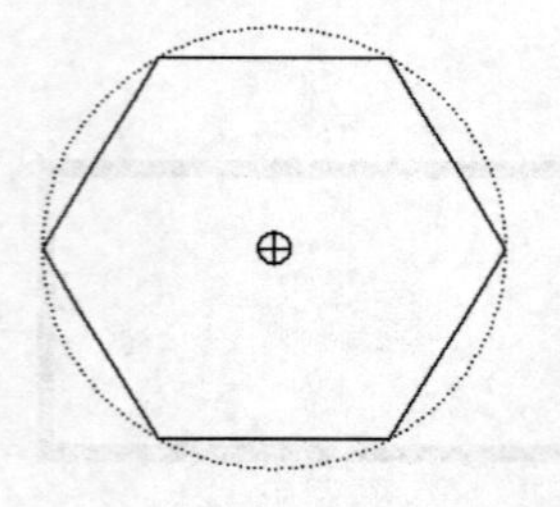

（a）内接于圆绘制正多边形

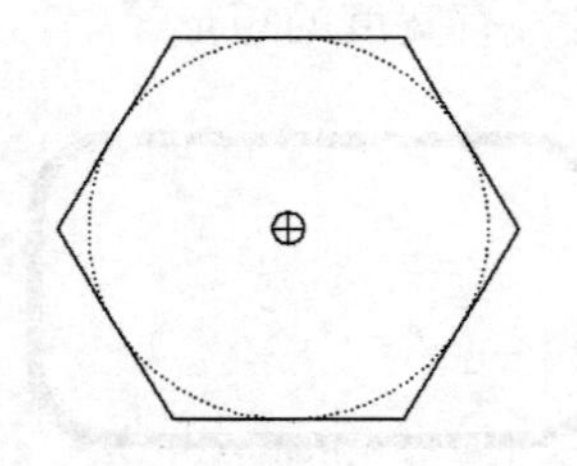

（b）外切于圆绘制正多边形

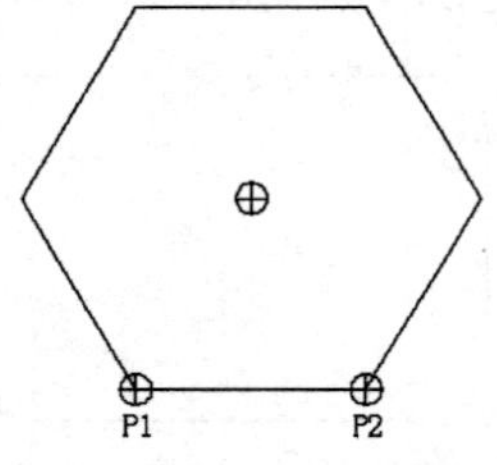

（c）指定边长绘制正多边形

图 2-48　绘制正多边形

三、任务训练

（1）如图 2-49 所示绘制相应图形。

① 绘制一个长宽各为 100，圆角半径为 10 的矩形。

② 以矩形四个圆角圆心为圆心，绘制半径为 6 的四个小圆。

③ 以矩形中心为圆心绘制两个同心圆，半径分别为 20、30。

④ 将对称的轴线设置为虚线。

（2）如图 2-50 所示绘制相应图形。

① 绘制一个长 100，宽 50，圆角为 10 的矩形。

② 以矩形四个圆角圆心为圆心，绘制半径为 6 的四个小圆。

③ 绘制一个长 55，宽 25，第一第二倒角均为 5 的矩形。

④ 将两个矩形中心重合放置。

⑤ 将对称的轴线设置为虚线。

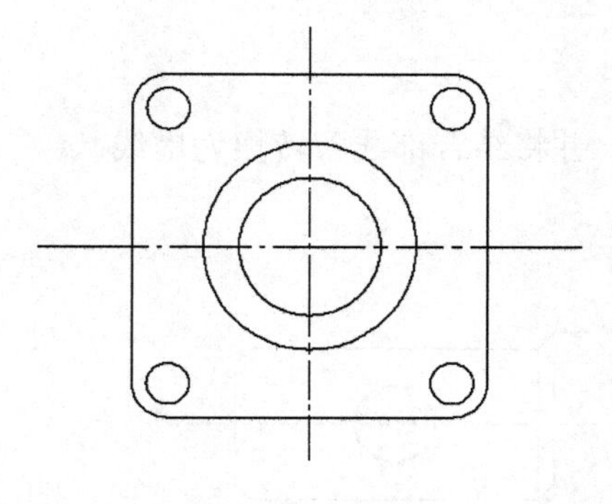

图 2-49　练习 1

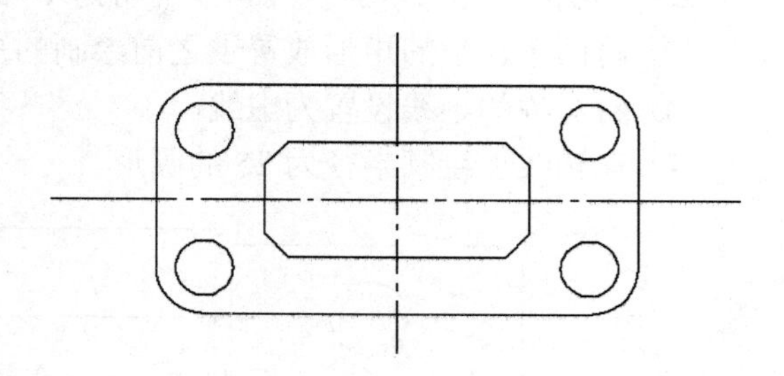

图 2-50　练习 2

（3）如图 2-51 所示绘制相应图形。

① 绘制一个内接于圆，半径为 50 的正六边形。

② 将正多边形的六个顶点，用直线命令每隔一点两两相连。

③ 以相交直线交点为圆心，绘制半径为 10 的六个圆。

④ 修剪圆内相交的直线。

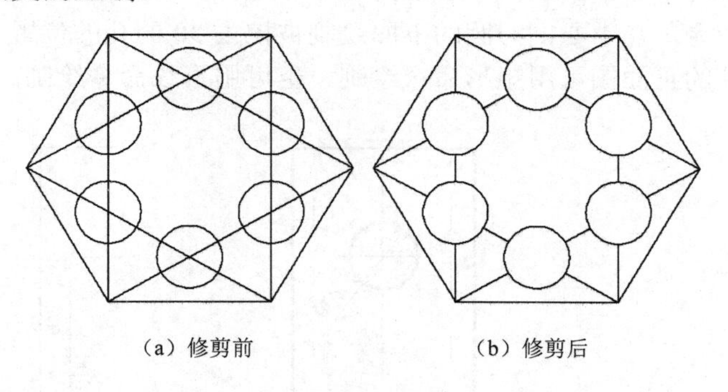

（a）修剪前　　（b）修剪后

图 2-51　练习 3

（4）如图 2-52 所示绘制电视机。

① 绘制一个长 840，宽 550 的矩形。

② 将两边直线向内偏移 45。

③ 绘制一个长 700，宽 500，圆角半径为 5 的圆角矩形，将其放置于之前矩形正中。

④ 绘制斜线。

⑤ 使用圆命令，绘制电视的圆形按钮。

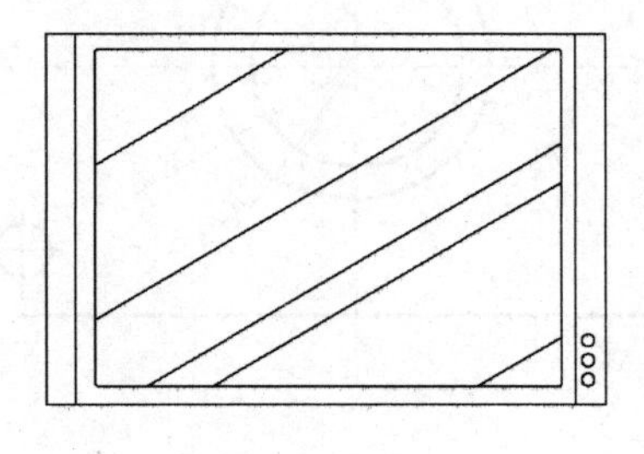

图 2-52　练习 4

（5）如图 2-53 所示绘制相应图形。

① 绘制一个长 300，宽 120，倒角为 10 的矩形。

② 绘制两个长 200，宽 100，倒角为 10 的矩形。

③ 将两个较小的矩形放置于之前绘制的矩形两侧，并将结合部线条转换为虚线

④ 将对称的轴线设置为虚线。

⑤ 在轴线上绘制半径为 25 的圆形。

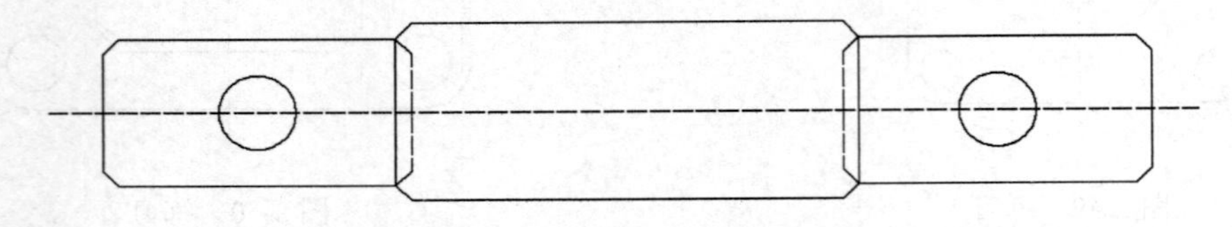

图 2-53 练习 5

（6）如图 2-54 所示绘制相应图形。

① 使用矩形命令绘制一个长 150，宽 230，圆角半径为 20 的矩形。

② 使用圆命令，以矩形的四个圆角的圆心为圆心，绘制直径为 16 的四个小圆。

③ 在圆角矩形的中心，绘制两个半径为 30、40 的同心圆。

④ 使用直线命令，在中心同心圆的下面绘制被挖去 30 的孔的位置。

⑤ 此机械零件的正面图可用矩形命令绘制，也可用直线命令绘制。

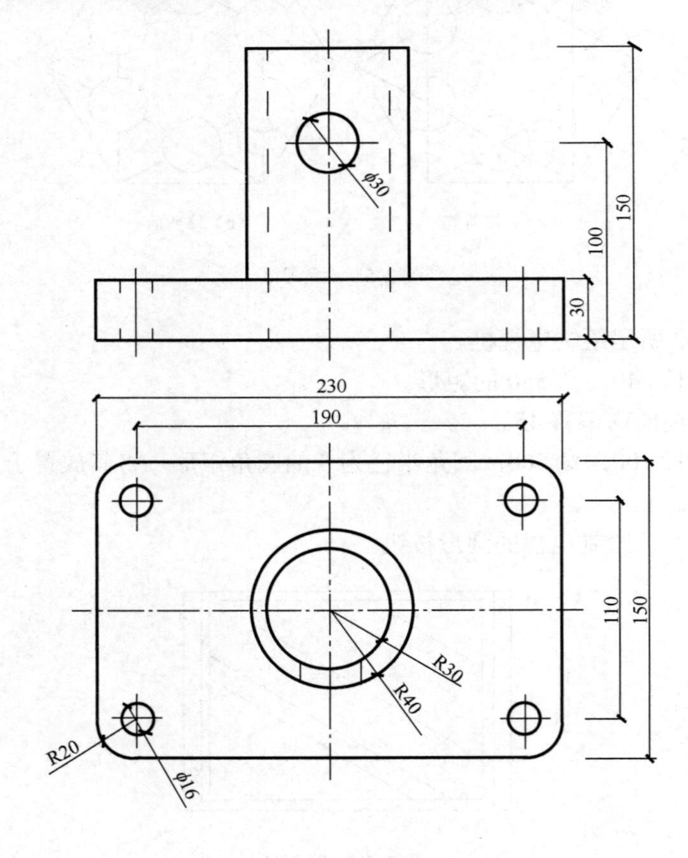

图 2-54 练习 6

任务四　曲线类绘图命令

任务概述： 熟识曲线类绘图命令，了解其特点，并运用其画出相关图形。

能力目标： 具备采用曲线类绘图命令，画出相关图形的能力。

知识目标： 熟记曲线、云线命令，并牢记综合运用命令绘制图形的步骤。

素质目标： 训练软件操作的细心与耐心，养成良好的绘图习惯。

知识导向： 形成样条曲线和云线的绘制技巧，将线的绘制命令进一步完善，感受曲线区别于直线的更复杂的绘制和调整方法。

一、绘制样条曲线（快捷键 SPL）

样条曲线是一种特殊类型的多段线。此曲线在控制点之间生成一条光滑曲线。样条曲线用于创建不规范的曲线形状，比如地形的等高线、出现在管状物体的断面等处。

绘制样条曲线的方法如下：

一是快捷键：SPL↙。

二是工具栏：在绘图工具栏中单击“样条曲线”按钮。

三是菜单栏选项：在菜单栏中选择“绘图” → “样条曲线”命令（SPL）。

用户可以选择指定“下一个点”来绘制样条曲线，当绘制完样条曲线的时候不想它再改变形状了，就可以用空格来确定（也可以用鼠标右击的方式来调整控制），样条曲线的绘制关键在于点的调整上。

进入样条曲线绘制命令后 AutoCAD 2010 将会进入如下操作。

指定第一个点或 [对象(O)]：指定样条曲线第一个点。

该提示有两个选项，主提示选项说明如下。

1．“指定第一个点”

此选项为 AutoCAD 2010 默认选项，由输入一系列的点形成样条曲线，输入命令后操作如下。

指定第一个点或 [对象(O)]：指定样条曲线第一个点。

指定下一点：指定样条曲线下一个点。

指定下一点或 [闭合(C)/拟合公差(F)] <起点切向>：继续指定下一个点，此步骤可以重复多次。

指定下一点或 [闭合(C)/拟合公差(F)] <起点切向>：↙（结束命令）。

指定起点切向：（调整样条曲线起点切向）↙。

指定端点切向：（调整样条曲线端点切向）↙。

指定完样条曲线起点和终点的切线方向后，绘制命令完全结束，生成一条样条曲线。其起点和终点的切线方向可以直接输入角度数据，也可以用鼠标来确定，如果对切线方向提示直接回车，那么起点切向由样条曲线第一点到第二点的方向确定，终点切线方向由最后一点到倒数第二点的方向确定。如在没有完全结束样条曲线时按了 Esc 键，则取消该样条曲线的绘制。

使用相同的拟合点，但是定义不同的起点、终点切点方向，生成的样条曲线则也随之发生变化，如图 2-55 所示。

如果在指定下一点或 [闭合(C)/拟合公差(F)] <起点切向>: 输入 F 回车，可以输入数据改变拟合公差。

拟合公差的含义：公差描述样条曲线时与指定的拟合点之间的接近程度。公差越小就越接近样条曲线的拟合点。公差为零的时候样条曲线通过拟合点。绘制样条曲线的时候可以改变样条曲线的拟合公差查看拟合效果。也可以移动鼠标使曲线按一定的方向“弯曲”来改变样条曲线的起点和端点的曲率。如图 2-56 所示。

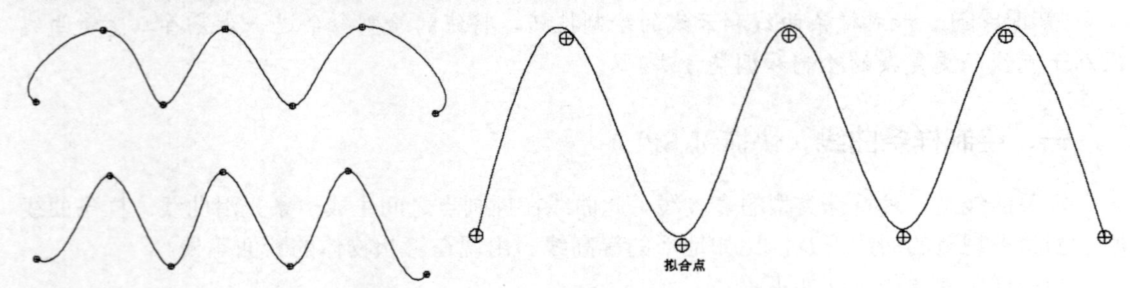

图 2-55 起点、终点不同切向的样条曲线

图 2-56 调整拟合公差后拟合点在样条曲线外侧

2．对象（O）

对象（O）选项用于将一条已存在的、二维或三维的多段线转换为一条等效的样条曲线。输入命令后操作如下。

指定第一个点或 [对象(O)]: O↙

选择要转换为样条曲线的对象…

选择对象：选择要转换的多段线

选择对象：

通过选择将多段线转换成样条曲线。

二、绘制修订云线（快捷键 REVCLOUD）

绘制矩形的方法如下。

一是快捷键：REVCLOUD↙（不建议此方法）。

二是菜单栏选项：在菜单栏中选择“绘图”→“修订云线”命令（REVCLOUD）。

三是工具栏：在“绘图”工具栏上单击按钮。

进入修订云线绘制命令后 AutoCAD 2010 将会进入如下操作。

最小弧长：15　　最大弧长：15　　样式：普通

指定起点或 [弧长(A)/对象(O)/样式(S)] <对象>:

该提示有四个选项，以下分别说明。

1．“指定起点”

AutoCAD 默认的弧长和样式绘制云线，下一步提示：

沿云线路径引导十字光标...移动鼠标绘制云线，移动鼠标至起点画闭合云线或者回车结束画线。

反转方向 [是(Y)/否(N)] <否>: 输入“Y”↙，确定云线反转，输入“N”↙，云线不反转。

修订云线完成。

如图 2-57 所示。

2．弧长（A）

“弧长（A）”选项可以设置云线的弧长，当然也可以通过鼠标移动来改变弧长，圆弧的半径大小取决于拖动十字鼠标的速度的快慢，鼠标拖动得越快，圆弧半径越大，反之则越小。如图 2-58 所示。

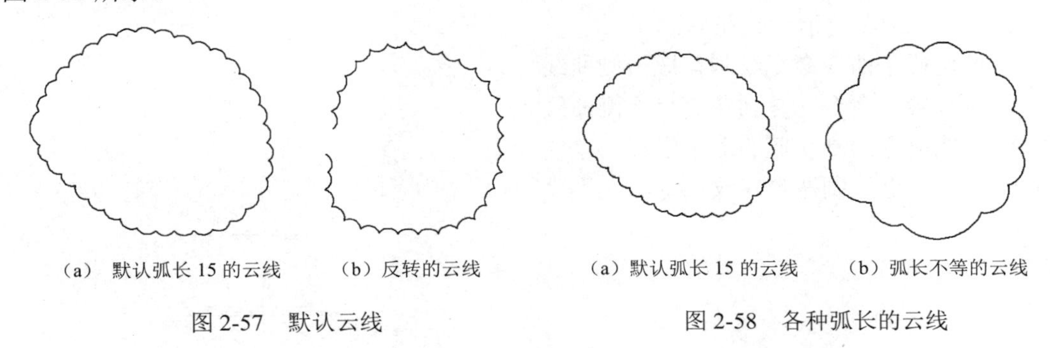

（a）默认弧长 15 的云线　（b）反转的云线

图 2-57　默认云线

（a）默认弧长 15 的云线　（b）弧长不等的云线

图 2-58　各种弧长的云线

3．对象（O）

“对象（O）”选项可以选择将要转换成云线的对象，可以转换成云线的对象有：直线、圆、圆弧、椭圆、椭圆弧、多段线、多边形、矩形、样条曲线、修订云线。如图 2-59 所示，将封闭的椭圆形转换成为云线。

4．样式（S）

“样式（S）”选项是选择修订云线的样式。

最小弧长：15　最大弧长：15　样式：普通

指定起点或 [弧长(A)/对象(O)/样式(S)] <对象>：S↙。

选择圆弧样式 [普通(N)/手绘(C)] <普通>：C↙。

圆弧样式 = 手绘

指定起点或 [弧长(A)/对象(O)/样式(S)] <对象>：

沿云线路径引导十字光标...移动鼠标绘制云线，移动鼠标至起点画闭合云线或者回车结束画线。

反转方向 [是(Y)/否(N)] <否>：输入“Y”↙，确定云线反转，输入“N”↙，云线不反转。

修订云线完成。

如图 2-60 所示。

图 2-59　选定对象转换成云线

图 2-60　云线的手绘方式

三、任务训练

（1）如图 2-61 所示绘制杯子剖面。

① 绘制一个上沿 50，下沿 26，边壁厚 2 的杯子剖面。

② 使用样条曲线命令绘制杯子把手外曲线。

③ 将把手外曲线执行偏移命令，偏移距离为 5 绘制把手内曲线。

④ 执行剪切命令修剪多余的线条。

（2）如图 2-62 所示绘制花瓶。

① 使用样条曲线命令绘制花瓶一侧曲线。

② 执行镜像命令，复制花瓶另一侧曲线。

③ 直线命令绘制花瓶的上下沿。

④ 直线命令绘制瓶身花纹图形。

图 2-61 练习 1

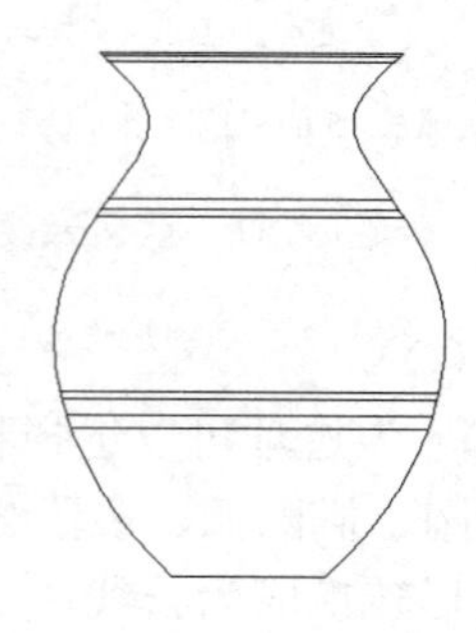

图 2-62 练习 2

任务五 综 合 实 例

实例 1：绘制如图 2-63 所示星形图标。制图标准规定：图标半径 60mm，圆内部为标准五角形。

（1）画圆。输入圆形快捷命令后提示

CIRCLE 指定圆的圆心或 [三点(3P)/两点(2P)/切点、切点、半径(T)]：指定圆心；

指定圆的半径或 [直径(D)]：60。

（2）开启对象捕捉。

（3）以圆的圆心为中心，绘制一个半径为 60 的内接五边形。操作过程如下。

输入正多边形快捷命令后提示：

命令: _polygon 输入边的数目：5；

指定正多边形的中心点或 [边(E)]:捕捉圆心作为正多边形中心；

输入选项 [内接于圆(I)/外切于圆(C)] <I>： I 内接于圆；

指定圆的半径： 60。

（4）使用直线命令，捕捉多边形的各个端点并连线，形成星型图案并修剪图案。

实例 2：绘制如图 2-64 所示零部件视图。

（1）绘制俯视图中的底板，用正多边形命令，同时以正方形中心为圆心绘制两个圆，找出正方形两条中轴线。如图 2-65（a）所示。

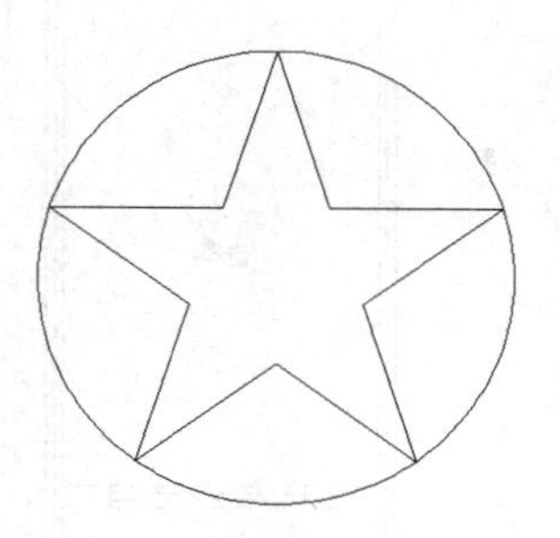

图 2-63　绘制星型图标

（2）以两条中轴线与内侧圆的交点为圆心，绘制四个圆。如图 2-65（b）所示。

（3）利用对象捕捉和对象追踪，绘制主视图。如图 2-65（c）所示。

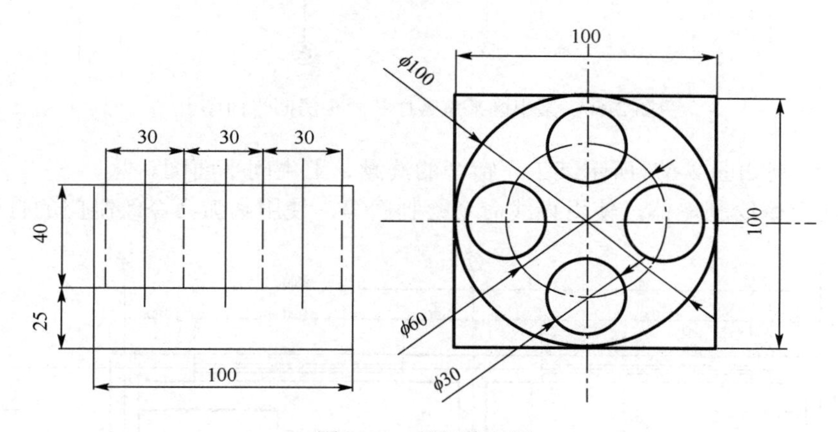

图 2-64　零部件视图

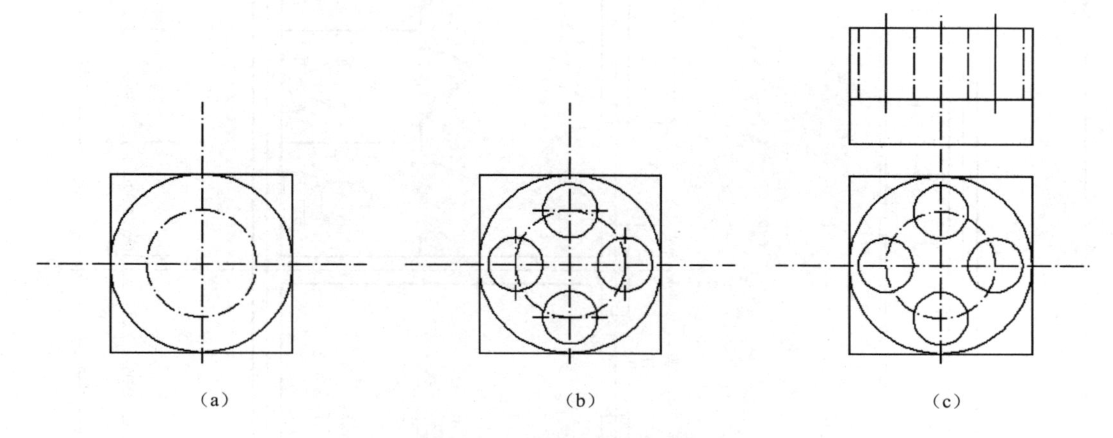

图 2-65　零部件视图绘制步骤

实例 3：绘制如图 2-66 所示某小区某室客厅和两个房间平面图（不需进行尺寸标注）。

（1）创建图层，新建“轴线”、“墙体”、“门窗”、“标注”等图层。绘制轴线。

（2）使用多线命令绘制墙体。使用直线命令绘制门等，使用圆弧命令绘制门的打开弧线。

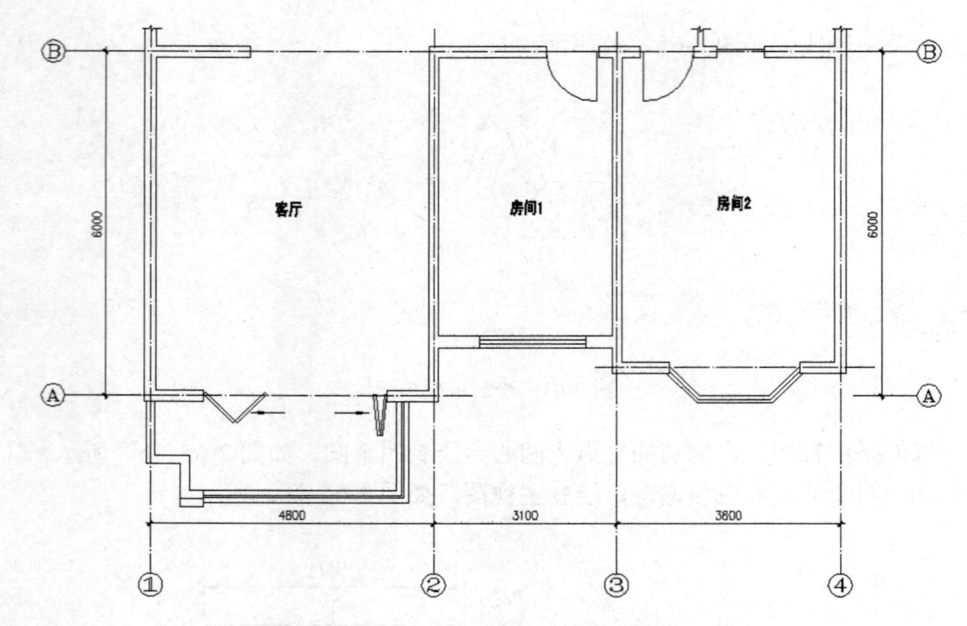

图 2-66 某小区某室客厅和两个房间平面图

实例 4：绘制如图 2-67 所示某工厂宿舍的洗漱、卫生间平面图。

使用多线命令绘制墙体，使用直线命令绘制门等，使用圆弧命令绘制门的打开弧线。

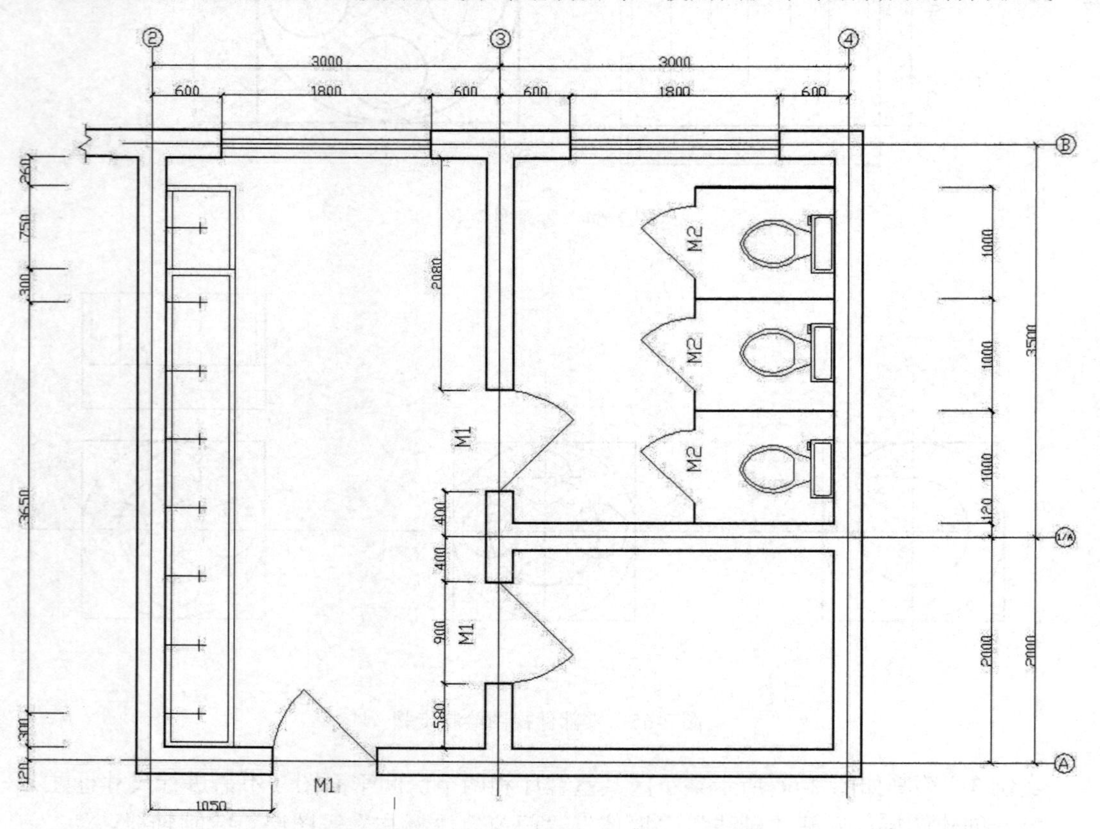

图 2-67 某工厂宿舍的洗漱、卫生间平面图

项目三

环境工程CAD的二维图形修改命令

任务一　删除与恢复类修改命令

任务概述： 利用删除与恢复类修改命令，对有关对象进行删除与恢复。

能力目标： 会利用删除与恢复类修改命令，对有关对象进行删除与恢复。

知识目标： 熟记删除、移动、旋转、缩放修改命令，进一步完善图形的绘制。

素质目标： 树立科学的世界观，体验量变、质变规律，明白认识的无止境，并在此基础上养成良好的绘图习惯。

知识导向： 结合图例阐述，掌握删除与恢复类修改命令的具体操作使用。

AutoCAD 2010 的“修改”下拉菜单中包含了大部分的编辑命令（如图 3-1 所示），通过选择该菜单中的命令或子命令，可以帮助用户合理地构造和组织图形，保证绘图的准确性，简化绘图操作。

本任务将详细介绍删除、移动、旋转和缩放对象这四大命令的具体使用方法。通过本任务的学习，应掌握使用删除、移动、旋转、缩放等命令来编辑修改所绘图形对象。

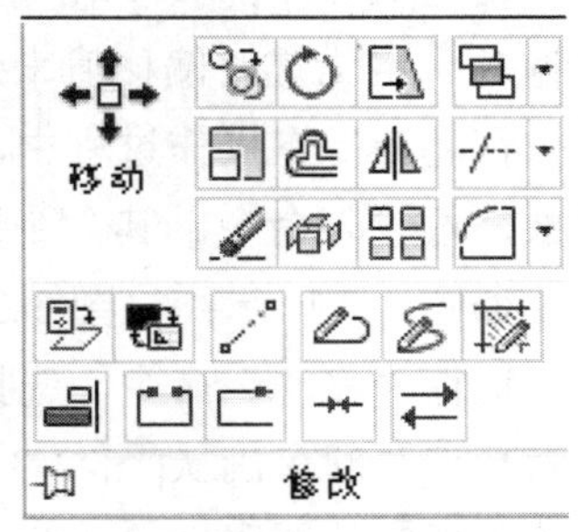

图 3-1 “修改”下拉菜单显示

一、删除对象+（快捷键 E）

在 AutoCAD 2010 中，删除命令的使用主要有如下几种方法。

一是命令输入：E↙。

二是快捷按钮：键盘上的“Delete”按键（推荐使用此方法）。

三是菜单栏：选择“修改”→“删除”命令 (ERASE)。

四是工具栏：单击“修改”工具栏中“删除”按钮。

进入删除命令后 AutoCAD 2010 将会进入如下的操作。

ERASE

选择对象：选择要删除的对象，然后按回车或者空格来结束对象的选择，与此同时也删除掉已选择的所有对象。

如图 3-2 所示，右边圆形中的矩形已经被删除掉了。

当然，也可以选择要删除的对象，按 Delete 键直接删除，此方法最快捷，推荐使用。

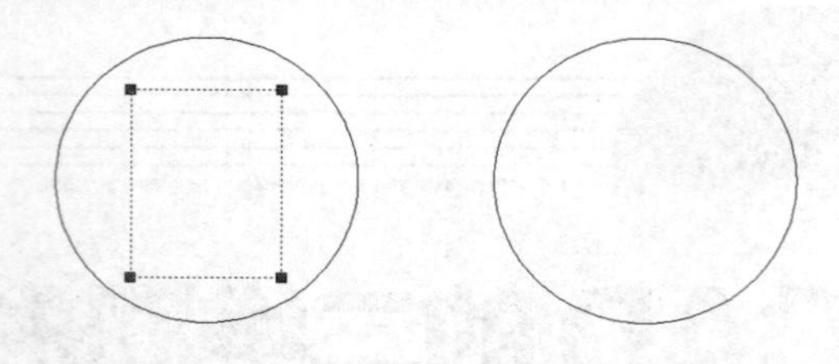

图 3-2 对象的删除

二、移动对象（快捷键 M）

移动对象是指将图形对象在原来位置的基础上，改变图形的所在位置。

在 AutoCAD 2010 中，移动命令的使用主要有如下几种方法。

一是命令输入：M↙。

二是菜单栏：选择“修改”→“移动”命令（MOVE）。

三是工具栏：在“修改”工具栏中单击按钮。

使用以上几种方法均可执行移动对象的操作，当命令执行时可以在指定方向的基础上按一定的距离来移动对象，命令结束后，虽然对象的位置发生了改变，但方向和大小不改变。

进入移动命令后 AutoCAD 2010 将会进入如下操作。

MOVE

选择对象：选择要移动的对象。

指定基点或 [位移(D)] <位移>：指定一个移动的基点。

指定第二个点或 <使用第一个点作为位移>：可以移动光标将图形移到相应的位置，或者输入一定位置的偏移值来确定。

移动命令在操作过程中，可以先输入命令，后选择需移动的对象；亦可先选择需移动的对象，再输入命令。其命令操作结果都是一样的。

如图 3-3 所示：将图 3-3（a）中的三角形移至矩形右下角，三角形直角与矩形右下角重合。执行“移动”命令，选择三角形后确认[图 3-3（b）]。利用目标捕捉找到三角形直角交点为基点，回车确认[图 3-3（c）]。移动光标找到矩形右下角回车，刚才所选中的三角形即移动到指定位置[图 3-3（d）]。

三、旋转对象（快捷键 RO）

旋转对象是指将图形对象在原来位置的基础上，对其按照一定方向进行旋转定位。

在 AutoCAD 2010 中，旋转命令的使用主要有如下几种方法。

一是命令输入：RO↙。

二是菜单栏：选择“修改”→“旋转”命令(ROTATE)。

三是工具栏：在“修改”工具栏中单击按钮。

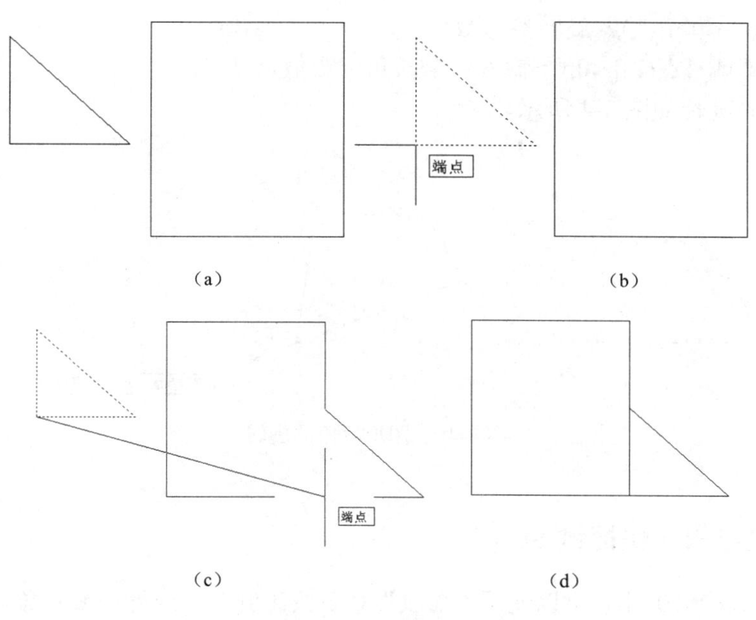

图 3-3　对象的移动

使用以上几种方法均可执行旋转对象的操作，当命令执行时可以将对象绕基点旋转指定的角度。

进入旋转命令后 AutoCAD 2010 将会进入如下的操作。

UCS 当前的正角方向：　ANGDIR=逆时针　ANGBASE=0

选择对象：　选择需要旋转的对象。

执行该命令后，从命令行显示的“UCS 当前的正角方向：ANGDIR=逆时针 ANGBASE=0”提示信息中，可以了解到当前的正角度方向(为逆时针方向)，零角度方向为 X 轴正方向的夹角(0°)。也就是说，在 CAD 的默认情况下，旋转角度以逆时针旋转为正值，顺时针旋转为负值。

指定基点：　对象旋转所围绕的点。

指定旋转角度，或 [复制(C)/参照(R)] <0>：　输入旋转的角度值。

如果已知旋转角度，可以直接输入角度值，则可以将对象绕基点转动该角度，角度为正时逆时针旋转，角度为负时顺时针旋转。

如果选择“参照(R)”选项，输入 R↙，将以参照方式旋转对象，需要依次指定参照方向的角度值和相对于参照方向的角度值。参考角度输入方法有以下两种。

（1）点击鼠标指定两点，确定参考角度。

指定旋转角度，或 [复制(C)/参照(R)] <0>：　R↙。

指定参照角 <0>：光标指定一点。

指定第二点：光标指定第二点。

指定新角度或 [点(P)] <0>：移动光标，对象随光标旋转至指定位置后在屏幕上拾取一点，旋转命令完成。

（2）从键盘输入参考角度数值。

指定旋转角度，或 [复制(C)/参照(R)] <0>：　R↙。

指定参照角 <0>：输入旋转参考数值。

指定新角度或 [点(P)] <0>：输入一个新角度数值，或 P↙。

图形对象的旋转如图 3-4 所示。

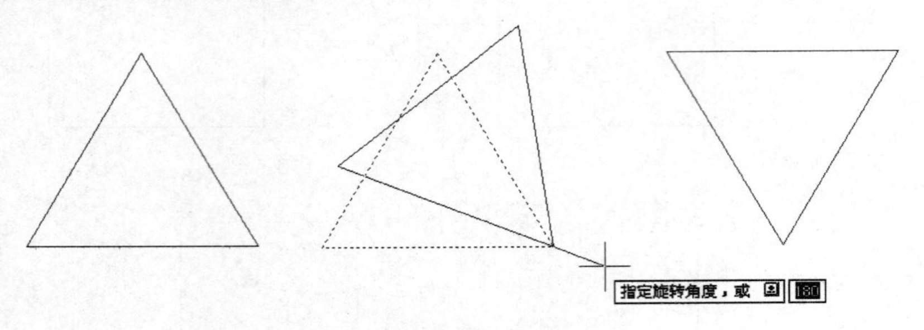

图 3-4　图形对象的旋转

四、缩放对象（快捷键 SC）

在 AutoCAD 2010 中，可以使用“缩放”命令按比例增大或缩小源对象。缩放命令的使用主要有如下几种方法。

一是命令输入：SC↙。

二是菜单栏：选择“修改”→“缩放”命令(SCALE)。

三是工具栏：或在“修改”工具栏中单击按钮。

使用以上几种方法均可执行缩放对象的操作，当命令执行时可以将对象按指定的比例因子相对于基点进行尺寸的缩放。

进入缩放命令后 AutoCAD 2010 将会进入如下的操作。

SCALE

选择对象：选择需要缩放的图形对象。

指定基点：指定图形缩放所依据的点。

指定比例因子或 [复制(C)/参照(R)] <1.0000>：输入数据，如果直接指定缩放的比例因子，对象将根据该比例因子相对于基点缩放，当比例因子值大于 0 而小于 1 时则缩小对象，当比例因子值大于 1 时则放大对象。

如果在提示指定比例因子或 [复制(C)/参照(R)] <1.0000>：R↙，将参照一个参考长度，参考长度输入有以下两种方。

（1）点击鼠标指定两点确定参照长度。

指定比例因子或 [复制(C)/参照(R)] <1.0000>：R↙。

指定参照长度 <1.0000>：光标指定一点。

指定第二点：光标指定第二点。

指定新的长度或 [点(P)] <1.0000>：移动光标，对象随光标缩放至指定大小后在屏幕上拾取一点，缩放命令完成。

（2）从键盘输入参考长度数值。

指定比例因子或 [复制(C)/参照(R)] <1.0000>：R↙。

指定参照长度 <1.0000>：输入一个参考长度数值。

指定新的长度或 [点(P)] <1.0000>：输入一个新长度数值，或 P↙。

图形的缩放如图 3-5 所示。

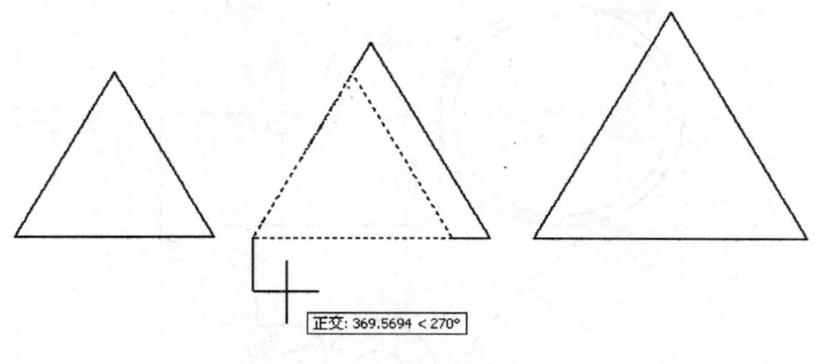

图 3-5　图形的缩放

五、任务训练

（1）如图 3-6 所示绘制相应图形（不需标注）。

① 绘制水平和中心轴线。

② 以轴线交点为圆心，绘制各圆形。

③ 以上下两条直线为切线，执行相切、相切、相切画圆绘制两圆形，连接此两条直线。

④ 使用直线命令，绘制圆的相切线。

⑤ 在绘图过程中，可能会用到删除和移动命令。

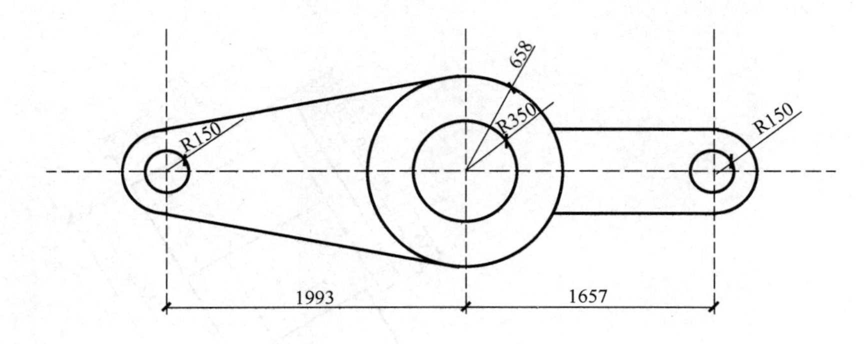

图 3-6　练习 1

（2）如图 3-7 所示绘制相应图形（不需标注）。

① 绘制两个半径分别为 200 和 100 的圆，移动至相应位置。

② 以这两个圆为准，执行相切、相切、相切画圆绘制相切于此两圆半径为 1000 的圆，执行修剪命令保留圆弧。

③ 大圆右侧绘制与其相切的垂直线，小圆上侧绘制与其相切的水平直线。

④ 分别执行相切、相切、相切画圆绘制相切于此半径为 50 的圆，执行修剪命令保留圆弧。

⑤ 使用直线绘制方形部分。

⑥ 缩放之前的大小两圆，形成圆环。

⑦ 绘制轴线。

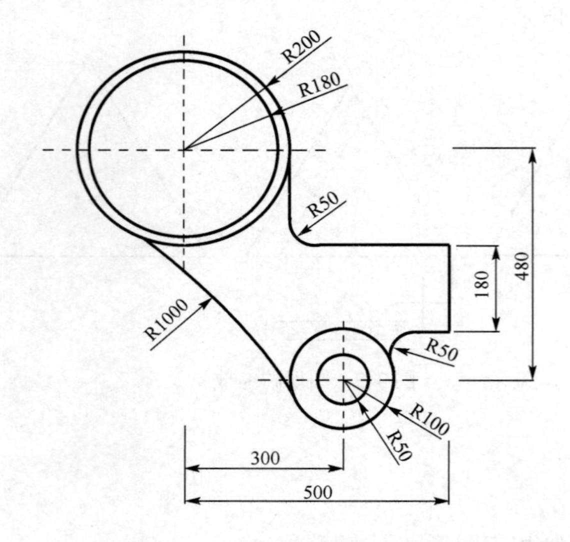

图 3-7 练习 2

（3）如图 3-8 所示绘制相应图形（不需标注）。

① 使用直线命令和矩形命令绘制上下相应两个图形。

② 将图形旋转 60°，两个主体图形夹角为 150°。

③ 填充下方底盘图形的剖面部分。

④ 绘制轴线。

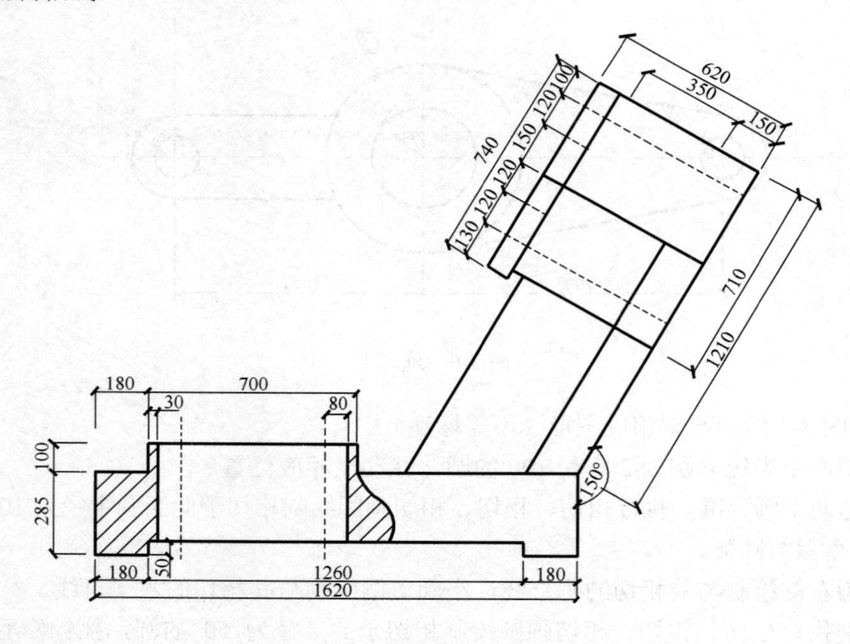

图 3-8 练习 3

（4）如图 3-9 所示绘制相应图形（不需标注）。

① 绘制轴线。

② 使用直线命令和矩形命令绘制相应线条图形。

③ 执行旋转命令将直线旋转，形成图形上下两处凹部。

④ 填充图形的剖面部分。

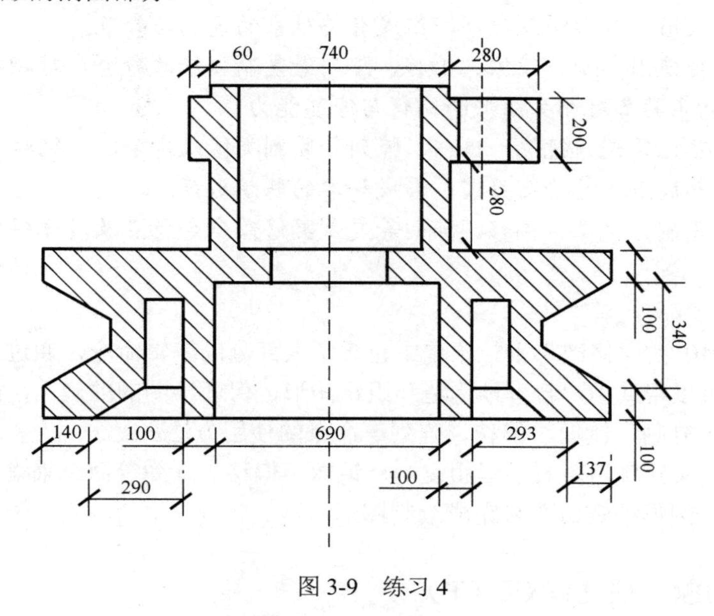

图 3-9　练习 4

（5）如图 3-10 所示绘制相应图形（不需标注）。

① 绘制轴线。

② 绘制四个半径分别为 50、70、70、150 的圆形，并执行移动命令将其放置到指定位置。

③ 绘制同心圆环，半径分别为 60、60、120。

④ 以两侧直线为准绘制半径为 500 的圆弧，执行偏移命令画出圆弧厚度。

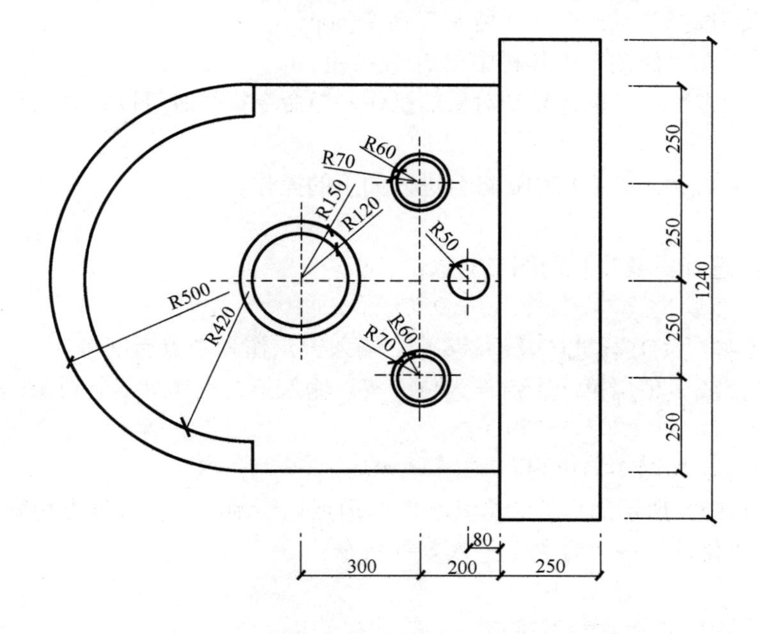

图 3-10　练习 5

任务二 复制类修改命令

任务概述： 采用复制类修改命令，完成有关对象的复制与修改。

能力目标： 会使用复制、镜像、偏移、阵列等复制类修改命令，对指定的有关对象进行复制与修改，初步具备对相关图形的编辑与修复能力。

知识目标： 熟记复制、镜像、偏移、阵列等复制类修改命令，会编辑修改相关对象。

素质目标： 养成正确的绘图习惯，形成科学的联想思维。

知识导向： 复制、镜像、偏移、阵列等复制类修改命令特点及具体操作，认识以上命令的共性。

AutoCAD 2010 的“修改”下拉菜单中包含了大部分的编辑命令，通过选择该菜单中的命令或子命令，可以帮助用户合理地构造和组织图形，保证绘图的准确性，简化绘图操作。本任务将详细介绍复制、镜像、偏移、阵列等命令的使用方法。

通过本任务的实践学习，灵活运用复制、镜像、偏移、阵列等命令来编辑和修改对象，以及综合运用多种图形编辑命令来完成绘制图形。

一、复制对象（快捷键 CO/CP）

复制对象命令是指对源对象进行拷贝复制，而成为两个或两个以上的多个与源对象性质完全相同的对象。

在 AutoCAD 2010 中，复制命令的使用主要有如下几种方法。

一是命令输入：CO↙。

二是命令输入：CP↙。

三是菜单栏：选择“修改”→“复制”命令(copy)。

四是工具栏：在“修改”工具栏中单击按钮。

使用以上几种方法均可执行复制对象的操作，当命令执行时可以将对象复制到指定方向上的指定距离处。

进入复制命令后 AutoCAD 2010 将会进入如下的操作。

COPY

选择对象： 选择需要复制的图形对象。

当前设置： 复制模式 = 多个

指定基点或 [位移(D)/模式(O)] <位移>： 输入一点作为基点后回车。

指定第二个点或 <使用第一个点作为位移>： 输入第二点作为复制对象的目标点，单击第二点进行复制。

图形的复制方法如图 3-11 所示。

在如图 3-11（a）所示的正五边形其余四个顶点也绘制出与上方顶点相同的圆形。键入“CO”↙或选择“修改”→“复制”进入复制命令。

COPY

选择对象： 选择需要复制的圆形。

当前设置：　复制模式 = 多个

指定基点或 [位移(D)/模式(O)] <位移>：　点击圆形的圆心作为基点回车。

指定第二个点或 <使用第一个点作为位移>：　依次点击正五边形其余顶点，单击第二点复制图形，复制后如图 3-11（b）所示。

在实际绘图中，基点、目标点等一般都常选择图形对象的特殊点，如顶点、圆心、中心点等，并开启对象捕捉按钮来提高绘图的精度。

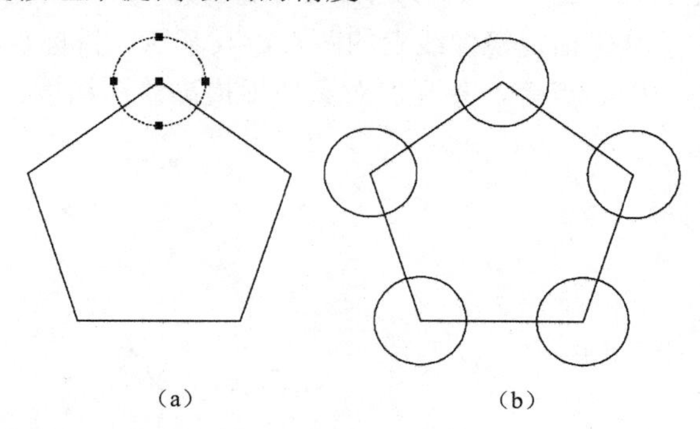

图 3-11　图形的复制

当然，还可以选择所需要复制的对象，快捷键 Ctrl+C 复制，Ctrl+V 粘贴，再放置到相应位置，点击鼠标左键或者按 Enter 键结束。

复制命令在操作过程中，可以先输入命令，后选择需复制的对象；亦可先选择需复制的对象，再输入命令。其命令操作结果都是一样的。

二、镜像对象（快捷键 MI）

镜像对象命令是指将源对象进行镜像线对称拷贝复制，从而形成两个与源对象性质造型相同而方向相对的对象。

在 AutoCAD 2010 中，镜像命令的使用主要有如下几种方法。

一是命令输入：MI↙。

二是菜单栏：选择“修改”→“镜像”命令(MI)。

三是工具栏：在“修改”工具栏中单击按钮。

进入镜像命令后 AutoCAD 2010 将会进入如下的操作。

MIRROR

选择对象：　选择需要镜像的图形对象。

选择对象：　指定镜像线的第一点：输入一点作为基点后回车。

指定镜像线的第二点：　输入第二点作为镜像对象的目标点，单击第二点进行镜像复制。

要删除源对象吗？[是(Y)/否(N)] <N>：　输入“Y”↙，删除镜像源对象，输入“N”↙，保留镜像源对象。

图形的镜像复制过程如图 3-12 所示。

镜像复制如图 3-12（a）所示的图形对象，在命令行中输入“MI”或在菜单栏中选择“修改”→“镜像”进入镜像命令。

MIRROR

选择对象：选择图形对象，如图 3-12（b）所示。

选择对象：指定镜像线的第一点：输入点 P1 作为基点后回车。

指定镜像线的第二点：输入第二点作为镜像对象的目标点，单击点 P2 指定镜像线，如图 3-12（c）所示。

要删除源对象吗？[是(Y)/否(N)] <N>：输入“Y”↙，删除镜像源对象，输入“N”↙，保留镜像源对象，如图 3-12（d）所示输入了“Y”↙。

在实际绘图中，为了准确指定镜像线上的两点，其基点、目标点等一般选择图形对象的特殊点，如顶点、圆心、中心点等，并开启对象捕捉提高绘图精度。

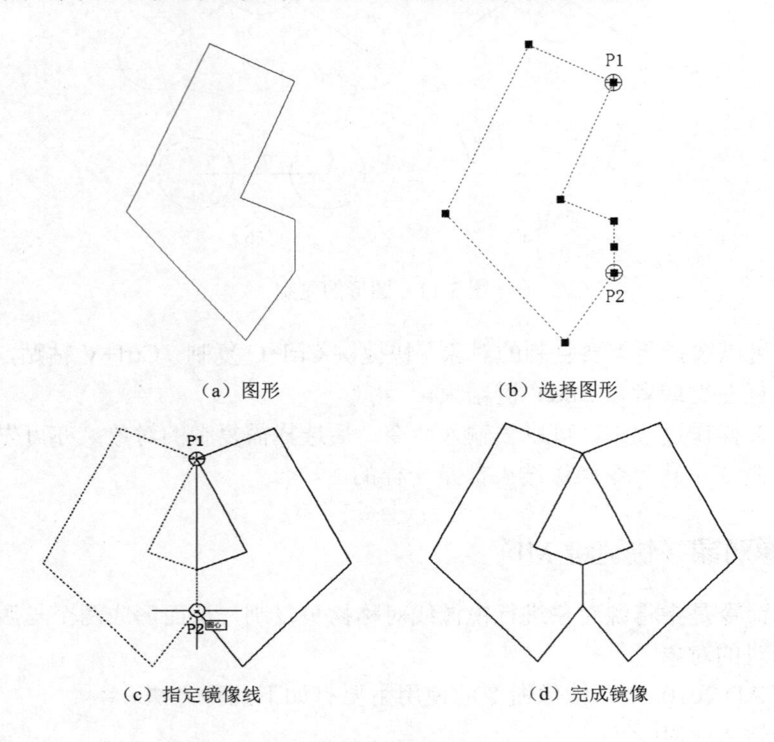

（a）图形　（b）选择图形

（c）指定镜像线　（d）完成镜像

图 3-12　图形的镜像

在 AutoCAD 2010 中，使用系统变量 MIRRTEXT 可以控制文字对象的镜像方向。如果 MIRRTEXT 的值为 1，则文字对象完全镜像，镜像出来的文字变得不可读；如果 MIRRTEXT 的值为 0，则文字对象方向不镜像。

三、偏移对象（快捷键 O）

“偏移”对象命令，是对指定的直线、圆弧等不封闭的对象进行等距离同方向的偏移复制，而对圆、矩形、多边形等封闭对象进行同心偏移复制。

在 AutoCAD 2010 中，偏移命令的使用主要有如下几种方法。

一是命令输入：O↙。

二是菜单栏：选择“修改”→“偏移”命令(O)。

三是工具栏：在“修改”工具栏中单击按钮。

使用以上几种方法均可执行偏移命令，在实际应用中，常利用“偏移”命令的特性创建平行线或等距离分布图形或同心结构的图形对象。

进入偏移命令后 AutoCAD 2010 将会进入如下的操作。

OFFSET

当前设置：删除源=否　图层=源　OFFSETGAPTYPE=0

指定偏移距离或［通过(T)/删除(E)/图层(L)］<通过>：输入偏移距离数值。

选择要偏移的对象，或［退出(E)/放弃(U)］<退出>：选择需要偏移的图形对象。

指定要偏移的那一侧上的点，或［退出(E)/多个(M)/放弃(U)］<退出>：单击图形对象两侧任意一方位，即实现图形对象的偏移。

执行此命令时只能选择一个图形对象，如果要连续偏移，AutoCAD 默认上次所输入的偏移值，如果要改变偏移值则需要重新输入命令进行调整。

如图 3-13 所示，已知一条竖直线，绘制另一条在其右侧且间距为 500 的平行直线。

在命令行中输入“O”或选择“修改”→“偏移”进入偏移命令。

OFFSET

当前设置：删除源=否　图层=源　OFFSETGAPTYPE=0

指定偏移距离或［通过(T)/删除(E)/图层(L)］<通过>：500↙。

选择要偏移的对象，或［退出(E)/放弃(U)］<退出>：选择需要偏移的竖直线。

指定要偏移的那一侧上的点，或［退出(E)/多个(M)/放弃(U)］<退出>：单击竖直线右侧，实现图形对象的偏移。

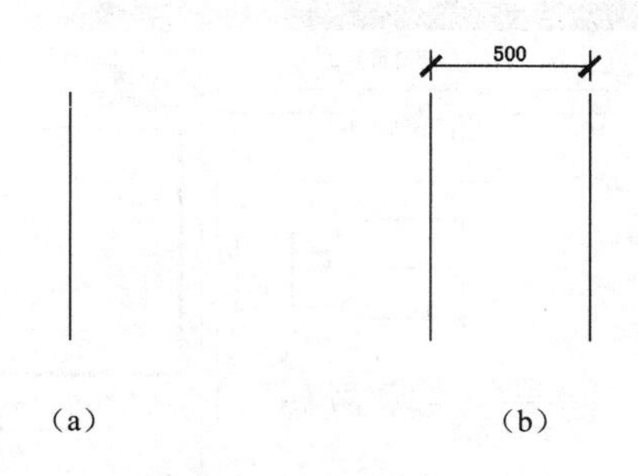

图 3-13　图形的偏移

此方法可以用于生成同心结构的图形，如绘制矩形、多边形、椭圆等同心结构，只要对象是相应绘图命令绘制而成的单一对象即可。

实例：已知一条水平直线和一个椭圆形，过椭圆圆心绘制一条与已知直线平行的直线。如图 3-14 所示。

在命令行中输入“O”或选择“修改”→“偏移”进入偏移命令。

OFFSET

当前设置：删除源=否　图层=源　OFFSETGAPTYPE=0

指定偏移距离或［通过(T)/删除(E)/图层(L)］<通过>：T↙。

选择要偏移的对象，或［退出(E)/放弃(U)］<退出>：选择需要偏移的直线。

指定通过点或［退出(E)/多个(M)/放弃(U)］<退出>：选择椭圆的圆心，即实现直线偏移。

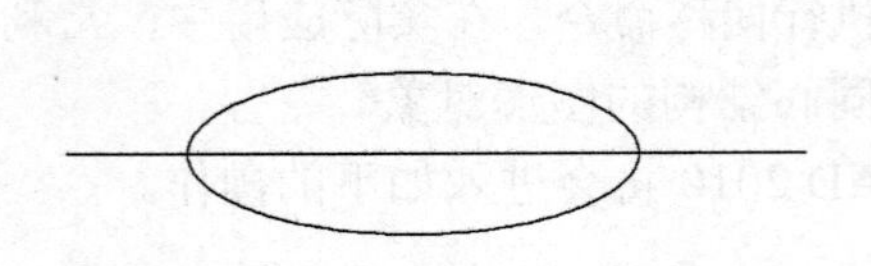

图 3-14　指定通过点偏移

四、阵列对象（快捷键 AR）

通过“阵列”命令可以对源对象按照一定的规律性一次性复制出多个相同的对象。

在 AutoCAD 2010 中，阵列命令的使用主要有如下几种方法。

一是命令输入：AR↙。

二是菜单栏：选择“修改”→“阵列”命令(ARRAY)。

三是工具栏：在“修改”工具栏中单击⊞按钮。

使用以上几种方法均可打开“阵列”对话框，并可以在该对话框中设置以矩形阵列或者环形阵列两种方式进行复制的方式。

1．矩形阵列复制

在命令行中输入“AR”或选择“修改”→“阵列”进入阵列命令，弹出如图 3-15 所示的“矩形阵列”对话框。矩形阵列指的是将选中的图形对象按水平方向和竖直方向以一定的偏移距离复制出多个同等图形，其操作过程如下。

① 如图 3-15 所示，选择对话框中的“矩形阵列”。

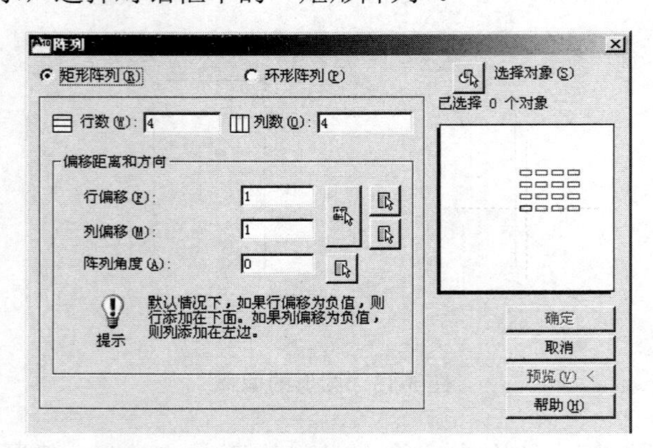

图 3-15　“阵列”对话框中的“矩形阵列”

② 单击“选择对象”按钮，AutoCAD 将回到绘图窗口进行对象的选择，选择完毕回车之后，系统将自动返回至原先的对话框。

③ 在“行”与“列”文本框中输入行数与列数的数值，此值必须为整数。

④ 在“偏移距离和方向”栏中输入行偏移与列偏移数值，即为行间距与列间距。偏移值的计算必须包括源对象本身的长与宽的值。如果直接输入数值，正数表示向右、向上复制，负数表示向左、向下复制。此外，也可以使用光标在绘图区指定两个点，两点之间的距离即是要输入的距离值。

⑤ 在“阵列角度”文本框中输入数值，则表示放置了一定角度的矩形阵列。

⑥ 单击“预览”按钮查看阵列效果。

⑦ 单击“确定”按钮完成阵列的操作。

矩形阵列操作实例如图 3-16 所示。对话框中的数据填写：“行数”为 4，“列数”为 5。“行偏移”值为 80，“列偏移”值为 90，其中矩形对象长为 30，宽为 40，真正的行与列的间隔距离均为 50。

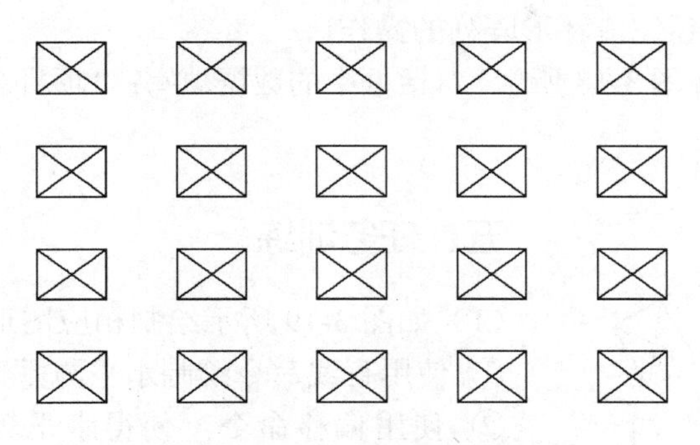

图 3-16　图形的矩形阵列

2．环形阵列复制

在命令行中输入“AR”或选择“修改”→“阵列”进入阵列命令，勾选“环形阵列选项”出现如图 3-17 所示的“环形阵列”对话框。环形阵列指的是将选中的图形对象绕指定的阵列中心，在圆周或者圆弧上均匀复制多个同等的对象，其操作过程如下。

① 如图 3-17 所示，选择对话框中的“环形阵列”。

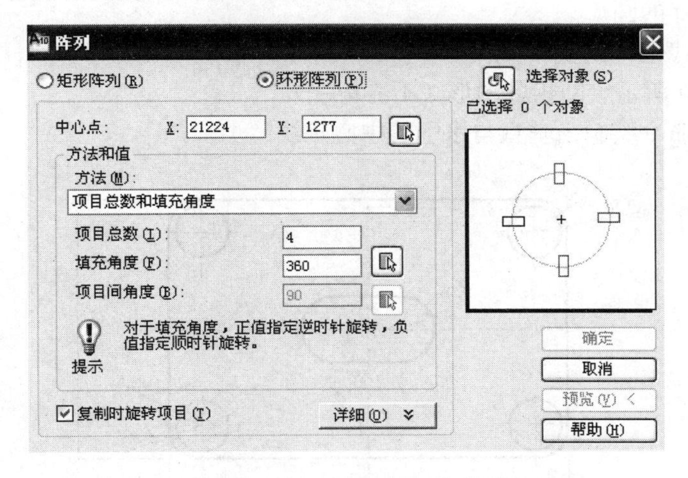

图 3-17　“阵列”对话框中的“环形阵列”

② 单击“选择对象”按钮，AutoCAD 将回到绘图窗口进行对象的选择，选择完毕回车之后，系统将自动返回到原先的对话框中。

③ 在“中心点”文本框中输入阵列中心的 X 与 Y 坐标；或者单击“中心点”文本框右侧“拾取中心点”按钮，将光标在绘图区指定一点后再返回到对话框。

④ 在“方法和值”栏中选择阵列方式，然后在“项目总数”与“填充角度”以及“项目间角度”文本框中输入相应数值。其中“项目总数”指包括源对象在内的所有复制后的对象总个数；“填充角度”指定围绕阵列圆周要填充的总角度，一般默认数值均为 360°，也可按照用户需要进行修改；“项目间角度”指阵列后两个相邻项目之间的角度。

⑤ 如果在环形阵列复制的同时，需要将每个复制的对象产生旋转，则可以选中“复制

时旋转项目”选择框，AutoCAD 系统默认已选中；如果不选中该选项，则表示每个复制的对象不会产生角度的旋转，此时所复制出来的所有对象与源对象均保持相同的方向。

⑥ 单击“预览”按钮查看环形阵列的效果。

⑦ 单击“确定”按钮完成环形阵列的操作。

环形阵列操作实例如图 3-18 所示。对话框中的数据填写：“项目总数”为 6，“填充角度”为 360。

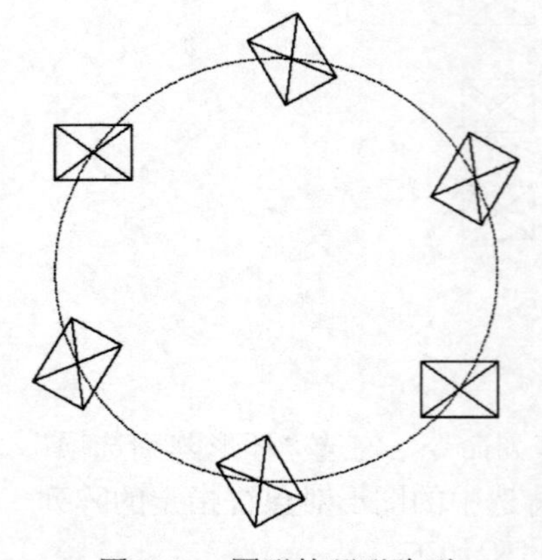

图 3-18 图形的环形阵列

五、任务训练

（1）如图 3-19 所示绘制相应图形（不需标注）。

① 使用直线命令绘制水平与垂直两条中心轴线。

② 使用偏移命令，使得水平轴线向上与向下各偏移 200，竖直轴线向左向右各偏移 300，形成矩形。

③ 使用圆弧命令绘制矩形的四个圆角。

④ 将矩形水平和垂直线向内偏移 50，将其交点为圆心绘制半径为 40 的圆，调整中心线，使用复制或阵列命令放置至四个角相应位置。

⑤ 垂直中轴线左右各偏移 50，其与水平线交点为圆心绘制两个半径为 50 的圆。

⑥ 修剪多余线条，调整。

（2）如图 3-20 所示绘制相应图形（不需标注）。

① 使用直线命令绘制出垂直与水平的中心轴线。

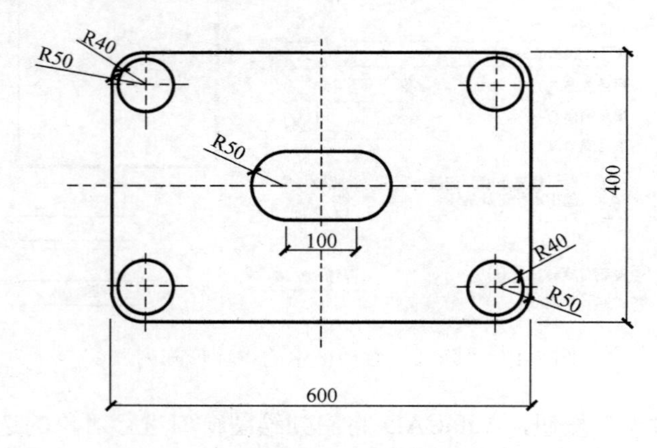

图 3-19 练习 1

② 使用圆命令分别绘制半径为 80、半径为 100 的圆。

③ 垂直轴线与圆环外圆交点向右绘制 200 直线，并向下偏移 200。

④ 圆环上方直线右端点向上绘制 30 直线，然后继续向右绘制 50 直线。下方直线向下执行相同的命令。

⑤ 以右侧直线端点为基点镜像该图形。

⑥ 修剪多余线条，调整。

（3）如图 3-21 所示绘制相应图形（不需标注）。

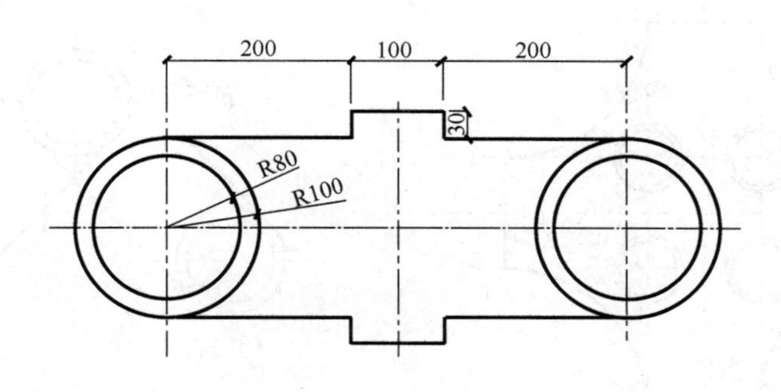

图 3-20　练习 2

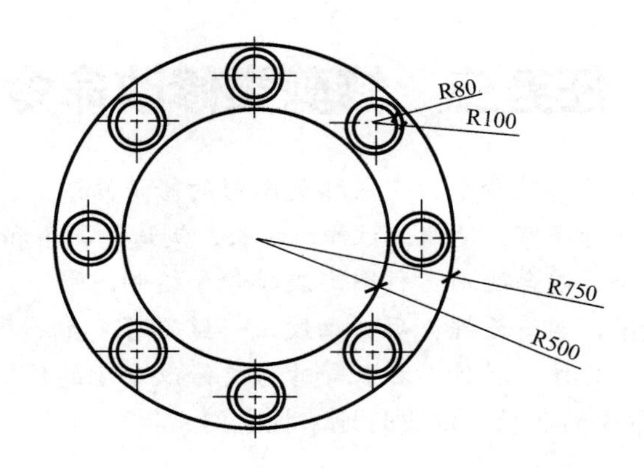

图 3-21　练习 3

① 使用直线命令绘制垂直与水平的中心轴线各一条。

② 绘制两个同心圆分别为半径 80、半径 100；绘制内半径 500、外半径 750 的圆环。

③ 以大圆环中心为圆心绘制半径为 625 的圆，将该圆为小圆环中心所在轨迹。

④ 将小圆环执行环形阵列命令，最后调整。

（4）如图 3-22 所示绘制相应图形（不需标注）。

① 直线，绘制水平和垂直相交的两中轴线；将两轴线分别向上下和左右各偏移 200。

② 以两两垂直的直线为基础，执行相切、相切、半径画半径为 500 的圆，将切点相连，再修剪圆形留下圆弧。

③ 以偏移后的直线交点为中心，使用圆命令绘制两个同心圆半径分别为 100 与 120，复制后移动到相应位置，最后调整。

（5）如图 3-23 所示绘制相应图形（不需标注）。

① 使用直线命令绘制水平和垂直的中心轴线。

② 使用圆命令绘制同心圆，其半径分别为 80 与 100。

③ 以垂直轴线和圆环交点为基点，绘制长度为 400 的直线，将此直线向下偏移 200。

④ 将圆环复制到另一端调整位置。整体旋转 45°，以上方圆环中心为基点镜像该图形。

⑤ 删除多余的线条图形，调整。

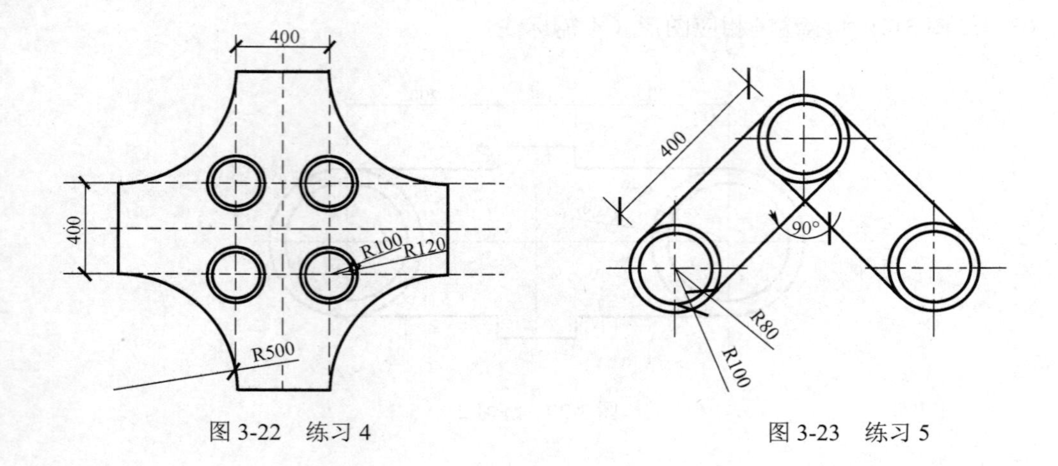

图 3-22　练习 4

图 3-23　练习 5

任务三　修剪类修改命令

任务概述： 利用修剪类修改命令，完成相关图形的修剪修改。

能力目标： 能独立进行修剪、延伸、拉伸、拉长、倒角、圆角和打断命令的具体操作。

知识目标： 熟记命令，综合运用多种图形编辑命令绘制图形。

素质目标： 谦虚谨慎、学海无涯、耐心细致、一丝不苟，养成良好的绘图习惯。

知识导向： 从修剪、延伸、拉伸、拉长等修剪类修改命令的使用出发，以图例阐述具体绘制步骤，归纳这些命令的共性，以更好地掌握它们。

AutoCAD 2010 的“修改”下拉菜单中包含了大部分的编辑命令，通过选择该菜单中的命令或子命令，可以帮助用户合理地构造和组织图形，保证绘图的准确性，简化绘图操作。本任务将详细介绍修剪、延伸、拉伸、拉长、倒角、圆角、打断等命令的使用方法。

通过本任务的学习，能灵活运用修剪、延伸、拉伸、拉长、倒角、圆角、打断等命令来编辑和修改对象，以及综合运用多种图形编辑命令来完成绘制图形。

一、修剪对象（快捷键 TR）

“修剪”命令是针对绘图中使用绘图工具绘制好图形后，而多余下来的图形对象部分，需要对其进行修剪掉，以改善图形的美观。

在 AutoCAD 2010 中，“修剪”命令的使用主要有如下几种方法。

一是命令输入：TR ↙。

二是菜单栏：选择“修改”→“修剪”命令（TRIM）。

三是工具栏：在“修改”工具栏中单击-/--按钮。

使用以上几种方法均可执行修剪对象的操作，当命令执行时可以以某一对象为剪切边修剪其他对象的多余部分。

在 AutoCAD 2010 中，可以作为剪切边的对象有直线、圆弧、圆、椭圆或椭圆弧、多段线、样条曲线、构造线、射线以及文字等。剪切边也可以同时作为被修剪边。默认情况下，选择要修剪的对象(即选择被修剪边)，系统将以修剪切边为界，剪切对象上位于拾取点一侧的部分将被剪切掉。

进入修剪命令后 AutoCAD 2010 将会进入如下的操作。

当前设置：投影=UCS，边=无

选择剪切边...

选择对象或 <全部选择>：选择需要修剪的图形对象和修剪边界，回车。

选择要修剪的对象，或按住 Shift 键选择要延伸的对象，或

[栏选(F)/窗交(C)/投影(P)/边(E)/删除(R)/放弃(U)]：修剪图形对象。

在修剪过程中，选择不同的对象和不同的边界，修剪的部分也不尽相同，如图 3-24 所示。

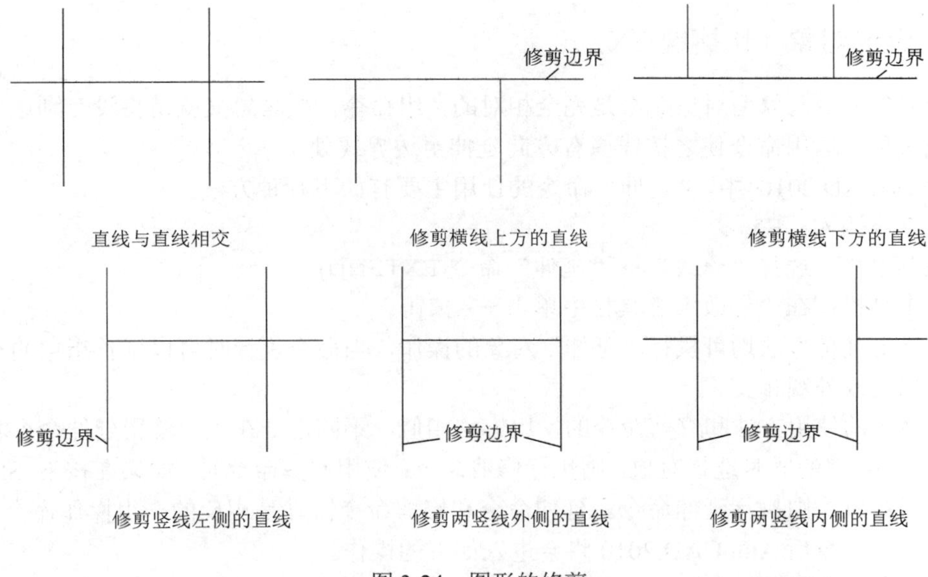

图 3-24　图形的修剪

被修剪的对象也可以作为修剪边界，在选择修剪边时可一次选择多个对象作为修剪边界。如图 3-25 所示。

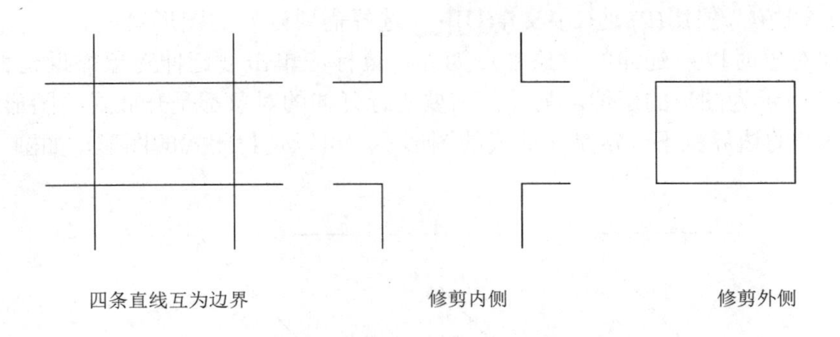

图 3-25　图形对象互为边界修剪

修剪圆、椭圆或者以相应命令直接生成的矩形、正多边形时，它们必须与修剪边界有两

个交点才能修剪。如图 3-26 所示。

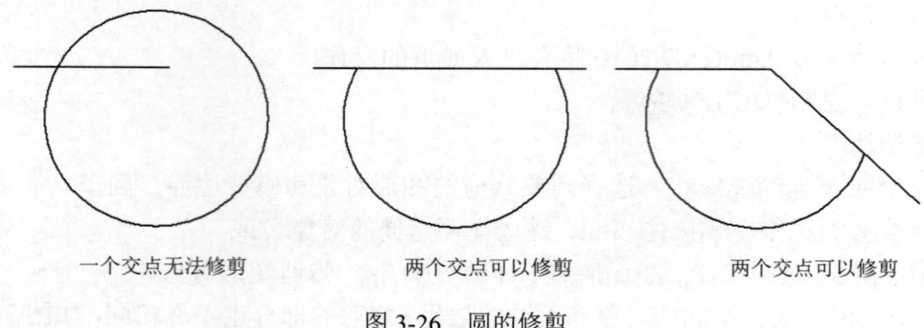

图 3-26 圆的修剪

二、延伸对象（快捷键 EX）

延伸对象命令与修剪对象命令是完全相对的一组命令，顾名思义就是将没有到达指定边界线的线对象，运用命令使之按线原有方向延伸至边界线处。

在 AutoCAD 2010 中，“延伸”命令的使用主要有如下几种方法。

一是命令输入：EX ↙。

二是菜单栏：选择“修改”→“延伸”命令(EXTEND)。

三是工具栏：在“修改”工具栏中单击---/按钮。

使用以上几种方法均可执行“延伸”对象的操作，当命令执行时可以延长指定的对象与另一对象相交或外观相交。

延伸命令的使用方法和修剪命令的使用方法相似，不同之处在于：使用延伸命令时，如果在按下 Shift 键的同时选择对象，则执行修剪命令；使用修剪命令时，如果在按下 Shift 键的同时选择对象，则执行延伸命令。延伸命令和修剪命令恰好是相反的一组操作命令。

进入延伸命令后 AutoCAD 2010 将会进入如下的操作。

当前设置:投影=UCS，边=无

选择边界的边...

选择对象或 <全部选择>： 选择作为延伸边界的图形对象回车。

选择要延伸的对象，或按住 Shift 键选择要修剪的对象，或

[栏选(F)/窗交(C)/投影(P)/边(E)/放弃(U)]： 选择需要延伸的图形对象。

选择延伸对象时以被延伸的对象中点为界，鼠标应单击被延伸对象靠近延伸边界的一侧。如图 3-27 所示为图形的延伸。另外，需要进行延伸的对象都是开放式的图形，如直线、圆弧等，而延伸的边界就不一定是开放式的图形了，可以是封闭式的图形，如圆、椭圆、矩形等。

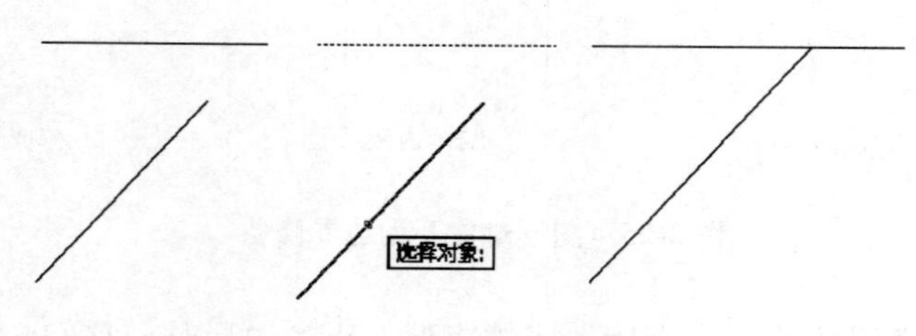

图 3-27 图形的延伸

三、拉伸对象（快捷键 S）

拉伸对象命令与延伸对象命令看似相近，但延伸命令针对的是开放式不封闭的线型对象，而拉伸命令则是针对至少一个封闭式对象或一组对象，其中也包含封闭式对象。拉伸命令不可对线型对象进行操作。

在 AutoCAD 2010 中，拉伸命令的使用主要有如下几种方法。

一是命令输入：S↙。

二是菜单栏：选择“修改”→“拉伸”命令（STRETCH）。

三是工具栏：在“修改”工具栏中单击按钮。

使用以上几种方法均可执行拉伸命令，命令执行后就可以移动或拉伸对象，操作方式根据图形对象在选择框中的位置决定，可操作的对象有圆弧、椭圆弧、多段线、多线、样条曲线、矩形命令、多边形命令等所绘制出来的图形。

执行该命令时，可以使用“交叉窗口”方式或者“交叉多边形”方式选择对象，（但不可使用“窗口”选择方式，否则选择无效。）然后依次指定位移基点和位移矢量，将会移动全部位于选择窗口之内的对象，而拉伸(或压缩)与选择窗口边界相交的对象。

进入拉伸命令后 AutoCAD 2010 将会进入如下的操作。

STRETCH

以交叉窗口或交叉多边形选择要拉伸的对象...

选择对象：选择需要拉伸的图形对象。

指定基点或 [位移(D)] <位移>：指定一个拉伸的基点。

指定第二个点或 <使用第一个点作为位移>：指定第二个点使图形对象拉伸到相应位置，或者输入相应的数值。

① 指定一个基准点后再指定图形拉伸的目标点，将选中的图形对象拉伸到指定点。只是拉伸命令中最常用的一种方法。

② 选择图形对象后指定一个基点，移动光标，提示指定第二个点或 <使用第一个点作为位移>：后直接输入移动距离的数值，此时光标的方向就是图形对象拉伸的方向，输入的数值就是光标方向拉伸的距离。

③ 如果选择图形对象后对主提示命令输入 D 回车或者直接回车，在提示指定第二个点或 <使用第一个点作为位移>：后输入一个点的直角坐标或者极坐标，AutoCAD 会将输入点的直角坐标值作为相对选中图形对象的横向和纵向拉伸距离，将输入点的极坐标作为相对选中图形对象的拉伸距离和角度定位。

如图 3-28 所示，拉伸矩形连接至指定的直线。

在命令行中输入“S”或选择“修改”→“拉伸”进入拉伸命令。

STRETCH

以交叉窗口或交叉多边形选择要拉伸的对象...

选择对象：框选矩形所要拉伸的部分。

指定基点或 [位移(D)] <位移>：指定一个基点。

指定第二个点或 <使用第一个点作为位移>：指定第二个点将矩形拉伸并连接到所指定的直线上。

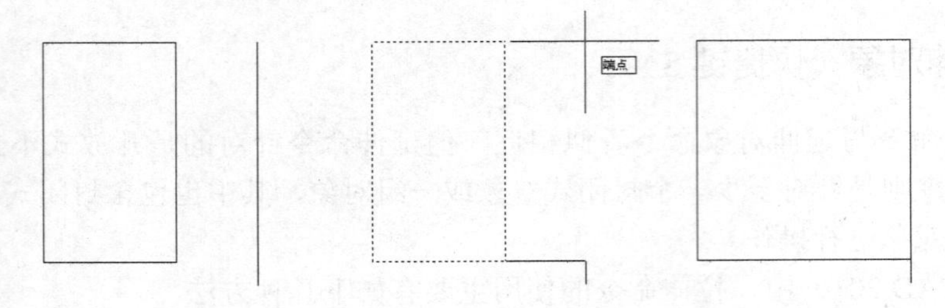

图 3-28 图形的拉伸

四、拉长对象（快捷键 LENGTHEN）

“拉长”对象命令与“延伸”对象命令之间也有差异，它们都是针对线型对象而言的命令。而“拉长”命令是对线型对象按照一定数值或百分比进行增长或缩短的。“延伸”对象命令可看前面。

在 AutoCAD 2010 中，拉长命令的使用主要有如下几种方法。

一是命令输入：LENGTHEN↙。（不建议用此方法。）

二是菜单栏：选择“修改”→“拉长”命令(LENGTHEN)。

三是工具栏：在“修改”工具栏中单击按钮。

使用以上几种方法均可执行拉长命令，即可对线段或者圆弧的长度进行修改了。

进入拉长命令后 AutoCAD 2010 将会进入如下的操作。

命令: _lengthen

选择对象或 [增量(DE)/百分数(P)/全部(T)/动态(DY)]：选择一个图形对象或者输入相应选项的字母命令后回车。

选择一个图形对象后命令行会显示其当前长度，如果是圆弧的话还会显示其包含的圆心角。完成一次测量后提示会反复出现，直到回车结束命令。

相关选项命令的含义如下。

1．增量（DE）

键入需拉长的图形的长度数据，将原来的图形拉长到相应长度，正值为拉长对象，负值为缩小对象。例如将一根 1000 的直线，键入增量“DE”按空格，输入 500，再点击此直线，即可将原直线拉长至 1500。单击在线型的哪一头，就在哪一头进行拉长或缩短。

2．百分数（P）

键入需拉长的图形的长度百分比，将原来的图形拉长到相应长度。例如将一根 1000 的直线，键入百分数“P”按空格，输入百分比数值 150，再点击此直线，即可将原直线拉长至 1500。反之，输入为 50，则将原直线变为 500。

3．全部（T）

键入需拉长的图形的最终长度，将原来的图形拉长到相应长度。例如将一根 1000 的直线，键入全部“T”按空格，输入最终长度 1500，再点击此直线，即可将原直线拉长至 1500。

4．动态（DY）

可以直接将原来的图形拉长到相应长度。例如将一根 1000 的直线，键入动态“DY”按空格，选择一端点向外移动鼠标，输入数据 500，即可将原直线拉长至 1500。

图形的拉长如图 3-29 所示，将一根 1000 的直线拉长为 1500。

在命令行中输入“LENGTHEN”或选择“修改”→“拉长”进入拉长命令。

命令: _lengthen

选择对象或 [增量(DE)/百分数(P)/全部(T)/动态(DY)]：DE↙。

输入长度增量或 [角度(A)] <0>：500↙。

选择要修改的对象或 [放弃(U)]：单击需要拉长的直线的一端。

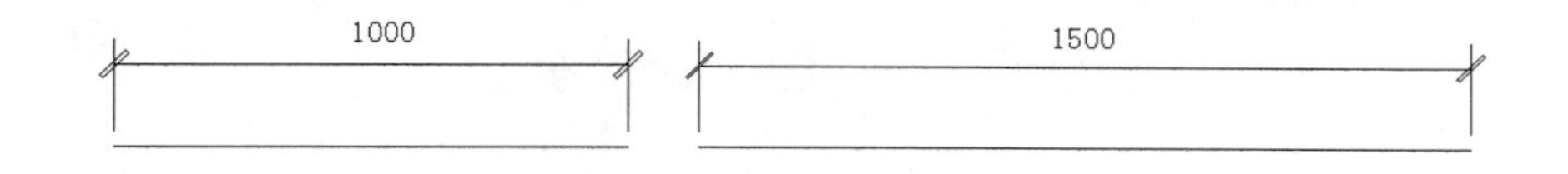

图 3-29　图形的拉长

五、倒角对象（快捷键 CHA）

“倒角”命令可以对两交叉直线组成的“角”进行剪切，使其修改对象与一条相倾斜的直线相连接，剪切后的倒角造型由倒角距离 1 和倒角距离 2 的具体数值所决定。

在 AutoCAD 2010 中，“倒角”命令的使用主要有如下几种方法。

一是命令输入：CHA　↙。

二是菜单栏：选择“修改”→“倒角”命令(CHAMFER)。

三是工具栏：在“修改”工具栏中单击按钮。

使用以上几种方法均可执行“倒角”对象的操作，当命令执行时即可为对象绘制倒角。

倒角有两张方法可供选择，一是可以输入每条边的倒角距离值，二是可以指定某条边上倒角的长度及与此边的夹角角度。

进入倒角命令后 AutoCAD 2010 将会进入如下的操作。

1．距离（D）绘制倒角

命令: _chamfer

(“修剪”模式) 当前倒角距离 1 = 0.0000，距离 2 = 0.0000

选择第一条直线或 [放弃(U)/多段线(P)/距离(D)/角度(A)/修剪(T)/方式(E)/多个(M)]：D↙。

指定第一个倒角距离 <0.0000>：输入第一个倒角距离数值回车。

指定第二个倒角距离 <0.0000>：输入第二个倒角距离数值回车（直接回车即默认距离为第一个倒角距离的数值）。

选择第一条直线或 [放弃(U)/多段线(P)/距离(D)/角度(A)/修剪(T)/方式(E)/多个(M)]：选择第一条直线。

选择第二条直线，或按住 Shift 键选择要应用角点的直线：选择第二条直线。

2．角度（A）绘制倒角

命令: _chamfer

(“修剪”模式) 当前倒角距离 1 = 0.0000，距离 2 = 0.0000

选择第一条直线或 [放弃(U)/多段线(P)/距离(D)/角度(A)/修剪(T)/方式(E)/多个(M)]：

A↙。

指定第一条直线的倒角长度 <0.0000>：输入第一条直线的倒角长度数值回车。

指定第一条直线的倒角角度 <0>：输入第一条直线的倒角角度数值回车。

选择第一条直线或 [放弃(U)/多段线(P)/距离(D)/角度(A)/修剪(T)/方式(E)/多个(M)]：选择第一条直线。

选择第二条直线，或按住 Shift 键选择要应用角点的直线：选择第二条直线。

倒角的绘制如图 3-30 所示。

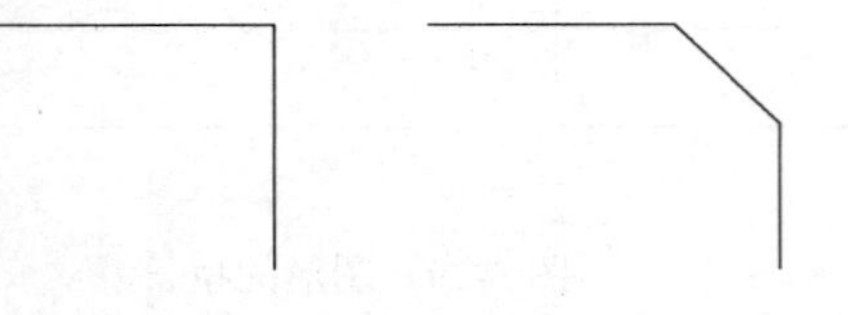

图 3-30 对象的倒角

注意：不管是以距离（D）绘制倒角，还是以角度(A)绘制倒角，都要注意选择边的顺序性，如第一条边和第二条边选择顺序颠倒了，则倒角造型也会发生改变（第一倒角距离和第二倒角距离相等的情况除外）。

六、圆角对象（快捷键 F）

“圆角”命令可以将两个对象相连接的部分，用圆弧的形式进行过渡连接。

在 AutoCAD 2010 中，“圆角”命令的使用主要有如下几种方法。

一是命令输入：F ↙。

二是菜单栏：选择“修改”→“圆角”命令(FILLET)。

三是工具栏：在“修改”工具栏中单击⌒按钮。

使用以上几种方法均可执行“圆角”命令的操作，当命令执行时可以使修改对象以圆角相接。修圆角的方法与修倒角的方法相似，在命令行提示中，选择“半径(R)”选项，即可设置圆角的半径大小。

倒圆角是利用指定半径的圆弧光滑地连接两个对象，操作的对象包括直线、多段线、样条线、圆、圆弧等。对于多段线，可一次将多段线的所有顶点都光滑地过渡。

进入“圆角”命令后 AutoCAD 2010 将会进入如下的操作。

FILLET

当前设置：模式 = 修剪，半径 = 0.0000

选择第一个对象或 [放弃(U)/多段线(P)/半径(R)/修剪(T)/多个(M)]：R↙。

指定圆角半径 <0.0000>：输入圆角半径数值回车。

选择第一个对象或 [放弃(U)/多段线(P)/半径(R)/修剪(T)/多个(M)]：选择第一个对象。

选择第二个对象，或按住 Shift 键选择要应用角点的对象：选择第二个对象。

如图 3-31 所示，将两直线进行圆角修改，其圆角半径为 300。

进入“圆角”命令后 AutoCAD 2010 将进入如下的操作。

FILLET

当前设置：模式 = 修剪，半径 = 0.0000

选择第一个对象或 [放弃(U)/多段线(P)/半径(R)/修剪(T)/多个(M)]: R↙。

指定圆角半径 <0.0000>: 输入圆角半径 300 回车。

选择第一个对象或 [放弃(U)/多段线(P)/半径(R)/修剪(T)/多个(M)]: 选择第一条直线。

选择第二个对象，或按住 Shift 键选择要应用角点的对象: 选择第二条直线。

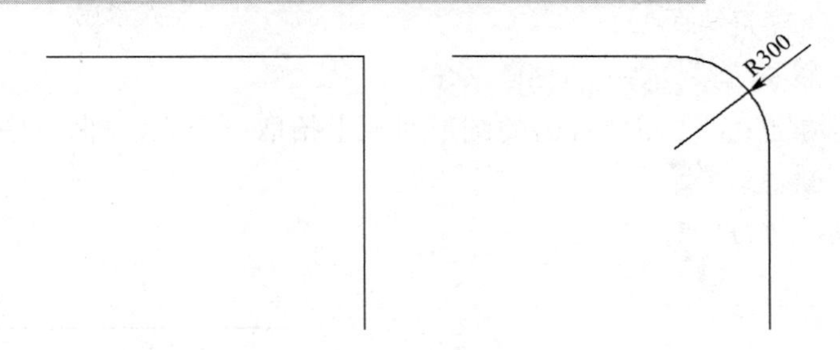

图 3-31 对象的圆角

七、打断对象（快捷键 BR）

“打断”命令有两种形式，一是“打断”对象可以将一个对象打断成两部分，或者修剪掉对象中的一部分，使其也成为两部分。二是“打断于点”命令可以将对象在一点处断开成两个对象。“打断”命令适用于直线、圆弧、圆、椭圆、构造线、样条曲线、矩形、多边形等。

在 AutoCAD 2010 中，“打断”命令的使用主要有如下几种方法。

一是命令输入：BR↙。

二是菜单栏：选择“修改”→“打断”命令(BREAK)。

三是工具栏：在“修改”工具栏中单击按钮。

下面分别来介绍“打断”对象命令和“打断于点”命令。

1．打断对象

在命令行中输入“BR”或选择“修改”→“打断”、或在“修改”工具栏中单击按钮，进入打断命令，执行命令后 AutoCAD 2010 将会进入如下的操作。

命令: br↙。

BREAK 选择对象: 在需要打断的图形对象上拾取一个点。

指定第二个打断点 或 [第一点(F)]: 输入另一个点或者输入 F 回车。

此次输入的点为第二个打断点，对象上的第一打断点（即图形对象上拾取一个点）到第二打断点之间的部分将被修剪掉。如果输入 F 后回车，则要求重新选择第一打断点。

如图 3-32 所示把直线从点 A、B 间打断。

在命令行中输入“BR”或选择“修改”→“打断”进入打断命令，执行命令后 AutoCAD 2010 将会进入如下的操作。

命令: br↙。

BREAK 选择对象: 在需要打断的直线上任意拾取一个点。

指定第二个打断点 或 [第一点(F)]: F↙。

指定第一个打断点: 在需要打断的直线上拾取点 A。

指定第二个打断点: 在需要打断的直线上拾取点 B。

2．打断于点

在“修改”工具栏中单击按钮，可以将对象在一点处断开成两个对象，它是从“打断”命令中派生出来的一个命令。选择要被打断的对象，然后指定打断点，输入相应坐标数据或直接点击位置，执行命令后 AutoCAD 2010 将会进入如下的操作。

命令: _break 选择对象:

指定第二个打断点 或 [第一点(F)]: _f

指定第一个打断点： 在需要打断的图形对象上拾取一个点，即从此点将图形对象打断

指定第二个打断点： @

如图 3-33 所示打断直线。

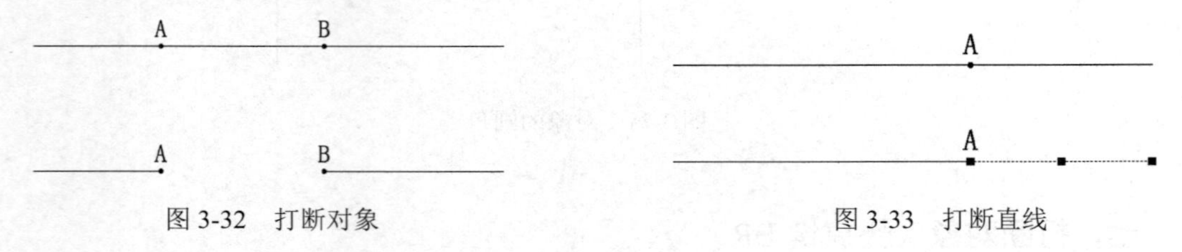

图 3-32 打断对象　　　　图 3-33 打断直线

八、任务训练

（1）如图 3-34 所示绘制相应图形（不需标注）。

① 使用直线命令，绘制两根水平轴线，相距 230。

② 上方轴线上下各依次偏移 20、60 形成截面腔体；下方轴线上下依次偏移 80、110 形成截面腔体。

③ 将上方轴线向上依次偏移 100、180；下方轴线向下偏移 170、290。

④ 按长度尺寸进行修剪。

⑤ 调整。

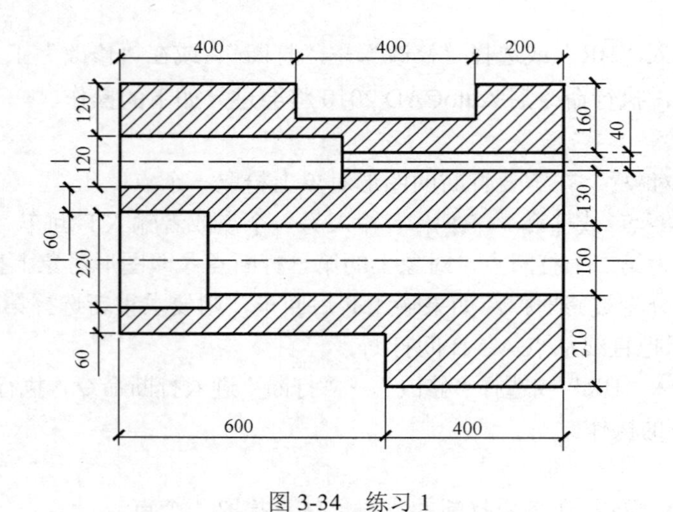

图 3-34 练习 1

（2）如图 3-35 所示绘制相应图形（不需标注）。

① 使用直线命令绘制两根竖直轴线，之间相隔 150。

② 左侧轴线向左依次偏移 30、30，向右依次偏移 30、60。
③ 右侧轴线向左依次偏移 40、20。
④ 轴线底端绘制水平直线，并将其向上依次偏移 50、150。
⑤ 设置半径为 10 的圆角。
⑥ 以右侧轴线底端为基点，水平镜像该图形。
⑦ 修剪多余的直线，填充图案。
⑧ 绘制对称的另一半。

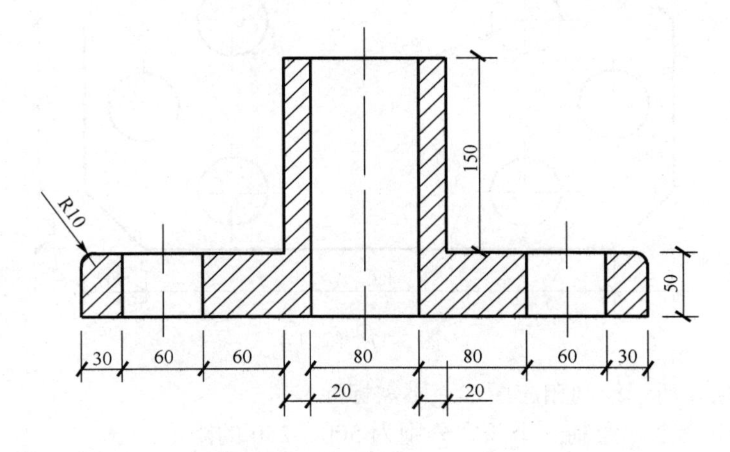

图 3-35　练习 2

（3）如图 3-36 所示绘制相应图形（不需标注）。
① 使用矩形命令，绘制一个长宽分别为 500、250 的矩形。
② 执行圆角命令，将矩形四角修改成半径 50 的圆角。
③ 将矩形四边各向内偏移 125，并形成交点。
④ 以交点为圆心，绘制半径为 30 的圆形，并画出中心轴线。
⑤ 调整。

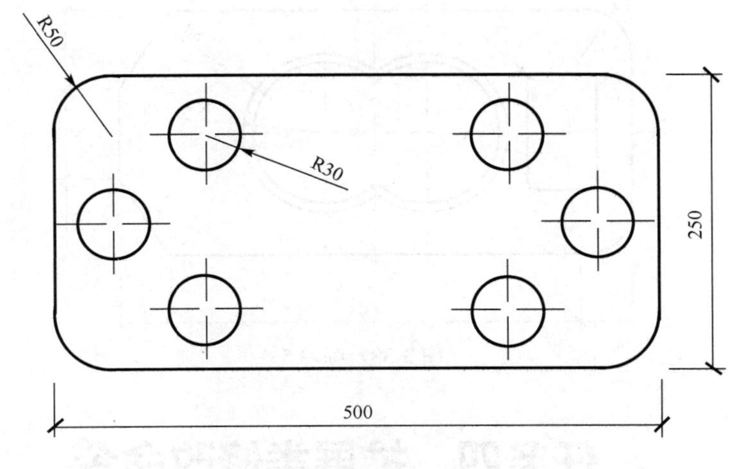

图 3-36　练习 3

（4）如图 3-37 所示绘制相应图形（不需标注）。

① 使用矩形命令，绘制一个长宽分别为 500、250 的矩形。

② 执行倒角命令，设置第一第二倒角距离均为 50，执行倒角。

③ 将矩形四边各向内偏移 125，并形成交点。

④ 以交点为圆心，绘制半径为 30 的圆形，并画出中心轴线。调整。

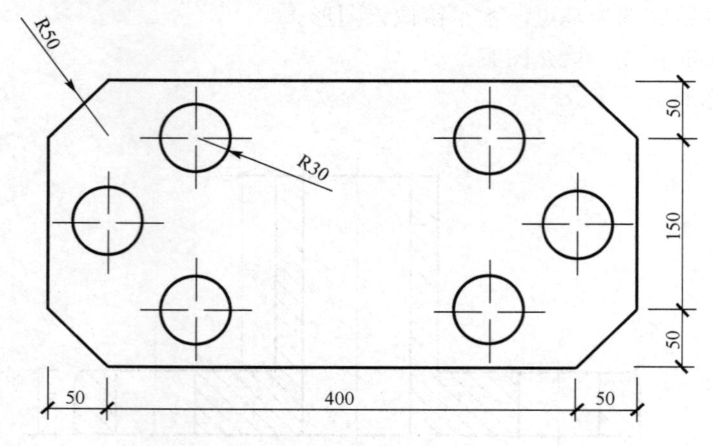

图 3-37 练习 4

（5）如图 3-38 所示绘制相应图形（不需标注）。

① 使用矩形命令，绘制一个长宽分别为 500、250 的矩形。

② 执行倒角命令，将第一第二倒角长度分别设置为 50、80；执行圆角命令，将矩形其余两角修改成半径为 50 的圆角。

③ 将矩形垂直中轴线向左右各偏移 50，将此两交点为圆心绘制内半径 70、外半径 80 的圆环，修剪相交部分。

④ 绘制圆角半径为 10 的矩形，移动到指定位置。

⑤ 调整。

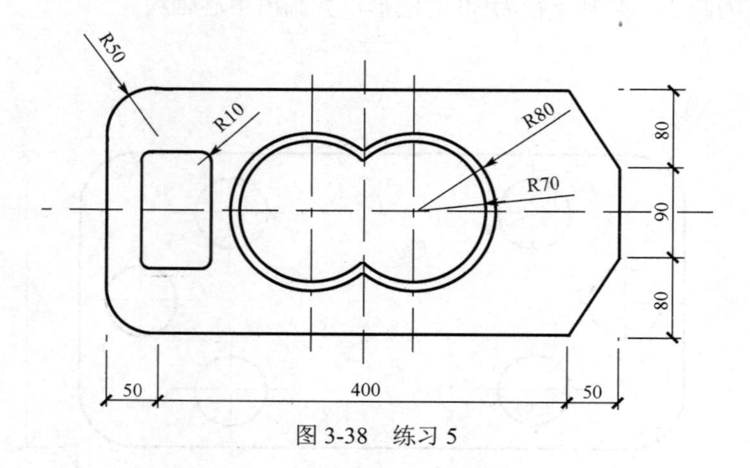

图 3-38 练习 5

▶ 任务四 扩展类修改命令

任务概述： 了解扩展类修改命令的概念，利用扩展类修改命令完成相关图形绘制。

能力目标： 能独立使用分解、编辑多段线、编辑多线、编辑样条曲线命令来编辑对象。

知识目标： 综合运用多种图形编辑命令绘制图形，不局限于一种方式来绘制图形。

素质目标： 严格、规范、细心、认真，养成良好的绘图习惯。

知识导向： 将编辑性操作命令结合在扩展类修改命令中，以调整、完善修改命令。

AutoCAD 2010 的“修改”下拉菜单中包含了大部分的编辑命令，通过选择该菜单中的命令或子命令，可以帮助用户合理地构造和组织图形，保证绘图的准确性，简化绘图操作。本任务将详细介绍分解、编辑多段线、编辑多线、编辑样条曲线等命令的使用方法。

通过本任务的学习，能灵活运用分解、编辑多段线、编辑多线、编辑样条曲线等命令来编辑和修改对象，以及综合运用多种图形编辑命令来完成绘制图形。

一、分解对象（快捷键 X）

对于矩形、块等由多个对象编组成的组合对象，如果需要对单个成员进行编辑和修改，那就需要将它分解开了。

在 AutoCAD 2010 中，“分解”命令的使用主要有如下几种方法。

一是命令输入：X↙。

二是菜单栏：选择“修改”→“分解”命令(EXPLODE)。

三是工具栏：在“修改”工具栏中单击按钮。

如先输入命令，再选择需要分解的对象后按 Enter 键，即可分解图形并结束该命令。如先选择选择需要分解的对象，再输入命令，则命令输入完成的同时结束该命令。

进入分解命令后 AutoCAD 2010 将会进入如下的操作。

命令: x↙

EXPLODE

选择对象： 选择需要分解的图形对象回车。

此后可以对分解后的单一图形对象进行后续编辑处理。如图 3-39 所示。

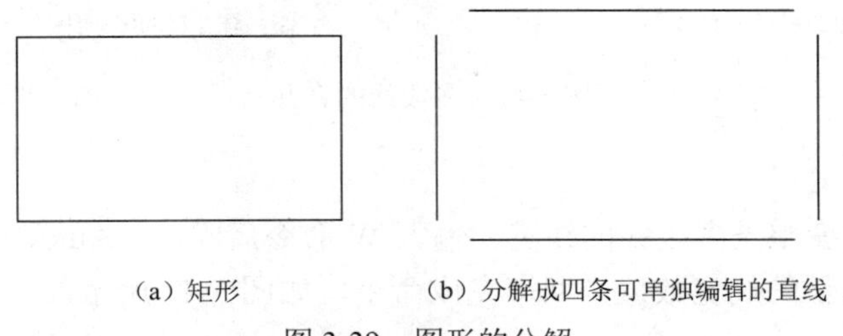

（a）矩形　（b）分解成四条可单独编辑的直线

图 3-39　图形的分解

二、编辑多段线（快捷键 PEDIT）

在 AutoCAD 中，“多段线”是一种非常有用的线段对象，它是由多段直线段或圆弧组成的一个组合体，既可以一起编辑，也可以分别编辑，还可以编辑成不同的宽度。

在 AutoCAD 2010 中，“编辑多段线”命令的使用主要有如下几种方法。

一是命令输入：PEDIT ↙。

二是菜单栏：选择“修改”→“对象”→“多段线”命令(PEDIT)。

三是工具栏：在“修改”工具栏中单击按钮。

使用以上方法均可执行“编辑多段线”操作，当命令执行可一次编辑一条或多条多段线。

进入“编辑多段线”命令后 AutoCAD 2010 将会进入如下的操作。

命令： PEDIT↙。

选择多段线或 [多条(M)]： 选择需要编辑的多段线图形回车。

输入选项 [闭合(C)/合并(J)/宽度(W)/编辑顶点(E)/拟合(F)/样条曲线(S)/非曲线化(D)/线型生成(L)/反转(R)/放弃(U)]： 输入相应命令。

以下介绍相应命令的含义。

1．闭合（C）

闭合命令是将一条开放式的多段线用直线将其起点与终点相连接，使得原来不闭合的多段线封闭起来。如果没有使用闭合命令，那么绘制所得的就是一条开放的多段线。如图 3-40 所示。

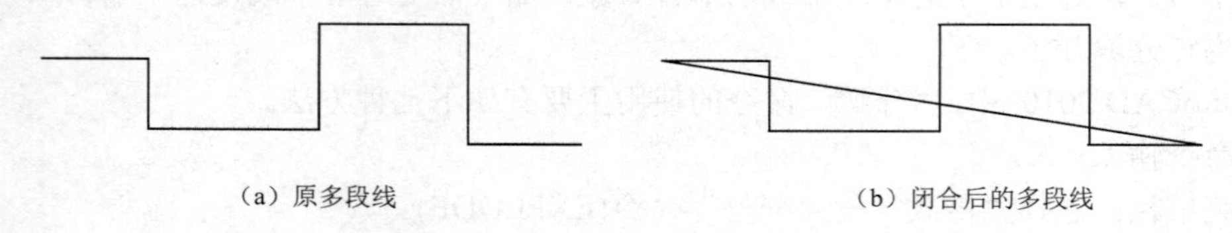

（a）原多段线　　（b）闭合后的多段线

图 3-40　多段线的闭合

2．合并（J）

合并命令是指如果有一条开放的多段线的端点与圆弧、直线或者另一条多段线的端点重合，运行该命令即可将两组图形合并，使之连接成一条多段线。如图 3-41 所示。

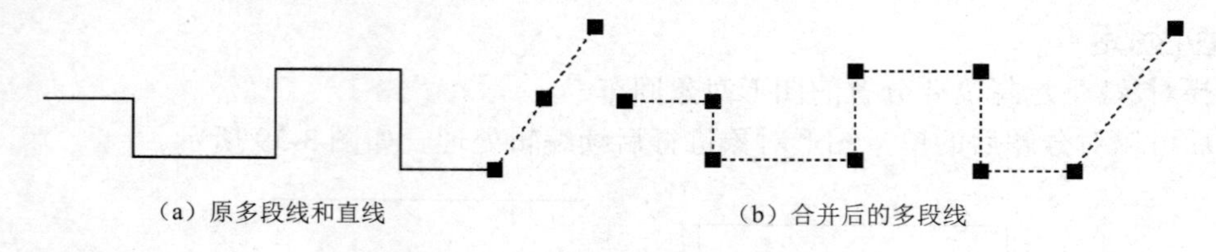

（a）原多段线和直线　　（b）合并后的多段线

图 3-41　多段线的合并

3．宽度（W）

宽度命令可以改变整条多段线的线宽。输入 W 命令后回车，AutoCAD 会提示选择多段线，选择完毕后输入新的线宽数值，回车完成命令。如图 3-42 所示。

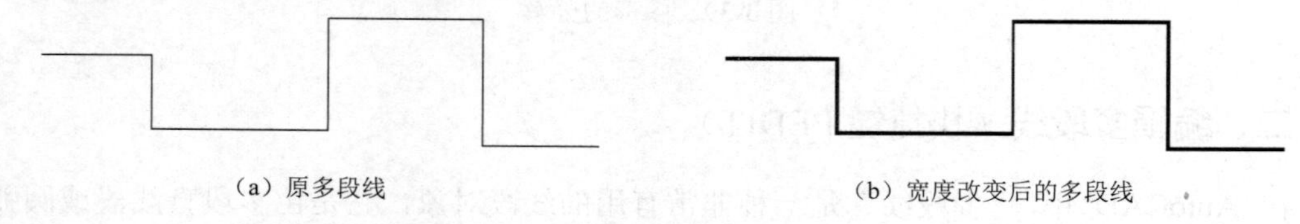

（a）原多段线　　（b）宽度改变后的多段线

图 3-42　多段线宽度修改

4．编辑顶点（E）

编辑顶点命令是对多段线的顶点进行各项编辑修改，如顶点的移动、删除、插入等操作。

5．拟合（F）

拟合命令是用圆弧连接多段线相邻顶点拟合而成的一条光滑的曲线，曲线通过多段线所有顶点，且保持在多段线顶点处定义的切线方向。如图 3-43 所示。

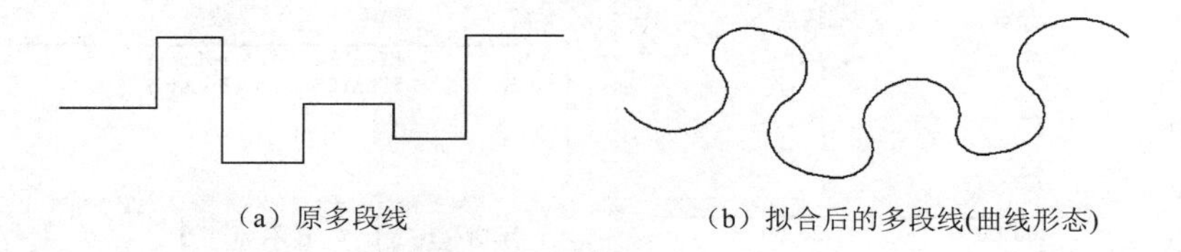

（a）原多段线　　（b）拟合后的多段线(曲线形态)

图 3-43　多段线的拟合

6．样条曲线（S）

样条曲线命令用于将选中的多段线进行样条化曲线拟合，以原多段线的顶点作为生成的样条曲线的控制点，样条曲线通过第一个和最后一个控制点，且被拉向各个顶点，但不一定通过各个顶点。如图 3-44 所示。

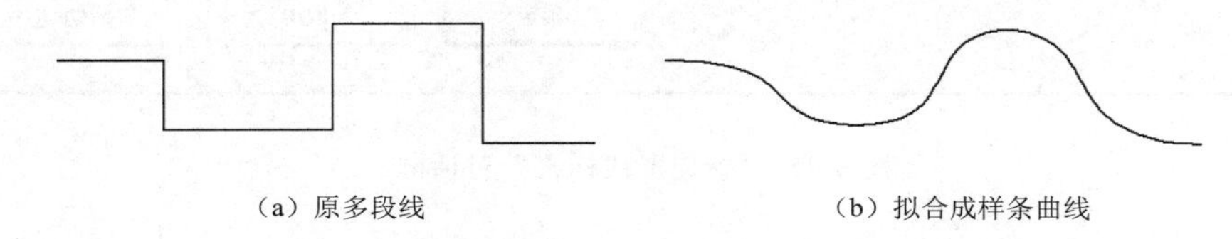

（a）原多段线　　（b）拟合成样条曲线

图 3-44　多段线的样条曲线拟合

7．非曲线化（D）

非曲线化命令用于取消拟合或样条曲线拟合的操作。

8．线型生成（L）

线型生成命令用于确定是否生成连续的线型并穿过整条多段线的顶点。

9．反转（R）

反转命令可使多段线反转方向。

10．放弃（U）

放弃命令用于取消编辑多段线命令的前一操作，重复使用取消编辑多段线命令的所有操作，回复到命令初始状态。

三、编辑多线

多线是一种由多条平行线组成的组合对象，平行线之间的间距和数目是可以调整的，多线通常用于绘制建筑图中的墙体、电子线路图等平行线对象。

1．创建多线样式

在“创建新的多线样式”对话框中，单击“继续”按钮，将打开“新建多线样式”对话框，可以创建新多线样式的封口、填充、元素特性等内容。如图 3-45 所示。

2．修改多线样式

在“多线样式”对话框中单击“修改”按钮，使用打开的“修改多线样式”对话框可以修改创建的多线样式。“修改多线样式”对话框与“创建新多线样式”对话框中的内容完全相同，用户可参照创建多线样式的方法对多线样式进行修改。

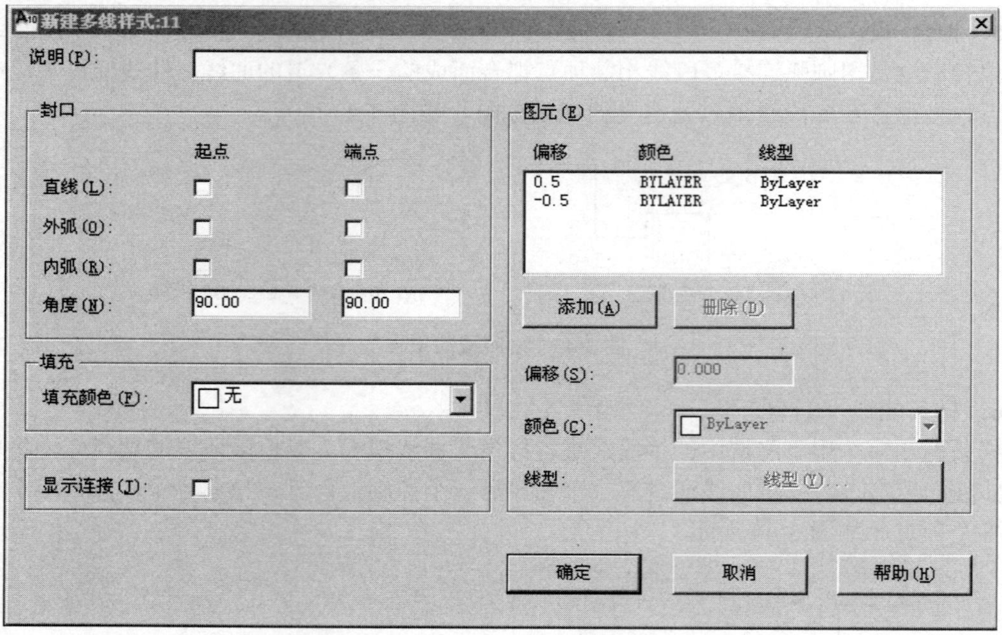

图 3-45 “新建多线样式”对话框

3. 编辑多线

选择“修改”→“对象”→“多线”命令(MLEDIT)，打开“多线编辑工具”对话框，可以使用其中的四列样例图标共 12 种编辑工具编辑多线。如图 3-46 所示。

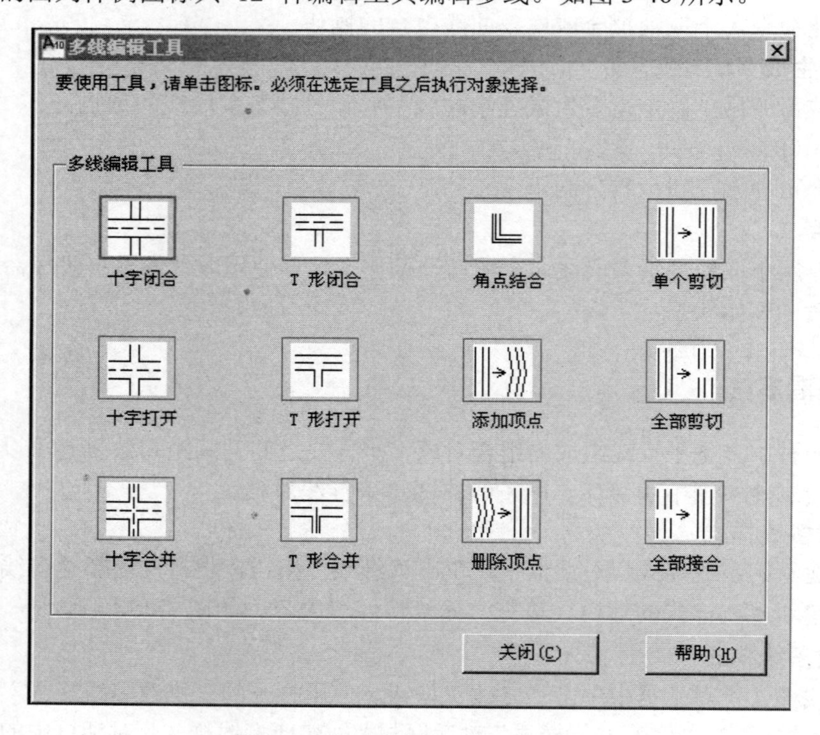

图 3-46 “多线编辑工具”对话框

此四列样式图标分别为十字交叉、T 形交叉、角点与顶点编辑和多线的断开与连接。以下分别介绍其功能。

① 十字工具　十字工具主要用于消除各种交叉线，通常总是切断所选的第一条多线，再依据所选工具处理第二条多线。以图 3-47 所示图形为例，其十字工具处理结果如图 3-48 所示，其中图 3-48（a）选择垂直线为第一条多线，图 3-48（b）选择水平线为第一条多线。

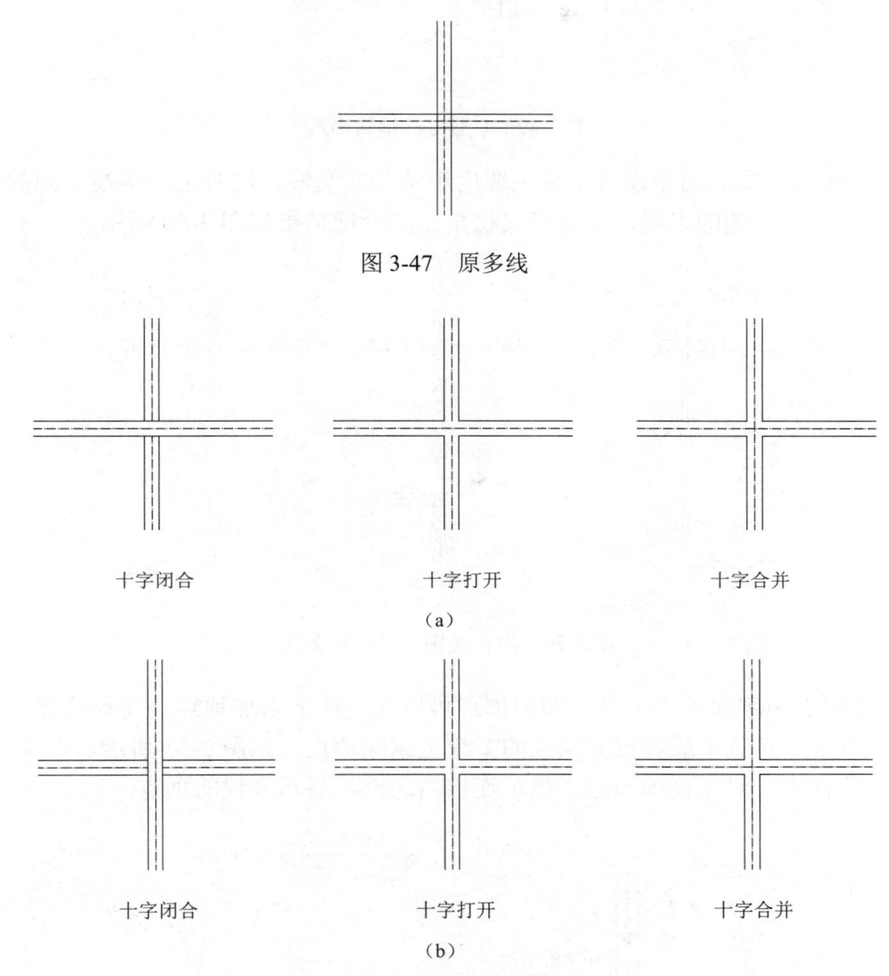

图 3-47　原多线

图 3-48　十字工具编辑多线

② T 形工具　T 形工具也用于消除交叉线，同时消除第一条多线的延伸部分，保留光标拾取位置一侧的多线。其处理结果如图 3-49 所示，其中图 3-49（a）选择垂直线为第一条多线，图 3-49（b）选择水平线为第一条多线。

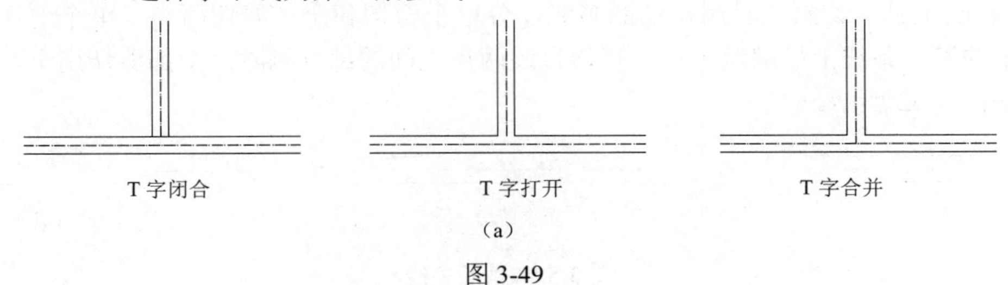

图 3-49

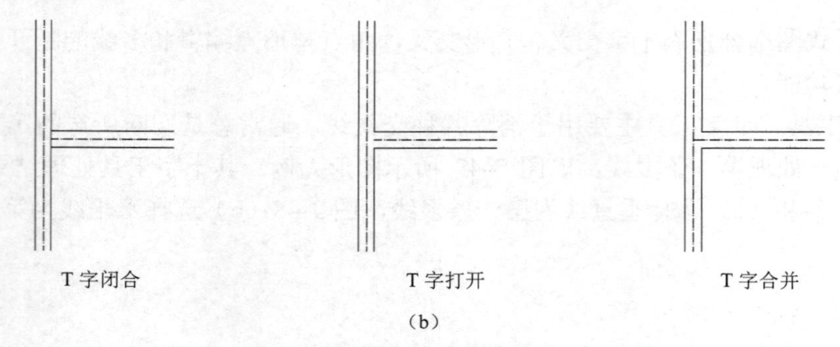

图 3-49　T 形工具编辑多线

③ 拐角连接工具　拐角连接工具主要用于消除交叉线，同时消除多线一侧的延伸线，保留光标拾取位置一侧的多线，从而形成拐角。其处理结果如图 3-50 所示。

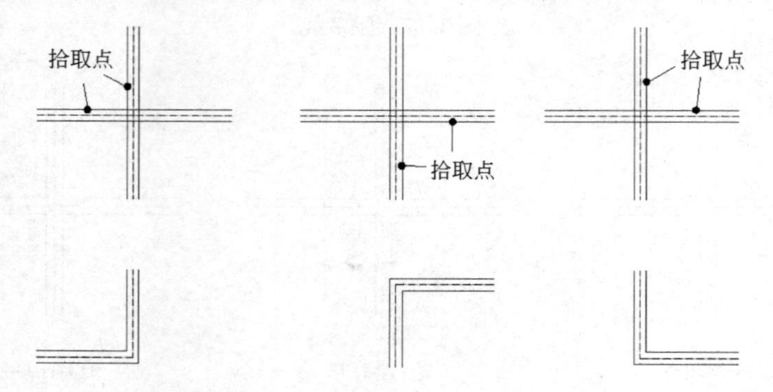

图 3-50　拐角连接工具编辑多线

④ 增加顶点和删除顶点工具　增加顶点可以在多线上增加顶点，便于拉伸、移动等操作。删除顶点则从有三个或者更多顶点的多线上删除顶点。如图 3-51 所示。

在“多线样式”对话框中勾选“显示连接”选框，显示多线的顶点。

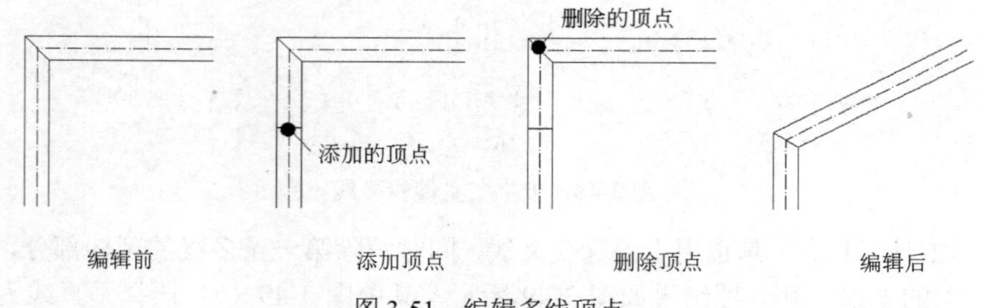

图 3-51　编辑多线顶点

⑤ 切断工具　切断工具用于切断多线，分单个剪切和全部剪切两类。单个剪切是在一段多线中的某一条线上拾取两个点，将该直线两点之间的部分删除；全部剪切用于剪断整条多线。如图 3-52 所示。

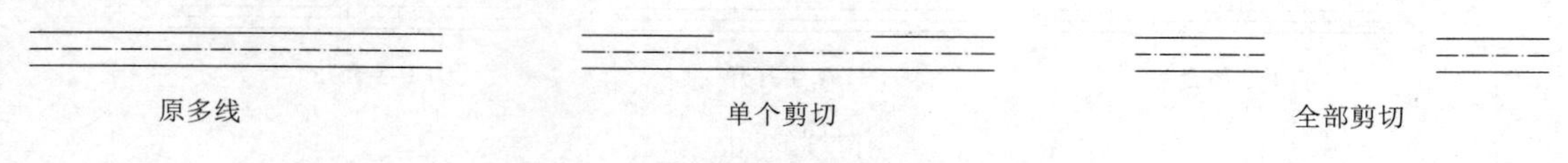

图 3-52　剪断多线

⑥ 全部接合　全部接合工具用于接合统一多线上所选两点间任意的切断部分。如图3-53所示。

断开的多线　　完成接合的多线

图 3-53　全部接合多线

四、编辑样条曲线（快捷键 SPLINEDIT）

样条曲线是一种通过或接近指定点的拟合曲线。在 AutoCAD 中，其类型是适于表达具有不规则变化曲率半径的曲线。 例如，机械图形的断切面及地形外貌轮廓线等。

样条曲线的编辑方式与多段线相似。在 AutoCAD 2010 中，可以一次编辑一条或多条样条曲线。“编辑样条曲线”命令的使用主要有如下几种方法。

一是命令输入：SPLINEDIT↙。

二是菜单栏：选择“修改”→“编辑样条曲线”命令(SPLINEDIT)。

三是工具栏：在“修改”工具栏中单击按钮。

使用以上几种方法均可调用编辑二维样条曲线命令。

进入“编辑样条曲线”命令后 AutoCAD 2010 将会进入如下的操作。

命令: _splinedit

选择样条曲线：选择一条需要编辑的样条曲线。

输入选项 [拟合数据(F)/闭合(C)/移动顶点(M)/优化(R)/反转(E)/转换为多段线(P)/放弃(U)]：输入相应命令。

以下介绍相应命令的含义。

1．拟合数据（F）

拟合数据命令，是将样条曲线的控制点变为可编辑的点来显示，输入后，样条曲线的调整点都位于该线上，接下来命令行则会提示

[添加(A)/闭合(C)/删除(D)/移动(M)/清理(P)/相切(T)/公差(L)/退出(X)] <退出>：

各项说明如下：

① 添加(A)，添加调整点。

② 闭合(C)，用来封闭已有的样条曲线。当该命令被重复执行后，AutoCAD 会用“打开”选项代替“闭合”选项，此时封闭的样条曲线可以被再次打开。如图 3-54 所示。

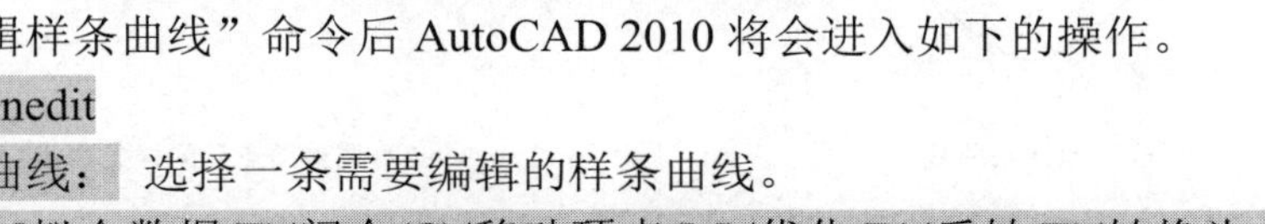

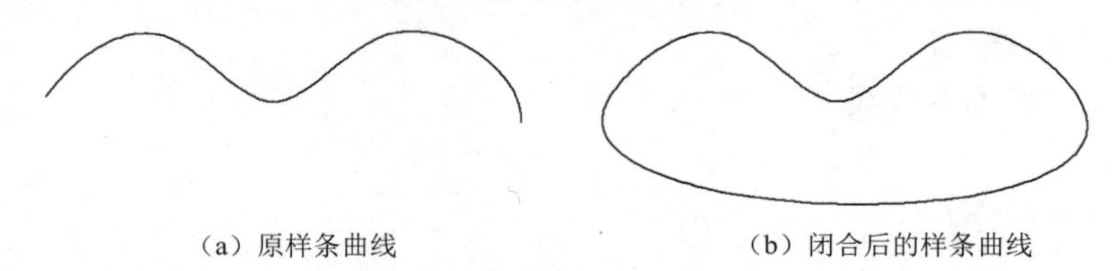

（a）原样条曲线　　（b）闭合后的样条曲线

图 3-54　样条曲线的闭合

③ 删除(D)，删除样条曲线上的控制点，AutoCAD 会自动按照现有的控制点而生成新的样条曲线。如图 3-55 所示。

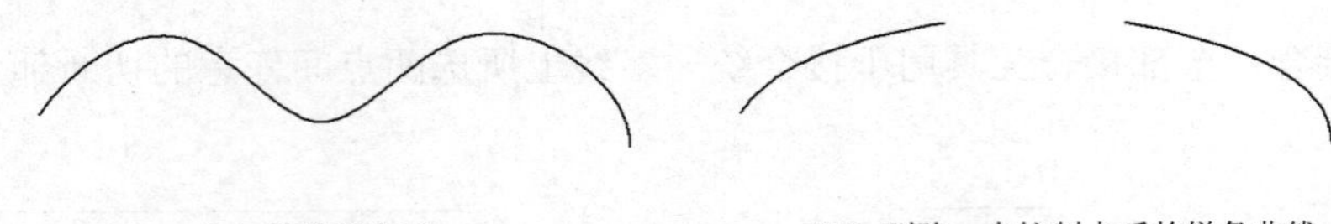

（a）原样条曲线　　（b）删除一个控制点后的样条曲线

图 3-55　删除样条曲线的控制点

④ 移动(M)，移动是指将样条曲线上的某个调整点移动到新的位置。

⑤ 清理(P)，删除样条曲线上的编辑调整点，控制显示样条曲线。

⑥ 相切(T)，修改样条曲线起始点和终止点的切线方向。

⑦ 公差(L)，公差指的是调整样条曲线的允许公差值。

⑧ 退出(X)，退回上级命令。

2．闭合（C）

将样条曲线闭合。如果原样条曲线本来就是闭合的，那该选项会显示为“打开”，输入字母“O”即可将原闭合的样条曲线打开。

3．移动顶点（M）

可以移动样条曲线的控制点，调整样条曲线形状。如图 3-56 所示。

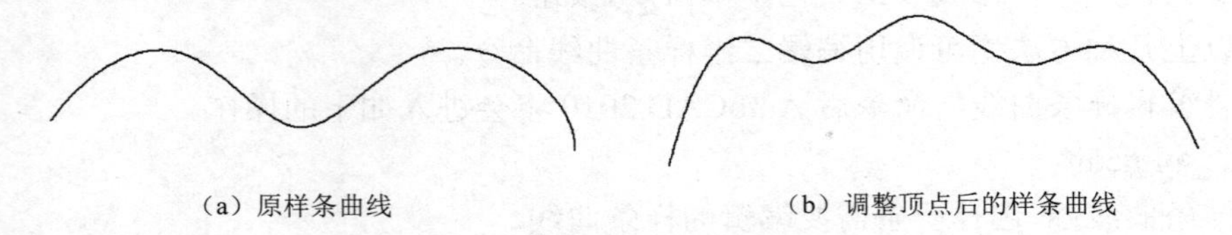

（a）原样条曲线　　（b）调整顶点后的样条曲线

图 3-56　移动样条曲线的顶点

4．优化（R）

输入优化选项，接下来提示 [添加控制点(A)/提高阶数(E)/权值(W)/退出(X)] <退出>:

各项说明如下：

① 添加控制点(A)，在样条曲线上添加控制点，提高调整的精度。

② 提高阶数(E)，输入新阶数数据，样条曲线上的控制点随数值变化而增减，数值越大控制点越多，数值越小控制点越少。

③ 权值(W)，通过逐个选择样条曲线上的控制点并输入权值数据调整样条曲线形状。

④ 退出(X)，退回上级命令。

5．反转（E）

反转可将样条曲线反转方向。

6．转换为多段线（P）

将样条曲线转换为多段线。

7．放弃（U）

放弃全部命令操作。

任务五　综合实例

实例 1：如图 3-57 所示绘制相应图形（不需标注）。

（1）使用直线命令，绘制一条水平轴线和两条垂直轴线。

（2）先以左侧轴线交点为圆心，绘制半径分别为 300、400、500 及 2050 的同心圆。

（3）将同心圆轴线与半径为 400 的圆形交点为圆心，绘制半径为 70 的圆，复制并移动到相应位置。

（4）以半径 70 的圆形与半径 400 的圆形左侧交点为圆心，绘制半径为 150 的圆形。

（5）以同心圆圆心为基点，射出两条倾角为 10° 的直线，与半径为 2050 的圆相交。

（6）修剪多余的线条，调整。

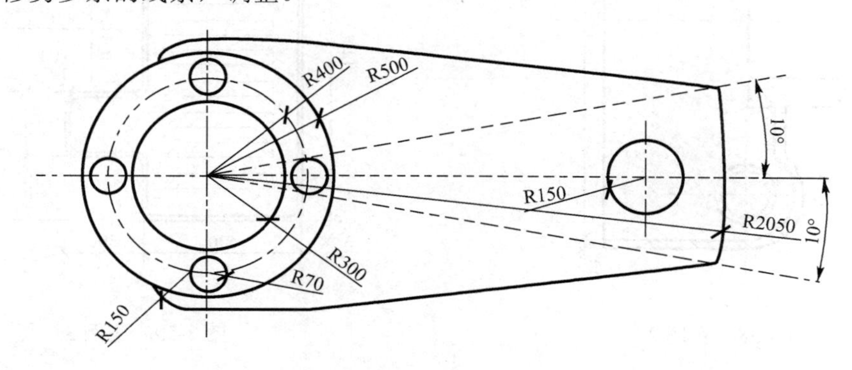

图 3-57　实例 1

实例 2：如图 3-58 所示绘制相应图形（不需标注）。

（1）使用圆命令，绘制半径分别为 100、120 的圆。

（2）以此圆环圆心绘制半径分别为 200、240 的圆。

（3）绘制垂直直线与内部圆环左侧相切，并将该直线向左偏移 40。

（4）绘制水平直线与外部圆环上方相切，并将该直线向下偏移 40。

（5）以第三步所绘制直线下方端点为基点，以所示尺寸绘制。

（6）将所绘图形向下镜像成形。

（7）修剪多余的线条。

（8）填充，调整。

实例 3：如图 3-59 所示绘制相应图形（不需标注）。

（1）绘制长度为 1200 的直线，向下绘制 500，依次顺序按尺寸围合图形。

（2）执行圆角命令，分别将图形交角设置为半径为 30 和 60 的圆角。

（3）将围合的线条向内偏移 10。

（4）按尺寸绘制围合内部上方图形。

（5）绘制内部较小的图形，复制并移动至相应位置。

（6）修剪多余的线条，调整。

实例 4：如图 3-60 所示绘制相应图形（不需标注）。

（1）执行相切、相切、半径画圆命令绘制两个半径分别为 300、120 的圆，然后按所示尺寸绘制同心圆。

（2）绘制长度为 1179 的直线且与两圆相切。

（3）执行相切、相切、半径画圆命令绘制半径为 1500 的圆相切于之前两圆形，并修剪。

（4）圆弧右侧端点为基点向下绘制直线，执行圆角命令，形成半径为 60 的圆角。

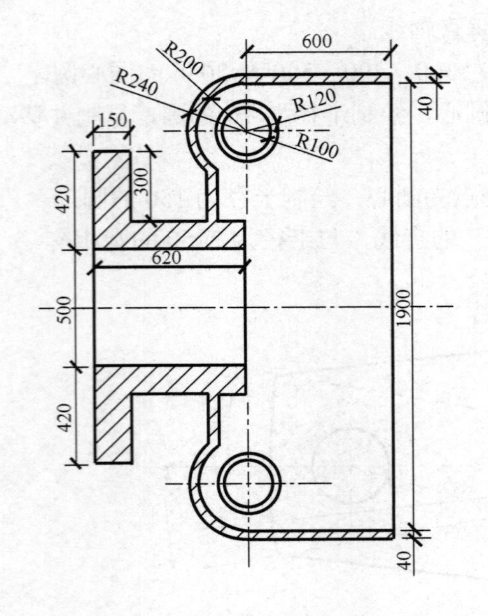

图 3-58　实例 2

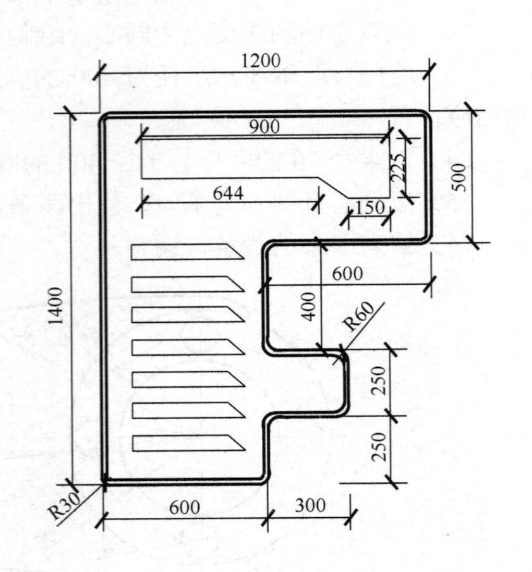

图 3-59　实例 3

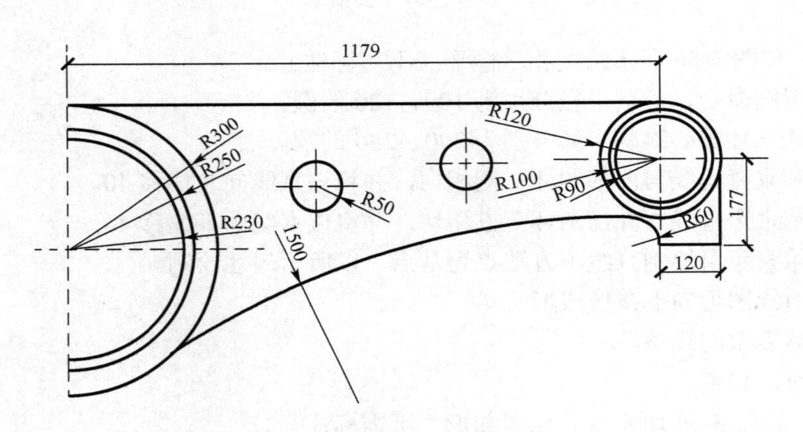

图 3-60　实例 4

（5）绘制两个半径为 50 的圆，移动到相应的位置。

（6）修剪多余的线条，调整。

实例 5：如图 3-61 所示绘制相应图形（不需标注）。

（1）使用圆命令，绘制半径分别为 80、150 的两个圆。

（2）将刚绘制的圆环水平轴线向下偏移 600，垂直轴线向左偏移 100，交点为圆心绘制半径为 255 的圆。

（3）在之前的圆环两侧绘制垂直切线；右侧切线下方端点为基点，F10 打开极轴追踪，绘制倾角为 120°，长度为 500 的直线；继续绘制与刚绘制直线相垂直的，长度为 633 的直线，依所示尺寸绘制余下直线，形成围合图形。

（4）绘制两个半径为 40 的圆，移动到相应位置。绘制长方形，将其修改圆角为半径 40。

（5）修剪多余的线条，调整。

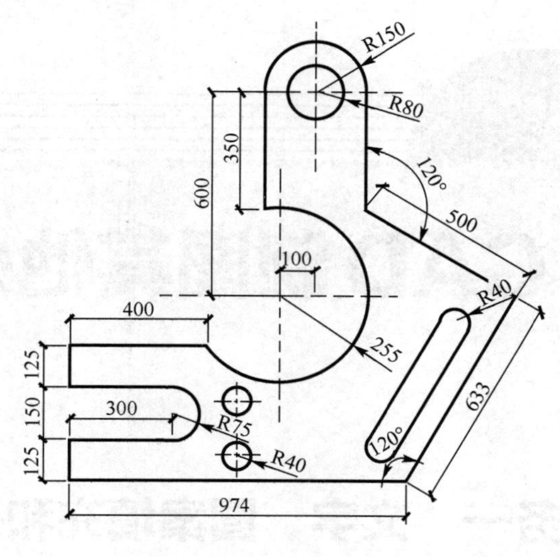

图 3-61　实例 5

项目四

环境工程CAD制图其他必备操作

任务一　文字、图案填充和表格

任务概述： 文字、表格和图案填充的命令及用途。

能力目标： 熟知文字、图案填充和表格快捷键命令的运用，提高做图效率。

知识目标： 文字的高度、大小及表格、图案的填充方式等各参数的设置。

素质目标： 观察、认知、分析、判断，运用图案材质进行图案填充，解决实际问题。

知识导向： 独立进行工程图纸中的文字、图案填充和表格的具体应用，并能举一反三，将其他命令的操作融会贯通。

一、文字

文字对于 CAD 图形来说是非常重要的，不管是机械制图还是工程制图，它都是不可缺少的图形元素，如果一张图纸中没有了文字，那一定是不完整的图纸。对于一张完整的图样来说，一般都要使用文字来说明图样中的一些非图形的信息，如技术要求、材料说明、施工要求等信息。

1．设置文字的样式

何为文字样式？是指字体中字符的高宽比及放置方式，这些参数的组合统称为文字的样式。文字样式中包括对"字体"、"字型"、"高度"、"宽度系数"、"倾斜角"、"反向"、"倒置"和"垂直"等的参数进行设置。

绘制方法有三种。

一是命令输入：输入"STYLE" ↙；

二是菜单栏选择："格式"→"文字样式"；

三是工具栏选择："文字"→"文字样式"。

通过上面三种方法中的任意一种都可以执行"文字样式"命令，当命令执行后便可打开"文字样式"对话框，如图 4-1 所示。

"文字样式"对话框中各项的含义解释如下。

（1）样式（S）

默认文字样式为"Standard"，下拉菜单中可对"所有样式"和"正在使用的样式"切换。

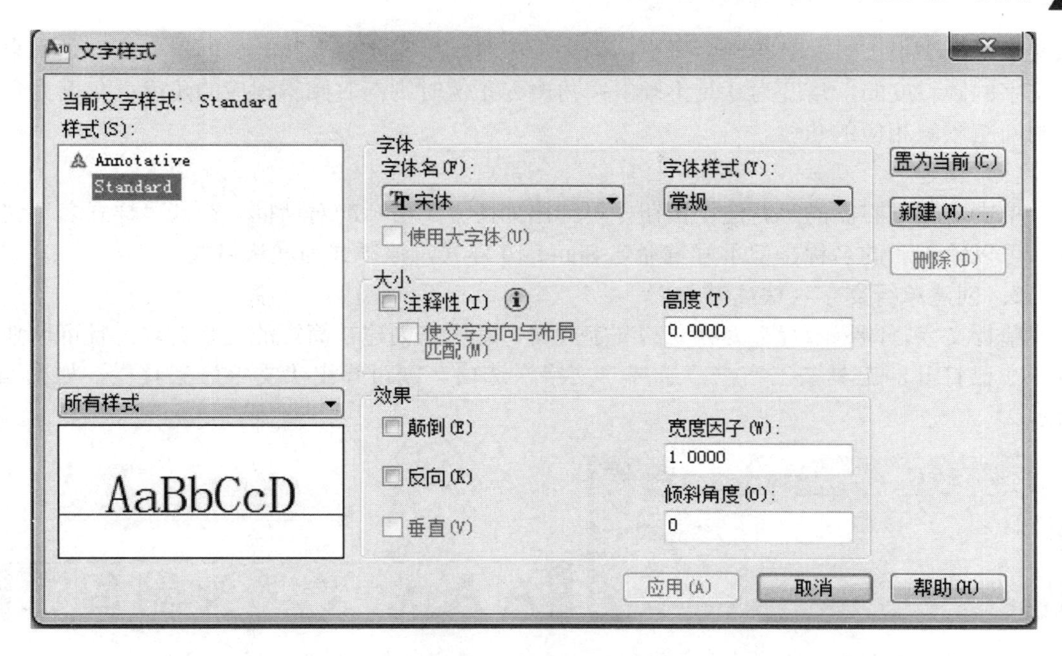

图 4-1 “文字样式”对话框

如在“Annotative”上右击可弹出如图 4-2 所示的内容，便可对文字的样式名称进行“重命名”的设置了。当选择了“删除”选项，则可以删除所选已存在的文字样式，但是却不能对正在被使用的文字样式和默认的“Standard”样式进行删除。

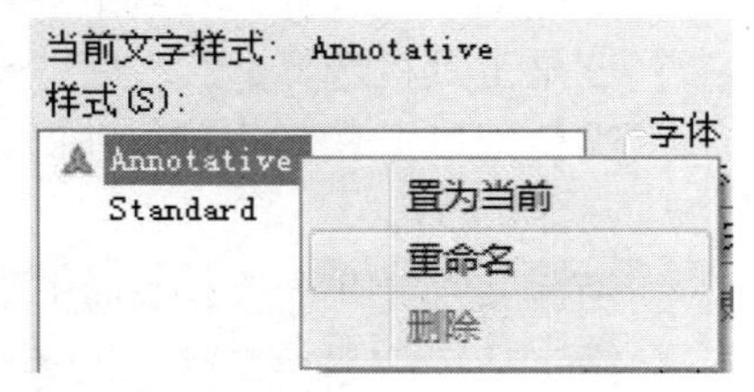

图 4-2 “重命名文字样式”选项

（2）设置字体

在“字体”栏中可以设置字体的“字体名（F）”和“字体样式（Y）”。其中可以在“字体名（F）”的下拉菜单中选择合适的字体，“字体样式（Y）”默认为“常规”。当选择了“使用大字体”选项（系统默认的状态为不勾选），在“字体样式（Y）”的下拉菜单中便更改为“大字体”下拉菜单了，可以进行大字体的选择。

（3）大小

“注释性”选项的勾选，可产生注释性文字，一般将该文字用于图形中的节点和标签。使用注释性文字样式创建注释性文字，可以设置图纸上的文字高度。所设置的当前注释比例将自动确定文字在模型空间视口或图纸空间视口中的显示大小。如：要使文字在图纸上用 3/16″的高度显示，用户可以定义文字样式的图纸高度为 3/16″。将文字添加到比例为 1/2″＝1′0″的视口中时，与该视口的比例相同的当前注释比例将自动缩放文字为 4.5″的比例正确显示。

“使文字方向与布局匹配”选项，当指定图纸空间视口中的文字方向与布局方向匹配，如果去除了“注释性”的选项，则该选项不发生作用。

“图纸文字高度”文本框，可以设置理想的文字大小。

（4）效果

在“效果”栏中可以设置“颠倒”、“反向”、“垂直”的文字效果。“宽度因子”是用来设置文字字符的高度与宽度的比例关系的（当数值为 1 时，将按照系统默认的高宽比例来输入文字；当小于 1 时，字符则会变窄；当大于 1 时，字符则会变宽）。“倾斜角度”是用来设置文字的倾斜度的，角度为 0 时不倾斜；角度为正值时则向右倾斜相应的角度；角度为负值时则向左倾斜相应的角度。

（5）新建

单击对话框右侧的“新建”按钮，可弹出如图 4-3 所示的对话框。在其“样式名”文本框中可以输入新的名称，但不好重命名 Standard 样式，该样式为默认格式。

2．创建单行文字（快捷键 DT）

单行文字，即每一行都为独立的文字对象，常用来创建较简短的文字对象，且可单独排版。在已打开的工具条上右击，选择“文字”选项，则可弹出“文字”工具栏，如图 4-4 所示。

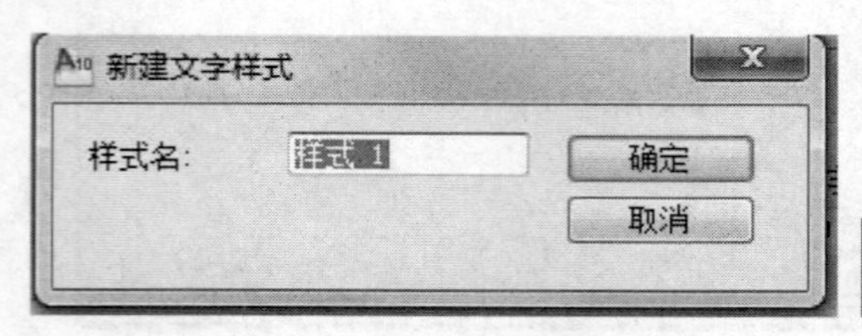

图 4-3 “新建文字样式”对话框

图 4-4 “文字”工具栏

（1）绘制方法

一是命令输入：DT↙；

二是菜单栏选择：“绘图”→“文字”→“单行文字”；

三是工具栏选择：“文字”→“单行文字”。

当使用以上任何一种方法时，都可执行单行文字的命令，命令执行后将会提示

命令：DT↙。

当前文字样式：“standard” 文字高度 2.5000 注释性：是

指定文字的起点或[对正（J）/样式（S）]：指定绘图区的相应位置点。

指定图纸高度<2.5000>：可输入相应的文字高度。

指定文字的旋转角度<270>：根据需要输入相应的数据。

命令执行后，便可在屏幕上输入想要输入的文字了。

（2）注意点

“单行文字”命令，如要结束当前行的输入，可以按回车键（Enter），如完全结束单行文字的命令，则按两次回车键（Enter），方可执行结束命令的操作。但不能用“Esc”按键来结束命令，否则会取消最后一行的输入而来结束当前命令。

3．编辑单行文字

编辑单行文字包括编辑文字的内容、对正方式及缩放比例。操作方法如下。

一是命令输入：DDEDIT↙；

二是菜单栏选择：“修改”→“对象”→“文字”→“编辑”；

三是工具栏选择：“文字”→“编辑”。

当命令执行后，便可在绘图区域中选择所要编辑的单行文字了。如单击工具栏中按钮则对文字进行缩放操作，如单击工具栏中按钮则对文字的对正方式进行修改。

4．创建多行文字（快捷键 MTEXT）

在环境工程制图中，经常使用多行文字来创建比较复杂的文字说明。该命令是以段落的方式来处理所输入的文字，用户可以用指定的矩形框来确定段落的宽度，利用多行文字所创建出来的段落文字是一个整体独立的对象。

（1）绘制方法

一是命令输入：MTEXT↙；

二是菜单栏选择："绘图"→"文字"→"多单行文字"；

三是工具栏选择："绘图"→"多行文字 A"。

当执行命令后，在绘图区的相应位置画出多行文字的矩形区域，区域确定好后，可打开"文字格式"工具栏及文字输入窗口，可以在工具栏中对文字样式、字体大小及其他属性进行设定。如为英文字体，有些格式则不能被使用，而呈现出灰色，如图 4-5 所示。

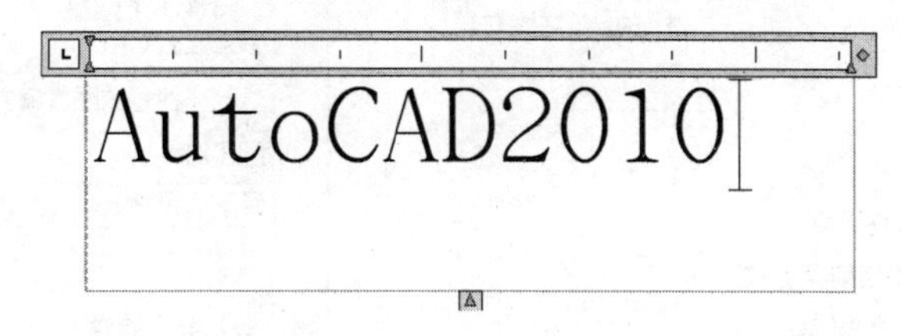

图 4-5　多行文字的"文字格式"工具栏和文字输入窗口

（2）特殊符号的输入

在实际绘图过程中，用户除了要输入中文汉字、英文之外，有时还需要输入一些特殊的文字符号，而这些特殊字符又不能在键盘中直接输入，故 CAD 软件提供了特殊字符的输入方式，以实现特定标注的需求。

CAD 的特殊字符，为了方便记忆，都是使用两个百分号"%%"加上一个字母所组成的控制符来实现的，常见的特殊字符如表 4-1 所示。

表 4-1　特殊符号输入控制符

控制符	效果符合	控制符	效果符合
%%%	百分号（%）	%%C	直径符号（Φ）
%%O	上划线的开与关	%%D	角度符号（° ）
%%U	下划线的开与关	%%P	正负符号（±）

特殊符号的输入，不仅可以在单行文字命令中完成，也可以在多行文字命令中完成。

二、图案填充（快捷键 BHATACH）

在环境工程的图纸中，经常使用固定的图案来表示相应的工程材料区域，也可以填充不同的图案来表示不同的区域。

1．图案填充的设置

图案填充命令可以通过如下的方式来执行。

一是命令输入：BHATACH↙；

二是菜单栏选择："绘图"→"图案填充"；

三是工具栏选择："绘图"→"图案填充"。

以上命令均可执行“图案填充”命令。当执行后，可打开如图 4-6 所示的对话框。

图 4-6 “图案填充和渐变色”对话框

以上对话框中的各选项卡的使用和设置如下。

(1) 类型和图案

① 类型 可设置所要填充的图案类型，在其下拉菜单中有三种选项供用户选择：“预定义”、“用户定义”和“自定义”。一般都默认选择“预定义”选项，也就是使用 CAD 软件所提供的图案。“用户定义”填充选项，就需要定义所要用的图案了，此图案为一组平行线或垂直线构成。“自定义”填充选项，可使用预先定义好的图案，如图 4-7 所示。

② 图案 用来选择系统设置好的具体图案。共有两种方式来选择，一是在下拉菜单中选择相应的图案名称，来定义所需的图案；二是在下拉菜单旁边的按钮，可以用更加形象的图形表现来选择所需的图案。

③ 样例 在该预览窗口中，可以看到当前所选择的图案形象。如果对其进行单击，也可以打开“填充图案选项板”对话框，可以改变当前的图案选择。

④ 自定义图案 当填充图案选择了“自定义”类型，该设置才可以使用。

(2) 角度和比例

该栏内选项可以设置用户定义类型的图案填充的旋转角度以及比例大小。

① 角度 其角度默认值为“0”，用户可以根据绘图需要，来设置所要填充的图案旋转

的角度。

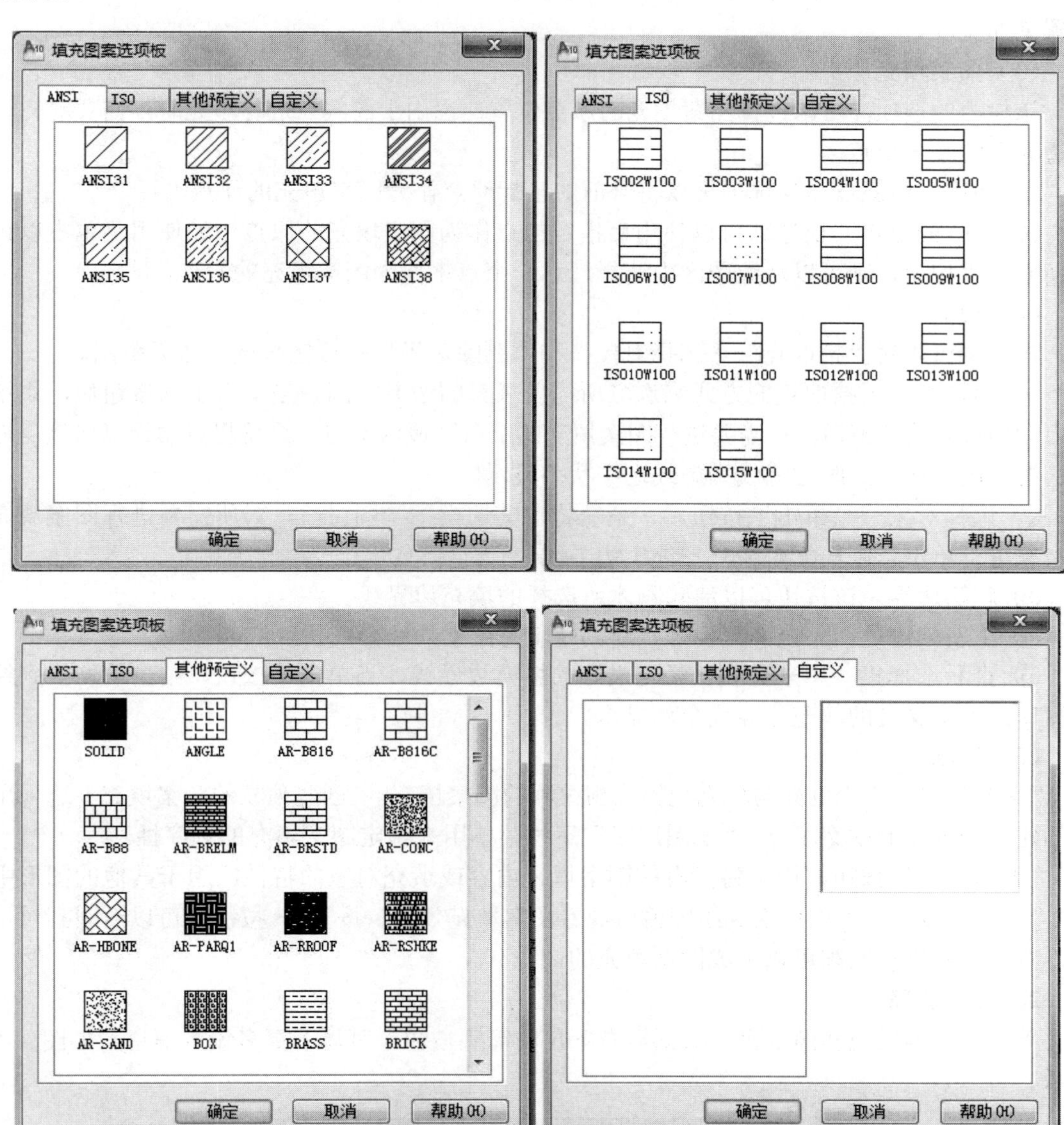

图 4-7 “填充图案选项板”对话框的四种类型

② 比例　其比例默认值为“1”，用户可以根据绘图需要，来设置所要填充的图案的比例值。值大于 1 为放大图案，介于 0 与 1 之间为缩小图案。

③ 双向　该选项只能在“用户定义”图案类型时使用。如选择该选项，则可以使用相互平行或相互垂直的两组平行线进行图案填充，不然只可以使用一组平行线。

④ 相对图纸空间　针对前面的“比例”设置，确定是不是应相对于图纸空间的比例来进行。

⑤ 间距　该选项只能在“用户定义”图案类型时使用。是用来设置平行线直接的间隔距离。

⑥ ISO 笔宽　该选项只有在填充图案选择了 ISO 系列的图案时，方可使用，主要用来设置笔的宽度。

（3）图案填充原点

该栏内的选项，可以设置图案填充的原点位置，也由于图案在进行填充时，需要对齐填充边界上的某一个点。

① 使用当前原点　该选项可以将当前的坐标原点作为图案填充的原点。

② 指定的原点　该选项可以使用后指定的点作为图案填充的原点。如使用“单击以设置新原点“按钮，则可以从绘图区中选择任意一个点来作为图案填充的原点。

（4）边界

该栏中可以对“拾取点”、“选择对象”和“删除边界”等按钮来选择边界范围。

① 拾取点　用拾取点的方式来选取所需要填充的边界范围。当单击了该按钮后，系统将自动切换到绘图窗口，在需要进行图案填充的空白区域内单击，系统将自动计算出该点能到达的封闭区域，此时边界线为虚线选中状态显示。

② 选择对象　当单击该按钮后，系统将自动切换到绘图窗口，对所需要进行图案填充的对象进行单击，则根据对象外形选出边界线。

③ 删除边界　该按钮可以清除刚才所选择的填充边界线。

④ 重新创建边界　该按钮用来重新创建填充图案的边界线。

⑤ 查看选择集　用来查看已经定义好的填充边界线，当单击该按钮，则自动切换到绘图窗口，被定义过的填充边界线全部显示。

（5）选项

“关联”选项用来创建与填充边界线相关联的图案填充；“创建独立的图案填充”选项用来创建完全独立的图案填充；“绘图次序”下拉菜单用来指定图案填充的顺序性。

“继承特性”按钮，用来将已有的图案填充内容或填充对象的特性应用于其他的图形中去；“预览”按钮，可以切换到绘图窗口观看图案填充效果，按 ESC 按键，可以返回到对话框，右击或者直接回车可以完成图案填充的命令。

2．设置孤岛

单击“图案填充和渐变色”对话框右下角的箭头按钮，可显示更多设置信息。如图 4-8 所示。

图 4-8 “图案填充和渐变色”对话框展开后

孤岛，就是指在图案填充中，位于一个已经定义好的填充范围内的封闭区域。

① 孤岛检测　用来指定在最外层的边界线内进行填充图案的方法。如图 4-9 所示，分为三种形式：即普通、外部和忽略。如果使用“普通”方式，当填充边界内有文字或其他属性相同的特殊对象时，在选择填充边界时，同时也选择了它们，在填充图案时，当遇到这些对象时会自动避让，使得这些对象更加的清晰。如图 4-10 所示。

图 4-9　孤岛显示样式的三种表现形式

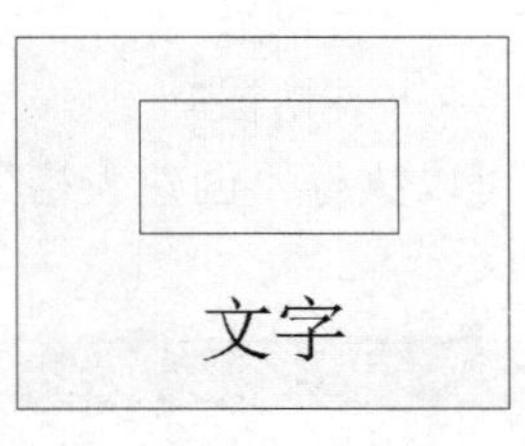

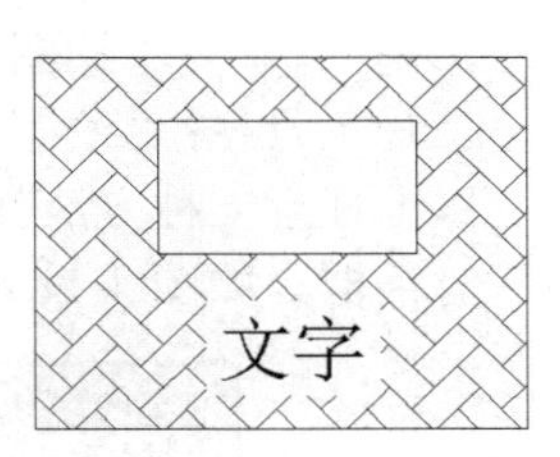

图 4-10　有特殊对象的图案填充效果

② 边界保留　该选项可以将所填充的边界线以对象的方式进行保留，还可以从“对象类型”的下拉菜单中选择填充边界的保留形式。

③ 边界集　在默认的情况下，系统将自动默认为当前视口中的所有可见的对象确定为填充的边界。当然也可以单击“新建”按钮，来重新设置指定对象类型的定义边界集。

④ 允许的间隙　主要是通过“公差”的形式来设置允许范围内的间隙大小，也就是在一定的参数范围内，系统将一个接近封闭的填充边界，看作是封闭的区域，系统默认值为“0”。

⑤ 继承选项　主要用来设置图案填充的原点位置，可以为当前的原点，也可以为源图案填充的原点。

3．渐变色的图案填充

图案填充除了可以填充各种图形之外，还可以使用色彩填充的方式来进行。在“图案填充和渐变色”对话框中选择“渐变色”选卡，创建一种或两种颜色的过渡渐变色来对所选择的边界线内进行填充。

4．编辑填充图案

如果需要对所填充的图案进行修改和编辑，可以使用如下的方法来进行。

一是命令输入：HATCHEDIT↙；

二是菜单栏：“修改”→“对象”→“图案填充”。

在所弹出的对话框中修改相应的数据，就可以完成图案填充的编辑与修改了。命令执行后系统将提示选择要填充的对象，在显示的对话框中选中所要修改的相关参数，最后单击“应用”即可。

5．图案填充分解

所填充的图案是一种特殊的块，无论图案有多么的复杂，它都是一个独立的对象。可以使用该命令，将块、填充图案、关联尺寸标注和多义线还原为单一基本图形实体，以便于修改其中的某些实体。可以使用如下的方法来进行。

一是命令输入：EXPLODE↙；

二是菜单栏：“修改”→“分解”；

三是工具栏：“修改”→“分解”。

三、表格

1. 创建表格

创建表格的执行方式如下。

一是命令输入：TABLE↙；

二是菜单栏：“绘图”→“表格”；

三是工具栏：“绘图”→“表格▦”。

以上任意一种方法都可以执行“创建表格”命令，当命令执行之后，便可打开“插入表格”对话框。如图 4-11 所示。

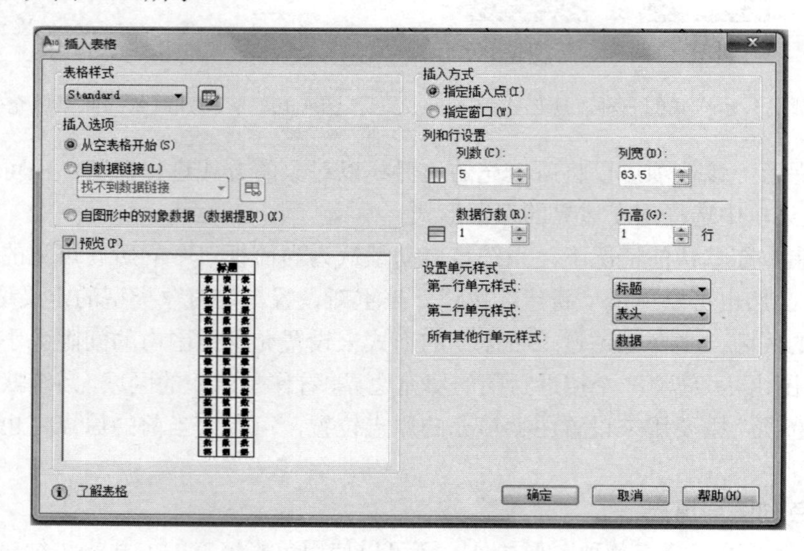

图 4-11 “插入表格”对话框

单击“插入表格”对话框的“表格样式”下的按钮，打开“表格样式”对话框后，可切换到如图 4-12 所示的对话框。

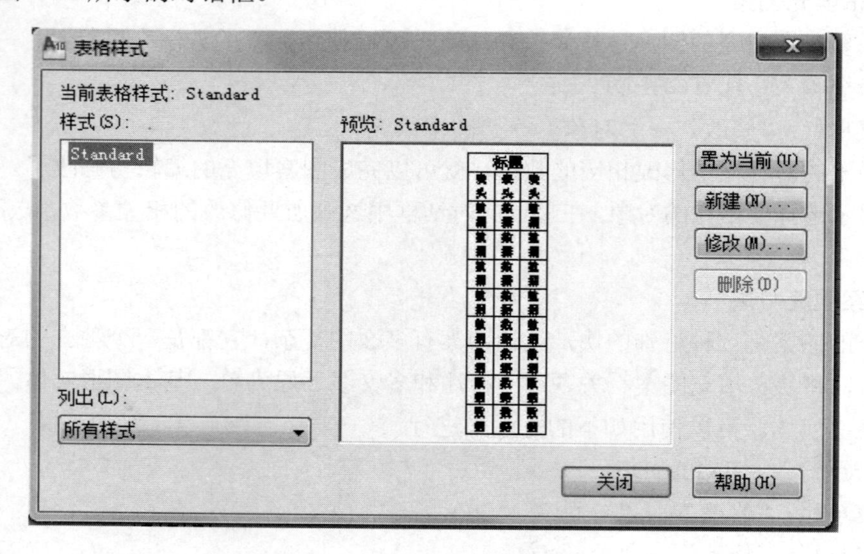

图 4-12 “表格样式”对话框

单击“新建”按钮，可打开“创建新的表格样式”对话框，用来创建新的表格样式。如图 4-13 所示。

单击“继续”按钮，便可打开“新建表格样式”对话框，可用来指定表格的行格式、表格方向、边框特性和文本样式等内容，如图 4-14 所示。

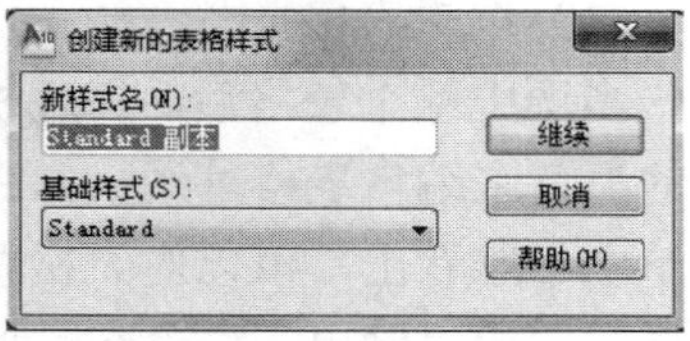

图 4-13 “创建新的表格样式”对话框

2．管理表格样式

用户可以通过以上所述的“表格样式”来管理图形中的表格样式，在对话框最上面显示着“当前表格样式：Standard”，一般默认为 Standard。在“样式”列表中显示了当前图形所包含的表格样式。在“列出”列表中可以对相应的样式进行选择。在“预览”图框中显示了当前选中表格所设置的样式外观。当单击“置为当前”按钮后，还可将所选择的表格，将其表格样式设置为当前；如果单击“修改“按钮，可以对所选中的表格样式进行修改；如果单击了“删除”按钮，则删除掉被选中表格的样式。如图 4-15 所示。

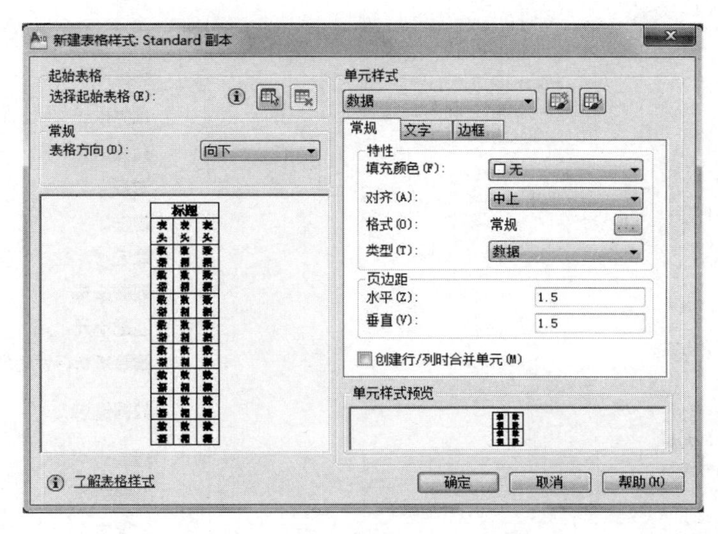

图 4-14 “新建表格样式”对话框

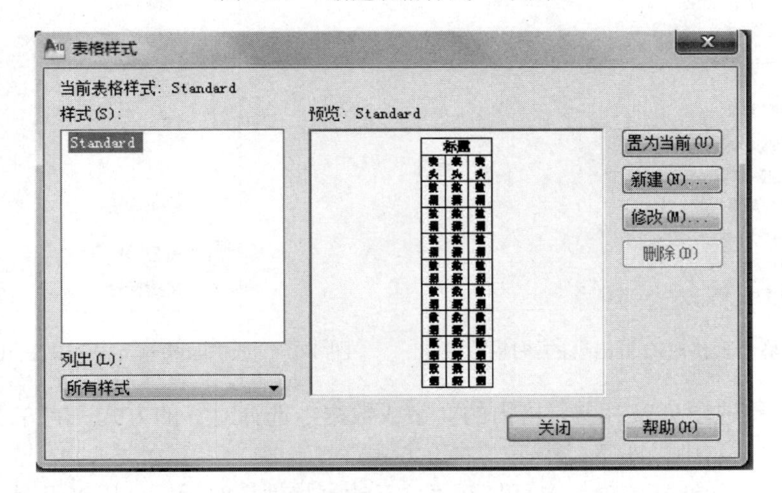

图 4-15 “表格样式”对话框

3．编辑表格及表格单元

（1）编辑表格

当选中整个表格后，在表格的四周及标题行上都将出现很多控制点，用户可以通过控制点的调节来编辑表格外观。如在选中的表格上右击，即可出现快捷菜单，如图 4-16 所示。从菜单中不难看出，可以对表格执行复制、删除、剪切、移动、缩放、旋转等操作。当选择右击选项中的“输出…”命令，便可打开“输出数据”对话框，并以“*.csv”的格式进行表格数据的输出。

（2）编辑表格单元

当仅选择了某一个表格中的单元格，对其进行右击，可出现快捷菜单，如图 4-17 所示。菜单中供用户根据需要进行选择。主要有以下几种特定的选项，其含义解释如下。

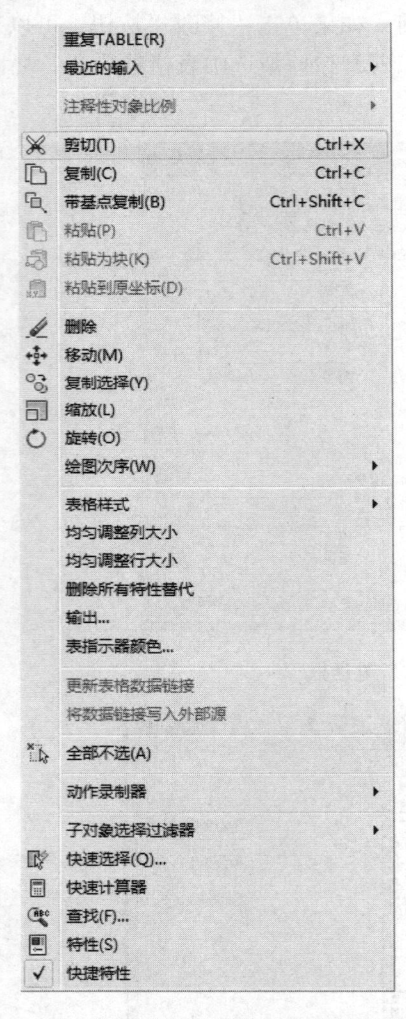

图 4-16　选中整个表格时右击出现的快捷菜单

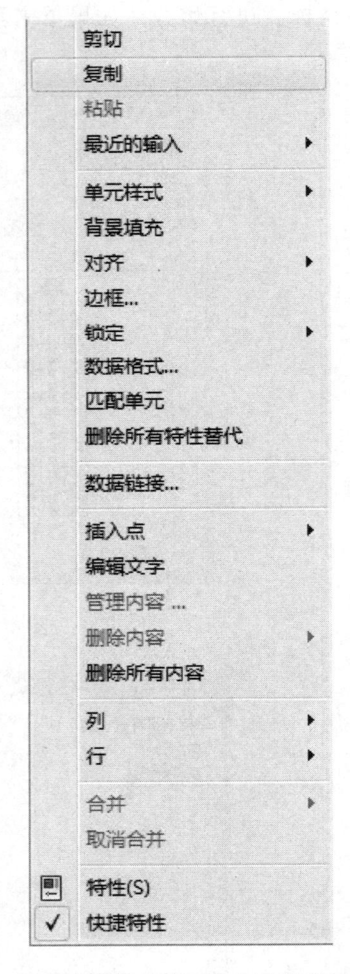

图 4-17　选中表格单元格时右击出现的快捷菜单

① 对齐　该选项可以对单元格内的文字或数据，选择对齐的方式，有左上、中上、右上、左中、正中、右中、左下、中下、右下方式。

②单元边框　如选择此项，方可打开“单元边框特性”对话框，用来设置单元格边框的

特性，如线宽、线型、颜色等进行设置。如图 4-18 所示。

③ 匹配单元　如选择了该项，则鼠标由十字光标转变为笔刷形状，则可将当前所选中的单元格格式匹配给其他的单元格。操作为选择该项后单击要修改的目标单元格对象。

④ 插入点　该选项下还有三个分选项，分别为：块、字段和公式。其中，“块”的选择率较高些。如选择了“插入块”，即可打开如图 4-19 所示的“在表格单元格中插入块”的对话框。

⑤ 合并　必须选择了连续的多个单元格时，该选项才可生效。使用该命令可对所选单元格进行全部、按行或按列进行合并。

图 4-18　“单元边框特性”对话框

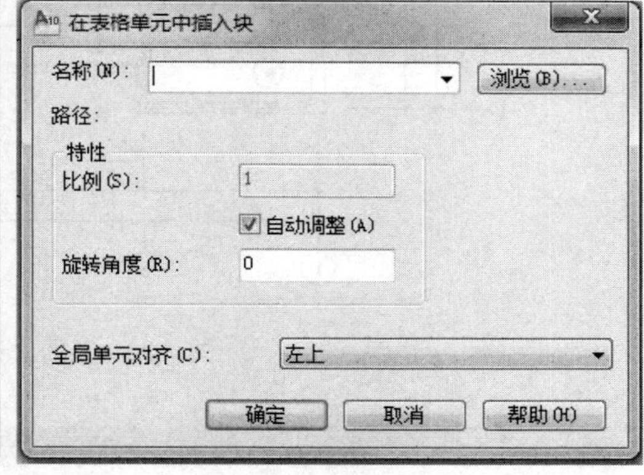

图 4-19　“在表格单元中插入块”对话框

四、任务训练

1．文字命令应用

（1）以某居民楼住宅套型平面图为例，如图 4-20 所示。在卫生间的空间位置标出文字“卫生间”。可在命令行中输入单行文字快捷命令“DT↙”或多行文字快捷命令“T↙”。

（2）进行文字格式的设置。如图 4-21 所示。

将文字大小设置为 4，字体设置为宋体。

2．图案填充命令使用

（1）在命令输入行中输入快捷命令：BH↙。

（2）在样式中选择如图 4-22 所示的材质图案。

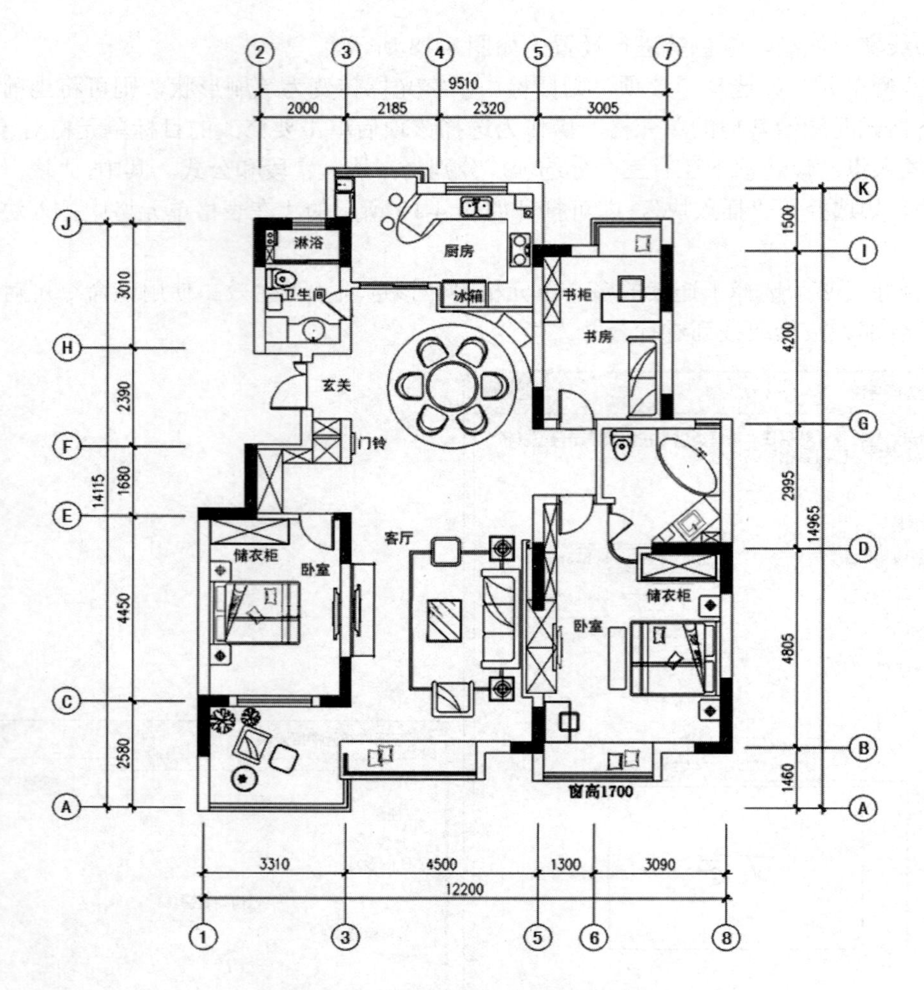

图 4-20　某居民楼住宅套型平面图

图 4-21　文字的设置

图案填充　渐变色
类型和图案
类型(Y): 预定义
图案(P): ANGLE
样例:
自定义图案(M):
边界
添加:拾取点
添加:选择对象
删除边界(D)
重新创建边界(R)

图 4-22　图案填充设置

（3）填充前需要设置比例值。将比例值设置为 20。如图 4-23 所示。

（4）之后单击“添加：拾取点”按钮，选择要填充的区域，进行图案的填充。如图 4-24 所示。

图 4-23　图案比例设置

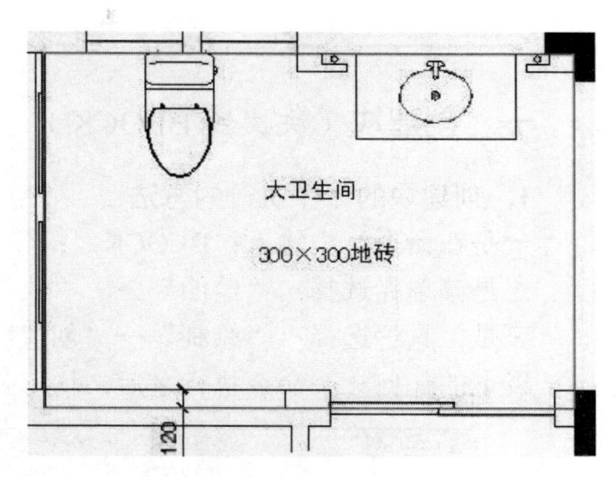

图 4-24　选择填充区域

（5）最后确认，生成图案块。其效果如图 4-25 所示。

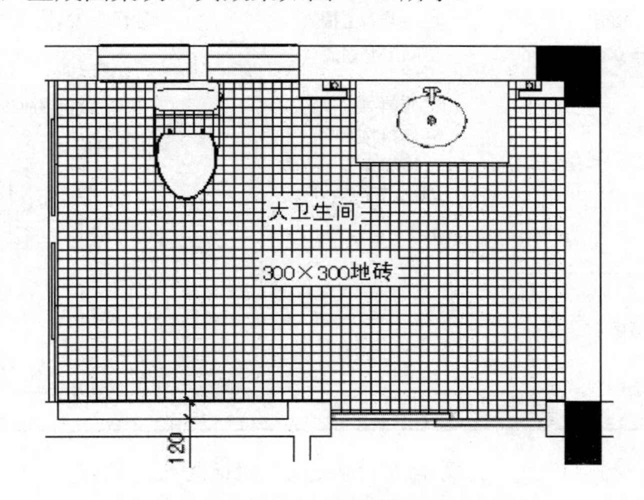

图 4-25　卫生间地面最后填充效果

▶ 任务二　块、属性与外部参照

任务概述： 初步尝试运用块、属性与外部参数的命令。

能力目标： 探索创建块、插入块、存储块及使用外部参照的使用方法。

知识目标： 对块、属性与外部参数的具体认识。

素质目标： 认知、综合，举一反三，循序渐进，实现由量变向质变的转变。

知识导向： 拓展到环境工程图纸中创建块、插入块、存储块等的操作应用。

所谓“块”，就是把一个或很多个图形对象组合在一起，并将其组合成一个整体，而构成了较为复杂的图形对象，根据制图所需，可以将此图形组合插入到相应的指定位置，并可对其进行放大或缩小或旋转角度等操作。“块”具有许多优点，可以作为一个整体组合而单独使用，实现资源共享，提高工作效率，还可以建立图形库，节省内存空间，并便于修改图形等。

一、创建块（快捷键 BLOCK）

1. 创建块的命令执行的方法

一是在命令行中输入：BLOCK↙；

二是菜单栏选择：“绘图”→ “块”→“创建…”；

三是工具栏选择：“绘制”→“创建块”。

以上的任何一个命令执行之后，均可弹出如图 4-26 所示的“块定义”对话框。

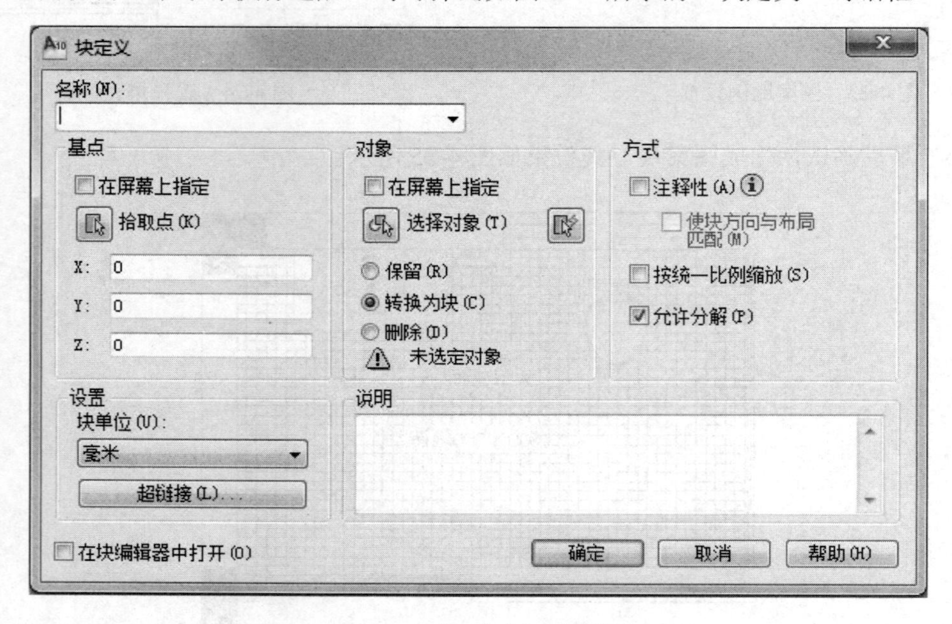

图 4-26 “块定义”对话框

2. 各选项功能说明

（1）名称

在该下拉列表中，可以选择当前图形中已经定义好的块的名称，也可以重新自定义新的块的名称。

（2）基点

用来设置块的插入基点位置。可直接输入 X、Y、Z 坐标来定义插入基点，也可以单击“拾取点”按钮，在绘图窗口中选择插入基点。

（3）对象

用来设置组成块的对象目标。其中，“在屏幕上指定”选项，当关闭对话框时，将提示用户指定对象；“选择对象”按钮，单击该按钮将暂时关闭“块定义”对话框，允许用户选择块对象，完成对象选择后，按回车键将重新显示“块定义”对话框；“快速选择”按钮，将显示出“快速选择”对话框，此对话框将进行定义选择集；“保留”选项，当创建块之后，将选定的对象保留在图形中作为区别对象；“转换为块”选项，当创建块之后，将选定的对象转换为图形汇总的块实例来对待；“删除”选项，当创建块之后，将该对象从图形中删除。

（4）方式

“注释性”选项，将所指定的块作为注释性的对象，当单击信息图标时可对有关注释性对象了解更多的信息；“使块方向与布局匹配”选项，所指定在图纸空间视口中的块参照的方向与布局的方向相匹配，如果未勾选“注释性”选项，该选项则不生效；“按统一比例缩放”选项，为制约是否按照块参照的统一比例进行缩放，一般默认都为勾选的，也就是在插入该块时 X、Y、Z 三个方向上采用同样的比例进行缩放；“允许分解”选项，指定块参照是否能被分解。

（5）设置

“块单位”下拉列表，可设置 AutoCAD 设计中心拖动块时的缩放单位；“超链接”按钮，单击该按钮可打开“插入超链接”对话框，在该对话框中可选择要进行超链接的 CAD 文件。

二、插入块（快捷键 INSERT）

1．插入块的命令执行的方法

一是在命令行中输入：INSERT↙；

二是菜单栏选择：“插入”→“块…”；

三是工具栏选择：“绘图”→“插入块”。

以上的任何一个命令执行之后，均可弹出如图 4-27 所示的“插入块”对话框。

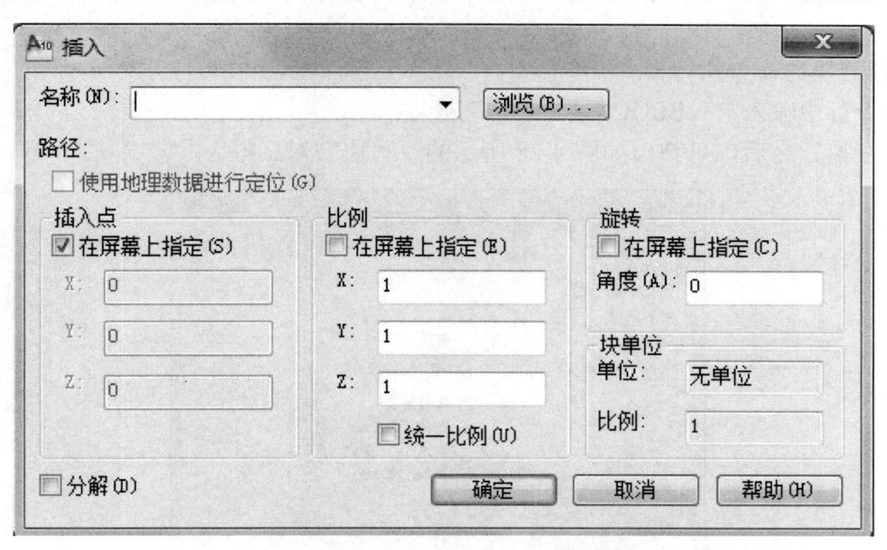

图 4-27 “插入块”对话框

2．各选项功能说明

（1）名称

可在下拉列表中选择块或图形的名称，也可以单击其后的“浏览”按钮，打开“选择图形文件”对话框，选择所需插入的块或图形的文件。

（2）插入点

用来设置块的插入点的位置。也可以直接在 X、Y、Z 三个方向后的文本框中输入相应的坐标，也可以勾选“在屏幕上指定”选项，在屏幕中单击指定插入的点位置。

（3）比例

用来设置块的插入比例。可以直接在 X、Y、Z 三个方向后的文本框中输入相应的比例值，也可以通过勾选“在屏幕上指定”选项，在屏幕中指定比例大小。“统一比例“选项，用来确定所插入的块在 X、Y、Z 三个方向的插入比例值是否相等，选中时则默认相等，只需设定一个坐标值即可。

（4）旋转

用来设置插入时所需的旋转角度值。可以直接在“角度”其后的文本框中输入角度值，也可勾选“在屏幕上指定”选项，在屏幕中指定旋转角度。

（5）块单位

显示有关块的相关信息。

（6）分解

如果勾选该选项，可以将所插入的块分解成每个单独的基本对象。如果选中该选项，则也自动勾选了“统一比例”选项，用户也只能按照一致的比例值来设置了。

三、存储块（快捷键 WBLOCK）

由于块定义方法创建的块为内部块，只能在存储定义的图形文件中使用，一旦退出系统，所定义的块就会消失。而块存储是将当前图形中的块或图形写成图形文件，可让所有的图形引用。

1．存储块的命令执行

在命令行中输入：WBLOCK↙。

当命令执行之后，可弹出如图 4-28 所示的“写块”对话框。

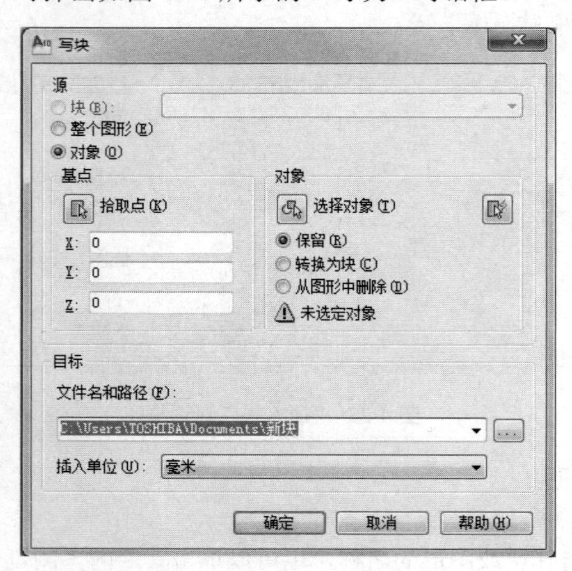

图 4-28 “写块”对话框

2．各选项功能说明

（1）源

用来设置组合成块的对象来源。“块”选项，可以将当前的块存入磁盘中，可以在其后的下拉列表中选择块的名称；“整个图形”选项，可以将整个的图形作为一个块来进行保存；“对象”选项，可以在当前的图形中选择一部分对象来定义，并且进行保存。

（2）基点

用来设置块的插入基点位置。可直接输入 X、Y、Z 坐标来定义插入基点。也可以单击“拾取点”按钮，在绘图窗口中选择插入基点。

（3）对象

用来设置组成块的对象目标。其中，单击“选择对象”按钮将暂时关闭“写块”对话框，允许用户选择块对象，完成对象选择后，按回车键将重新显示“写块”对话框；“快速选择”按钮，将显示出“快速选择”对话框，此对话框将进行定义选择集；“保留”选项，当创建块之后，将选定的对象保留在图形中作为区别对象；“转换为块”选项，当创建块之后，将选定的对象转换为图形汇总的块实例来对待；“删除”选项，当创建块之后，将该对象从图形中删除。

（4）目标

用来设置块的保存名称和保存位置。在“文件名和路径”的文本框中输入块的名称以及要保存的位置，用户也可以单击其右侧的“浏览”按钮，来设置文件的保持文字。“插入单位”下拉列表，可以指定插入块时的单位。

当一切设置好之后，即可将块以文件形式保存成一个块了。

四、块的属性

1．块属性概念

块的属性是用块上所附着的文字来提供交互式的标签或标记，属性定义描述了属性的特性。特性包括标记、提示、值的信息、文字样式、位置以及任何可选模式。定义块前应先定义块的每个属性。如果将块定义了属性，则该属性将以标记名显示在图中。所以，在定义块时，要将图形对象和用来表达属性定义的属性标记名结合起来定义块对象。

2．块的属性定义（快捷键 ATTDEF）

（1）块属性的命令执行有如下几种方法。

一是在命令行中输入：ATTDEF↙；

二是菜单栏选择：“绘图”→“块”→“定义属性…”。

当命令执行之后，可弹出如图 4-29 所示的“属性定义”对话框。

（2）该对话框中的各个选项的功能说明如下。

① 模式　“不可见”选项，用来设置插入块后是否显示它的属性；“固定”选项，用来设置插入块的时候属性是否为固定值；“验证”选项，用来设置插入块时是否对其进行验证；“预设”选项，用来决定插入块时属性值是否设置为默认值；“锁定位置”选项，用来锁定块参照中的位置，当解锁后，属性可相对于使用夹点编辑的块的其他部分移动，并可调节多行文字属性的大小；“多行”选项，指定属性值可以包含多行文字。

② 属性　“标记”文本框，用来标识图中每次出现的属性标记，可直接输入属性的标记；

“提示”文本框，用来指定在插入包含该属性定义的块显示的相关提示，如不输入提示，则属性标记将作为提示；“默认”文本框，可在框中输入属性的默认值。

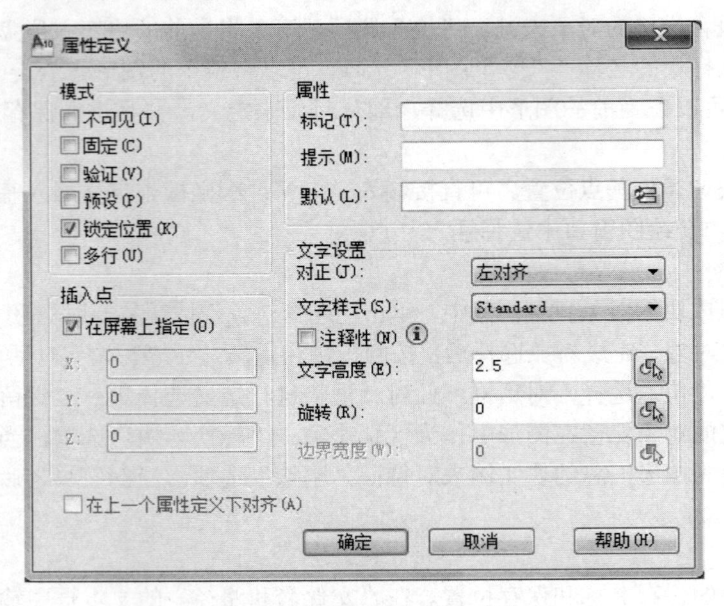

图 4-29 “属性定义”对话框

③ 插入点 用来设置属性值的插入点，也就是属性文字排列的参照点位置。用户也可以直接在 X、Y、Z 文本框中输入坐标值来确定，也可选择“在屏幕上指定”选项，在绘图区内拾取一个点来作为插入点。

④ 文字设置 “对正”下拉列表，可以设置属性文字的对齐方式；“文字样式”下拉列表，可以设置属性文字的样式；“注释性”选项，用来指定属性为注释性；“文字高度”文本框，可以设置属性文字的高度；“旋转”文本框，可以设置属性文字的旋转角度；“边界宽度”文本框，当勾选了“多行”选项时，该文本框生效。

⑤ 在上一个属性定义下对齐 该选项可以为当前属性采用上一个属性的文字样式、文字高度、旋转角度等，而且按照上一各属性的对正方式进行排列。

（3）创建属性块的实例讲解

例：建立具有文字属性的粗糙度符号。

① 先画出粗糙度三角符号。

定义属性：“绘图”→“块”→“定义属性”，出现对话框后，在“标记”下输入“粗糙度 1”，之后在“提示”下输入“请输入粗糙度”，在“默认”文本框中输入常用的 1.6，在“对正”框中选择“右”，“文字样式”中选择“dim”样式，“文字高度”文本框中输入 3.5，单击“拾取点”，出现已画好的粗糙度符号，选取数值的位置点（X），返回对话框，单击“确定”，即可退出对话框。

② 建立带属性的内部块。

“绘图”→“块”→“创建”，出现对话框后，在“名称”条中输入块名“粗糙度 1”，单击“拾取点”左框按钮，返回绘图区，选择粗糙度三角的顶点作为基点，单击“选择对象”按钮，选取粗糙度符号，按回车键返回“块定义”对话框，单击“确定”按钮，即可退出对话框。

③ 把“粗糙度 1”做成单独的文件存盘。

在命令行中输入命令：WBLOCK↙。命令输入完成后则出现“写块”对话框，在“源”中选“块”，选择块名为“粗糙度 1”，“在目标位置中的”…，选择自己所建的文件夹，如 f:\机 01.45,见图 21，单击“确定”退出对话框。此时所画的“粗糙度 1”便以块文件“粗糙度 1”保存完成。

利用上述步骤，练习画出 “粗糙度 2”，并定义属性并进行块文件存盘。如：路径为 F：\机 01.45\粗糙度 1。

3．插入属性块

插入属性块的方法和插入块相同，如插入具有标高的属性块，只是在原有的提示之外增加了新的提示：

输入属性值：

标高：<3.000>：（可以直接输入其他的值或回车采用默认值。）如图 4-30 所示，左为默认标高值的块，右为插入的具有属性值的标高块。

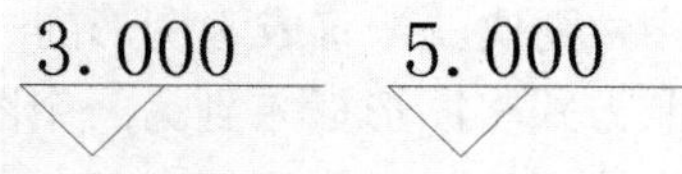

图 4-30　插入的属性块

五、属性的修改

1．编辑属性

编辑块属性的命令执行有如下几种方法。

一是在命令行中输入：EATTEDIT↙；

二是菜单栏选择：“修改”→“对象”→“属性”→“单个”；

三是工具栏选择：“修改Ⅱ”→“编辑属性 ”。

当命令执行之后，可弹出如图 4-31 所示的“增强属性编辑器”对话框。

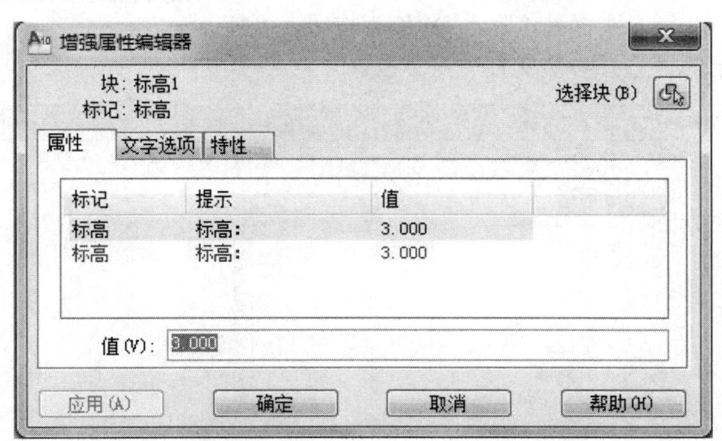

图 4-31　“增强属性编辑器”对话框

2．该对话框中的各个选项的功能说明

“选择块”按钮，单击该按钮后对话框会暂时关闭，切换到绘图区去选择块，选好后自动回到原对话框。

“属性”选项卡，此列表中显示了块中每个属性的标识、提示和值的信息，用户可以对其下的“值”文本框输入数值直接进行更改。

“文字选项”选项卡，用来修改属性文字的格式，可以修改文字的样式、高度、对齐方式、旋转角度、宽度系数、倾斜角度等。

“特性”选项卡，用来修改文字属性的图层、线宽、线型、颜色等。

“应用”按钮，用来将已经修改好的属性值、文字选项、特性后，单击此按钮即可更新图形的属性。

六、外部参照的引用与管理

外部参照与块的主要差异在于：块一旦插入到图形中，则块就一直成为图形的一部分了；而如果使用外部参照方式将图形插入到另一个图形中，该插入的图形并没有直接成为另一图形的一部分，而是和主图形形成记录参照的关系存在。

1．外部参照的插入（快捷命令 XATTACH）

外部参照的插入，是将外部图形文件以外部参照的形式插入到当前的图形中。

外部参照的插入命令执行有如下几种方法：

一是在命令行中输入：XATTACH↙；

二是菜单栏选择：“插入”→ “外部参照…”；

三是工具栏选择：“参照”→“外部参照”。

以上的任何一个命令执行之后，均可弹出如图 4-32 所示的“外部参照”固定对话框。

单击如图 4-32 所示画框处“附着 DWG”按钮，可打开如图 4-33 所示的“选择参照文件”对话框。

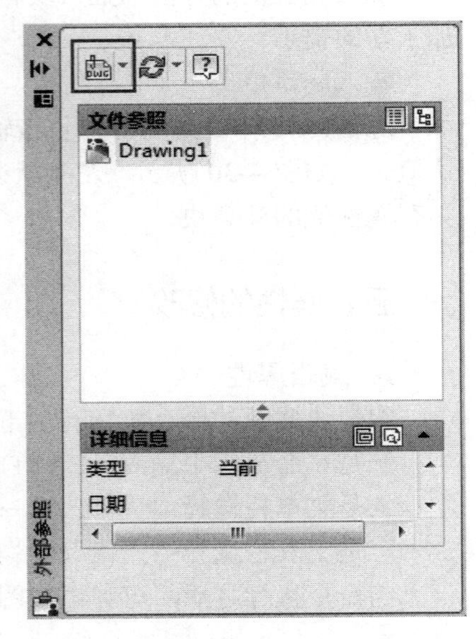

图 4-32 “外部参照”固定对话框

图 4-33 “选择参照文件”对话框

在该对话框中选择所需的外部参照文件，之后单击“打开”按钮，则打开如图 4-34 所示的“附着外部参照”对话框。

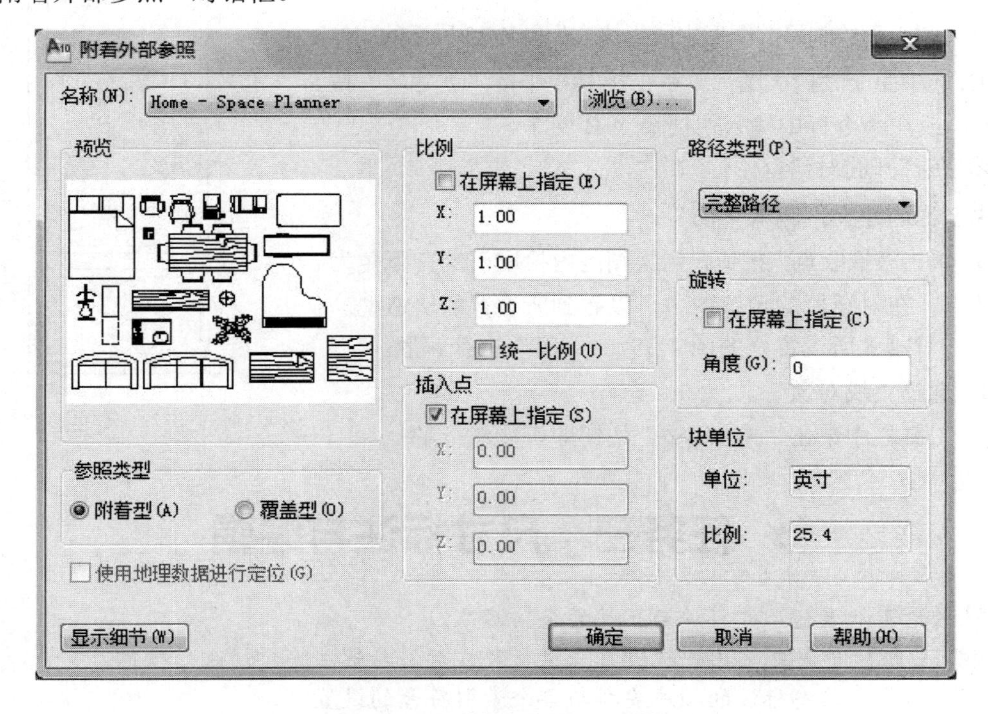

图 4-34 “附着外部参照”对话框

2. 主要选项功能说明

“名称”下拉列表，可以选择所需插入的外部参照的文件名称；“参照类型”选项，可以选择附着型或覆盖型；“路径类型”下拉列表，可以进行“完整路径”、“相对路径”和“无路径”三种选择。其他各项的设置可参考插入块的相关设置。

3. 外部参照管理

如果一张图纸中采用了外部参照，则用户有必要对外部参照的相关信息有所了解，这就要运用到“外部参照管理器”了。

外部参照管理器的命令执行有如下几种方法。

一是在命令行中输入：XREF↙；

二是菜单栏选择：“插入”→“外部参照管理器”。

4. 修改外部参照

（1）对已经创建好的外部参照对象，其修改方法有如下两种。

① 打开外部参照的源文件修改后并保存，则目标文件中的外部参照对象将会自动更新。

② 可以在目标文件中直接修改外部参照对象。这里只对这一种修改方法作一解释。

（2）修改外部参照的命令执行有如下几种方法。

一是在命令行中输入：REFEDIT↙；

二是菜单栏选择：“工具”→“外部参照和块在位编辑”→“在位编辑参照”；

三是工具栏选择：“参照修改”→“在位编辑参照”。

七、任务训练

（1）将下面绘制好的图形生成为块，如图 4-35 所示的门。

① 选中整个“门”图形，单击工具栏中的“创建块”按钮，或在命令行中输入快捷命令 B 回车。

② 在打开的对话框中，在名称(N): 里，进行块名称的建立，输入“门”。

③ 单击“拾取点”按钮，到绘图区内拾取门的左下角为插入基点。在对话框的预览图中可以看到所设置的块造型。

（2）对刚才所设置好的图 4-35 的“门”进行解散。

① 选择“块对象”。

② 工具栏中单击“分解”按钮即可实施分解。

图 4-35　已经绘制好的图形“门”

▶ 任务三　尺寸标注与编辑

任务概述： 进行尺寸标注与标注的编辑修改。

能力目标： 能熟练运用快捷键独立进行尺寸标注与标注编辑修改的操作。

知识目标： 熟悉标注的顺序安排与各个索引符号的设置。

素质目标： 具有规范的工程制图标注本领及良好的设计素质。

知识导向： 尺寸标注与编辑修改的快捷键使用情形。

一、设置尺寸标注样式

1. 尺寸标注概念

一个完整的尺寸是由尺寸界线、尺寸线、尺寸箭头、尺寸文本四个部分组成的。

2. 标注样式

“标注样式”命令主要是用来控制标注的外观和具体格式的。

执行“标注样式”命令的具体方法如下。

一是命令行输入：DIMSTYLE↙；

二是菜单栏选择：“标注”→“标注样式…”；

三是菜单栏选择：“格式”→“标注样式…”；

四是工具栏选择：“标注”→“标注样式”。

采用以上任意一种命令都可打开如图 4-36 所示的“标注样式管理器”对话框。

3. “标注样式管理器”对话框各选项功能说明

“样式”列表，用来显示标注样式的名称；

“列出”下拉菜单，可通过设置的样式，进行有效选择；

“预览”框，用来显示当前所设置的标注形式；

“说明”列表，用来显示说明性的文字；

“置为当前”按钮，可以将所指定的标注样式设置为当前的样式；

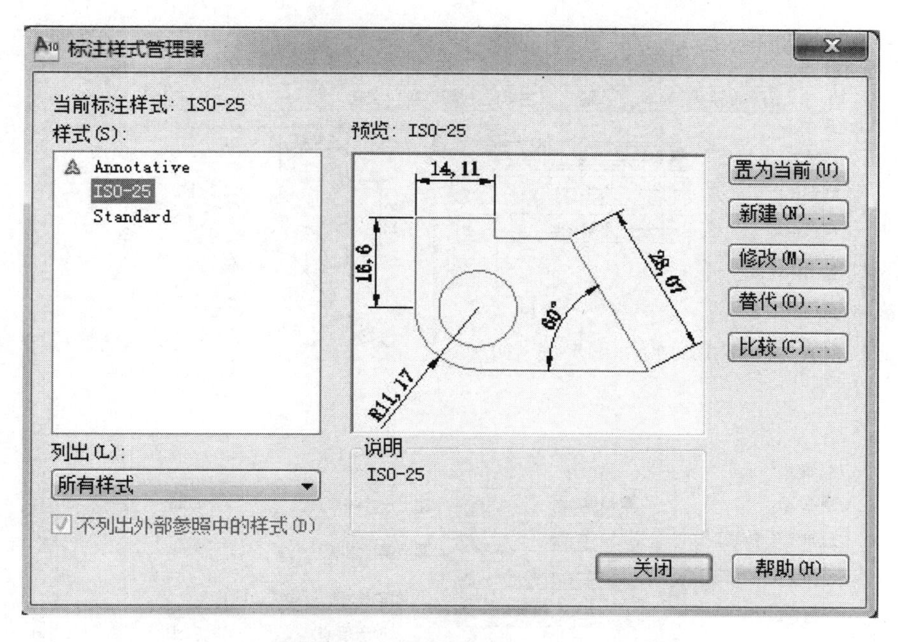

图 4-36 “标注样式管理器”对话框

“新建”按钮，用来创建新的标注样式，建议用基础样式创建新样式名，只需修改其中部分特性，从而可节省设置的时间。如果单击该按钮，可弹出如图 4-37 所示的“创建新标注样式”对话框；

“修改”按钮，用来修改所指定的标注样式；

“替换”按钮，可以在不改变原来标注样式的基础上，对个别需要控制处理的新标注进行标注样式的设置；

“比较”按钮，在列表中显示了两种样式的设定区别。

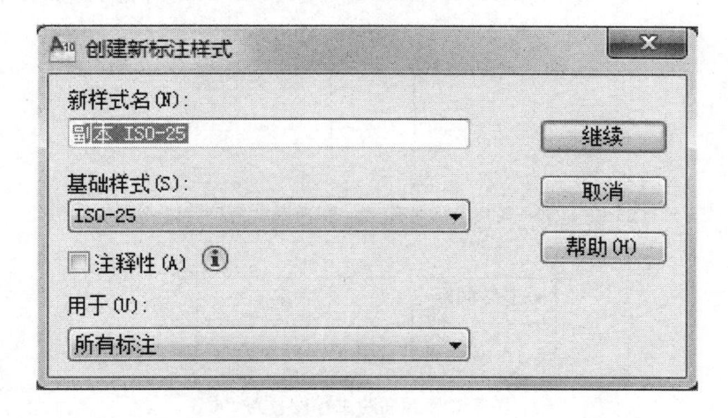

图 4-37 “创建新标注样式”对话框

（1）“线”选项卡（如图 4-38 所示）

① 尺寸线　用来设置尺寸线的颜色、线型、线宽、超出标记、基线间距、是否隐藏第一或第二条尺寸线，如图 4-39 不同尺寸线设置所示。

② 尺寸界线　用来设置尺寸界线的颜色、线型、线宽、是否隐藏第一或第二尺寸界线，是否固定尺寸界线的长度，如图 4-40 不同尺寸界线的设置所示。

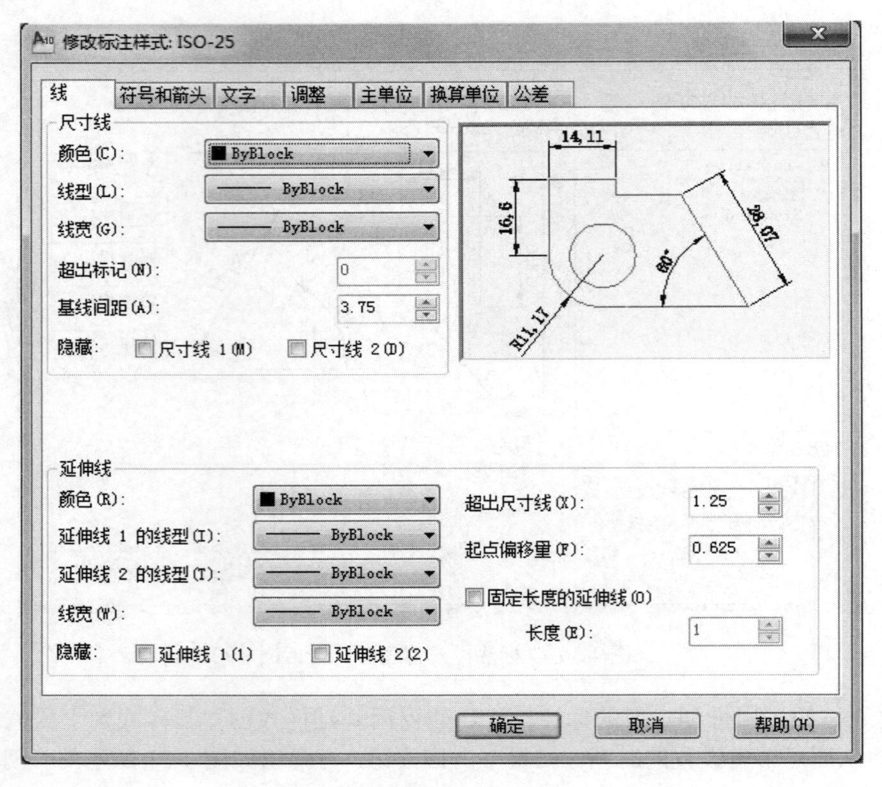

图 4-38 “线”选项卡

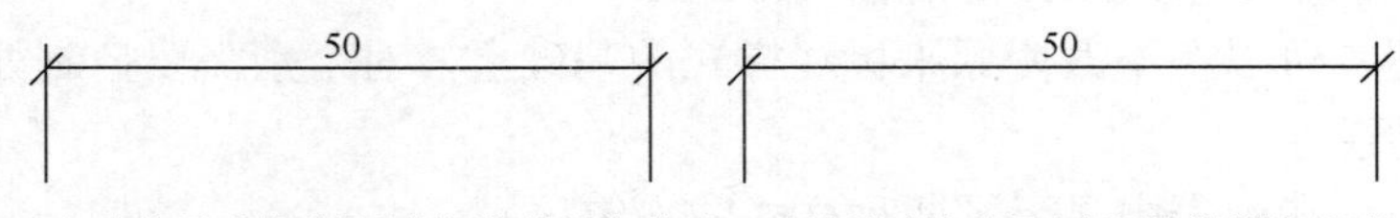

(a) 左为尺寸线“超出标记”设置为“0”，右为尺寸线“超出标记”设置为“2”

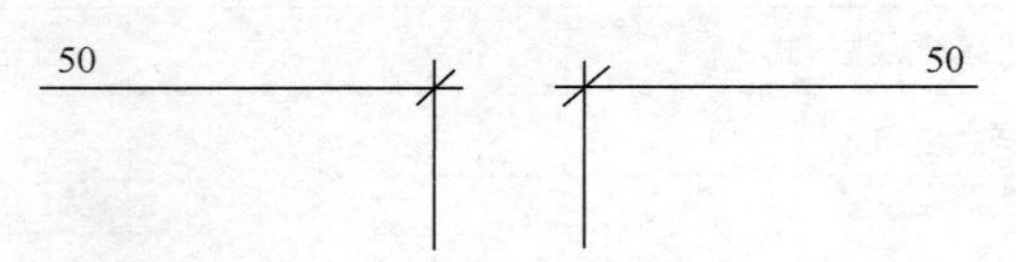

(b) 左为第一条尺寸线被隐藏，右为第二条尺寸线被隐藏

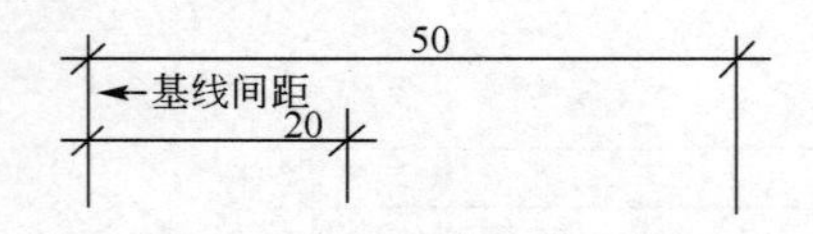

(c) 图中对基线间距进行设置为“6”

图 4-39 “尺寸线”设置范例

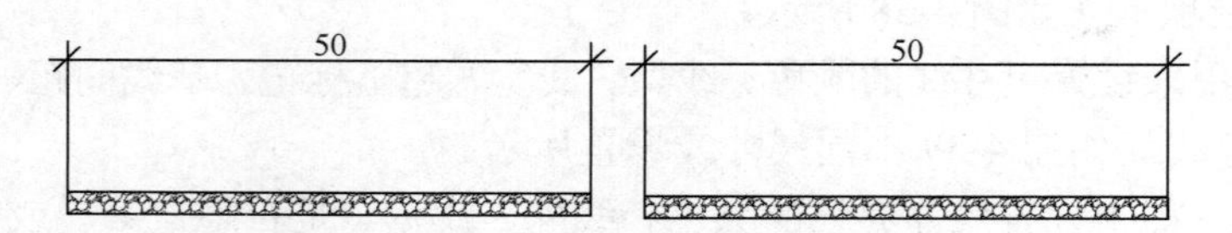

(a) 左边的偏移值为“0”，右边的偏移值为“2”

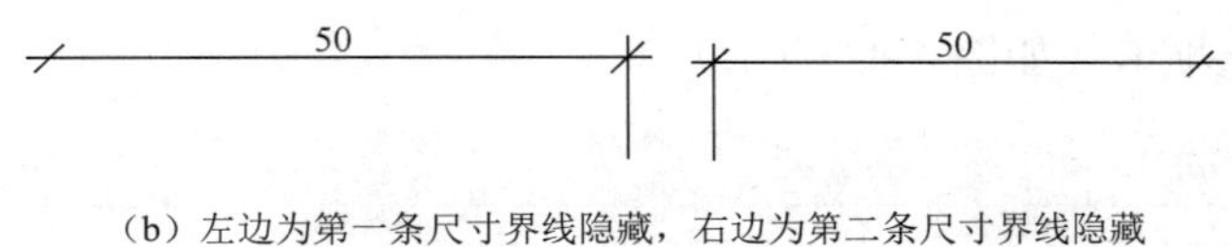

（b）左边为第一条尺寸界线隐藏，右边为第二条尺寸界线隐藏

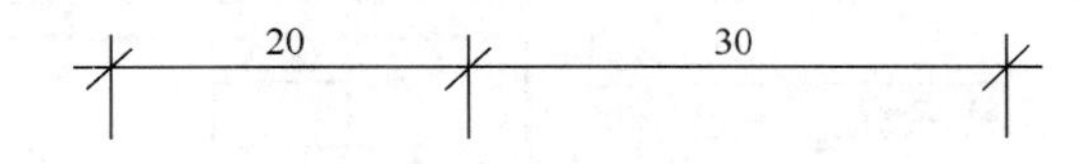

（c）设定了固定长度的尺寸界线

图 4-40　“尺寸界线”设置范例

（2）“符号和箭头”选项卡（如图 4-41 所示）

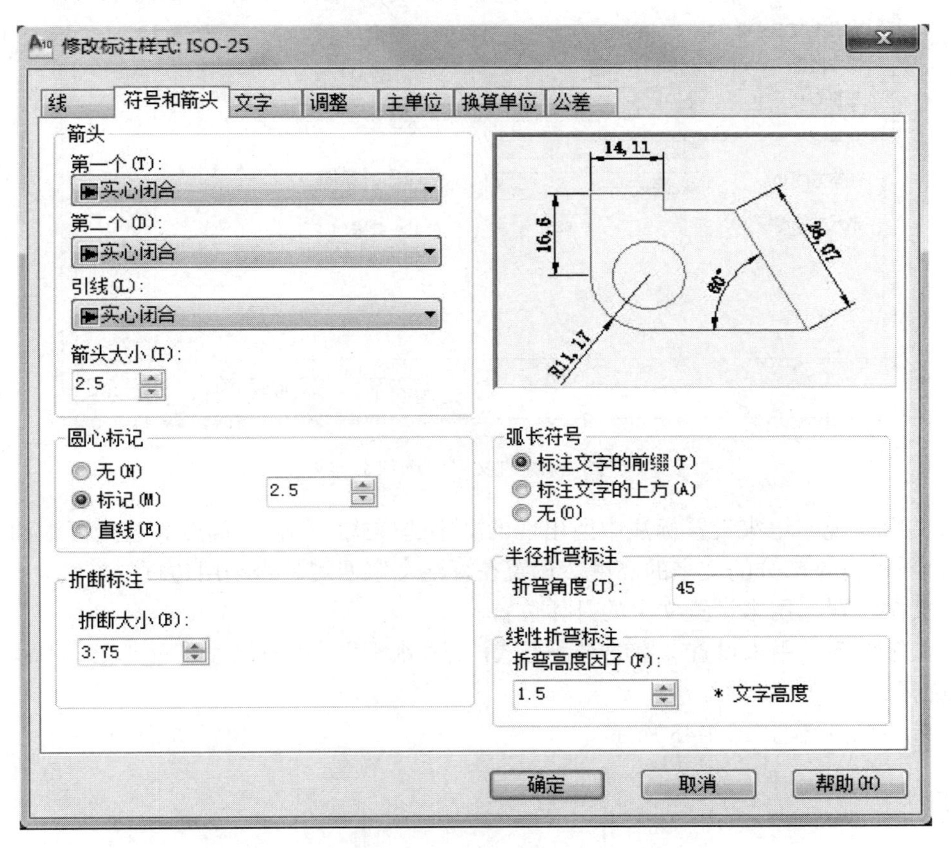

图 4-41　“符号和箭头”选项卡

① 箭头　用来设置箭头的类型、引线的箭头类型及箭头的大小。

② 圆心标记　用来设置圆心的标记类型，其中有“无”、“标记”、“直线”三种可供选择。还可设置圆心标记的大小。

③ 折断标注　用来显示和设置折断标注的间距大小。

④ 弧长符号　用来控制弧长标注中圆弧符号的显示情况。

⑤ 半径标注折弯　用来控制折弯型半径标注的显示，折弯半径的中心点一般位于页面以外时而需要创建的。

⑥ 线性折弯标注　通过折弯形成的角度的两个顶点之间的距离来确定折弯的高度。

（3）“文字”选项卡（如图 4-42 所示）

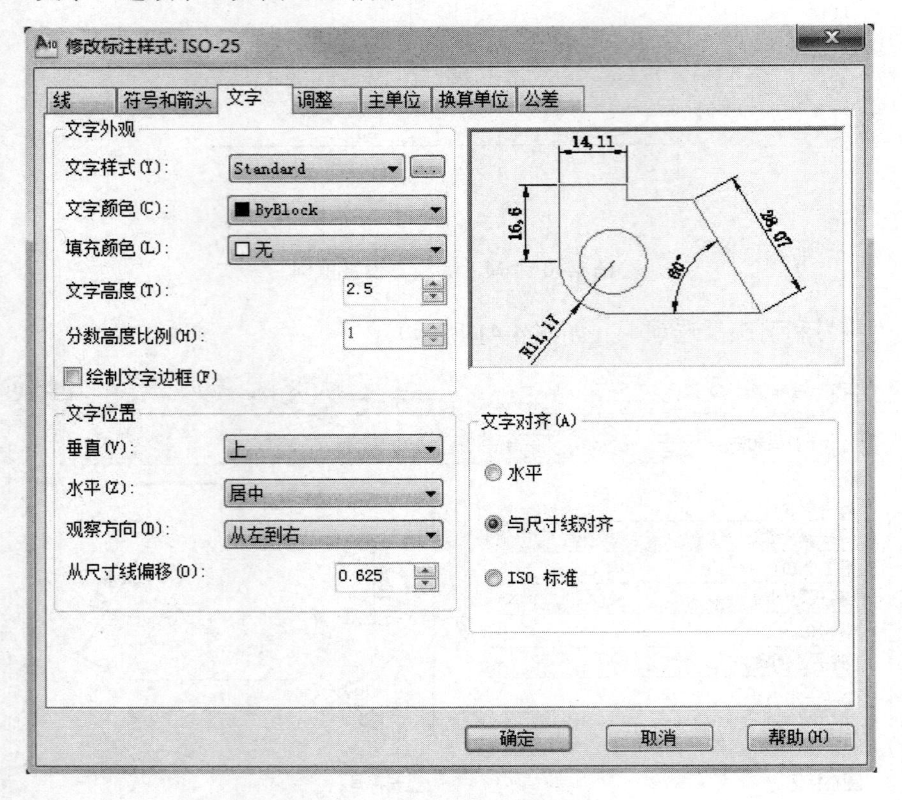

图 4-42 “文字”选项卡

① 文字外观　用来设置标注中所出现的文字的样式、颜色、高度、设定分数和公差标注中的分数和公差部分的文字的高度、设置在标注文字四周是否采用边框的方式。

② 文字位置　用来设置文字的具体位置。

③ 文字对齐　用来设置文字的对齐方式，有“水平”、“与尺寸线对齐”、“ISO 标准”三种供选择。

文字设置的示例如图 4-43 所示。

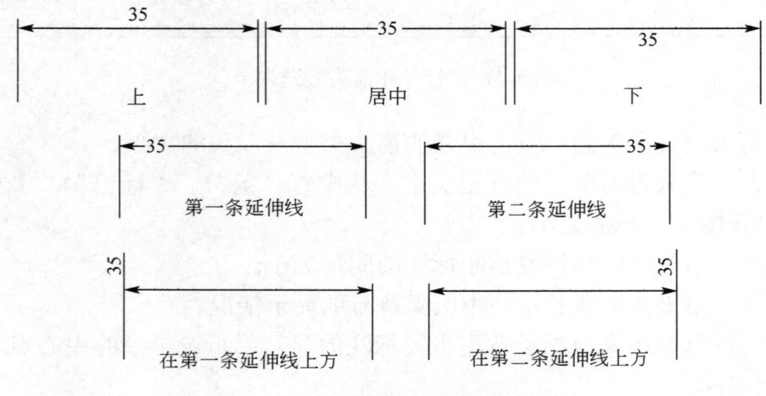

图 4-43　文字水平、垂直放置示例

（4）“调整”选项卡（如图 4-44 所示）

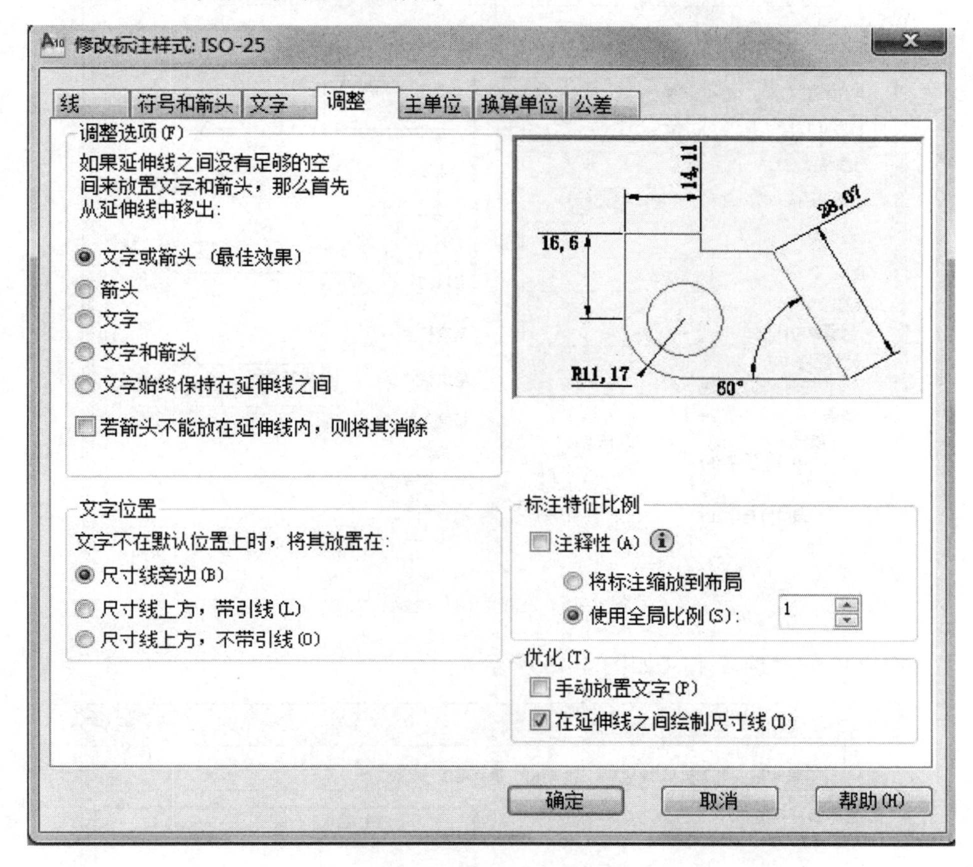

图 4-44 “调整”选项卡

① 调整选项　用来调节文字、箭头在尺寸界线的位置之间的关系。

“文字或箭头”：缺省项，文字和箭头会自动选择最佳位置；

“箭头”：优先将箭头移至尺寸界线外；

“文字”：优先将文本移到尺寸界线外面；

“文字和箭头”：如空间不足，则将文字和箭头都放在尺寸界线之外（多选此项）。

② 文字位置　用来设置文字不在默认位置上的时候，将要放置的位置。

③ 标注特征比例　使用全局比例时，则调整设置所有的包括文字、箭头等的间距大小的标注样式的比例。使用缩放到布局时，则根据当前模型空间和图纸空间的比例大小来调节确定比例值。

④ 优化　该项有“手动放置文字”和“在延伸线之间绘制尺寸线”两个选项供用户选择。

（5）“主单位”选项卡（如图 4-45 所示）

① 线性标注　用来设置标注的单位格式、精确到小数几位、分数格式、小数分隔符号、设置文字前缀与后缀等。

② 测量单位比例　用来设置线性标注测量值的比例值。如果选择了“仅应用到布局标注”中，则就只对布局里所创建的标注而应用线性比例值。

③ 消零　用来设置是否输出前导零和后续零。

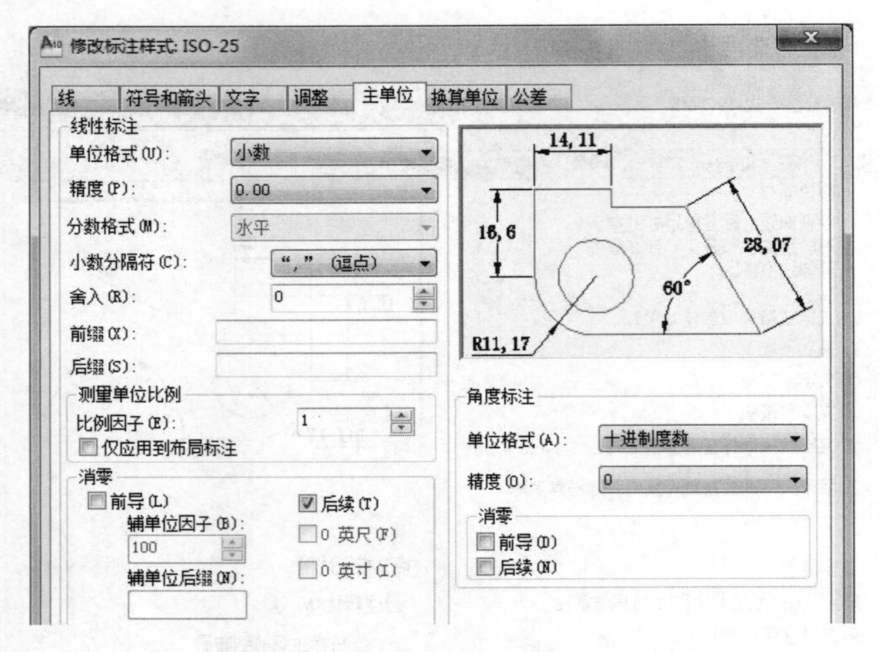

图 4-45 “主单位”选项卡

（6）“换算单位”选项卡（如图 4-46 所示）

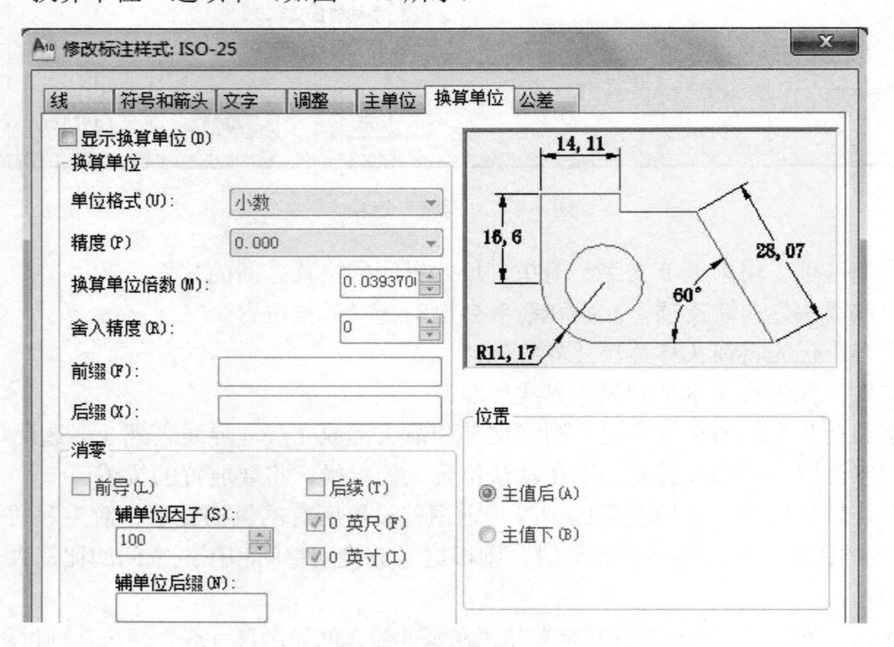

图 4-46 “换算单位”选项卡

① 显示换算单位　只有勾选了“显示换算单位”选框，下面的各选项才能生效。

② 换算单位　用来设置标注类型的当前单位的格式、精确到小数后几位、换算单位倍数、舍入精度、文字的前缀、文字的后缀。

③ 消零　用来设置是否输出前导零和后续零。

④ 位置　用来设置换算单位的位置放在主值的后面还是放在主值下面。

（7）“公差”选项卡（如图 4-47 所示）

图 4-47 “公差”选项卡

① 公差格式 用来设置各种公差的方式、设置小数后精确到几位、设置最大公差值或上偏差值、设置最小公差值或下偏差值、设置公差文字的当前高度、设置是否输出前导零和后续零等。

② 换算单位公差 用来设置标注的小数位数、设置是否输出前导零和后续零等。

二、常用标注类型

常见的尺寸标注类型有线性尺寸标注、半径尺寸标注、直径尺寸标注、弧线长度标注、角度尺寸标注、引线尺寸标注等。

1．线性标注

线性标注是用来标注两点间的垂直距离和水平距离。

线性标注的命令的执行有如下的几种方法。

一是命令行输入：DIMLINEAR↙；

二是菜单栏选择：“标注”→“线性”；

三是工具栏选择：“标注”→“线性⊢⊣”。

以上任意一种方式都可出现以下的命令提示：

指定第一条尺寸界线原点或<选择对象>：（在绘图区拾取第一条尺寸界线位置。）

指定第二条尺寸界线原点：（在绘图区拾取第二条尺寸界线位置。）

指定尺寸线位置或[多行文字(M)/文字(T)/角度(A)/水平(H)/垂直(V)/旋转(R)]:（可直接定位标注位置。）

其中：

“多行文字”命令，系统将自动弹出“多行文字编辑器”，用户可以进行更为复杂的文字设置；

“文字”命令，可以进行单行文字的输入；

“角度”命令，可以设置文字在标注中的倾斜角度；

“水平”命令，系统将标注出两点间的水平距离；

“垂直”命令，系统将标注出两点间的垂直距离；

“旋转”命令，可以设置旋转角度来进行标注。

2．对齐标注

对齐标注是用来标注非垂直和非水平的直线性标注，也就是说，可以标注出不在水平或垂直线上的两点的实际距离。

对齐标注的命令的执行有如下的几种方法。

一是命令行输入：DIMALIGNED↙；

二是菜单栏选择：“标注”→“对齐”；

三是工具栏选择：“标注”→“对齐”。

以上任意一种方式都可出现以下的命令提示。

指定第一条延伸线原点或 <选择对象>:（在绘图区拾取第一条尺寸界线位置。）

指定第二条延伸线原点: （在绘图区拾取第二条尺寸界线位置。）

指定尺寸线位置或[多行文字(M)/文字(T)/角度(A)]: （可直接定位标注位置。）

其中：

“多行文字”命令，系统将自动弹出“多行文字编辑器”，用户可以进行更为复杂的文字设置；

“文字”命令，可以进行单行文字的输入；

“角度”命令，可以设置文字在标注中的倾斜角度。

3．半径标注

半径标注是用来标注圆或圆弧的半径值，半径标注完毕后，在其数据前系统将自动加上半径符号“R”。

半径标注的命令的执行有如下的几种方法。

一是命令行输入：DIMRADIUS↙；

二是菜单栏选择：“标注”→“半径”；

三是工具栏选择：“标注”→“半径”。

以上任意一种方式都可出现以下的命令提示。

选择圆弧或圆:（在绘图区拾取圆或圆弧。）

指定尺寸线位置或 [多行文字(M)/文字(T)/角度(A)]:（可将标注放在圆内或圆外。）

其中：

“多行文字”命令，系统将自动弹出“多行文字编辑器”，用户可以进行更为复杂的文字设置；

“文字”命令，可以进行单行文字的输入；

“角度”命令，可以设置文字在标注中的倾斜角度。

如图 4-48 所示。

4．直径标注

直径标注是用来标注圆或圆弧的半径值，直径标注完毕后，在其数据前系统将自动加上直径符号“Φ”。

直径标注的命令的执行有如下的几种方法。

一是命令行输入：DIMDIAMETER↙；

二是菜单栏选择：“标注”→“直径”　；

三是工具栏选择：“标注”→“直径”。

以上任意一种方式都可出现以下的命令提示。

选择圆弧或圆：（在绘图区拾取圆或圆弧。）

指定尺寸线位置或 [多行文字(M)/文字(T)/角度(A)]：（可将标注放在圆内或圆外。）

其中：

“多行文字”命令，系统将自动弹出“多行文字编辑器”，用户可以进行更为复杂的文字设置；

“文字”命令，可以进行单行文字的输入；

“角度”命令，可以设置文字在标注中的倾斜角度。

如图 4-48 所示。

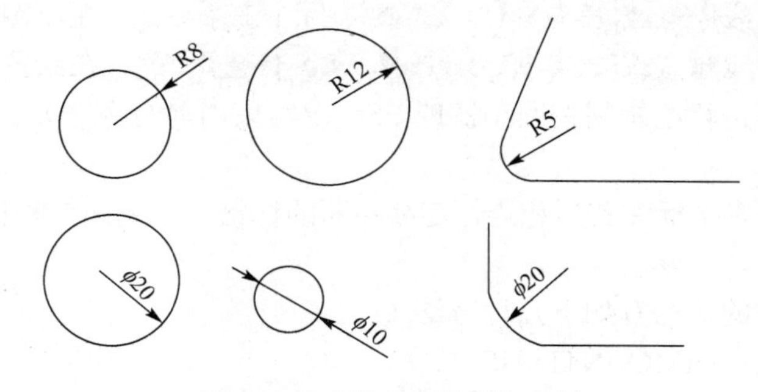

图 4-48　半径、直径标注示例

5．角度标注

角度标注是用来标注两条不平行的相交直线所形成的角，圆弧两端点到圆心所形成的夹角，三点间所确定的角度等。角度标注完毕后，在其数据后系统将自动加上度数符号“°”，如图 4-49 所示。

角度标注的命令的执行有如下的几种方法。

一是命令行输入：DIMANGULAR↙；

二是菜单栏选择：“标注”→“角度”；

三是工具栏选择：“标注”→“角度”。

以上任意一种方式都可出现以下的命令提示。

选择圆弧、圆、直线或 <指定顶点>：（在绘图区拾取一条边。）

选择第二条直线：（在绘图区拾取另一条边。）

指定标注弧线位置或 [多行文字(M)/文字(T)/角度(A)/象限点(Q)]：

6．基线标注

基线标注是以所选择的图形对象，其一个边界为基点，之后每次的标注都以该基点进行定位标注。如图 4-50 所示。

两直线间的夹角标注

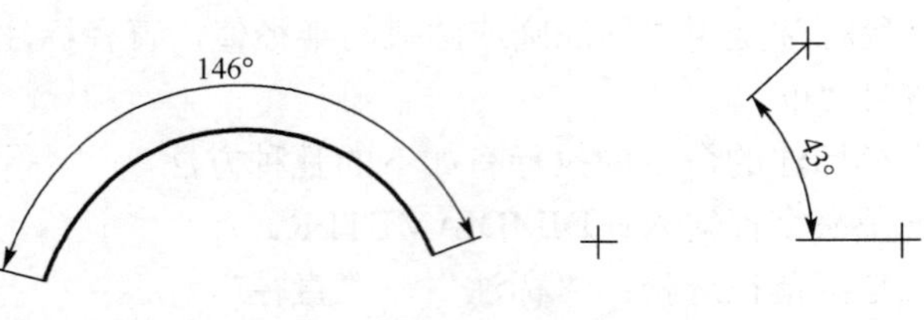

圆弧之间的中心角度的标注　　三点间的角度标注

图 4-49　角度标注示例

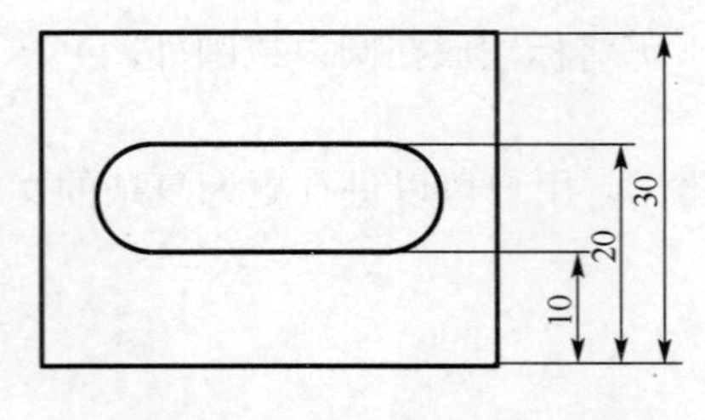

图 4-50　基线标注示例

基线标注的命令的执行有如下的几种方法。

一是命令行输入：DIMBASELINE↙；

二是菜单栏选择：“标注”→“基线”；

三是工具栏选择：“标注”→“基线”。

以上任意一种方式都可出现以下的命令提示。

指定第二条延伸线原点或[放弃（U）/选择（S）]<选择>：（在绘图区选择第二个点。）

指定第二条延伸线原点或[放弃（U）/选择（S）]<选择>：（在绘图区选择第三个点。）

指定第二条延伸线原点或[放弃（U）/选择（S）]<选择>：（在绘图区选择第四个点。）

……（如不需再进行绘制则按回车键或 ESC 键结束当前命令。）

7．连续标注

连续标注就是许多个标注首尾相连，连续不断的连接在一起的一种标注形式。如图 4-51 所示。

连续标注的命令的执行有如下几种方法。

一是命令行输入：DIMCONTINUE↙；

二是菜单栏选择：“标注”→“连续”；

三是工具栏选择：“标注”→“连续”。

以上任意一种方式都可出现以下的命令提示。

选择连续标注：

指定第二条延伸线原点或[放弃（U）/选择（S）]<选择>：（在绘图区选择第二个点。）

指定第二条延伸线原点或[放弃（U）/选择（S）]<选择>：（在绘图区选择第三个点。）

指定第二条延伸线原点或[放弃（U）/选择（S）]<选择>：（在绘图区选择第四个点。）

……（如不需再进行绘制则按回车键或 ESC 键结束当前命令。）

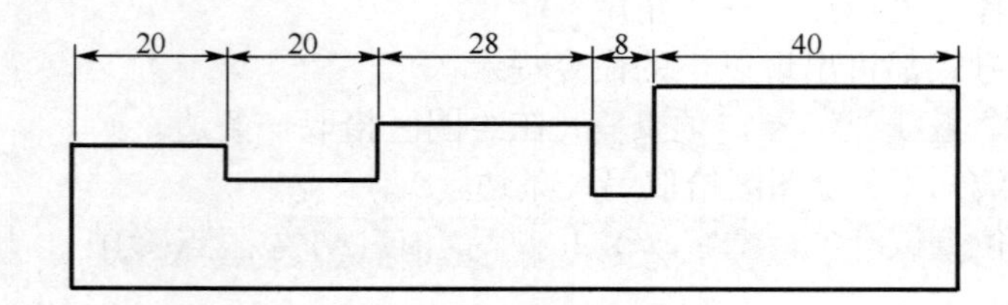

图 4-51　连续标注示例

8．引线

引线是用来连接说明性文字或注释和图形对象之间的一种线。引线的线宽、箭头类型、颜色、缩放比例、尺寸等其他特性可以通过标注样式来进行设置。引线由箭头、直线或样条曲线、文字三部分组成，它不可用来标注距离。

（1）引线命令的执行方法

一是命令行输入：MLEADER↙；

二是菜单栏选择：“标注”→“多重引线”。

以上任意一种方式都可出现以下的命令提示。

指定引线箭头的位置或[引线基线优先（L）/内容优先（C）/选项（O）]<选项>：（在绘图区指定引线的箭头位置。）

指定引线基线的位置：（在绘图区指定基线的位置，然后进行说明文字的输入，并设定好文字的样式等。按“确定”按钮或按 ESC 按钮结束命令。）

（2）引线命令的相关选项

当执行了引线命令后，可在命令行所出现的“指定引线箭头的位置或[引线基线优先（L）/内容优先（C）/选项（O）]<选项>：”中选择不同的命令。

① 输入“L”回车，则命令行中出现指定引线基线的位置或[引线箭头优先（H）/内容优先（C）/选项（O）]<选项>：可供继续选择。

② 输入“C”回车，则命令行中出现指定文字的第一个角点或[引线箭头优先（H）/引线基线优先（L）/选项（O）]< 引线箭头优先>：可供继续选择。

③ 输入“O”回车，则命令行中出现输入选项[引线类型（L）/引线基线（A）/内容类型（C）/最大节点数（M）/第一个角度（F）/第二个角度（S）/退出选项（X）]< 退出选项>：可供继续选择。

“引线类型”：用来选择引线的线型为“直线”，还是“样条曲线”，还是“无”，选择好后回车即可；

“引线基线”：用来设置是否使用基线，之后设置固定基线的距离，设置好后回车；

“内容类型”：用来设置说明性文字是“块”或“多行文字”或“无”，设置好后回车；

“最大节点数”：用来设置输入引线的最大节点数，默认值为“2”，设置好后回车；

“第一个角度”：用来设置引线的第一个角度的约束角度值，一般情况下输入“45”；

“第二个角度”：用来设置引线的第二个角度的约束角度值；

“退出选项”：相关设置全部完成后，可选择该项来结束当前的引线设置，回到命令的开始状态。

（3）引线样式的修改

在工具栏中单击“多重引线样式”按钮，即可对引线的样式进行修改了。命令执行后，可打开如图 4-52 所示的“多重引线样式管理器”对话框。

“多重引线样式管理器”对话框中的各个选项框中的选项，和“标注样式管理器”对话框的基本相同，请参考前面内容。

①“引线格式”选项卡。

单击图 4-52 所示的“多重引线样式管理器”对话框中“修改”按钮，可打开如图 4-53 所示的“修改多重引线样式”对话框，显示出“引线格式”的选项卡。

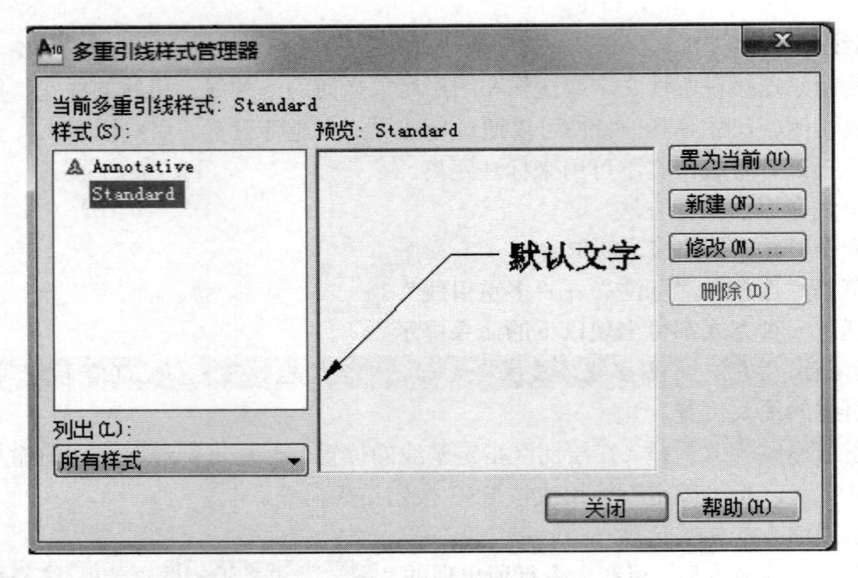

图 4-52 “多重引线样式管理器”对话框

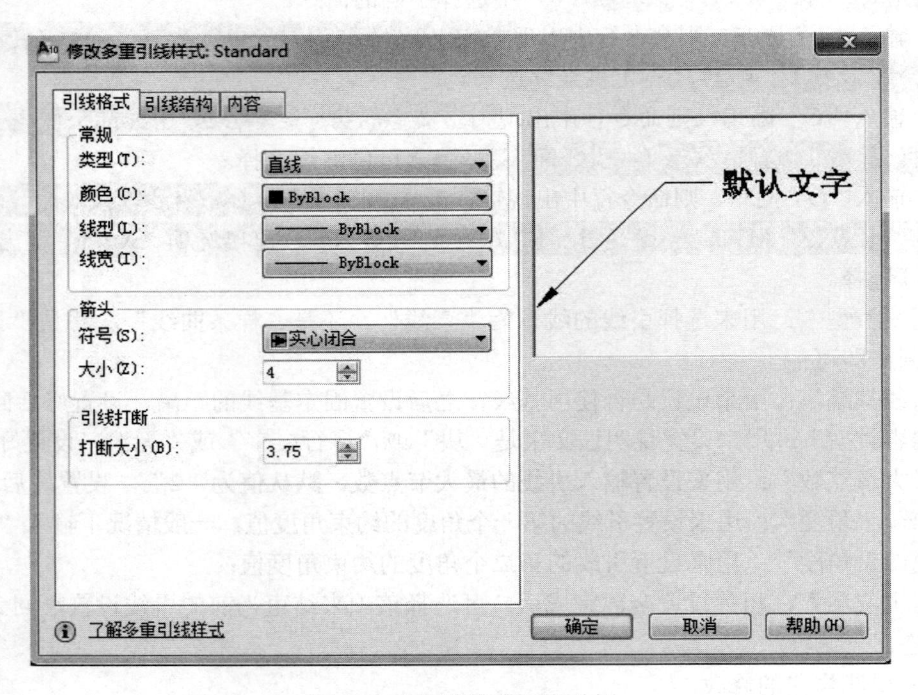

图 4-53 “引线格式”选项卡

“常规”：可以对引线的线型、线宽、颜色、类型进行选择；

“箭头”：可以对引线箭头的形式、大小进行设置；

“引线打断”：用来显示和设置选择多重引线后用于 DIMBREAK 命令的折断大小。

②“引线结构”选项卡（如图 4-54 所示）。

“约束”：设置用来约束引线的最大引线点数、第一段角度、第二段角度的数值；

“基线设置”：有“自动包含基线”和“设置基线距离”两项的选择和设置；

“比例”：可以将多重引线缩放到布局比例，也可以按照所指定的比例来设置。

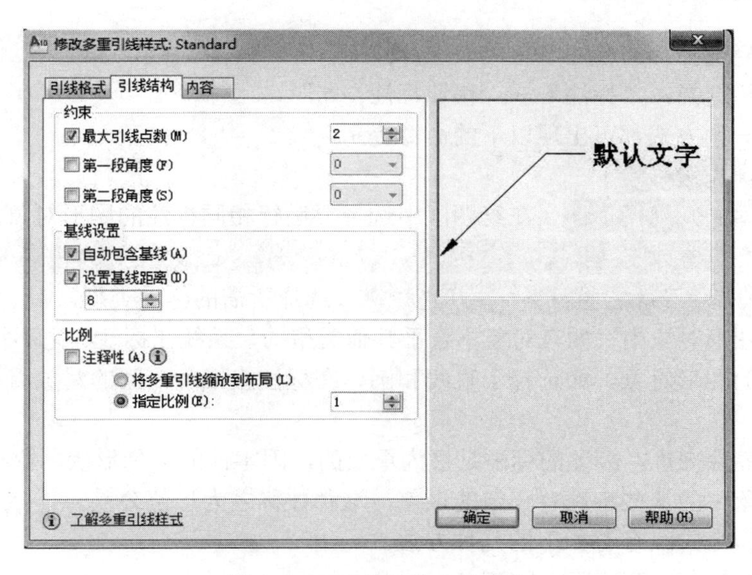

图 4-54　“引线结构”选项卡

③“内容”选项卡（如图 4-55 所示）。

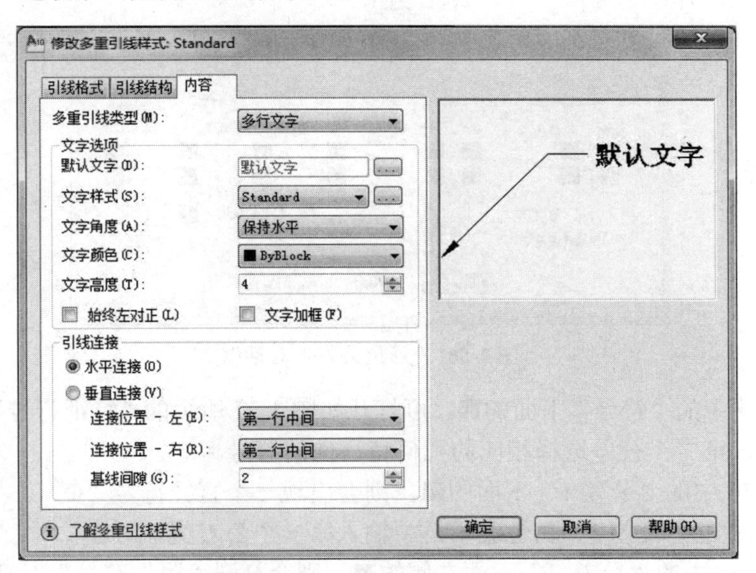

图 4-55　“内容”选项卡

“多重引线类型”：有“多行文字”、“块”、“无”三个选项；

“文字选项”：可以对文字样式、角度、颜色、高度等进行设置；

“引线连接”：用来设置引线的具体连接方式。

9．快速标注

快速标注可以一次性选择多个对象，同时标注多个相同类型的标注，这样可以节省标注相同标注的时间，大大地提高了制图效率。

快速标注命令的执行有如下的几种方法。

一是命令行输入：QDIM↙；

二是菜单栏选择："标注"→"快速标注"；

三是工具栏选择："标注"→"快速标注"。

以上任意一种方式都可出现以下的命令提示。

关联标注优先级=端点

选择要标注的几何图形：（在绘图区中选择要进行相同标注的图形对象。）

指定尺寸线位置或[连续（C）/并列（S）/基线（B）/坐标（O）/半径（R）/直径（D）/基准点（P）/编辑（E）/设置（T）]< 连续>：（选择所需的标注类型。）

所选择的图形对象中，如有对象不合乎其他类型的，系统在标注与之不符的标注时，将忽略不可标注的图形对象。如选择了直线和圆，在标注直线时，圆的对象将被忽略掉。

10．公差

对于机械零件来说，公差的标注是极为重要的，因零件的实际形状、轮廓、方向、位置都会相对于想象中的这些特性有一定的误差，这种被称之为形位公差。

（1）公差命令的执行有如下的几种方法。

一是命令行输入：TOLERANCE↙；

二是菜单栏选择："标注"→"公差"；

三是工具栏选择："标注"→"公差"。

（2）以上任意一种方式都可弹出如图 4-56 所示的"形位公差"对话框。

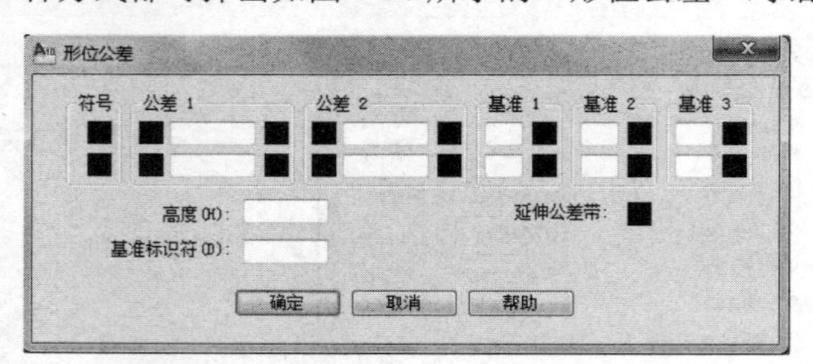

图 4-56 "形位公差"对话框

如单击上述中的"符号"下面的■，可打开如图 4-57 所示的"特征符号"对话框，可以对第一个公差、第二个公差选择相应的几何特征性的符号。

单击图 4-56 中的"公差 1"下面的■，则会出现一个直径符号"Φ"。

在图 4-56 中的"公差 1"白色编辑框中输入第一个公差值。

单击图 4-56 中的"公差 1"下面右侧的■，则会打开"附加符号"对话框，如图 4-58 所示，可以为第一个公差选择一个符号。

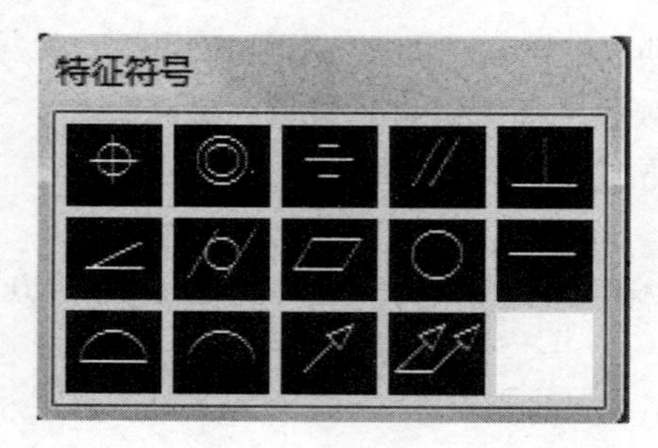

图 4-57 "特征符号"对话框

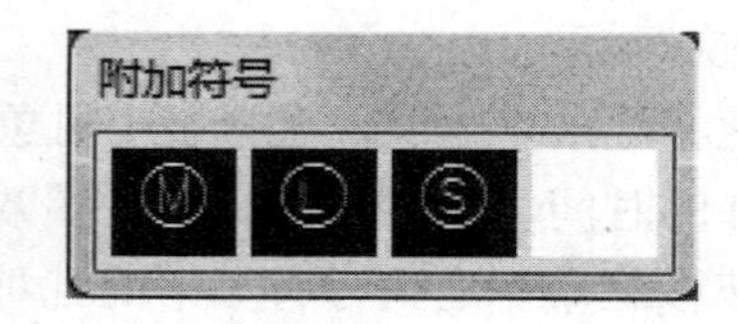

图 4-58 "附加符号"对话框

图 4-56 中的“高度”，用来输入投影公差带的数值，而投影公差带是用来控制固定垂直部分延伸区域的高度变化的，并且用位置公差控制着公差的精确度。

图 4-56 中的“基准标识符”，用来创建由参照字母所组成的基准标识符号。

图 4-56 中的“延伸公差带”后面的■，是用来在延伸公差带之后插入延伸公差带的符号。

三、尺寸标注的编辑

1．修改尺寸标注样式

修改尺寸命令的执行有如下几种方法。

一是命令行输入：DIMSTYLE↙；

二是菜单栏选择：“标注”→“标注样式”；

三是菜单栏选择：“格式”→“标注样式”；

四是工具栏选择：“标注”→“标注样式”。

采用以上任意一种命令都可打开如本任务开始的图 4-36 所示的“标注样式管理器”对话框。然后，对其“修改标注样式”对话框进行相应修改。在此不再细述，请参考前面内容。

2．替代尺寸标注样式

替代尺寸标注样可以在不改变原来标注样式的基础上，对个别需要控制处理的新标注进行标注样式的设置。

替代尺寸命令的执行有如下的几种方法。

一是命令行输入：DIMSTYLE↙；

二是菜单栏选择：“标注”→“标注样式”；

三是菜单栏选择：“格式”→“标注样式”；

四是工具栏选择：“标注”→“标注样式”。

采用以上任意一种命令都可打开如本任务开始的图 4-36 所示的“标注样式管理器”对话框。然后单击“替换”按钮，对其“替换标注样式”对话框进行相应的修改。

3．尺寸编辑

一是命令行输入：DIMEDIT↙；

二是工具栏选择：“标注”→“编辑标注”。

当命令执行后，命令行中会出现如下的提示。

输入标注编辑类型 [默认(H)/新建(N)/旋转(R)/倾斜(O)] <默认>:

选择对象:

“默认（H）”：系统提示用户进行对象的选择，当选择好对象后，系统将选中的文字移动默认位置；

“新建（N）”：输入该命令后，系统将打开“多行文字编辑器”，可以对标注文字进行修改；

“旋转（R）”：系统将提示指定的标注文字角度，用户可以在命令行中输入所需要的文字旋转角度值；

“倾斜（O）”：系统将提示要输入的倾斜角度，如果直接回车，则默认为无倾斜。

4．尺寸文字位置编辑

一是命令行输入：DIMTEDIT↙；

二是菜单栏选择：“标注”→“文字对齐”；

三是工具栏选择：“标注”→“编辑标注文字”。

当命令执行后，命令行中会出现如下的提示。

选择标注:

为标注文字指定新位置或 [左对齐(L)/右对齐(R)/居中(C)/默认(H)/角度(A)]:

“左对齐（L）”:调节尺寸文字的对齐方式为左；

“右对齐（R）”:调节尺寸文字的对齐方式为右；

“居中（C）”：将尺寸文字放置在尺寸线的中间位置；

“默认（H）”：将尺寸文字的位置定位在尺寸格式中所设置的位置上；

“角度（A）”：将改变尺寸文字的旋转角度。

四、任务训练

（1）绘制如图 4-59 所示的室内平面图，并进行标注。

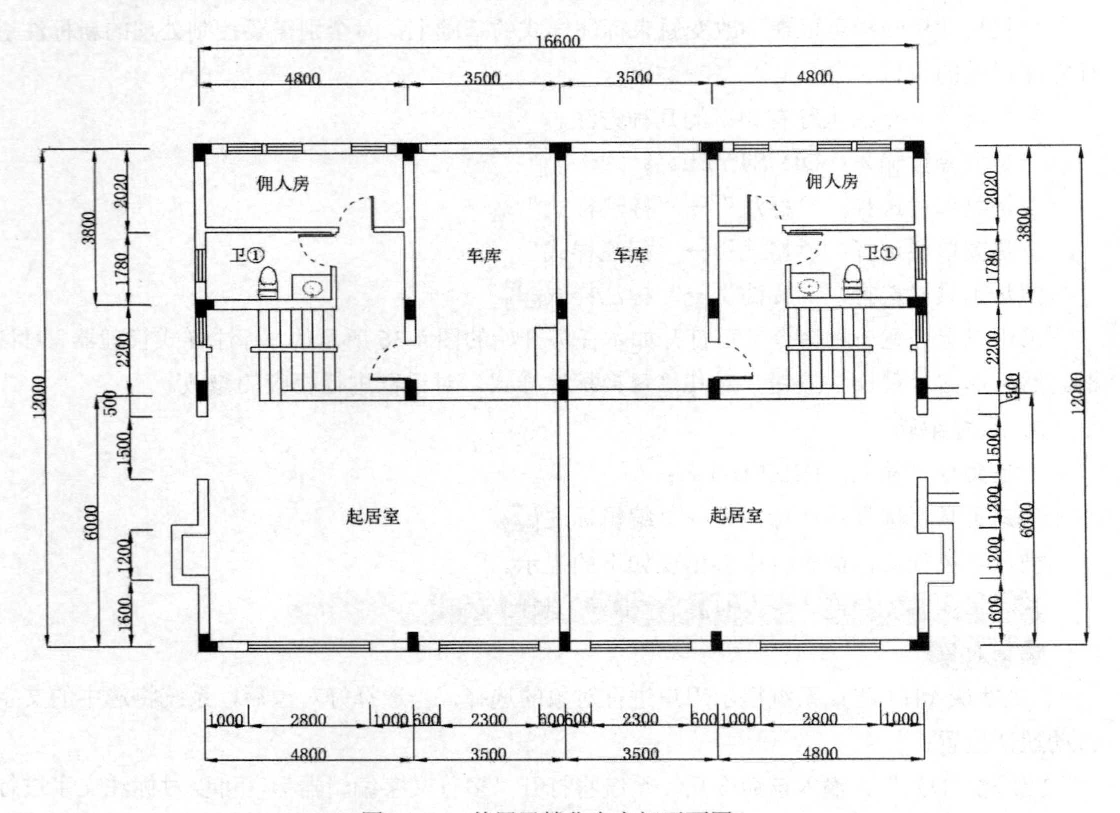

图 4-59　某居民楼住宅空间平面图

① 先利用多线、直线、复制、图案填充、块等命令绘制好平面图。如图 4-60 所示。

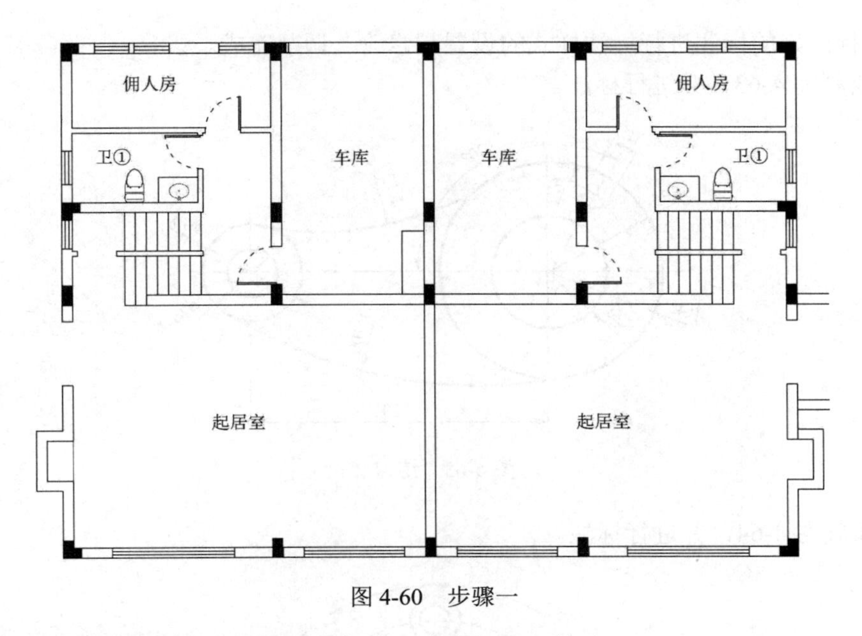

图 4-60　步骤一

② 利用线性标注对相关位置进行标注。如图 4-61 所示。

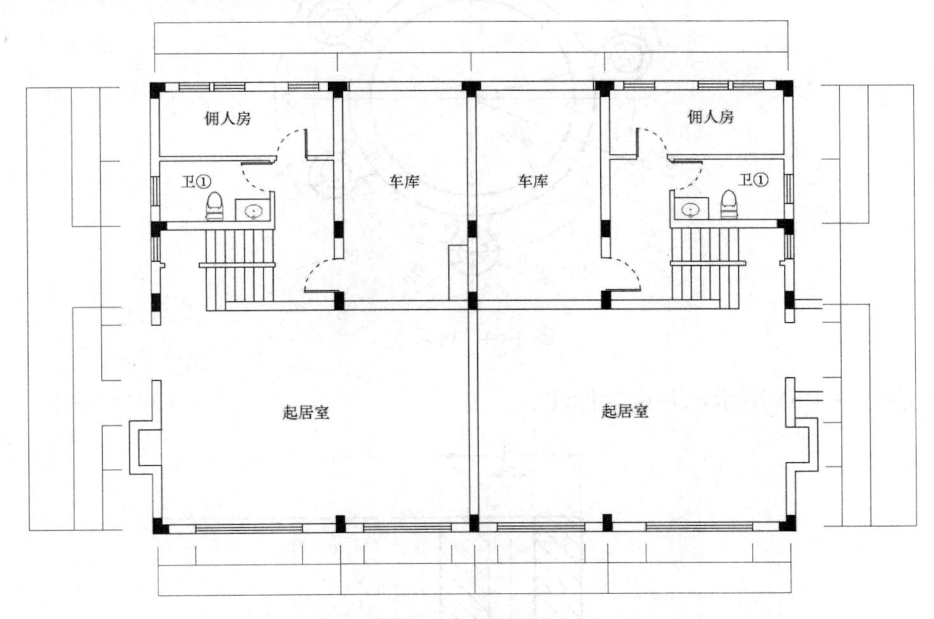

图 4-61　步骤二

在此步骤中，相连接的标注最好用“连续标注”进行标注。如图 4-62 所示。

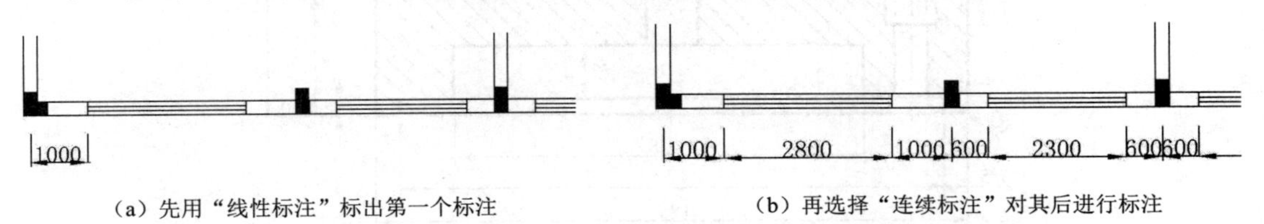

（a）先用“线性标注”标出第一个标注　（b）再选择“连续标注”对其后进行标注

图 4-62　连续标注运用

③ 对标注好的标注进行标注样式的设置与修改，调节完成。

（2）绘制图 4-63，并进行标注。

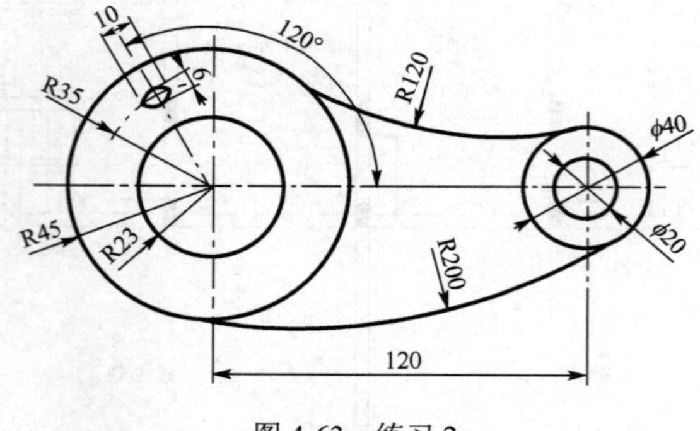

图 4-63　练习 2

（3）绘制图 4-64，并进行标注。

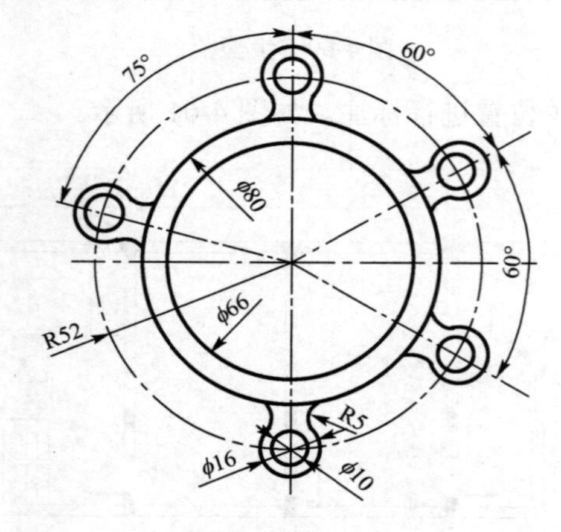

图 4-64　练习 3

（4）绘制图 4-65 所示，并进行标注。

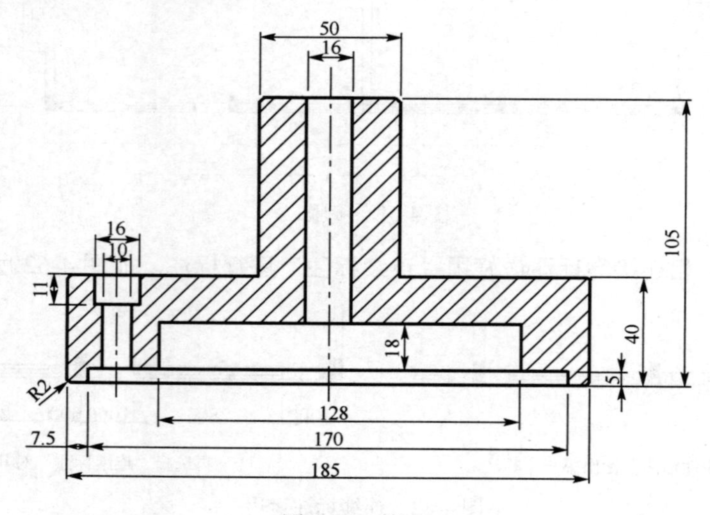

图 4-65　练习 4

（5）绘制图 4-66，并进行标注。

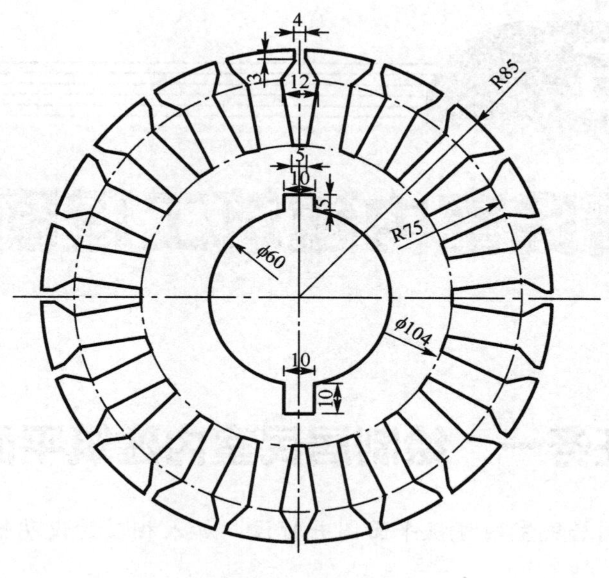

图 4-66　练习 5

（6）绘制图 4-67，并进行标注。

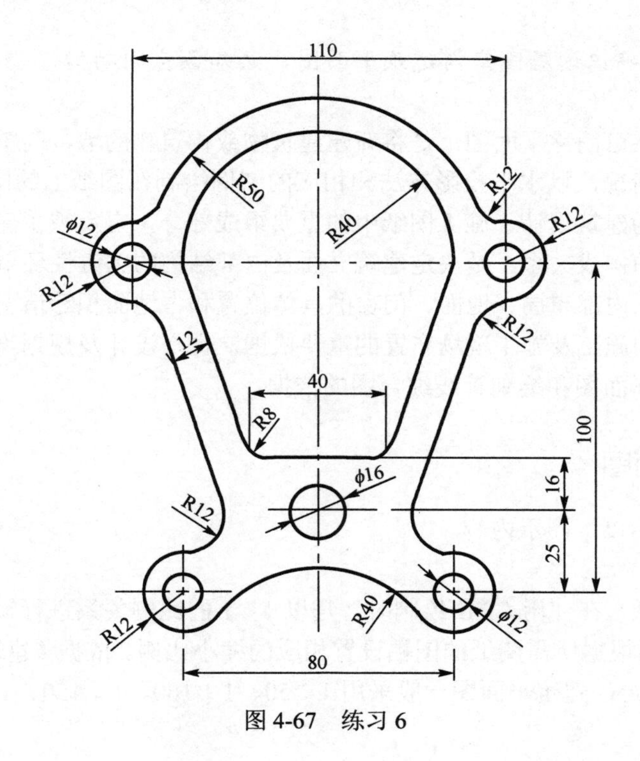

图 4-67　练习 6

项目五

绘制居民室内建筑工程图

任务一　绘制居民室内建筑平面图

任务概述： 绘制居民室内建筑平面图并标注，加入相应的说明性文字和相关的图案填充。

能力目标： 能够综合使用 CAD 的绘图命令和修改命令进行图形的绘制。

知识目标： 了解建筑平面图知识，明白此任务是建筑设计、施工图纸中的重要组成部分。

素质目标： 正确识读居民室内建筑平面图，熟知各空间功能、平面布局及平面构成关系。

建筑平面图，又可简称平面图，是将新建建筑物或构筑物的墙、门窗、楼梯、地面及内部功能布局等建筑情况，以水平投影方法和相应的图例绘制在图纸上的图。

建筑平面图作为建筑设计、施工图纸中的重要组成部分，它反映了建筑物的功能需要、平面布局及其平面的构成关系，是决定建筑立面及内部结构的关键性环节。其主要反映建筑的平面形状、大小、内部布局、地面、门窗的具体位置和占地面积等情况。所以说，建筑平面图是新建建筑物的施工及施工现场布置的重要依据，也是设计及规划给排水、强弱电、暖通设备等专业工程平面图和绘制管线综合图的依据。

一、建筑平面图

建筑平面图包括以下图示内容。

1．图形比例

标准的建筑图纸，在使用 CAD 绘制时，是以 1∶1 的比例关系进行输入绘制的，在成图并进行输出时，则要根据所需图纸的图幅设置相应的缩小比例。依据《建筑制图标准》（GB/T 50104—2001）规定，建筑平面图一般采用 1∶50、1∶100、1∶150、1∶200 或 1∶300 的比例进行显示成图。

2．建筑轴线

建筑轴线是施工定位、放线的重要依据，所以也可称之为定位轴线，通常承重墙、柱子等主要承重构件都应用轴线来定位绘制，以确定其具体的位置。

“国标”规定，建筑轴线应采用细点划线的方式来表示，轴线的顶端绘制直径为 8cm 的细实线圆圈，在圆圈内标注轴线的编号。

平面图中的建筑轴线的编号一般标注在图形的左侧和下方，当平面图形为不对称时，上方和右侧也应标注出轴线，并按顺序进行编号。

3．图线

建筑平面图中的图线应粗细有别，层次分明。通常被剖切的墙、柱等截面的轮廓线应用粗实线（0.5*b*）来绘制，门的开启示意明线用中实线（0.35*b*）来绘制，其余可见轮廓线及尺寸线用细实线绘制，建筑轴线用细点划线绘制。其中的“b”的大小，用户可参阅《房屋建筑制统一标准》中的规定选用适当的线宽组。

当然所绘制的建筑平面图中，也可只设定线型，不设定线宽，等定好出图比例时，在来根据需要设置相应的线宽，这样可以用来满足不同比例的出图需要。

4．图例

一般建筑平面图都会采用较小的比例进行绘制，所以图中常见的建筑构件如墙、门窗和楼梯等都是以图例来表示。对于这些常见的建筑构件，在国家标准的《建筑制图标准》中都有规定的固定图例，如在平面图中绘制了“国标”上未列出的图例，应把这些图例在图纸相关的空白区域内罗列出来，并进行文字性的说明，方便施工人员的查看。

5．尺寸标注和文字注释说明

建筑平面图中的尺寸标注除了要标注建筑的长、宽等大小尺寸外，还要在施工图的平面图中，标注出包括剖切面及投影方向可见的各建筑构件所必要的尺寸，以及标注出各层的标高等。另外，建筑平面图应用文字标出房间的名称或编号，以及各不同类型的门窗编号。如果还想在平面图中表示室内相关的立面所在的位置，应在平面图上用内视符号注明视点位置、方向及立面编号等。

6．建筑朝向

建筑平面图中一般用指北针来表示建筑物朝向。指北针也应按“国标”规定来绘制，或采用图块的方式插入“指北针”，现在市场上有很多现成的常用图块集，供用户使用。

用户使用 CAD 软件绘制出系列的建筑图纸，对于初学者来说完全的设计绘制是有些难度的，但可以从临摹已设计好的图形开始，也可以从修改方案入手，这样难度则会降低很多。在进行建筑平面图的绘制时，首先，从创建辅助轴网开始，根据轴网，按照建筑结构形式来布置所需的柱网，随后方可去绘制墙体，也就是只有在基本确定好建筑轴网和轴线之后，才可以很明确地确定出墙体的位置来。其次，可在双线的墙体上绘制出窗和门，在适当的空间位置上绘制出建筑的其他构件如楼梯、阳台等。最后，在客厅、卧室、卫生间等空间绘制上相关的室内设施，对于部分常见的设施可利用已有图库中的图块，调入后进行必要的室内布置。在图形绘制完成后，还应标出相应的尺寸标注，如轴线尺寸、重要构件的尺寸、室内标高等，若为首层平面图，还应标出能体现室内外的高差的标高等。

二、工程类实例：绘制建筑室内平面图

建筑室内平面图，通常是从第一层平面或称临街层平面开始绘制的，在一层平面基础上修改并绘制出标准层平面及其顶层平面。本案例为对称式住宅楼中的一户，可先绘制完本图

形，再使用镜像命令复制出另侧图形完成平面图的绘制。在实际工作中，有时因为图幅关系及设计意图的表达，可只绘制一侧平面图，但要标识出对称轴的位置。

现以住宅的一层平面为例，阐述其平面图的绘制方法与步骤。

（1）首先分析平面图，如图 5-1 所示。

该空间为两室两厅一厨一卫的套型，其中有一个房间与客厅为开放式设计。

（2）使用“直线”命令（L↙），绘制出建筑平面图中的上开、下开、左开、右开间的辅助中轴线。如图 5-2 所示。

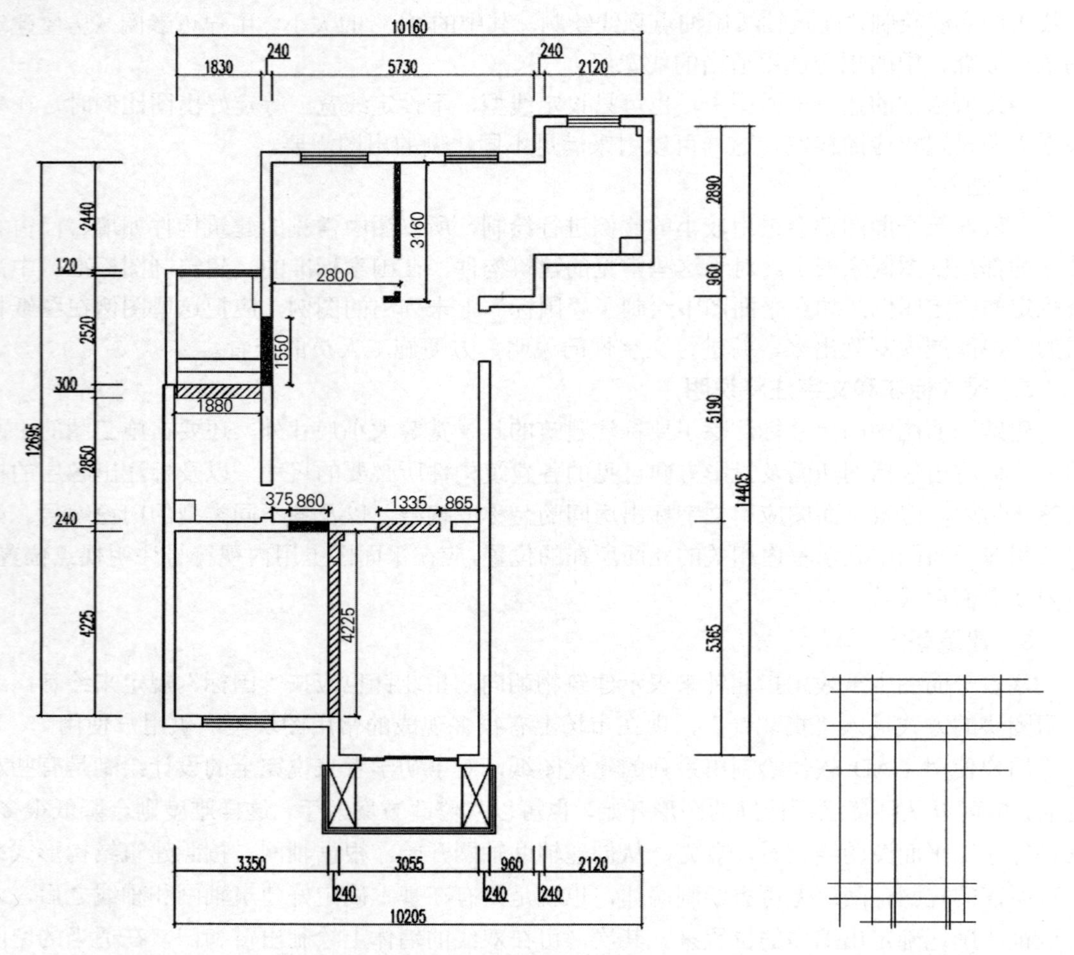

图 5-1　某住宅建筑平面图

图 5-2　绘制平面图的辅助线

（3）依据辅助线，使用“多线”命令（ML↙）绘制画出墙体的外轮廓线。

① 墙体的多线设置。命令行中输入 ML↙，将“对正”设置为“无”，“比例”设置为“1”。在菜单栏中选择“格式”→“多线样式”，打开“多线样式”对话框。单击“新建”按钮，在“新样式名”文本框中输入“Q”（墙这个名称为自定，只要便于记忆即可），单击“继续”按钮，打开“新建多线样式：Q”对话框，在此对话框中将墙体双线颜色设置为白色，上偏移值设定为 120，下偏移值设定为–120，其他设置为默认值。单击“确定”按钮，回到“多线样式”对话框，再单击“确定”按钮结束设置。如图 5-3 所示。

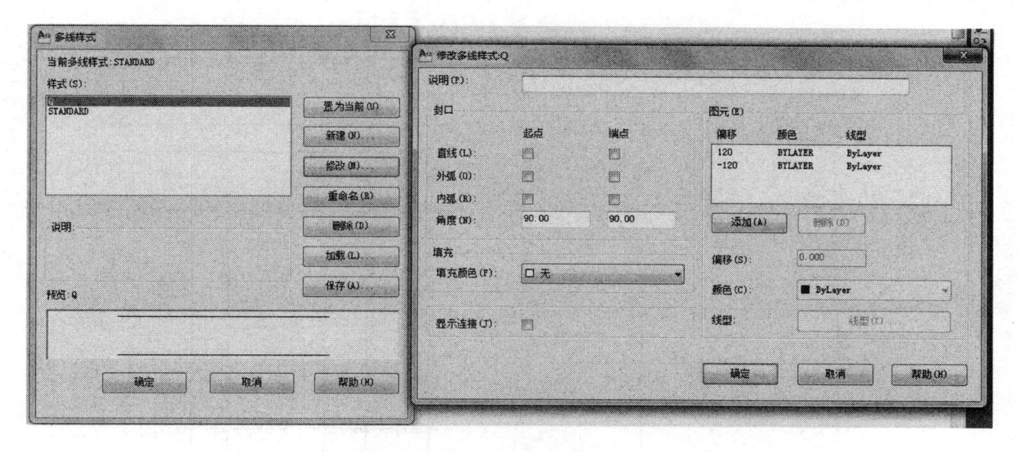

图 5-3　墙体多线的设置

② 窗户的多线设置。命令行中输入 ML↙，将“对正”设置为“无”，“比例”设置为“1”。在菜单栏中选择“格式”→“多线样式”，打开“多线样式”对话框。单击“新建”按钮，在“新样式名”文本框中输入“C”（窗这个名称为自定，只要便于记忆即可），单击“继续”按钮，打开“新建多线样式：C”对话框，在此对话框中注意将窗户再添加两条多线，将四根多线的颜色都设置为青色，第一根偏移值设定为 120，第二根偏移值为 40，第三根偏移值为–40，最下的一根偏移值设定为–120，其他设置均为默认值。单击“确定”按钮，回到“多线样式”对话框，再单击“确定”按钮结束设置。如图 5-4 所示。

图 5-4　窗户多线的设置

③ 墙体的绘制，如图 5-5 所示。

④ 重复以上的命令绘制出整个墙体外轮廓线。如图 5-6 所示。

⑤ 绘制出窗户及门洞。

⑥ 编辑多线，完成墙体和窗户的绘制和修改。

（4）图案填充。

对相关的墙体内部进行图案的填充。

（5）标注。

使用“线性”标注和“连续”标注等进行建筑平面图的尺寸标注。

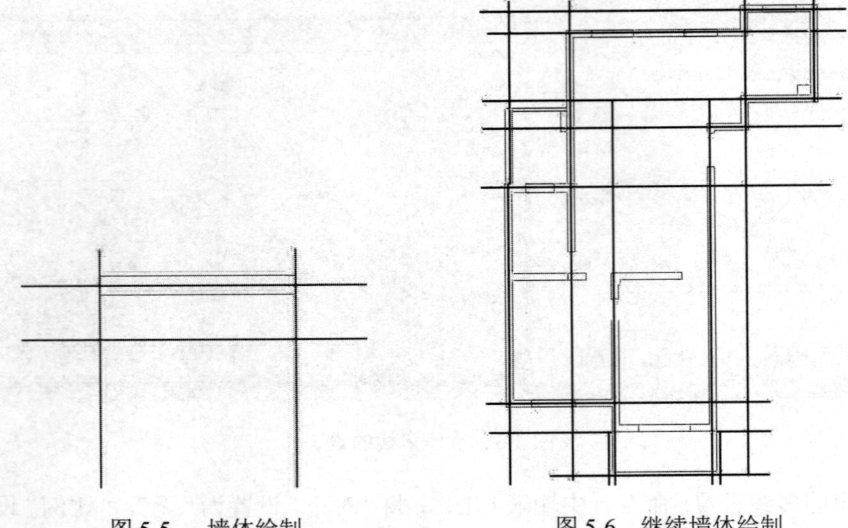

图 5-5　墙体绘制　　图 5-6　继续墙体绘制

（6）对室内进行布置安排，完成图形的绘制。如图 5-7 所示。

使用插入图块的方式，对平面图中插入常见的设置，如床、餐桌、卫生间设施、厨房间设施等。没有的图块，用户必须自己进行绘制，补充完整。

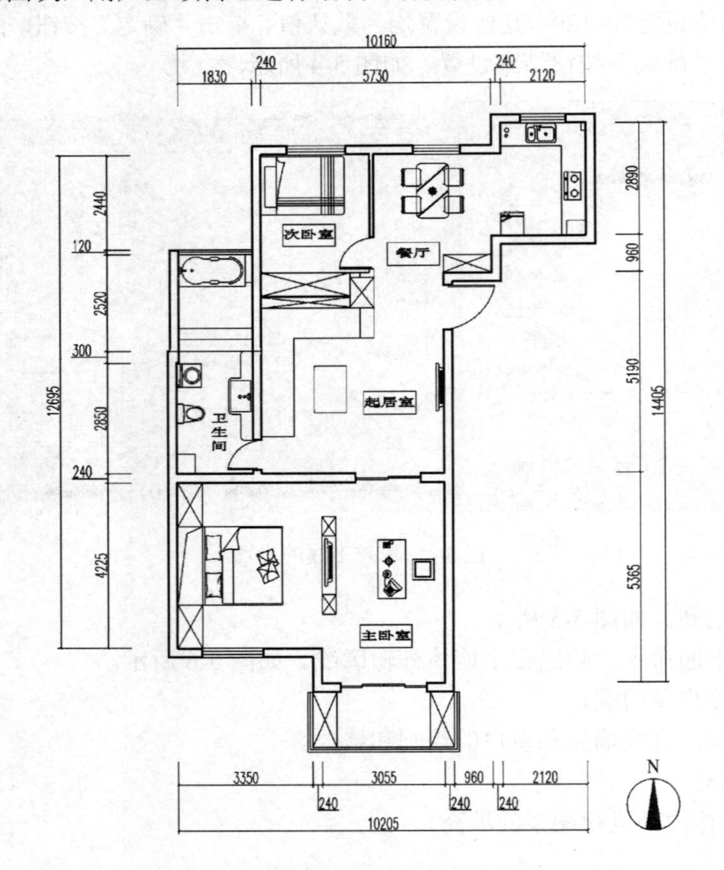

图 5-7　室内布置安排

三、绘图注意事项

在绘制住宅楼平面图时应从两个方面加以注意。

1．住宅平面图的设计

（1）住宅要按照套型来进行设计。每户人家的居住须有卧室、起居室（客厅）、厨房、和卫生间等基本空间构成。

（2）卧室与卧室之间最好不相互穿越，卧室宜有良好的采光和自然的通风条件，在布置卧室家具的时候要考虑到门和窗的位置。卧室的平面造型和尺寸大小最好能有利于床位的摆放，双人卧室不小于 10 m^2，单人卧室不小于 6 m^2，兼起居的卧室不小于 12 m^2。

（3）起居室（客厅）实际使用面积最好不要小于 12 m^2，应有良好的采光和通风条件，客厅室内用来布置家具的那面墙的长度应大于 3m，这样看起来宽敞一些。如果对于没有直接采光的客厅来说，其实际使用面积不宜大于 10 m^2。

（4）厨房的使用面积，对于一室一厅或一室两厅的住宅应不小于 4 m^2，而对于两室两厅或三室两厅及以上的住宅应不小于 5 m^2。厨房最好也要有良好采光和通风条件，对于必备的厨房设施如多功能池、案台、炉灶及排油烟机等要有合理的预留位置。

（5）卫生间，三室两厅及以上的住宅宜设两个或两个以上的卫生间。每套住宅至少应配置三件卫生洁具。卫生间的门不宜直接开向起居室（厅）或厨房。在卫生间内要预留洗衣机的位置。

（6）每套住宅应设阳台或平台。阳台栏杆净高≥1.05m，中高层及高层住宅阳台栏杆净高≥1.1m 等。

（注：如需了解更为详细的内容，请查阅《住宅建筑设计原理、规范、评价标准》）

2．住宅平面图的绘制

（1）要确保图纸元素的完整性。

（2）要准确地表达出所要设计的内容。

（3）要注意工程图纸画面的美观与有序性。

图纸中具体要表现出以下的这些内容：平面轴网的确定及其尺寸、轴号标注；文字说明对建筑平面功能设计的表达，作为住宅建筑的平面图，除文字说明之外，重要及必备设施也应按比例绘制或插入于图中；不同图层的使用与管理等。

四、任务训练

练习一：绘制如图 5-8 所示的住宅楼平面图。

（1）建筑平面轴网及柱网的绘制。

① 绘制平面轴网（绘制结果如图 5-9 所示）。

建筑轴网，作为平面图的基本框架，是由横竖轴线构成的网格，是建筑中墙柱中心线或根据需要偏离中心线的定位线组成的。构造柱、墙体、门窗等主要建筑构件都是由轴网来确定其方位的。

② 平面轴网尺寸标注（绘制结果如图 5-10 所示）。

（2）建筑平面墙线的绘制（绘制结果如图 5-11 所示）。

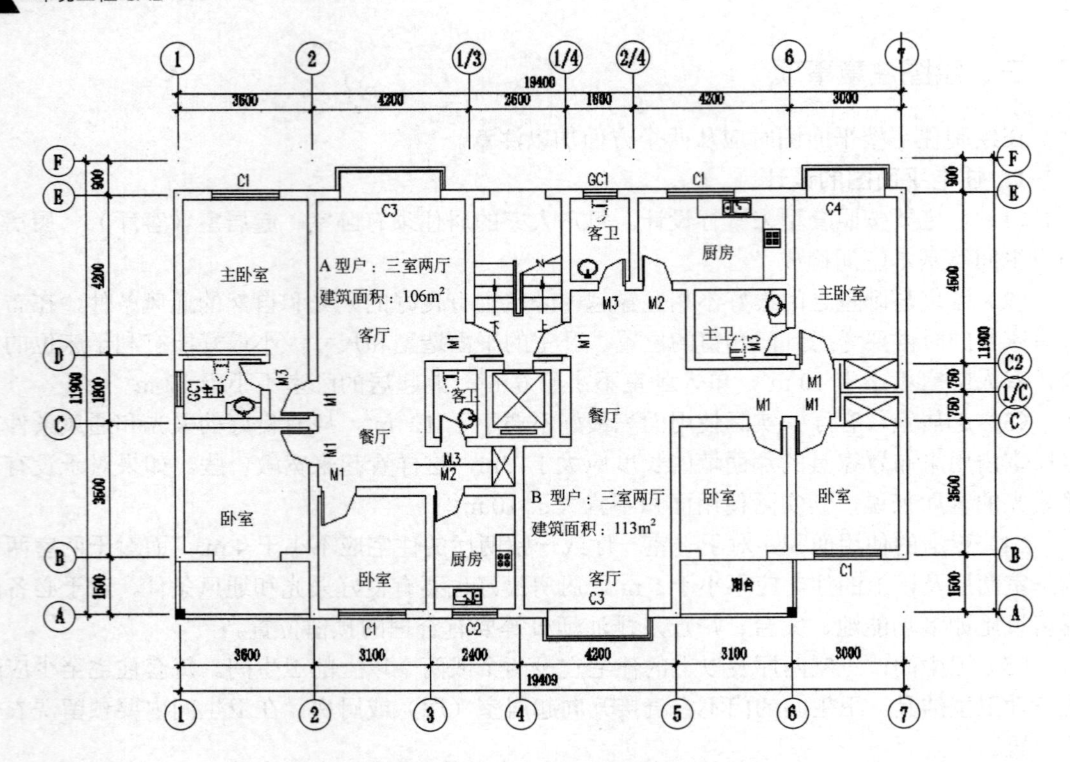

图 5-8　某住宅楼某单元的一层平面图

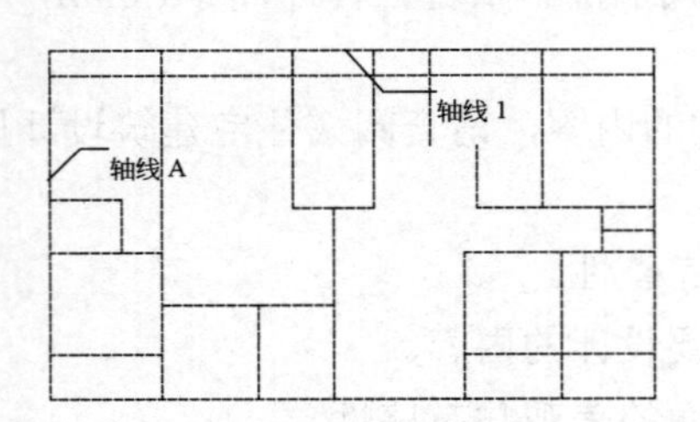

图 5-9　轴网修剪完成

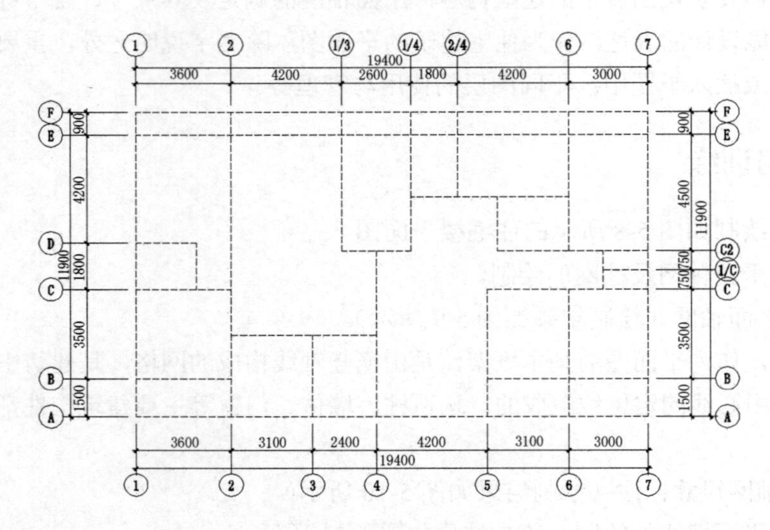

图 5-10　轴网的标注完成

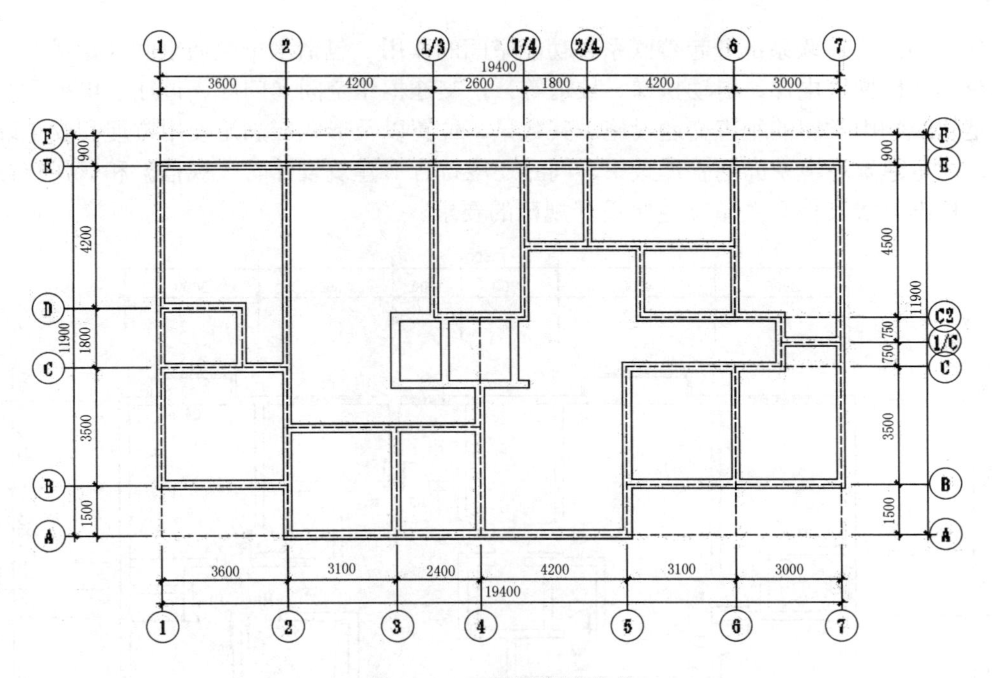

图 5-11　平面墙线的完成

（3）建筑平面门窗的绘制

① 平面开门窗洞（绘制结果如图 5-12 所示）。

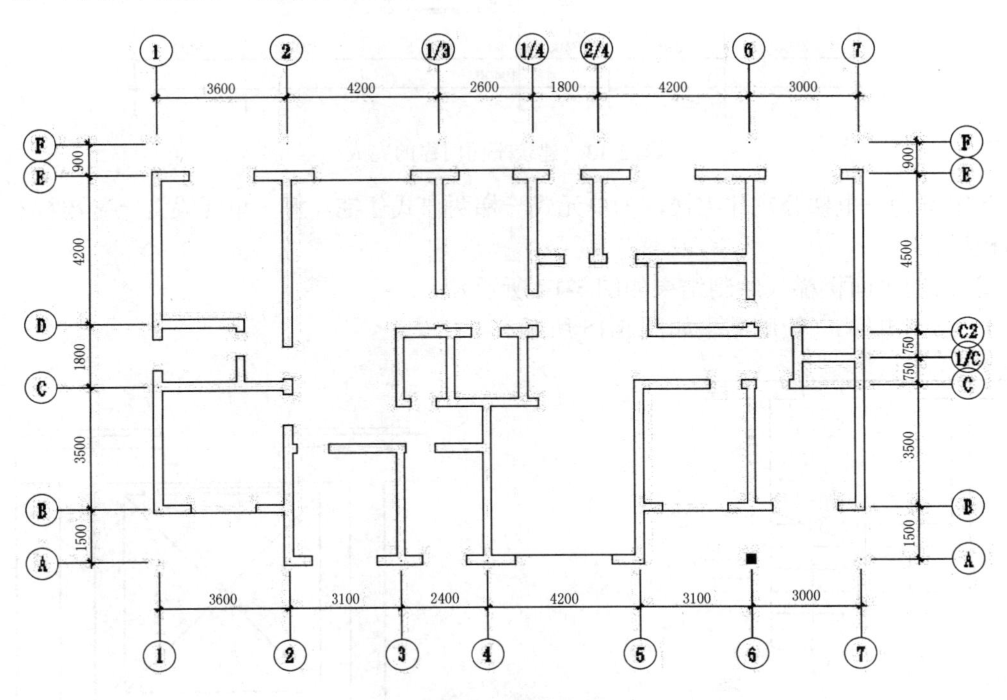

图 5-12　平面开门窗洞

② 绘制建筑平面门窗（绘制结果如图 5-13 所示）。

（4）绘制平面图的楼梯和电梯结构

建筑中的交通联系部分起着联系各功能空间的作用，包括水平交通空间（走道）、垂直交通空间（楼梯、电梯、自动扶梯、坡道等），交通枢纽空间（门厅、过厅、电梯厅）等。楼梯是建筑物中常用的垂直交通设施。其数量、位置以及形式应满足使用方便和安全疏散的要求，注重建筑环境空间的整体效果，同时还应符合《建筑设计防火规范》和《建筑楼梯模数协调标准》等其他有关单项建筑设计规范的要求。

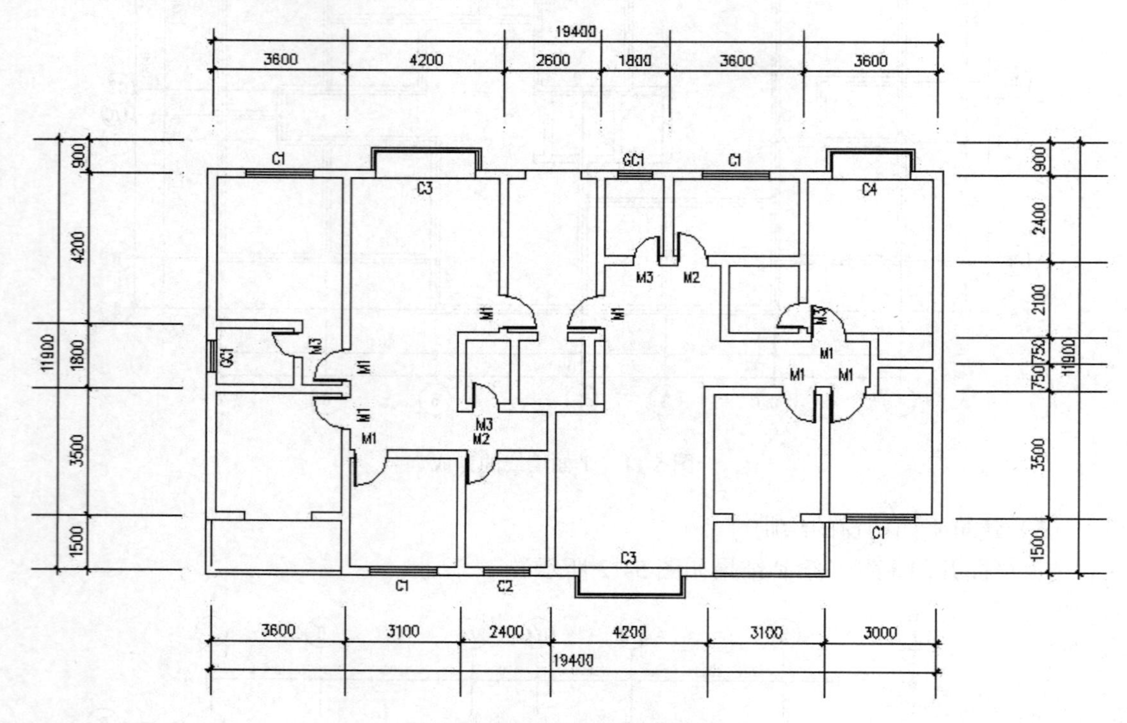

图 5-13　建筑平面门窗的完成

此案例为一电梯公寓住宅楼，为单元式一梯两户式住宅，每一单元设置一部电梯和一组双跑楼梯。

① 绘制平面楼梯（绘制结果如图 5-14 所示）。

② 绘制电梯。（绘制结果如图 5-15 所示）。

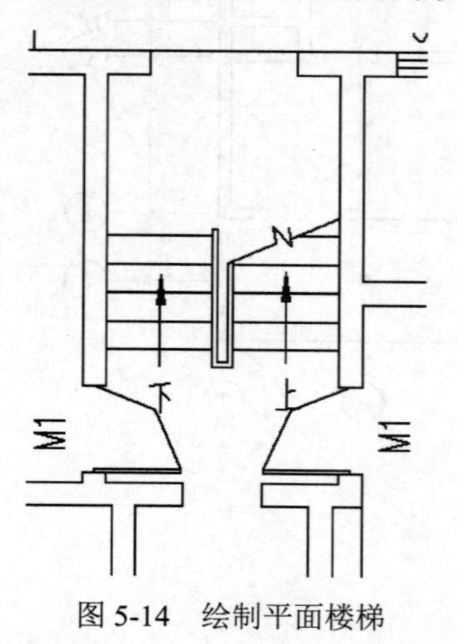

图 5-14　绘制平面楼梯

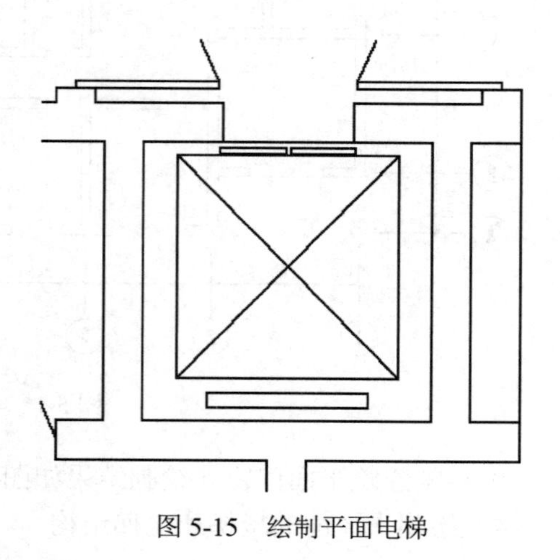

图 5-15　绘制平面电梯

（5）绘制室内设施

建筑平面图的室内设施的绘制，在不同的阶段具有不同的精度要求，对初学者的用户来说，作为方案初期阶段，为了体现设计意图和功能组成，平面图中一般要将基本的设施进行布置，如厨房、卫生间等，在投标方案、广告方案中有时也对室内进行家具布置。通常可以采用家具模块的调用，来完成室内主要的设施布置（如图 5-16 所示）。

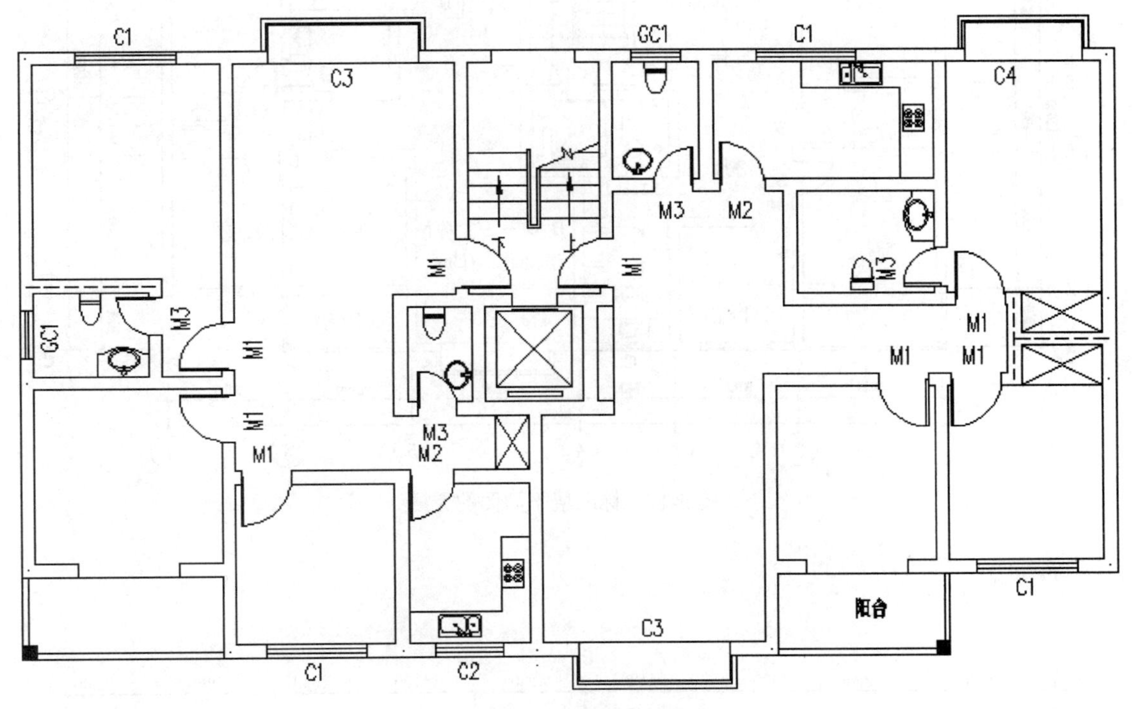

图 5-16　绘制室内设施

（6）文字说明

在平面图形基本绘制完毕后，使用“DT”单行文字命令或“MT”多行文字命令，将房间名、户型样式、建筑面积等有关参数指标注于平面图中，结果如图 5-8 所示。

（7）绘制标准层平面图

在绘制完成一层平面图之后，并以此为基础进行编辑和修改，而形成其他楼层的平面图，如标准层平面图，绘制结果如图 5-17 所示。

（8）绘制顶层平面图

屋顶层平面图体现的是建筑屋顶平面的情况，屋顶平面图其绘制方法基本同一层平面图及标准层平面图的绘制方法相近，在此不再赘述，绘制结果如图 5-18 所示。

练习二：绘制某住宅楼平面图。

（1）建筑平面图中的轴网及柱网的绘制

① 绘制建筑平面轴网。

② 平面轴网尺寸的标注。

③ 绘制轴号的编号。

（2）建筑平面图中柱体的绘制（绘制结果如图 5-19 所示）。

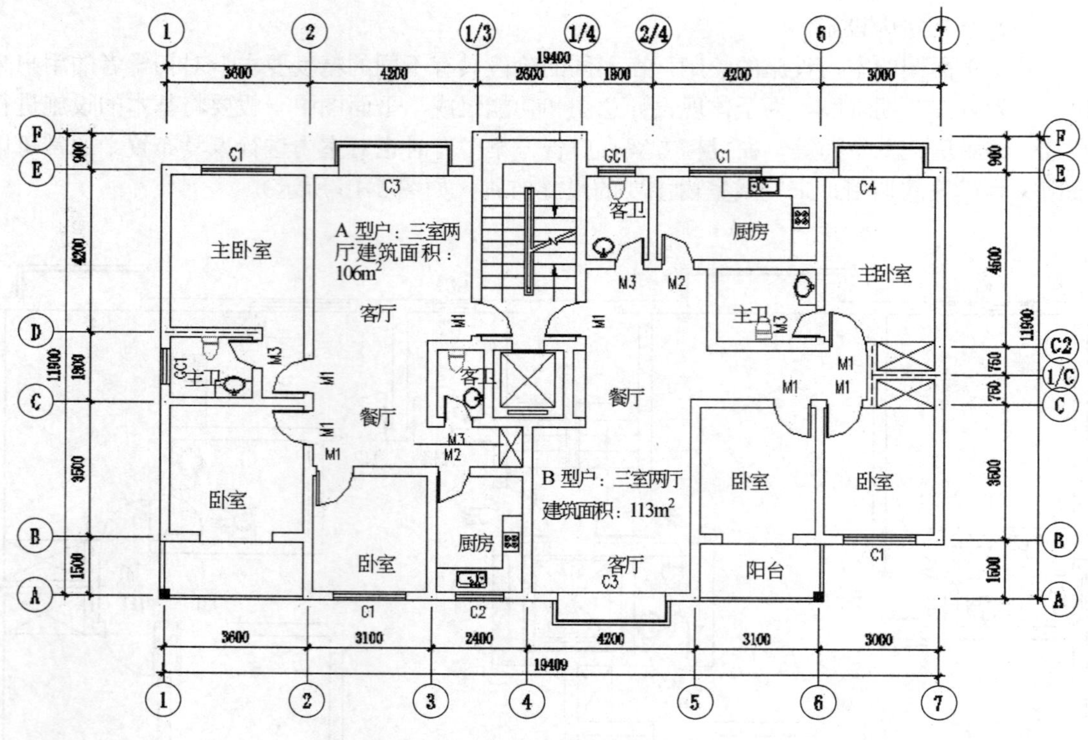

图 5-17 标准层平面图的完成

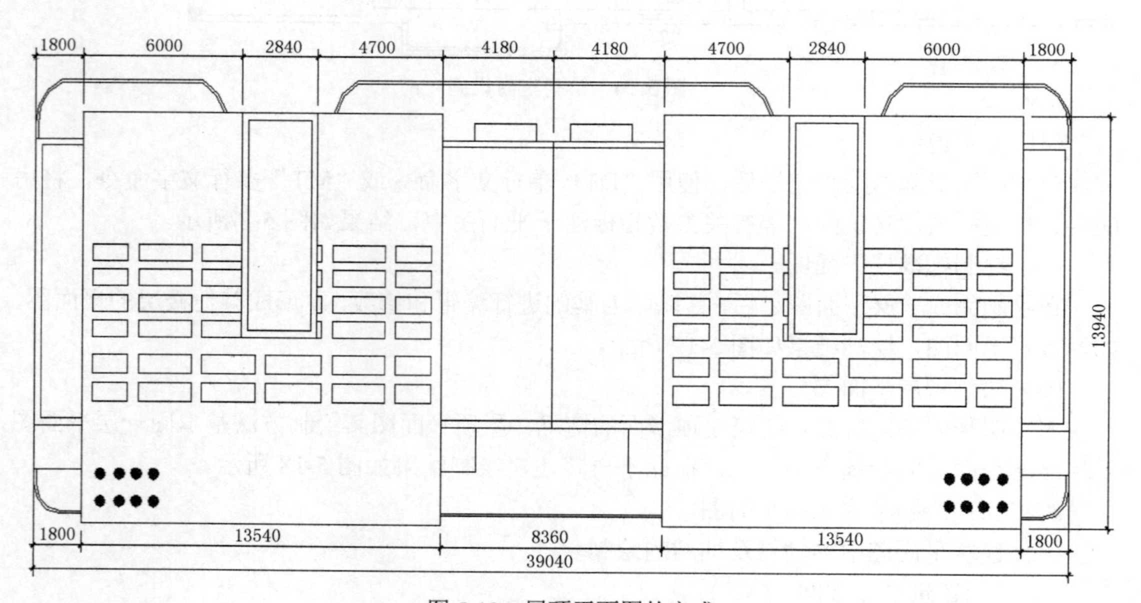

图 5-18 屋顶平面图的完成

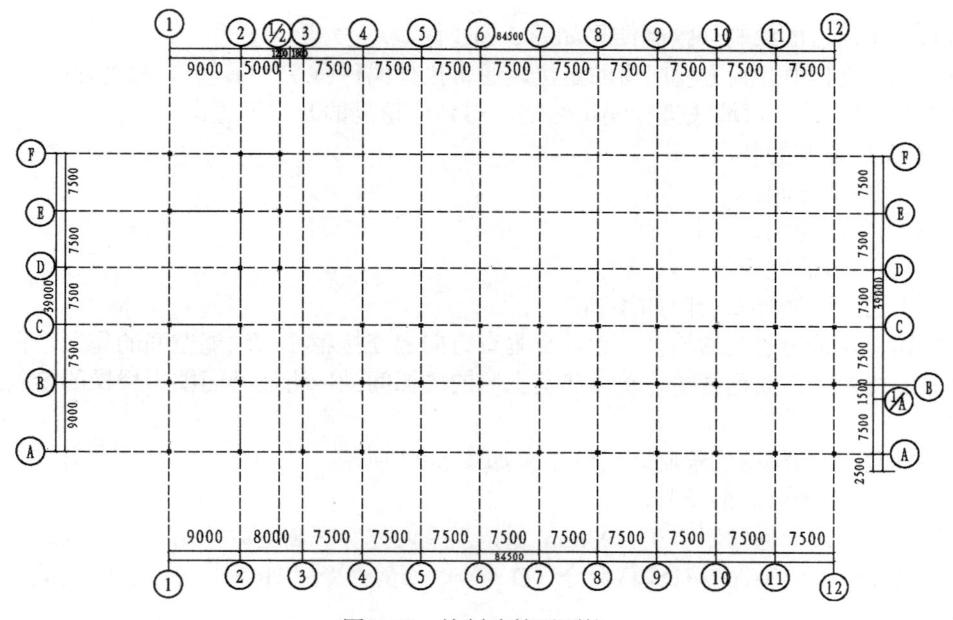

图 5-19　绘制建筑平面柱

（3）建筑平面墙线的绘制

墙体是建筑物的承重构件和围护构件。作为承重构件，它承受着建筑物由屋顶或楼板层传来的荷载，再将这些荷载传输给基础；而作为围护构件，外墙主要是用来抵御自然界各种不利因素对室内的侵袭，具有一定的保护作用；内墙起到合理分隔空间，从而形成功能性区域，又具有隔声、保护私密以确保室内环境的舒适性。框架结构的墙通常属于围护构件，其材料多为轻质材料，墙体厚度多为 240。使用多线命令（ML↙）绘制墙体。结果如图 5-20 所示。

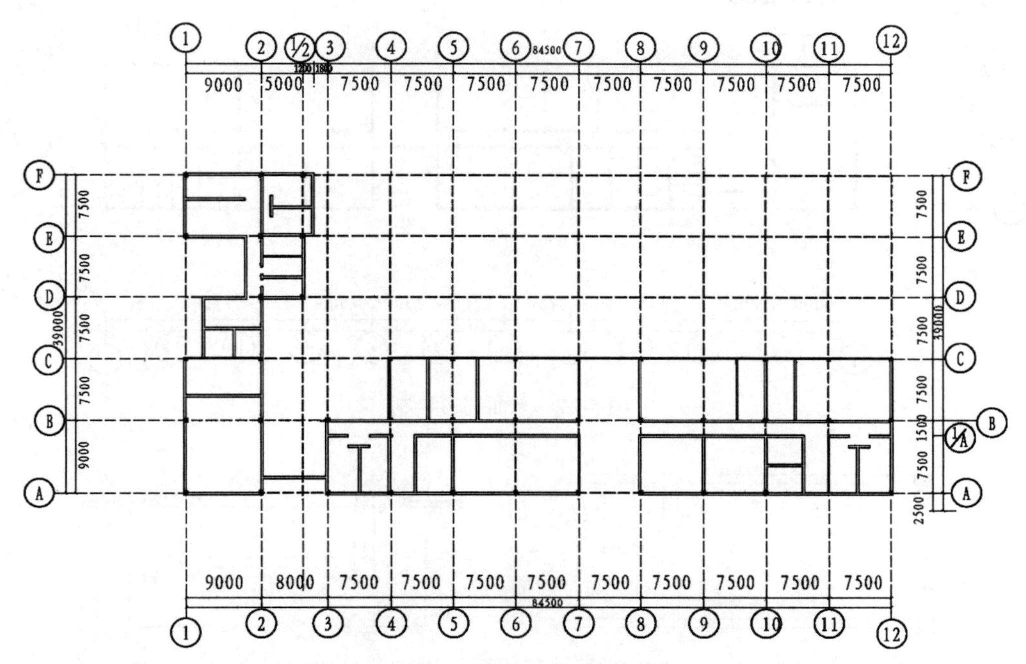

图 5-20　建筑平面墙线的绘制

（4）平面门窗的绘制（绘制结果如图 5-21 所示）。

在 CAD 绘制中，为方便门窗的定位，通常执行偏移命令（O↙）、修剪命令（TR↙）及复制命令（CO↙）对墙线进行编辑绘制，得到门窗洞的开启位置。

① 平面门窗洞的开启。

② 平面门的绘制。

③ 平面窗的绘制。

④ 平面门窗的完成。

（5）平面图中楼梯及台阶的绘制

楼梯属于建筑中的交通构件，起着在垂直方向上连接各楼层功能空间的作用。在本案例中的楼梯形式为平行双跑楼梯。现以建筑上侧的楼梯间为例讲述平面图中楼梯的绘制方法与步骤。

① 平面图中的楼梯的绘制。绘制结果如图 5-22 所示。

② 平面图中的台阶的绘制。

室外台阶的尺寸通常不小于 300mm 宽，当室内外存在高差时，用于建筑入口处与室外的连接。其使用的绘制命令有偏移命令（O↙）、修剪命令（TR↙）等，台阶的最终绘制效果如图 5-23 所示。

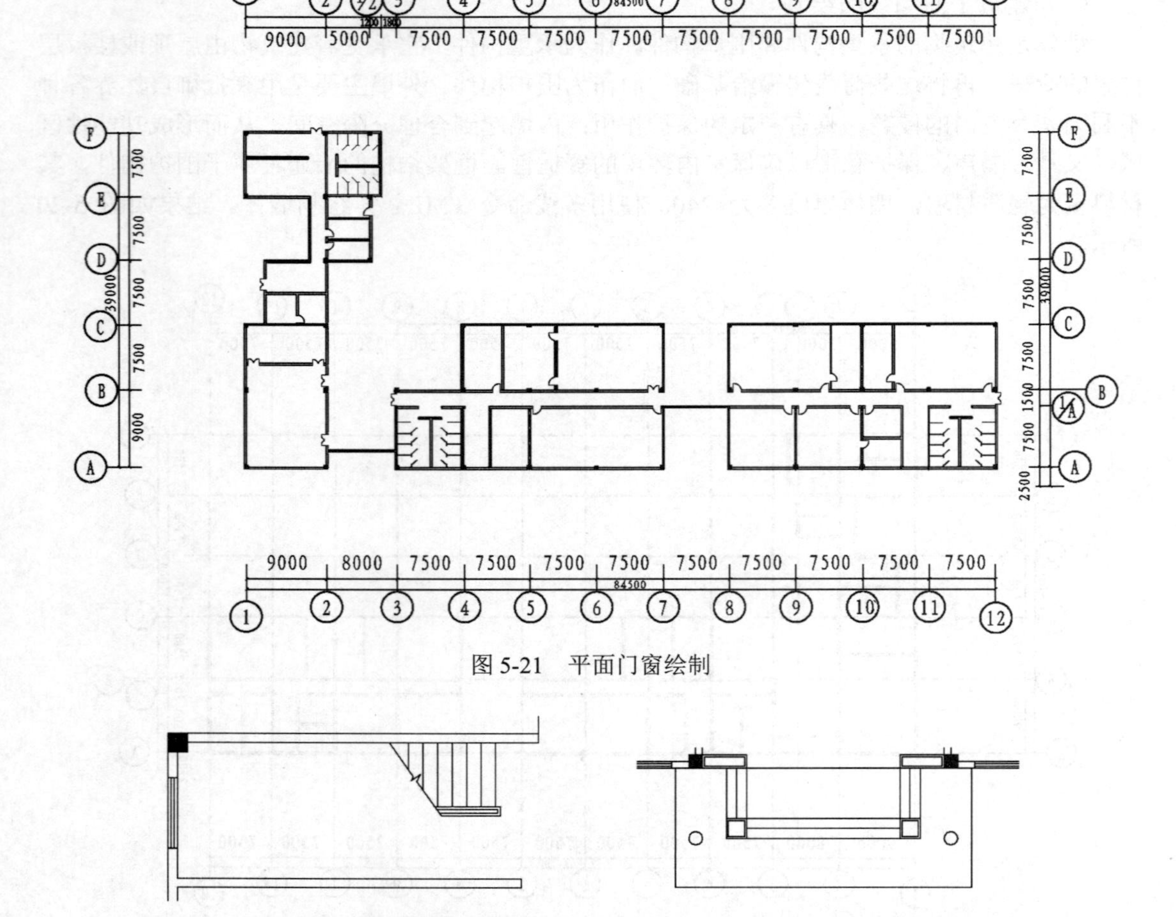

图 5-21　平面门窗绘制

图 5-22　平面图中的楼梯的绘制

图 5-23　平面图中的台阶的绘制

（6）平面图中室内设施的布置

公共卫生间的蹲便器、小便槽、洗手池及拖把池都属于室内的必备设施。在平面图中的墙、门窗基本构件绘制完成后，需将室内的一些基础设施按照标准尺寸插入到平面图中，如蹲便器等图块可从相应的图块集中获得。现以一层的一个厕所局部图为例阐述室内设施的插入。

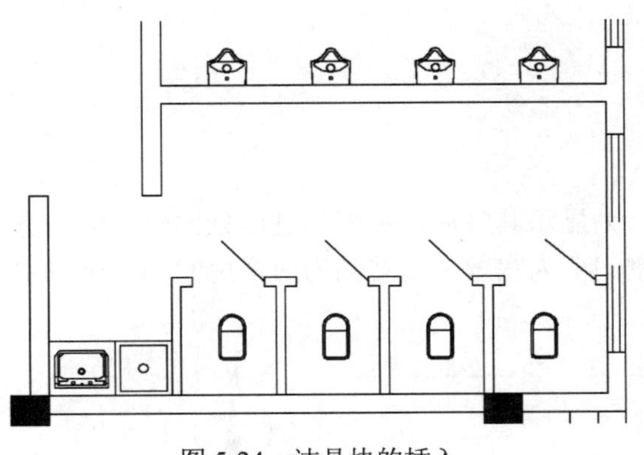

图 5-24　洁具块的插入

在公共卫生间中所需的基本洁具，有蹲便器、洗手池和拖把池，而男卫生间还应多设置小便槽。这些基本洁具属于常用物品，其尺寸都有固定规格，所以可采用常用洁具模块的调用，插入块来完成绘制。需注意的是在确定洁具的定位时，如离墙的距离、需多大的空间等都必须符合人体工程学的相关数据。最后绘制的结果如图 5-24 所示。

（7）平面图的细化

平面图的细化包括：入口雨篷的水平投影线、绿化、花池的细化等。这些操作常使用的命令为插入块命令、偏移命令、阵列命令、复制命令等。其绘制结果如图 5-25 所示。

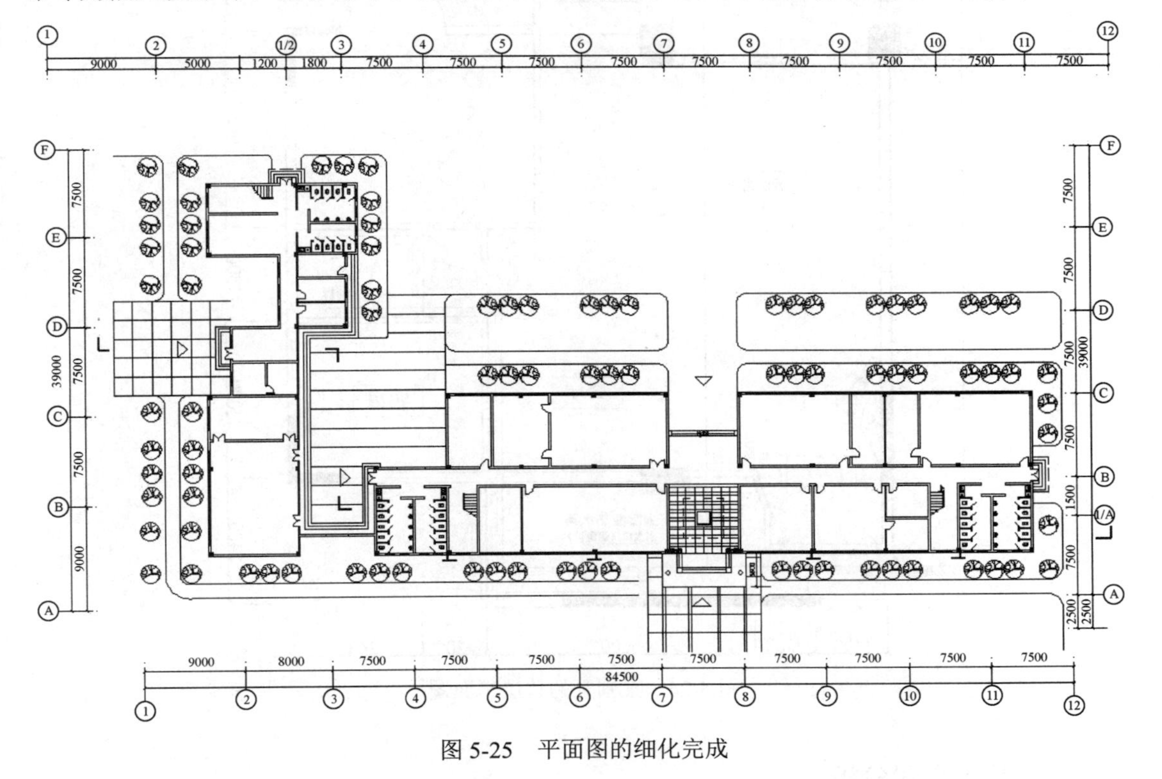

图 5-25　平面图的细化完成

➤ 任务二　绘制居民室内顶面图

任务概述： 绘制居民住宅的室内建筑顶面图并进行标注。

能力目标： 能够综合使用 CAD 的绘图命令和修改命令，独立进行图形的绘制。
知识目标： 对相关的室内顶面布局有所了解，并能识读相关的灯具的模块图标。
素质目标： 对于顶面图中的灯光应用及线路布置设计的要求有一定的理解。
知识导向： 根据 CAD 的单个绘图命令和修改命令，独立地绘制出相关的综合图形，并加以完善。

一、平面图的空间分割与功能区分

图 5-26 为某别墅的首层平面图。

这是一套别墅空间的首层，因空间比较大，为显示其气派，别墅的进门处比较空旷，进门的左侧为起居室（客厅），纵向径深，显得空间更为宽敞。在右侧为两个房间和一个卫生间。别墅的最南侧为厨房间。

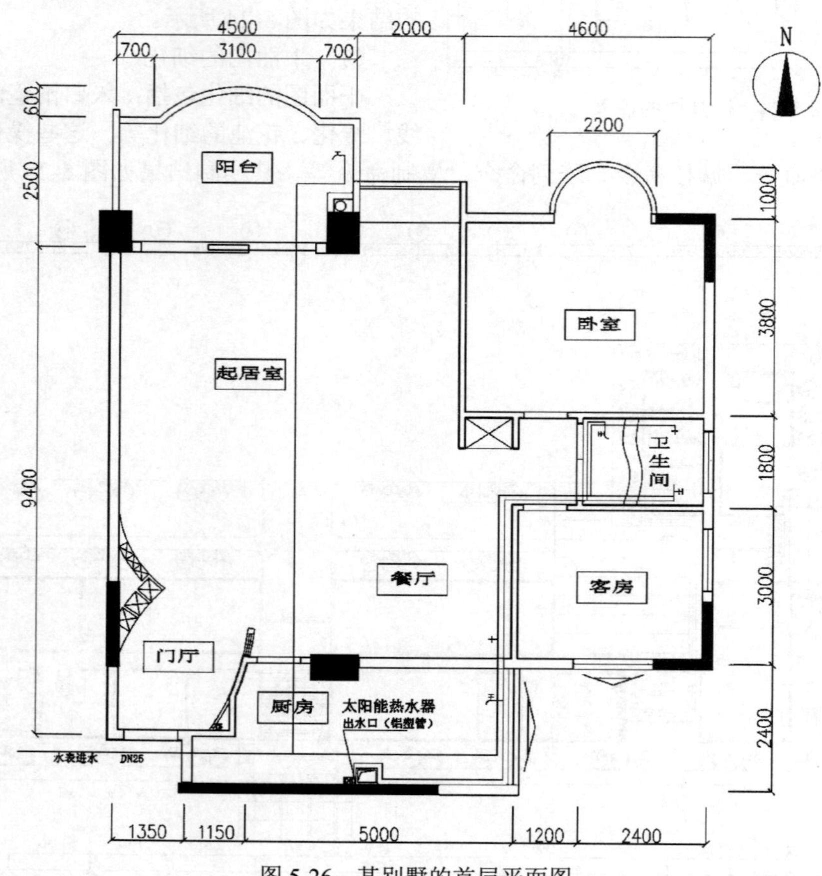

图 5-26 某别墅的首层平面图

二、平面空间分析

在了解了别墅首层的基本空间后，就可以进行首层空间的分割与功能的设计了。最终绘制结果如图 5-27 所示。用户必须先对已经设计好的平面布置图有所了解，才能进行吊顶的规划。

地面材质的特殊铺设可以另附图进行说明，这样可以更清楚的对平面图进行识读了。如

图 5-28 所示。

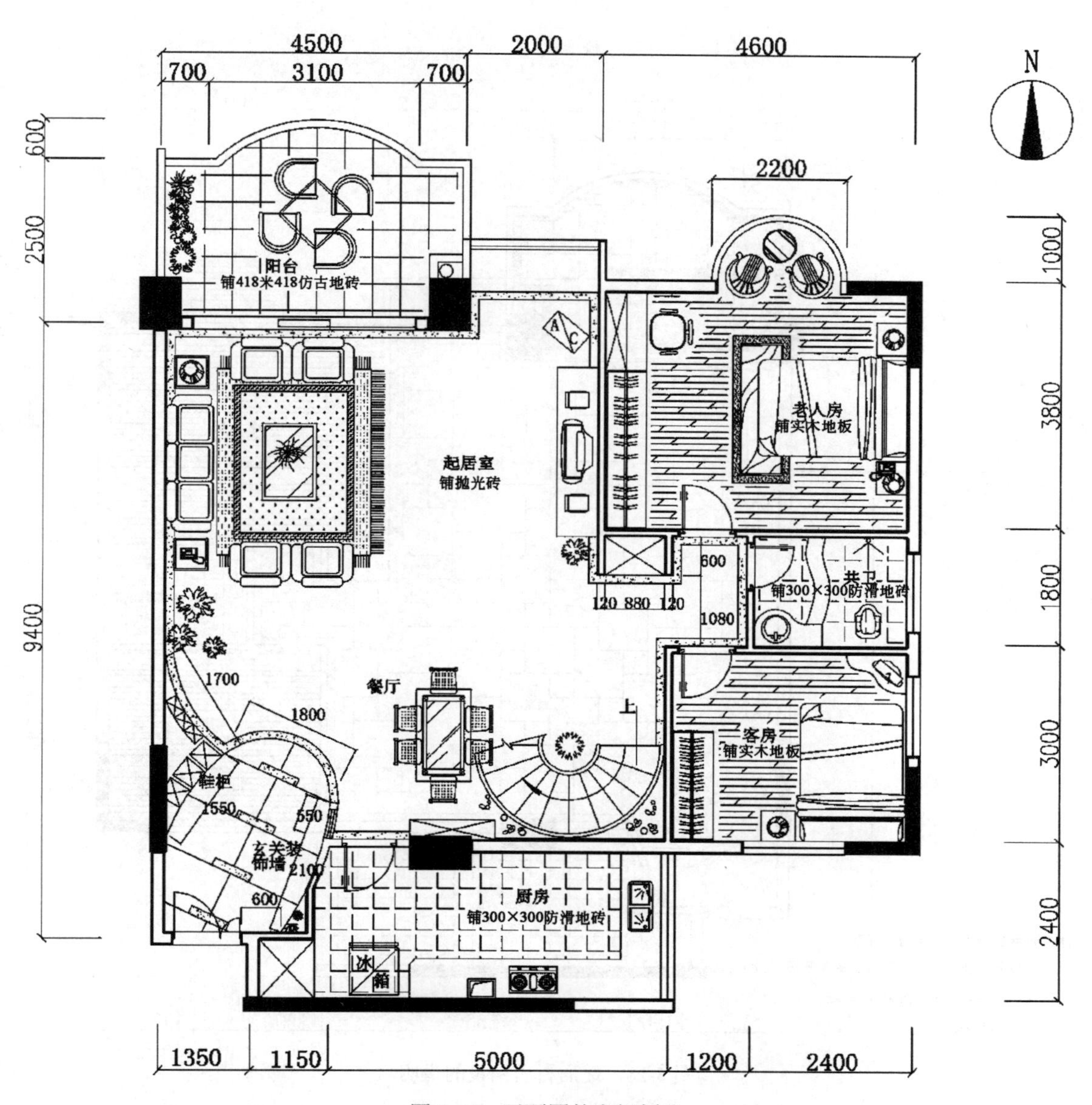

图 5-27　平面图的空间划分

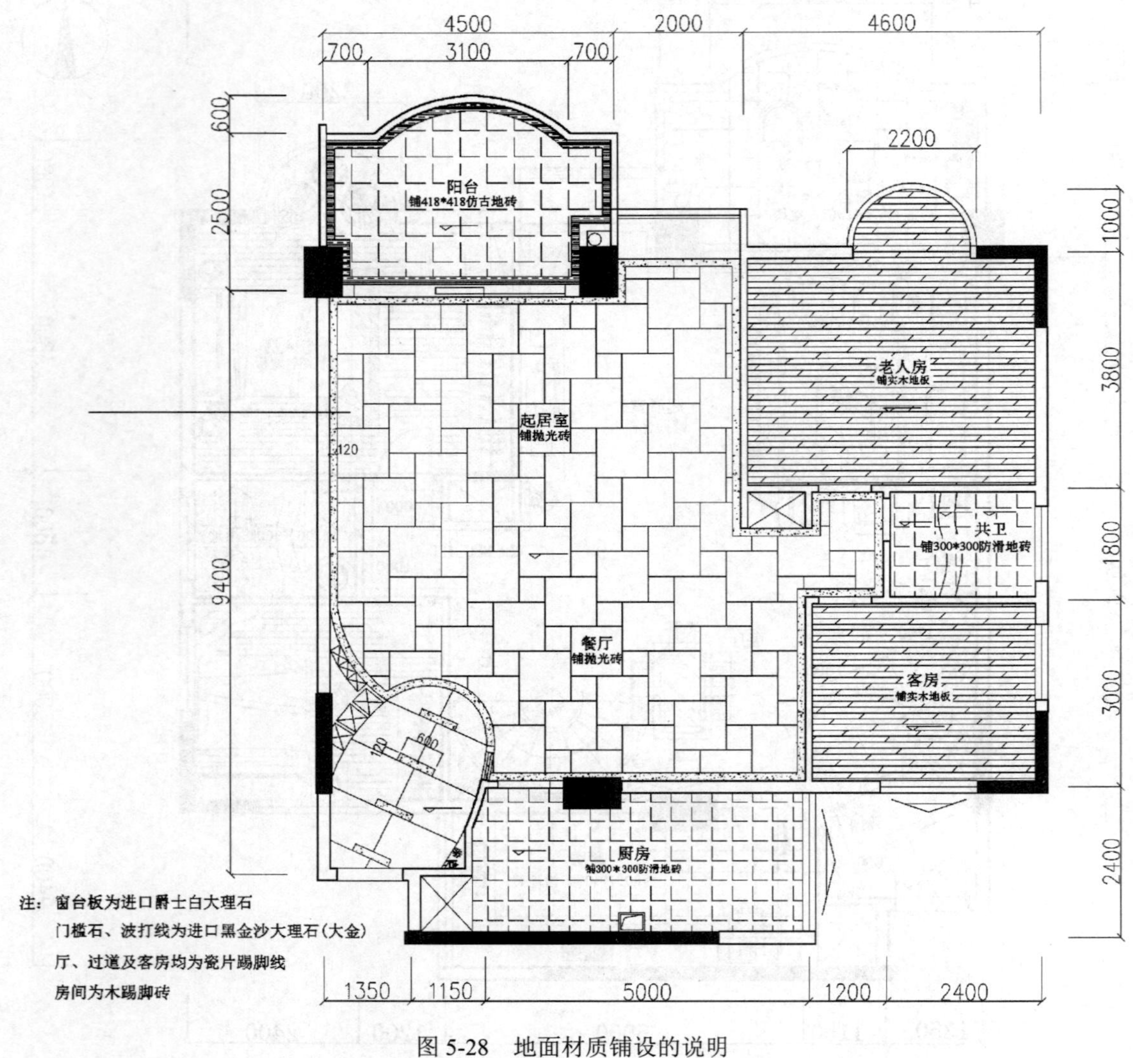

图 5-28　地面材质铺设的说明

对比较重要的地面材质的铺设，可具体地出具地面截点详图来方便识读。如图 5-29 所示。

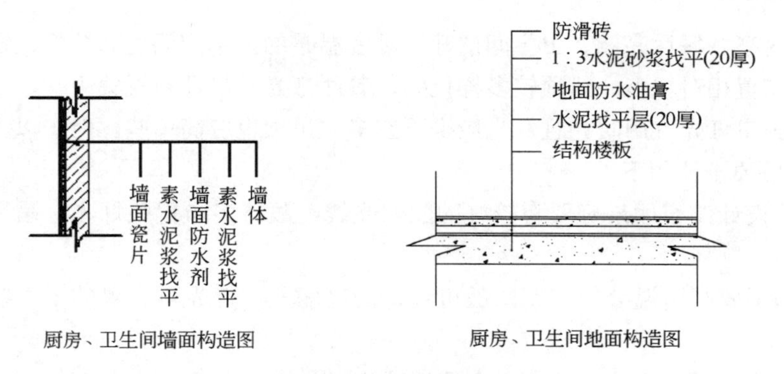

图 5-29　地面的截点详图

三、绘制顶面图

对应别墅首层的平面图，绘制出与之相呼应的顶面布局图。最终绘制结果如图 5-30 所示。

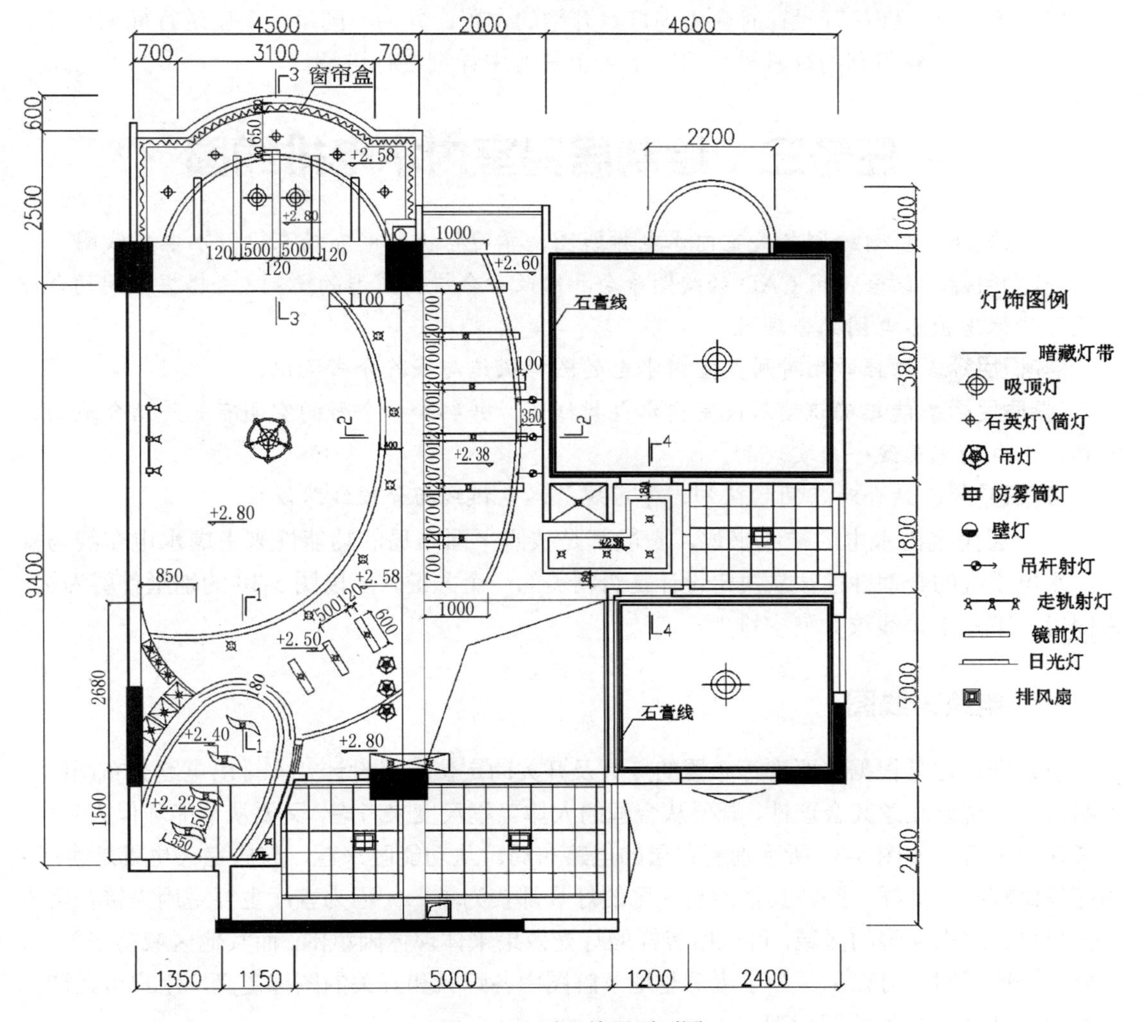

图 5-30　别墅首层顶面图

遵循其客厅明亮、餐厅亮丽、卫生间洁净、卧室温暖的基本空间色彩分析，那么，这将体现在客厅灯光布置相对较多，吊顶较多样化些，餐厅灯光及吊顶布置集中些，卫生间则以冷光源为主，而卧室灯光宜用暖光且灯光应少不宜多，吊顶也应简单些。对于以上分析，将平面布置图进行吊顶设计如下。

① 客厅吊顶设计：客厅最好要有较好的照明光线，故可多布置些灯光，吊顶也可以适当的复杂一些。

② 餐厅里为了要制造温馨的气氛，故可设计的亮丽些，灯光可布置的集中些，吊顶根据灯光来定位。

③ 卫生间要给人以洁净感，故灯光布置以冷光源为主，吊顶要平整简单，这样才能使光源均匀分布，显得整洁些。

④ 卧室的灯光相对布置较少、宜用暖光源，吊顶一般采用四周饰以装饰线条。

⑤ 细节上，强调下进门过道与储物柜上方得灯光要充分，便于交通方便及住家储物方便。

需注意的是，在吊顶设计时应考虑灯具开槽的位置，并为不同吊顶高度进行标高标注。对于顶面图中所要用到的灯具符号将在下一个任务中详细进行讲解。

任务三　绘制居民室内水电排线图

任务概述： 探讨绘制居民室内水电排线图，学习根据空间布局来设计水电排线图。

能力目标： 综合使用 CAD 的绘图命令和修改命令进行图形的绘制，并根据空间的合理布置，能体现出水电图的合理性。

知识目标： 增强学生对居民室内水电的图标认识与线路分布认识。

素质目标： 能正确识读居民室内水电排线图。并熟知一个好的空间布局是结合地面、家具、水电的完美统一来实现的。

知识导向： 结合对空间的认知，学习规范水电排线与合理线路设计。

对于居民室内水电的排线来说，一般都是按照平面布局的功能性来考虑水电布线与安排，水电排线的合理性往往是决定设计是否精美的一个关键。还以图 5-30 的别墅首层为例，来探讨一下水电排线该如何安排？

一、电路排线图

设计师往往是根据将要进行布置的灯具及开关的定位，来设计并安排出电路分布图的。电路布局一定要注意其合理性，既要从合理的人体工程尺度来考虑，又要从节能环保去考虑，两者缺一不可。如图 5-31 所示别墅首层的电路布局。从功能区来看，起居室（也就是客厅）的灯具比较复杂多样一些，其他的功能区的灯具都较为单一。因为客厅主要是用来接待客人或住户自己用来休闲的区域，可以用多样的灯光效果来体现休闲氛围。而其他区域功能单一，故只需普通照明就可以了。为了更清楚地了解图中各灯具和开关的图标定义，用户可在图的一侧列出灯具与开关的图标列表。

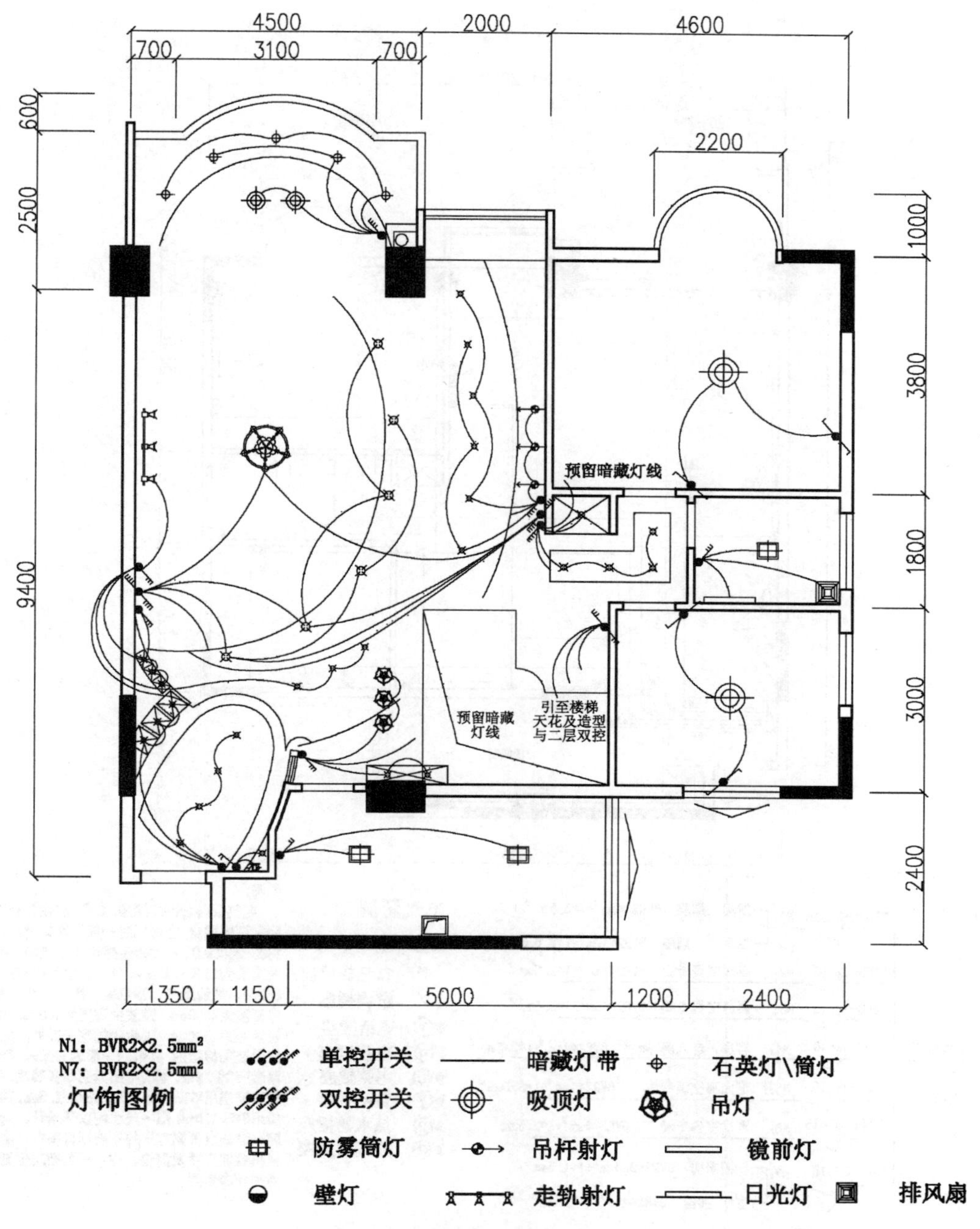

图 5-31　别墅首层电路排线图

在电路的设计上，不仅要有照明用电，还需要对其他的电气进行规划，如图 5-32 所示，在图的下方为电气图例的相关说明。

二、给排水线图

对于居民住宅的室内给排水线路分布，主要集中在卫生间和厨房这两个功能区，其他功能区域一般不安排给排水线路。其中进水管道中有冷水管道和热水管道之分。为了更清晰地

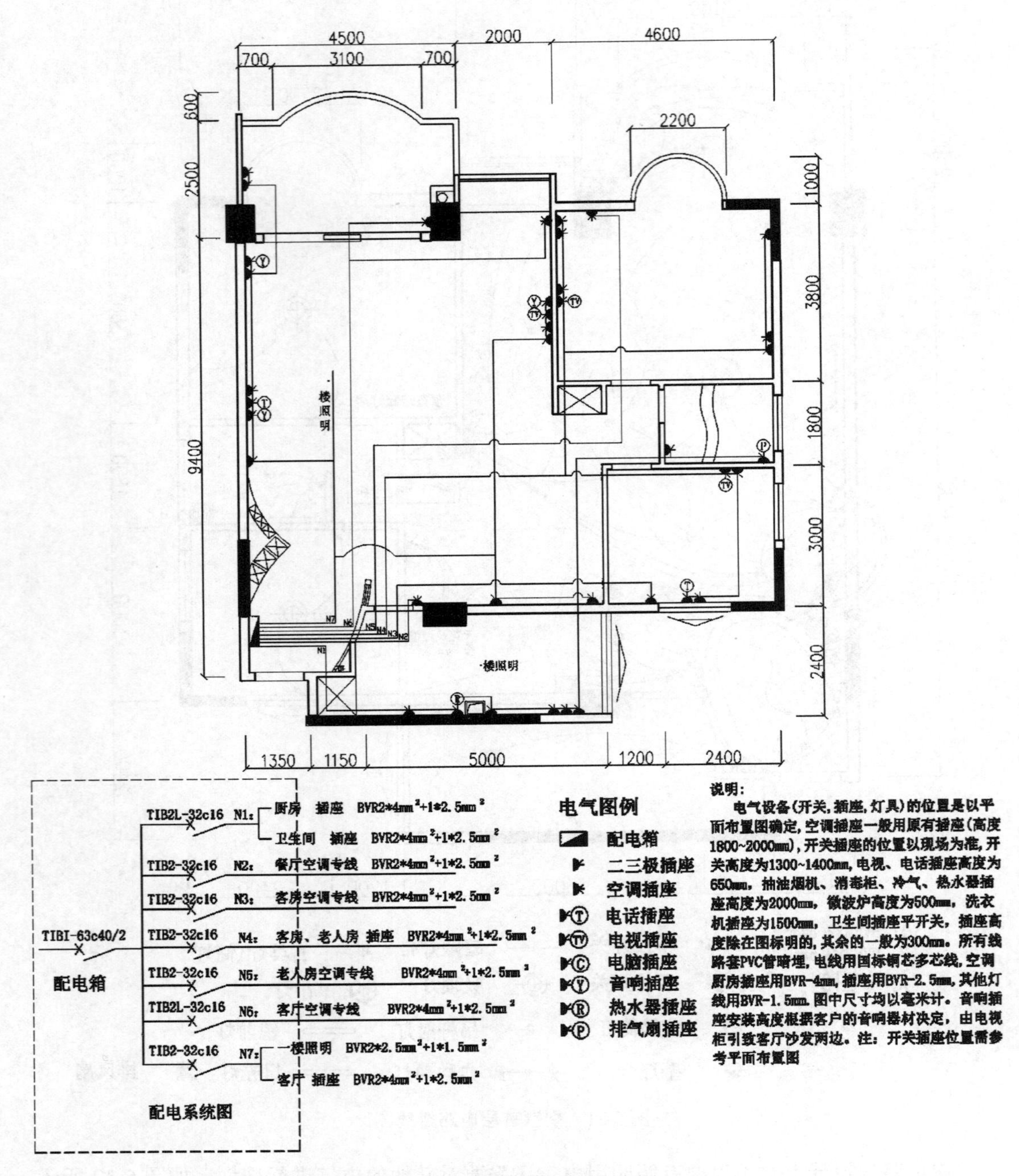

图 5-32　别墅首层电气分布图

识读给排水线路分布图，一般在工程图的一侧，会列出给排水中所使用到的图例图标及说明性文字，让人一目了然。如图 5-33、图 5-34 所示的分别为别墅首层、二层的给排水线路图。

对于空间中所需的设施要有基本的认识，具体的设施可用图例的方式来进行说明。如图 5-33、图 5-34 下方所示。

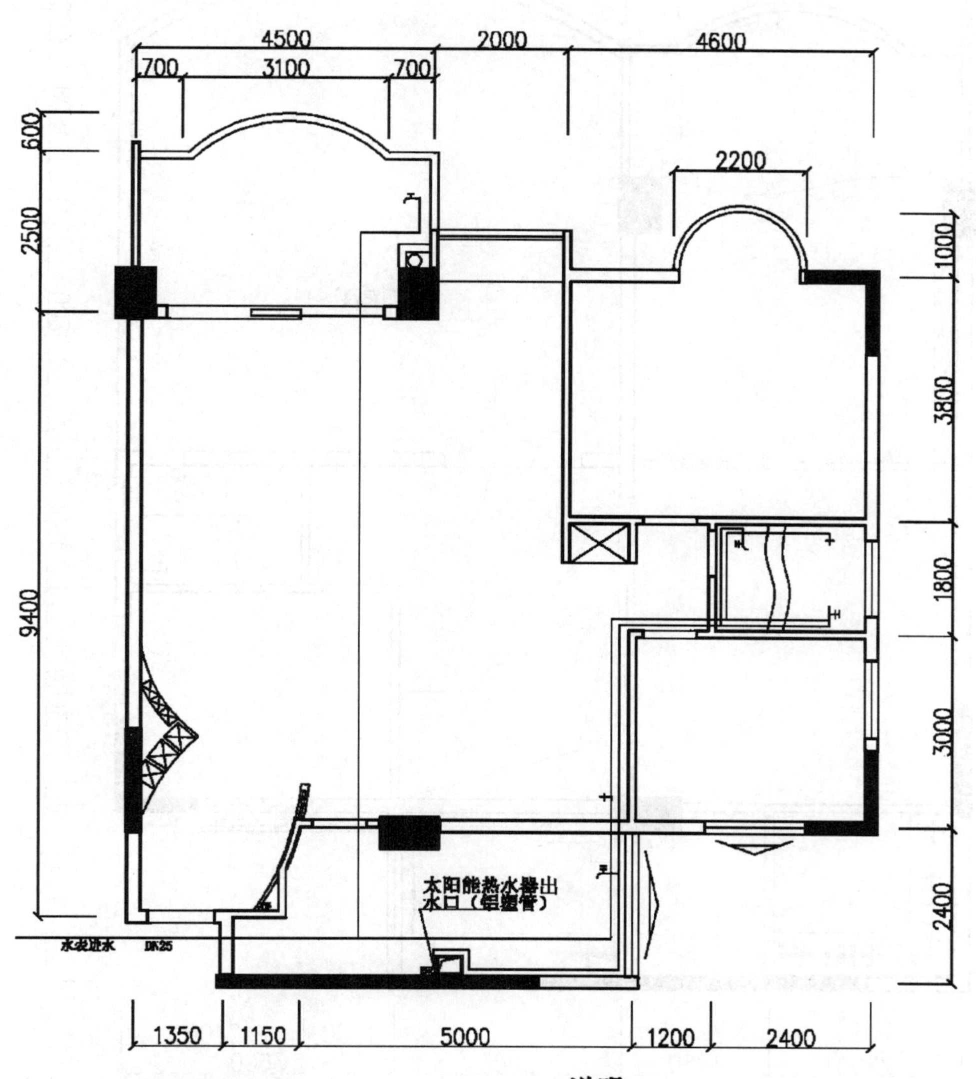

冷热水图例

- 热水器
- 单冷龙头
- 冷热龙头
- 冷热混合阀
- 预留DN20出水口接便器或热水器

说明：

1. 虚线为DN20热水管；洗手盆进水口高度0.45m，日常龙头高度0.65m，淋浴龙头高度0.80m，热水器进水口高度1.10m
2. 冷、热水管采用PP-R管材，外墙采用耐温型铝塑管。
3. 卫生间由太阳能热水器和电热水器供给。
4. 电热水器在两个卫生间内分别安装。
5. 太阳能热水器安装在屋顶。
6. 冷水由下往上供给，热水由下往上供给。

图 5-33　别墅首层的给排水线路图

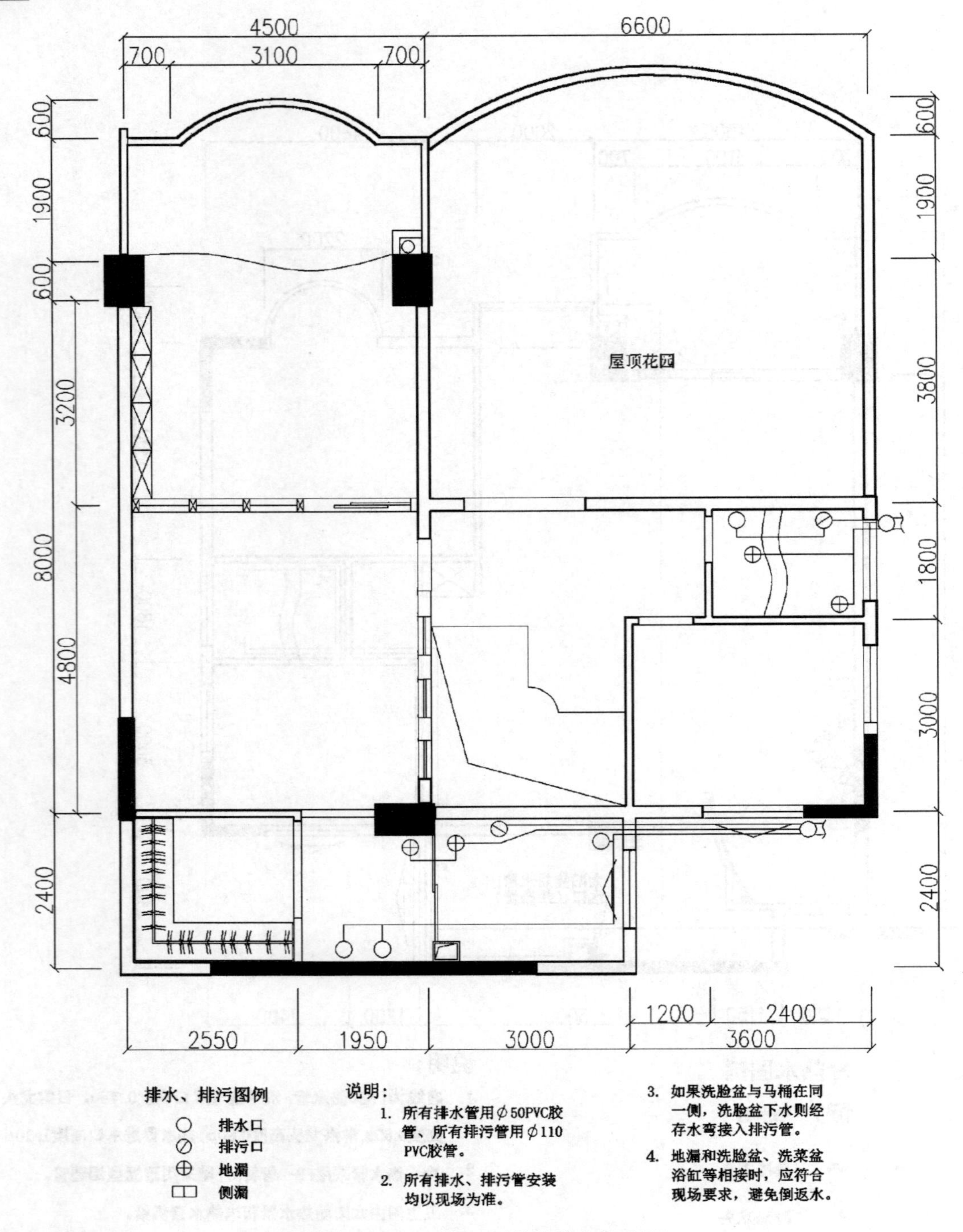

图 5-34　别墅二层的给排水线路图

▶ 任务四　绘制居民室内立面、剖面与节点详图

任务概述： 绘制居民室内建筑剖面图并注明说明性文字。

能力目标：能够综合使用CAD的绘图命令和修改命令进行图形的绘制，能加入相应的说明性文字和相关的图案填充。

知识目标：建立平面图与相关剖切立面图之间的绘图关系，并根据已有的平面图画出所标出的剖切处节点立面图。

素质目标：利用平面图与立面图的对应关系，来识读剖切立面图中的结构细节和相关的施工工艺。

知识导向：从对建筑剖面图的知识了解，到独立地绘制出各立面造型的位置，并加以完善绘制。

按照所规定比例绘制出建筑的垂直剖视图，来表示剖切处的室内布置、屋顶、地面、楼梯、楼板、门窗、墙体或基础等的位置和轮廓，即为建筑剖面图，简称剖面图。如果，所绘制的图为施工工程类的图纸话，还应在剖面图中标注出标高，用料做法、详细尺寸以及定位轴线等。

建筑剖面图属于建筑设计与施工图纸中的重要图纸部分。建筑剖面图对于剖面设计与平面设计上其侧重点有所差别，其中平面部分的设计主要研究建筑内部空间水平方向的处理，而剖面设计则主要研究竖向空间的处理。这两者都涉及建筑的使用功能、技术经济条件和周围环境等问题。

一、建筑剖面图的内容

建筑剖面图包含以下图示内容。

1．图形比例

建筑剖面图的常用比例一般采用1∶50、1∶100、1∶150、1∶200等比例来进行绘制。

2．图线

建筑剖面图中的图线也要按照国家标准来确定。被剖切的墙、柱和梁等截面轮廓线常用粗实线（*b*）来绘制；未剖到的可见轮廓线如门窗洞、楼梯栏杆、扶手等用中实线（0.5*b*）来绘制；打开的门和窗扇、图例线、引出线、尺寸线、填充图案等用细实线（0.35*b*）来绘制，室内外地坪线用加粗实线（1.4*b*）来绘制。其中的“*b*”的大小，可参考《房屋建筑制统一标准》中所规定的适当线宽组的尺寸。

3．尺寸标注及文字标注说明

建筑剖面图中的尺寸标注除了要标注建筑的长和宽等大小尺寸线之外，图中还应该注明剖面及投影方向可见的建筑构造以及标出其他必要的尺寸、标高标注尺寸线等。标高是用来表达建筑各部位（建筑楼层、室内地面、窗台及楼梯等）高度的标注方法。

除此之外，剖面图号是根据建筑平面图所引出的剖切符号来确定的，在平面图上通常会使用大小剖切号及剖切引线等对建筑所需剖切面进行标明。

4．建筑剖面图的绘制思路及绘制方法

当完整的绘制好建筑的平面图和立面图之后，建筑的整体框架也就已经搭建好了。为了将建筑的内部和一些细部表达的更为清晰与完整，就很有必要来绘制建筑的剖面图了。建筑剖面图是用来表达建筑物各部分高度、建筑层之间关系、建筑空间组合和利用、建筑剖面结构与构造关系等。它和房屋使用、房屋造价和节约用地等方面都有着密切联系，它也是反映建筑标准的一个重要方面。

建筑剖面图包括房间剖面形状的确定，房间的层高、楼板、梁的关系及各部分标高的确定，以及建筑空间内部的组合与利用等。

其主要内容有如下几点。

（1）确定房间的剖面形状、尺寸和比例关系。

剖面的形状主要根据房间的功能要求来确定，并应考虑对具体的物质条件、技术经济条件和空间的艺术效果等各方面的影响如何。

（2）确定房屋的层数，并标上各部分的标高。

如层高、净高、窗台高度、室内外地面标高。建筑层数的确定和与之使用性质相关，如用于生产、教学、餐饮等方面的，多采用低层建筑；用于办公、集中住宅等则可采用多层或高层的建筑。另外建筑技术及条件的不同也会使得建筑的层数上有所不同，如钢筋混凝土框架结构多采用多层或高层的，而传统的砖混结构一般只能用于低层的了。

在建筑剖面图中，层高是指该楼层的地面到上一层楼层地面之间的垂直距离；而房间的净高是指在房间内的地面到房间顶面（也就是结构层“梁”或“板”底面或悬吊顶棚下表面）间的垂直距离，一般情况下净高都是小于层高的。又由于建筑的使用人数不同，房间面积大小不同，对净高要求也有所不同。普遍的住宅净高一般在 2.4m 以上，层高在 2.8m 左右；大型公共建筑的净高一般在 5m 左右，层高在 5m 到 5.5m 之间；工业建筑如厂房等层高就要达到 7～8m，甚至更高，是由生产设备等因素所决定。

除了以上几个方面，绘制建筑剖面图时，还应注意天然采光、自然通风、保温、隔热、屋面排水及选择适合的建筑构造等。

建筑剖面图的设计一般是完成平面图与立面图的绘制之后来进行的。其绘制方法需以建筑平面图与立面图为其生成基础，根据建筑形体的情况进行 CAD 绘制。通常是从底层开始向上逐层绘制，相同部分可逐层阵列复制，再进行编辑修改即可。

二、居民住宅室内剖面图任务练习

通过上面任务介绍的平面布置图，画出各室内的局部剖面图。在绘制过程中一定要遵循制图原则，就是“长对正、高平齐、宽相等”。

（1）复制需进行绘制的平面图部分，复制如图 5-35 所示的部分。

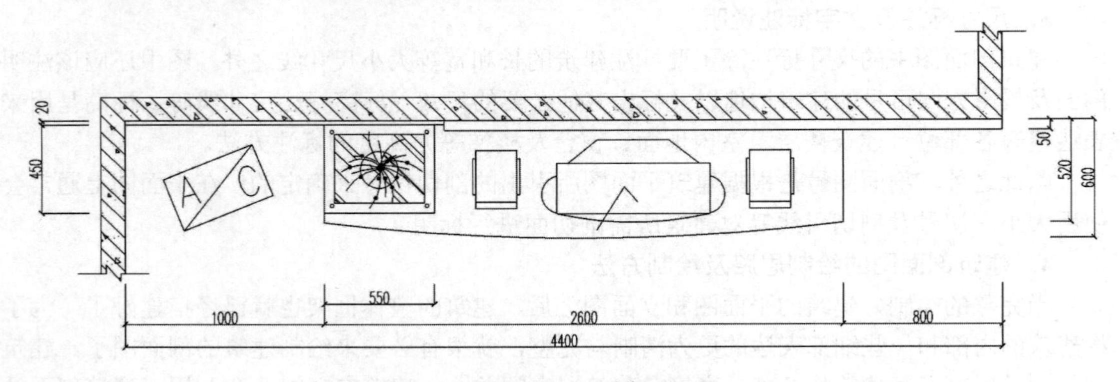

图 5-35 客厅电视机柜平面图

（2）在客厅电视机柜平面图的基础上画出与之相对应的辅助线。如图 5-36 所示。

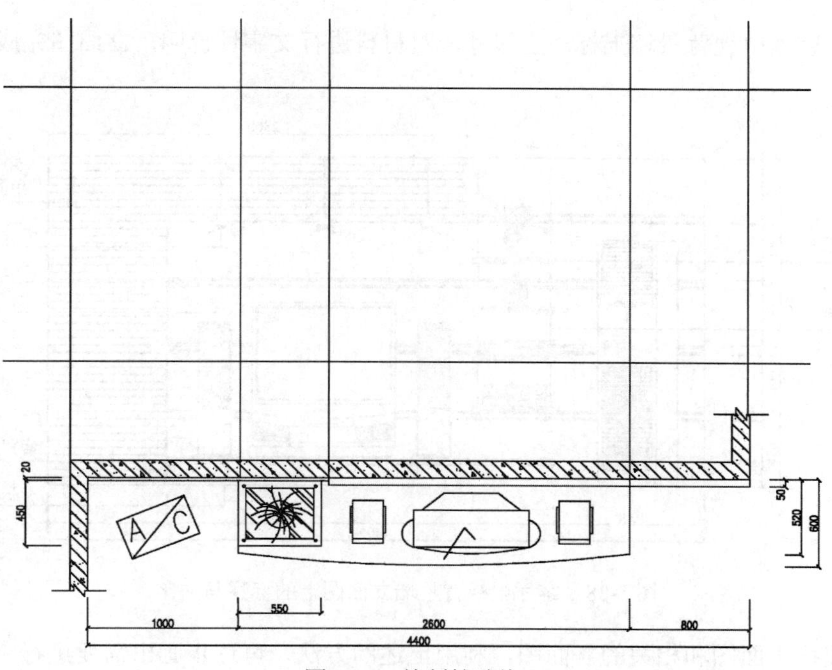

图 5-36　绘制辅助线

（3）根据上一步所绘制出来的辅助线，绘制出电视机柜及电视背景墙的造型结构，此图为客厅电视背景墙立面图。如图 5-37 所示。

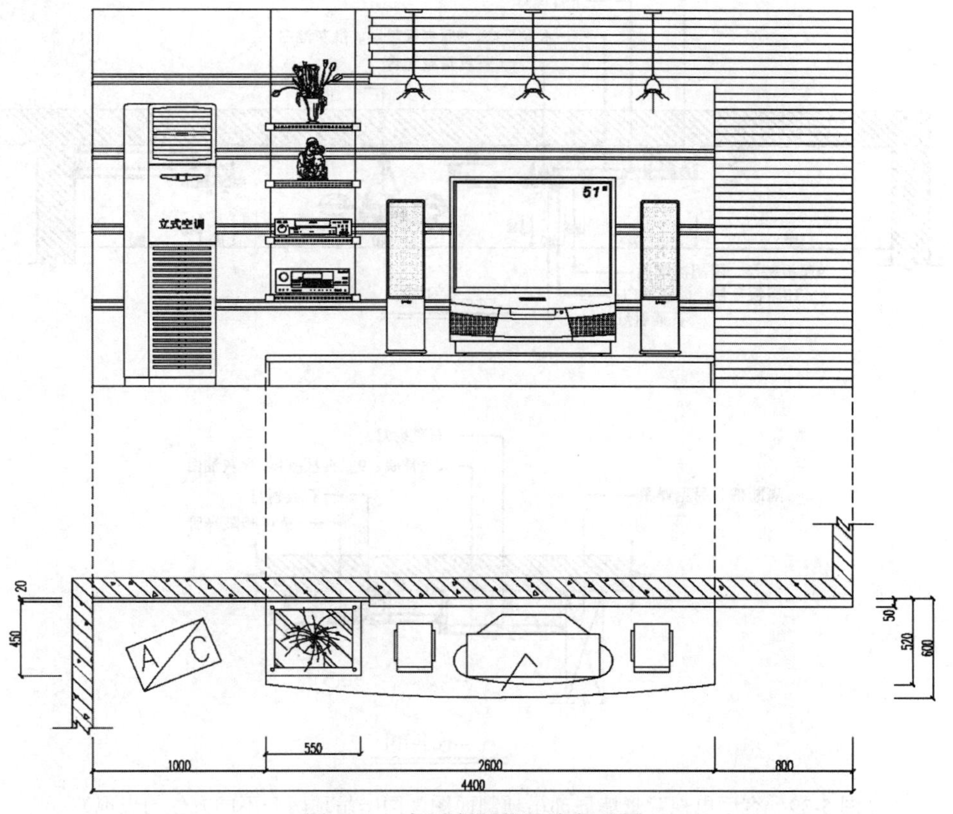

图 5-37　客厅电视背景墙立面图

（4）在客厅电视背景墙上标注上尺寸，对材料进行文字性说明，立面图完成。如图 5-38 所示。

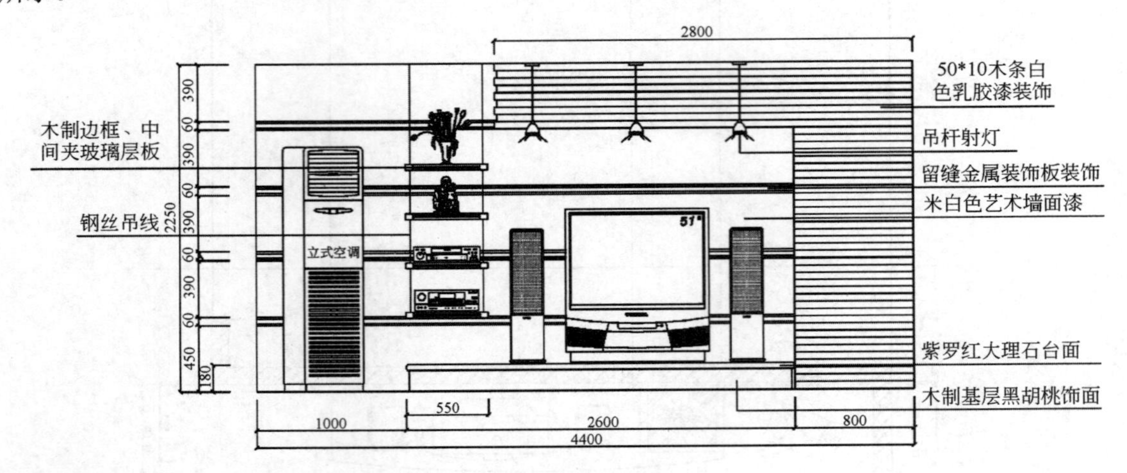

图 5-38　客厅电视背景墙立面图上的标注与文字

（5）根据平面图和相关的立面图，利用上述的方法，可逐步画出需要进行进一步说明的局部剖面图，被剖切到的梁或墙体一般用所规定的特定图案进行图案填充。一般要讲明某个局部可用两个不同方位的剖面图来表达。如图 5-39 所示。

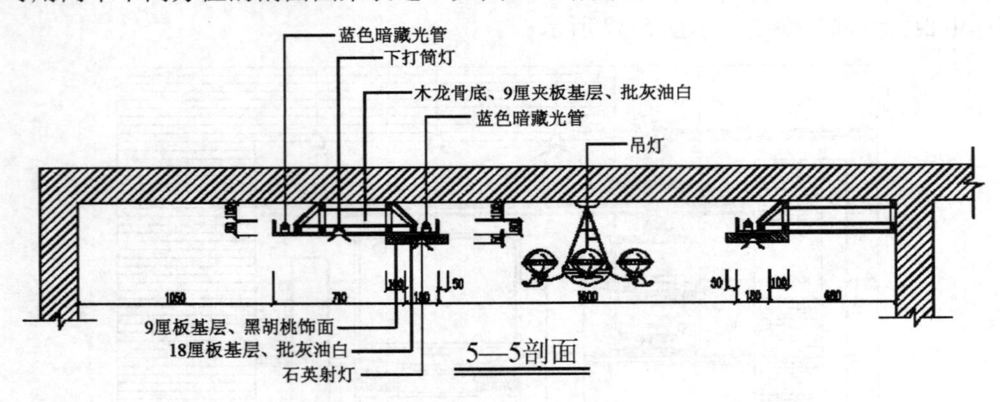

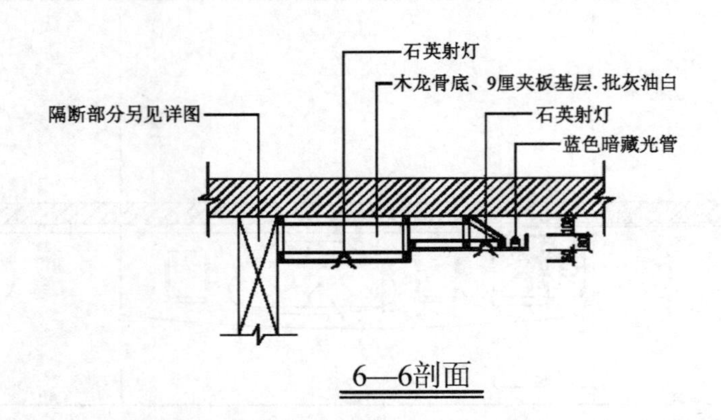

图 5-39　客厅电视背景墙局部吊顶剖面图（同一吊顶两个不同方位的表现）

（6）绘制吊顶造型的剖面详图，详图就是对剖面图进行放大，并详细绘制出其内部的结构，有助于施工参考使用。绘制过程中，可以先画出吊顶的立面图，再绘制出对应的剖面详图。如图5-40所示。

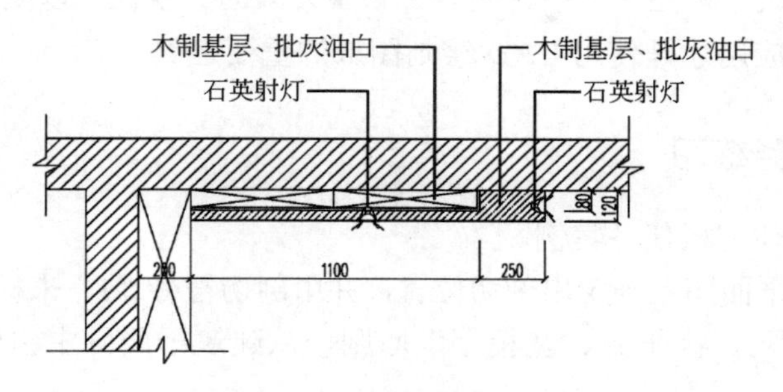

图5-40　吊顶剖面详图（一）

（7）画出另一个对应的吊顶剖面详图。如图5-41所示。

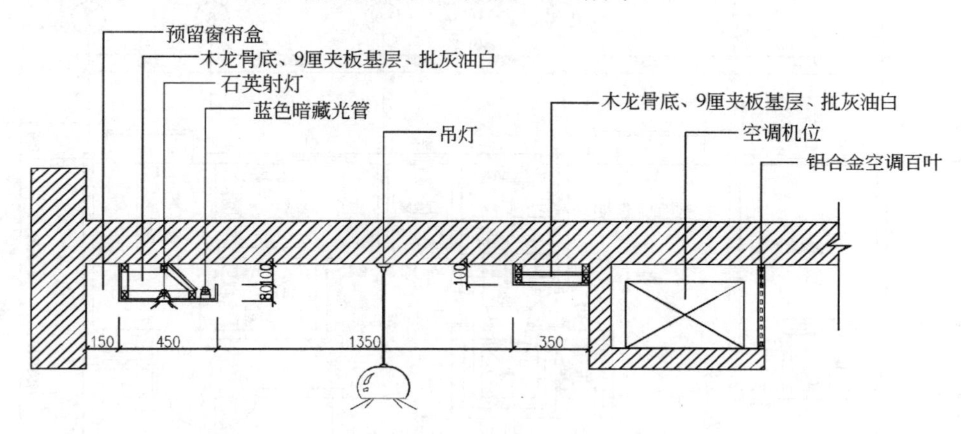

图5-41　吊顶剖面详图（二）

三、绘制住宅楼剖面图注意事项

1．剖面图的绘制

剖面图的绘制并非是孤立的绘制，它必然是结合建筑的平面图与立面图来完成的，三者是平行的关系，又是相互渗透的。一般在建筑的内部使用各种图标和文字来表现相关空间结构形式的合理性。

在建筑平面功能确定和外立面造型确定后，需将可变因素考虑到位，这些可变因素表现为：结构安全影响、室内净高、消防通道、地下室、走道等，思考是否能达到建筑设计的规范性；楼梯、台阶、坡道、栏杆高度是否符合规范等，都是在剖面图绘制过程中所需要注意的事项，只有通过不断地计算与修正，才能最终完成剖面图的绘制设计。

2．剖面图的绘制要求

（1）图中要保证图纸元素的完整性。

（2）通过图形的具体绘制，要能准确地表达出绘制的设计内容。

（3）要考虑到最后图纸画面的美观与有序。

总的来说，住宅楼的剖面图较之其他公共建筑如体育建筑、商业建筑，绘制起来相对容易些。要确保图形、尺寸标注、文字说明等各必备元素的完整性，以及清晰的绘图思路、绘图命令的有效组合和应用才是使用 CAD 绘制图纸的重要之处。

四、剖面图任务练习

练习一：某小区住宅楼任务案例。

（1）在一层建筑平面图上确定出剖切位置，并用剖切符号“1”来标出。如图 5-42 所示。

（2）采用“长对正、高平齐、宽相等”原则，从建筑平面图中生成剖面图的轴线，如图 5-43 所示。

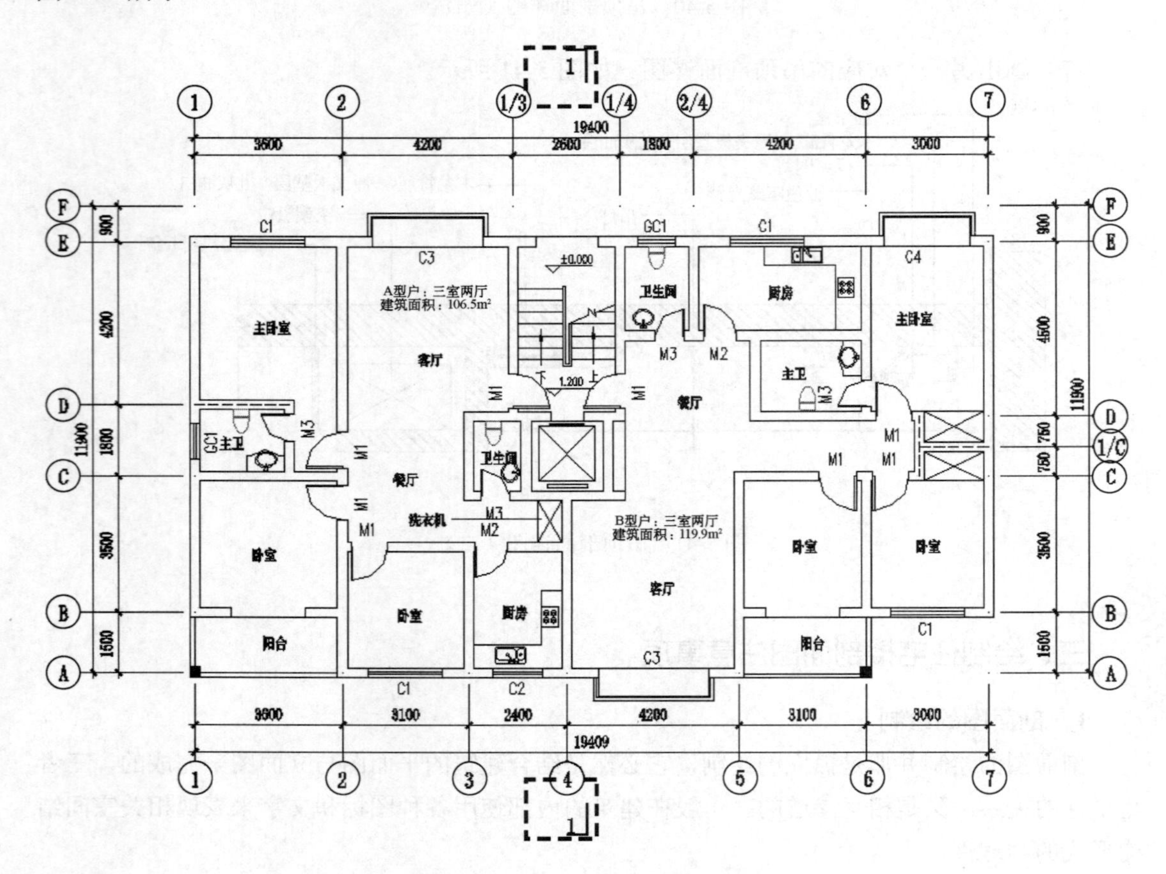

图 5-42　确定平面图中的剖切位置

（3）绘制剖面图的地坪线，如图 5-44 所示。

（4）绘制剖面墙和柱。

在地坪线绘制完成后，将所有辅助线的线型改回“ByLayer（随层）”，这时辅助线将显示为细实线。并使用修剪命令将辅助线在地坪线以下的部分进行修剪，这样剖面的墙线和柱子就产生了。如图 5-45 所示。

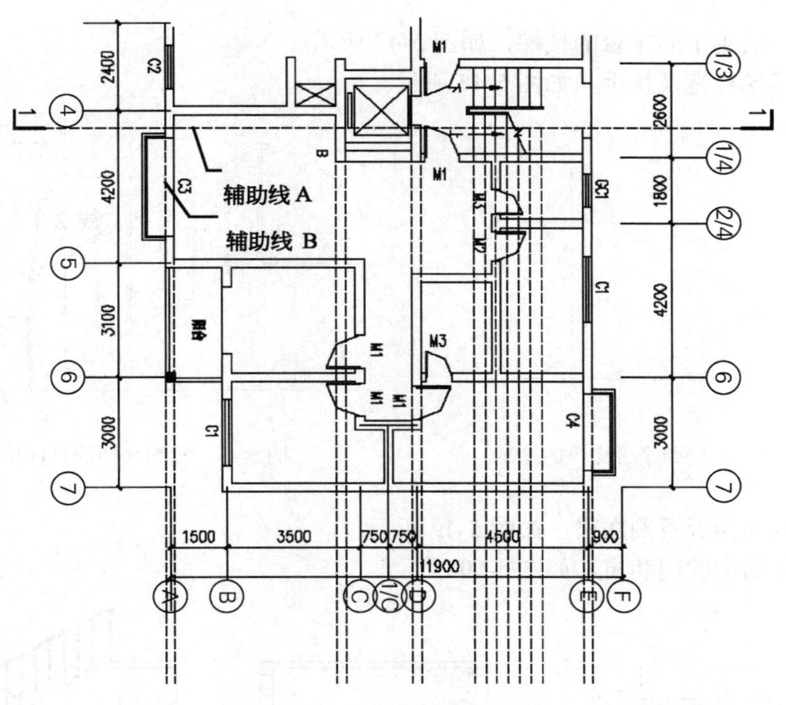

图 5-43　生成剖面图轴线

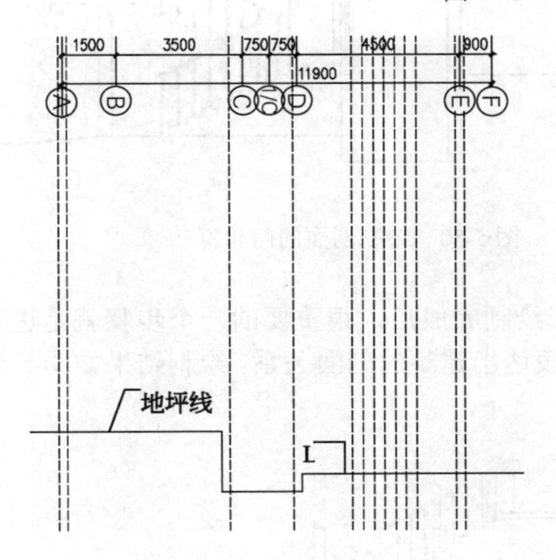

图 5-44　绘制剖面图的地坪线

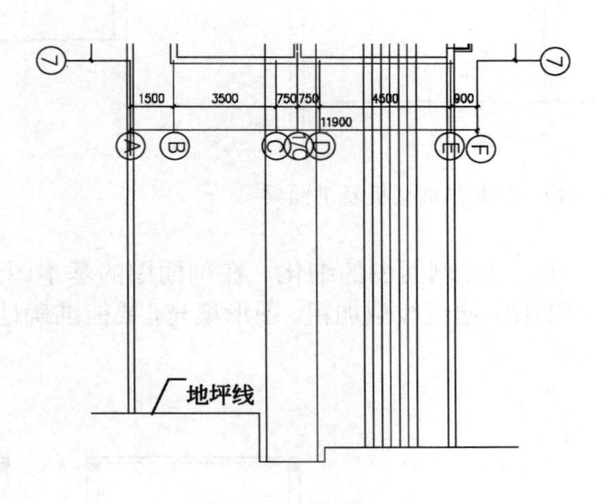

图 5-45　剖面墙线的形成

（5）绘制梯段。

根据《住宅建筑设计原理、规范、评价标准》的相关规定，楼梯的梯段宽≥1.1m，踏步宽≥0.26m，高≤0.175m，扶手高度≥0.9m。楼梯水平段栏杆长度大于0.5m 时，其扶手高度 1.05m。栏杆的垂直杆件净空不应小于 0.11m。绘图员必须以这些相关规定参数作为绘制依据，进行楼梯的绘制。

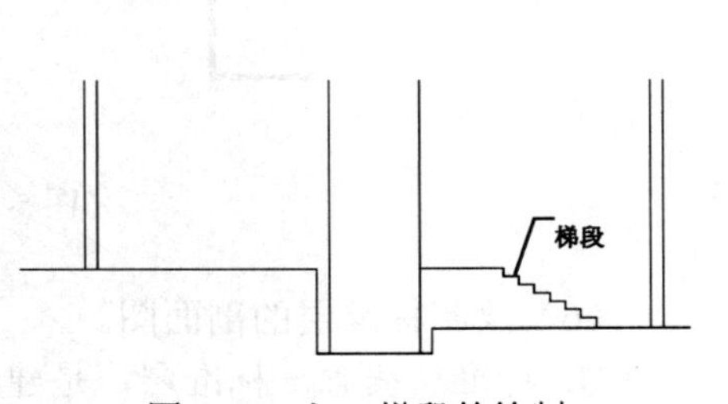

图 5-46　入口梯段的绘制

① 绘制底层入口梯段，如图 5-46 所示。

② 绘制一层到中间平台的楼梯，如图 5-47 所示。

③ 绘制楼梯栏杆及扶手，如图 5-48 所示。

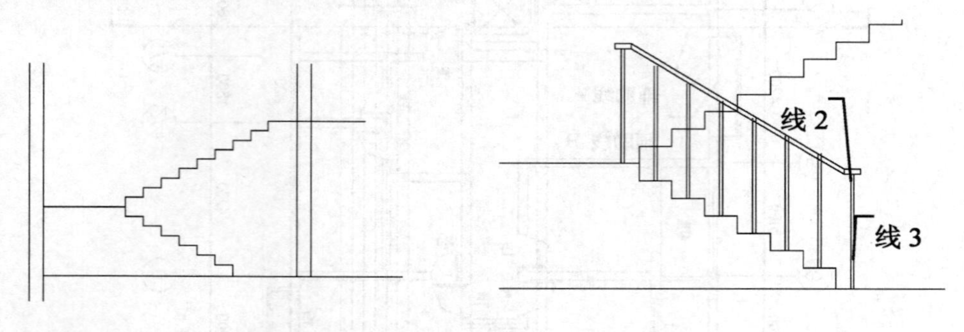

图 5-47 一层到平台梯段的绘制　　图 5-48 绘制楼梯的栏杆扶手

④ 绘制剖面楼板及剖面梁，如图 5-49 所示。

⑤ 绘制剖面中的门和窗，如图 5-50 所示。

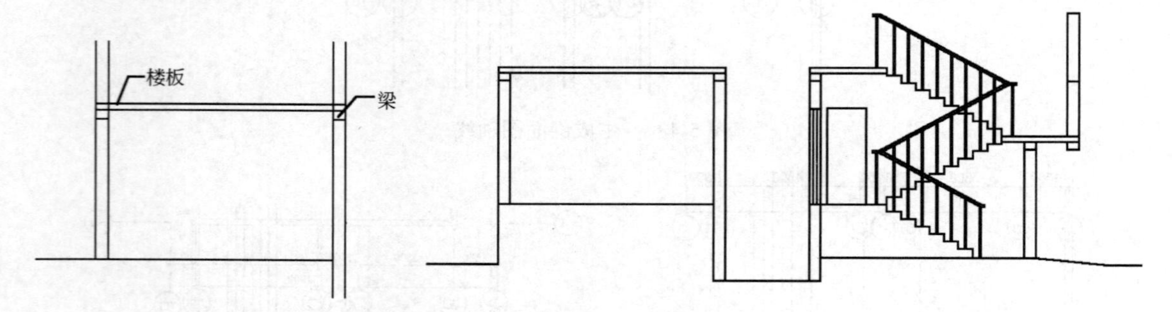

图 5-49 绘制剖面楼板及剖面梁　　图 5-50 绘制剖面的门和窗

⑥ 一层剖面图的细化。在剖面图的基本图形绘制完成后，很重要的一个步骤就是进行图形细化，通过线型加粗、图形填充，要能准确地表达出建筑的剖面关系。绘制结果如图 5-51 所示。

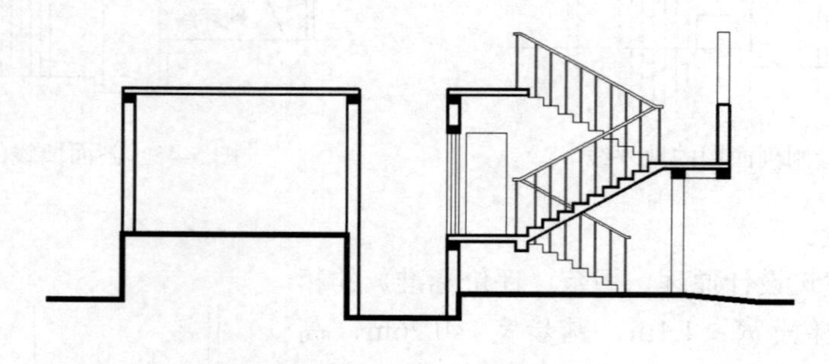

图 5-51 一层剖面图的细化完成

（6）绘制标准层的剖面图。

① 标准层概念。标准层，是建筑设计中的一个术语，就是指多层或高层建筑中，去除掉底层或群房、设备层、屋顶层之外的其他楼层，它们虽然层数不同，但其平面、立面、剖

面的构造是完全一致的，也是以同一个标准进行修建的。

② 二层剖面。标准层的剖面图的绘制方法基本与一层的剖面图绘制方法相同，仅不同的是，所剖切面的展示的楼梯步数不同。绘制方法与步骤在此不再重复，二层标准层图形绘制结果如图 5-52 所示。

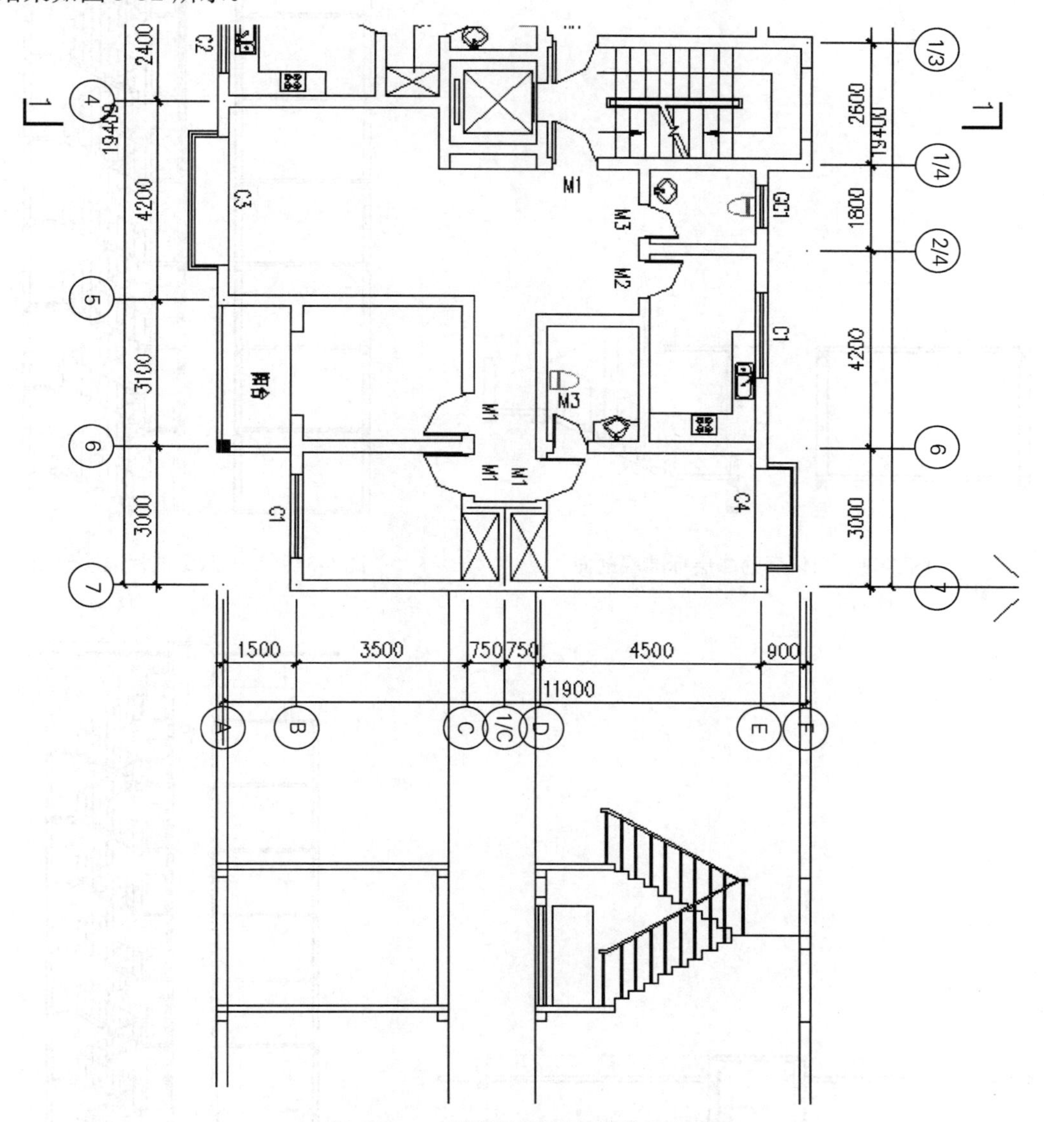

图 5-52　二层标准层剖面的基本完成

③ 填充细化后的标准层剖面图如图 5-53 所示。

④ 绘制二～八层的剖面图。在此例中住宅建筑的二层至八层都为标准层。其绘制方法是将上一步完成的二层标准层的剖面图形，采用矩形阵列复制的方法向上方进行阵列，其中的设置为：将行数设为 7，行间距为 3000，得到的绘制结果如图 5-54 所示。

（7）绘制屋顶层剖面。

① 此例中的住宅屋顶层同时又属于设备层，根据需要有时还将绘制电梯悬索的示意图，其绘制结果如图 5-55 所示。

② 将所画的所有剖面图合成，如图 5-56 所示。

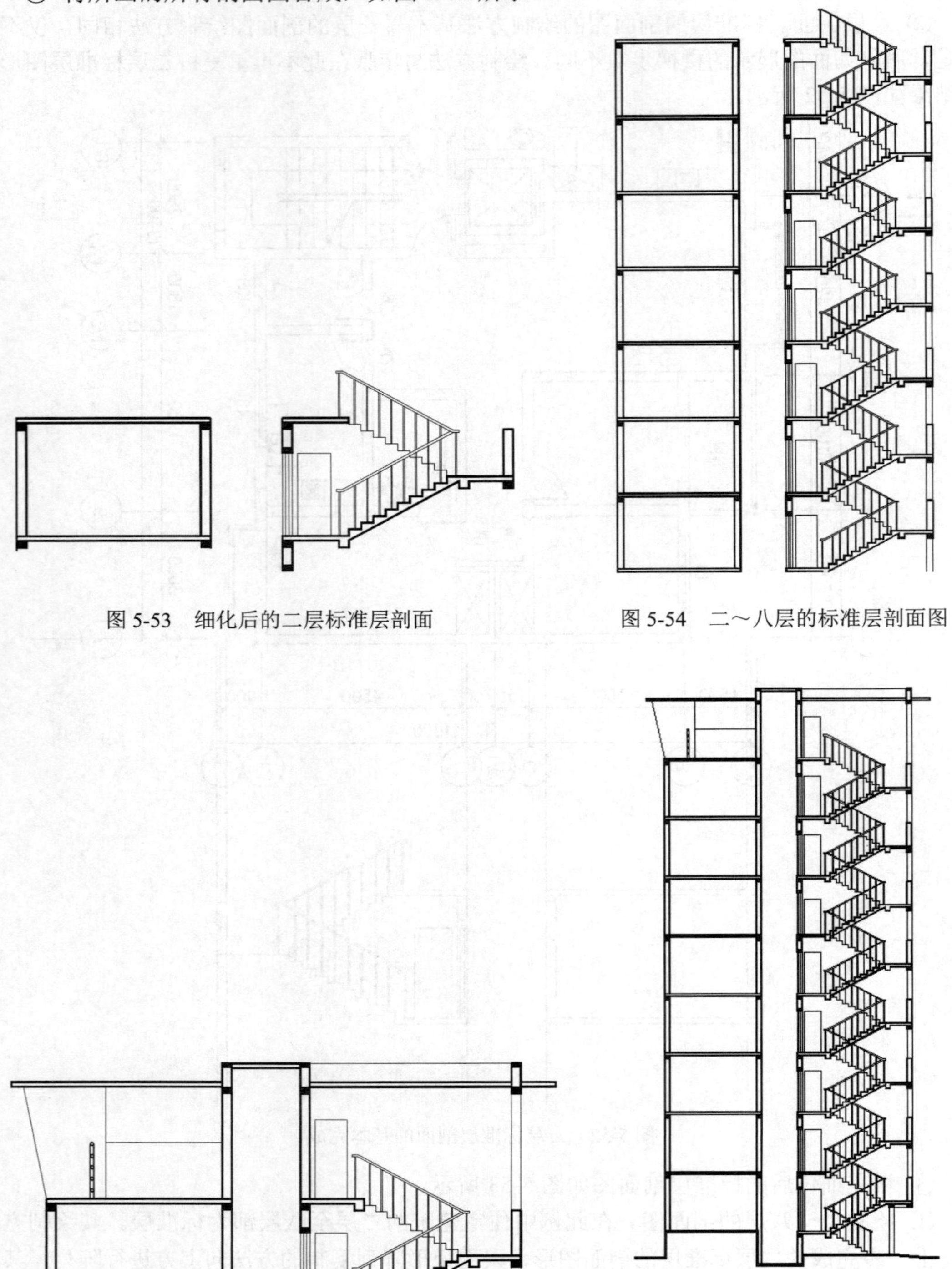

图 5-53　细化后的二层标准层剖面

图 5-54　二～八层的标准层剖面图

图 5-55　屋顶层的剖面图

图 5-56　剖面图形的合成

（8）尺寸标注和文字的说明。绘制结果如图 5-57 所示。

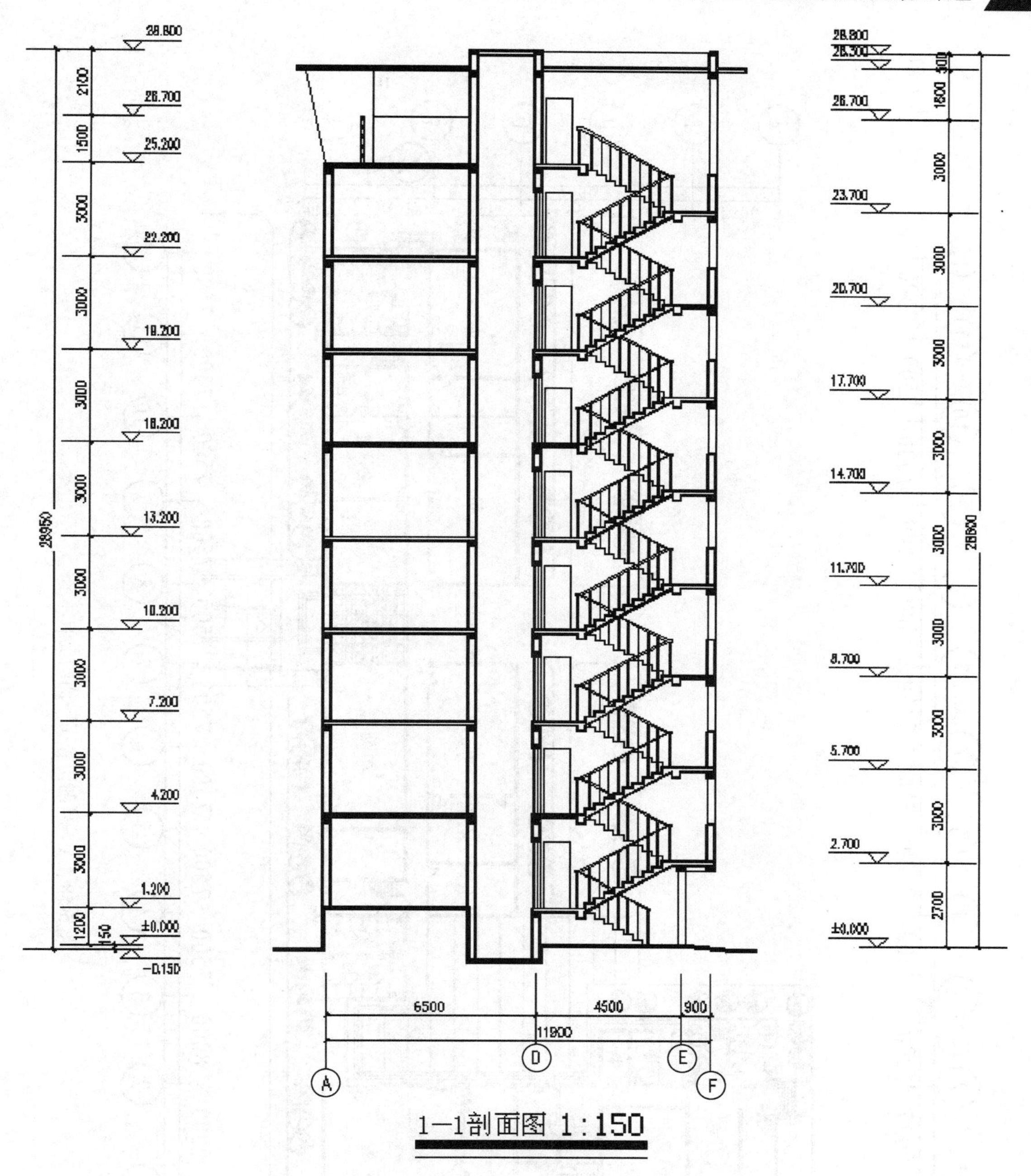

图 5-57　剖面图的尺寸标注和文字说明

练习二：某住宅楼任务案例。

楼房剖面图的绘制仍以建筑正立面图为外轮廓参照，由一层平面图生成一层剖面图形，依次分别绘制出其他楼层的剖面图形。将几层剖面图根据轴线位置组合在一起后，使用多段线命令及二维填充命令细化剖面图。

① 在建筑平面图上确定好剖切位置，其绘制结果如图 5-58 所示。

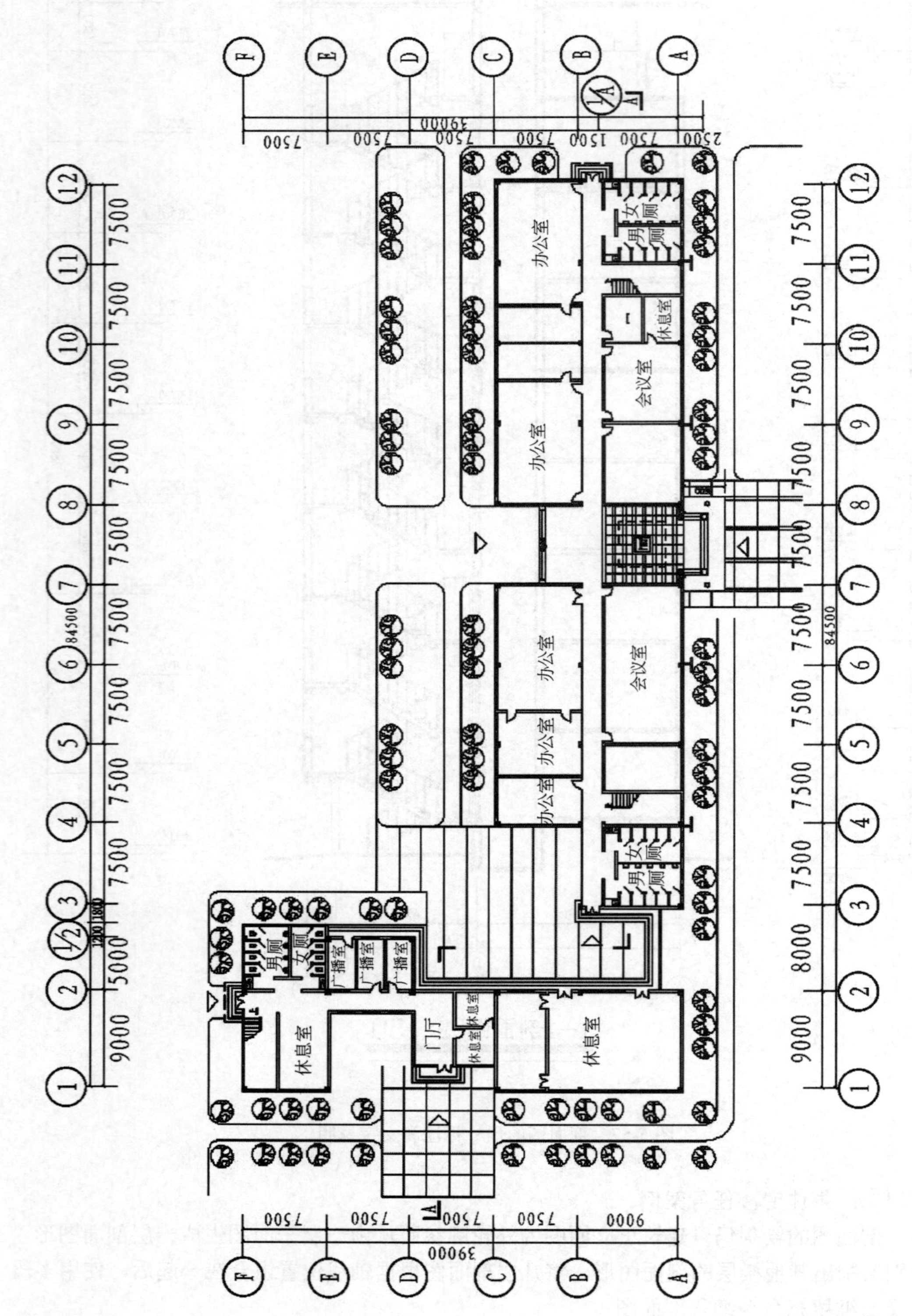

图 5-58 A—A 剖切号在平面图上的注示

② 由建筑平面图生成剖面图轴线，其绘制结果如图 5-59 所示。

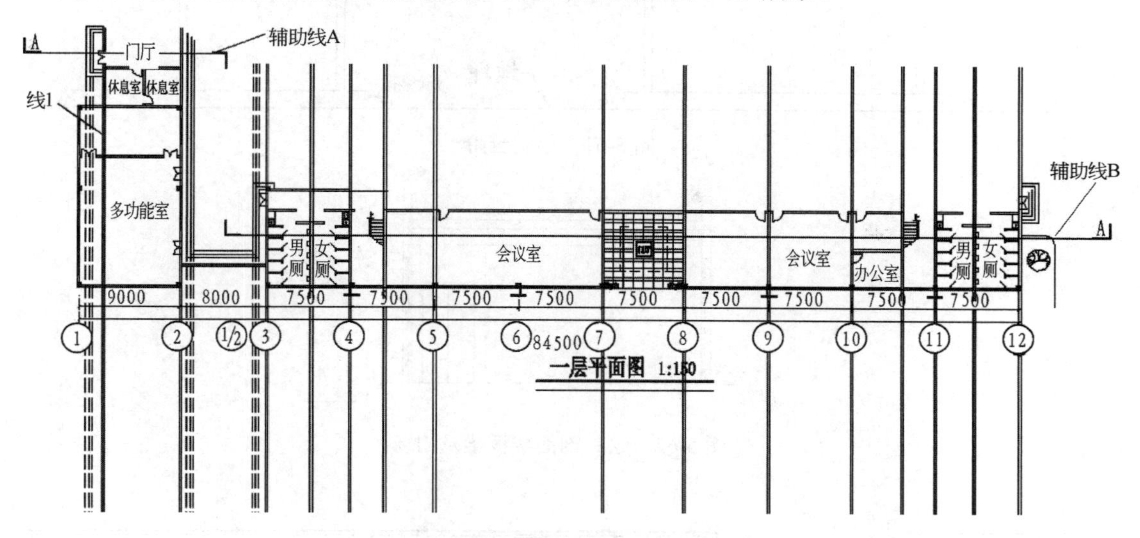

图 5-59 绘制剖面定位轴线

③ 绘制地坪线，其绘制结果如图 5-60 所示。

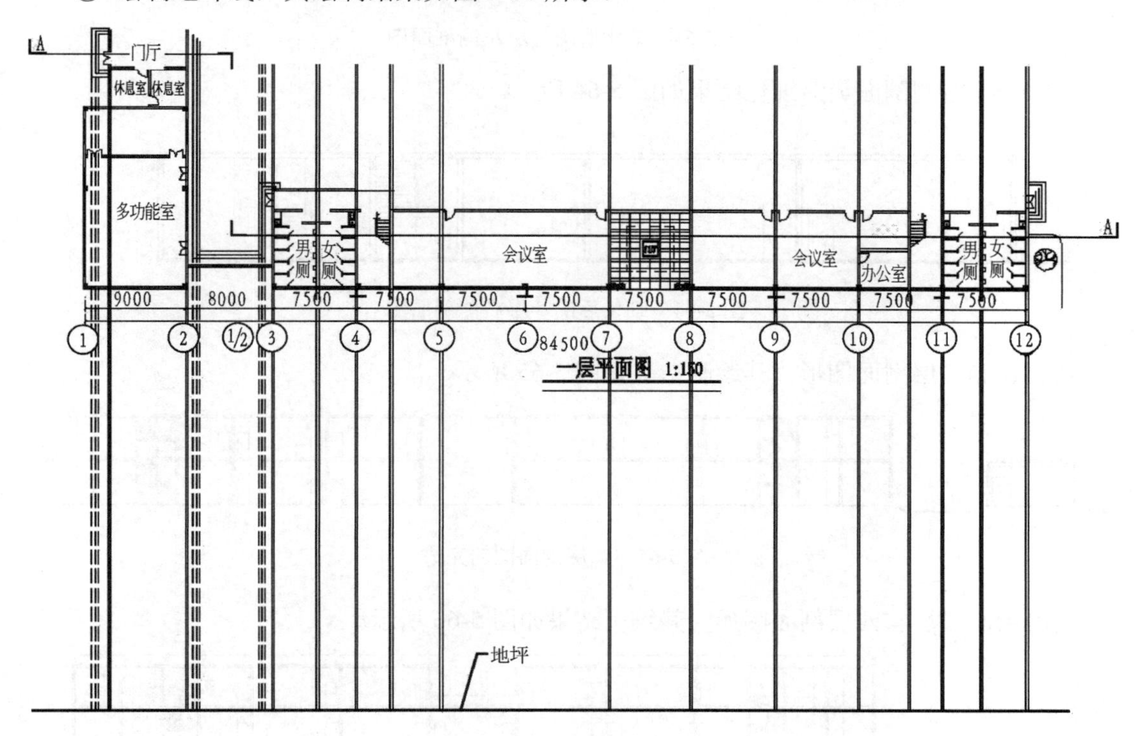

图 5-60 绘制地坪线

④ 绘制台阶，其绘制结果如图 5-61 所示。

⑤ 从剖面的最左边开始绘制楼板和梁，其绘制结果如图 5-62 所示。

⑥ 一层左侧剖面最后细化结果如图 5-63 所示。

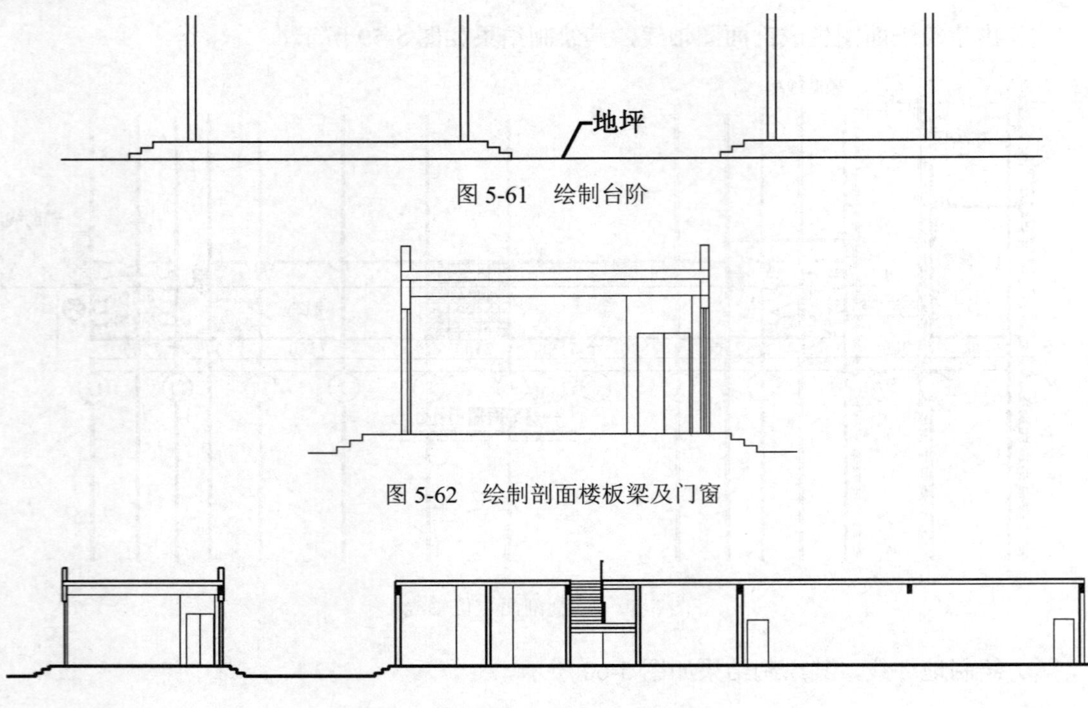

图 5-61　绘制台阶

图 5-62　绘制剖面楼板梁及门窗

图 5-63　细化后的一层左侧剖面图

⑦ 一层右侧剖面最后细化结果如图 5-64 所示。

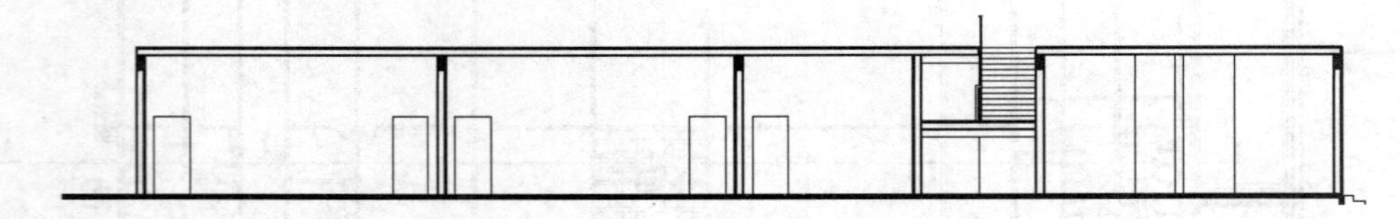

图 5-64　细化后的一层右侧剖面图

⑧ 绘制二层剖面图形，其绘制结果如图 5-65 所示。

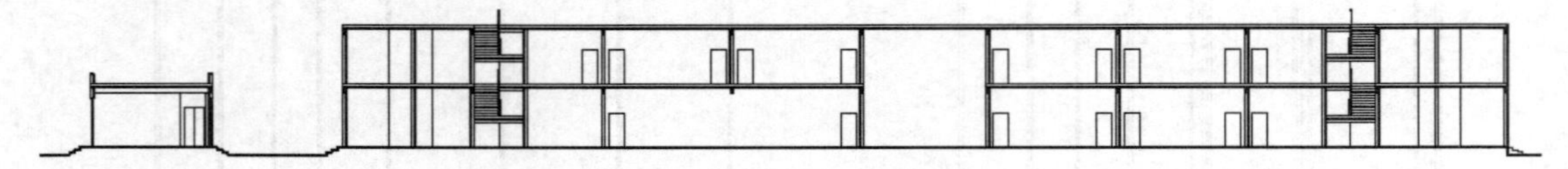

图 5-65　二层剖面图的完成

⑨ 绘制三层与四层剖面图形，其绘制结果如图 5-66 所示。

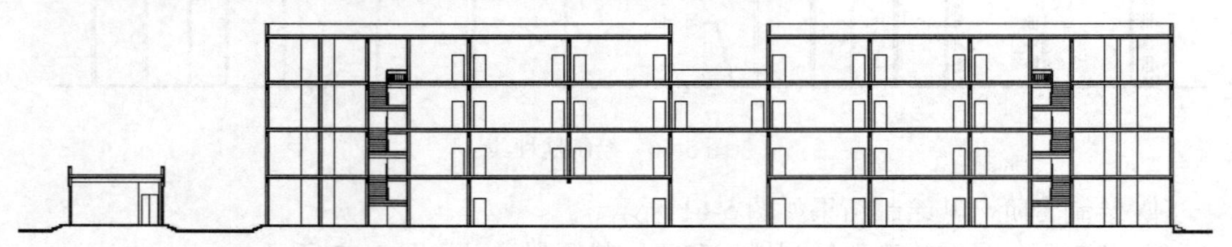

图 5-66　剖面图形的基本完成

⑩ 尺寸标注和文字的说明，其绘制结果如图 5-67 所示。

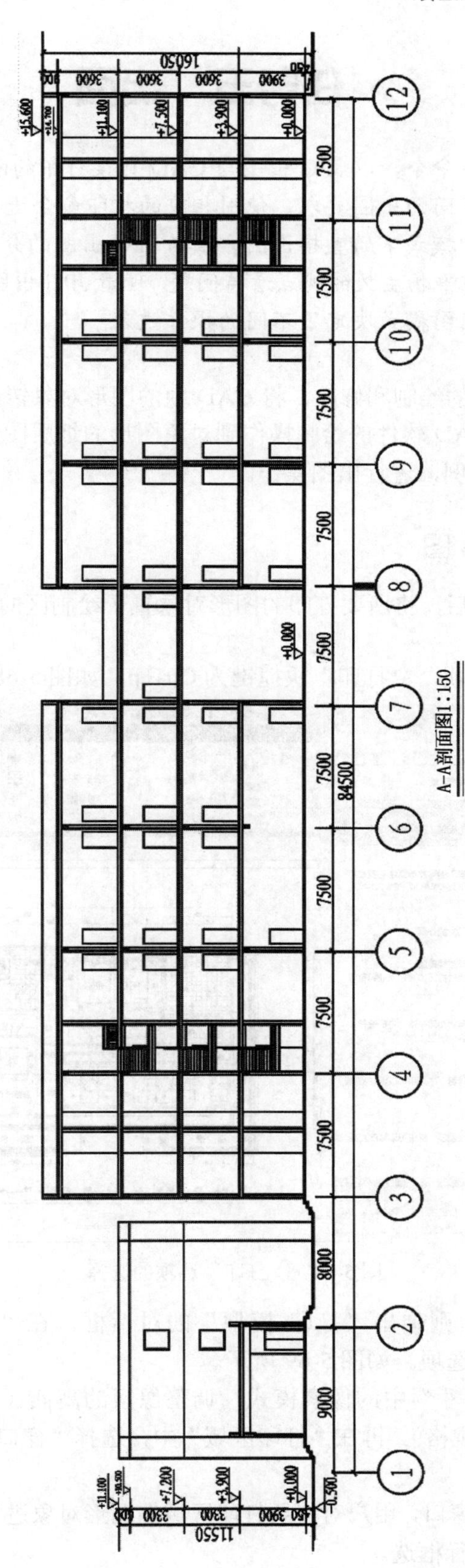
A-A剖面图1:150
84500
16050
11550
7500
8000
9000
+15.600
+11.100
+7.500
+3.900
+0.000
+7.200
-0.300

图 5-67 剖面图的完成

任务五 出图

任务概述： 操作打印命令，以 JPG 出图与 CAD 直接打印的两种方式出图。
能力目标： 能根据不同的出图要求，使用相应的打印命令进行打印操作。
知识目标： 熟悉打印模式下的直接出图方法与 JPG 出图的分辨率选择。
素质目标： 运用辩证唯物主义的观点看待问题，理清 JPG 出图与直接出图的操作区别。
知识导向： 不同的出图模式决定了不同的操作过程。

通过对以上几个任务的绘制和修改，将 CAD 中的图形对象转变为高精度的 JPG 图，并打印出图，即完成了从 CAD 软件的绘制操作到对象图形的纸质图册。

以某住宅的平面图为例，进行出图操作。

一、导出打印 JPG 图

（1）当打开平面图之后，将所要打印的图形对象置于绘制区的中间，便于出图时的框选操作。

（2）选择“打印”选项，“打印”快捷键为 Ctrl+p。如图 5-68 所示。

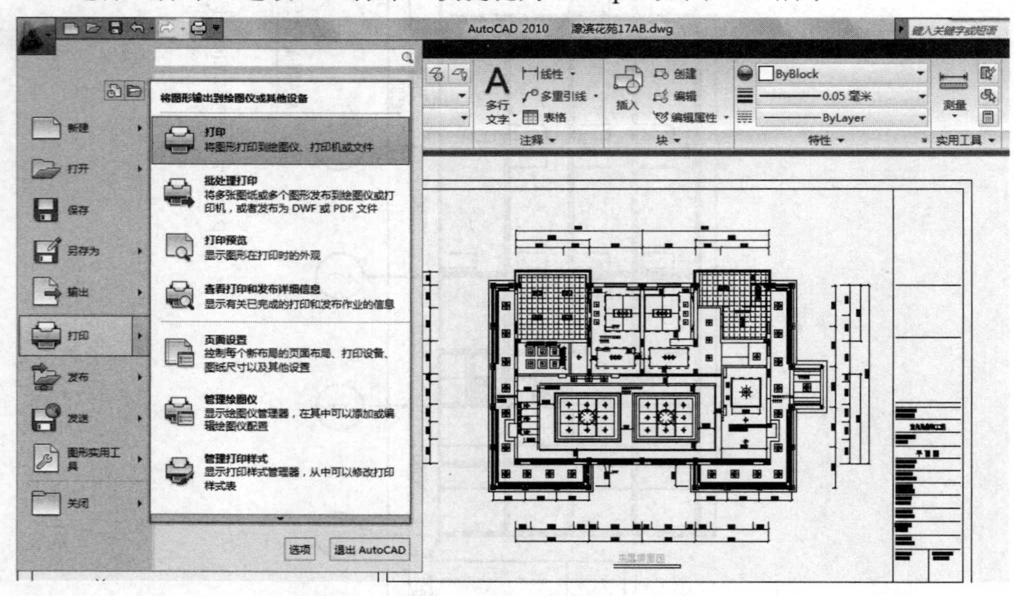

图 5-68 “打印”选项的选择

（3）执行命令之后，则弹出“打印-模型”的对话框，在“打印机/绘图仪”中选择“PublishToweb JPG.pc3”选项。如图 5-69 所示。

（4）先选择“图纸尺寸”中的像素模式，调整像素的高低（如图 5-70 所示，选择了 3508.00×4960.50 像素的规格）。再在“打印区域”中，选择“窗口”选项，按“确定”回到绘图区中。

（5）此时出现了绘图窗口，用户对将要打印区域的图形对象进行框选操作。如图 5-71 所示，对图框内的平面图进行框选。

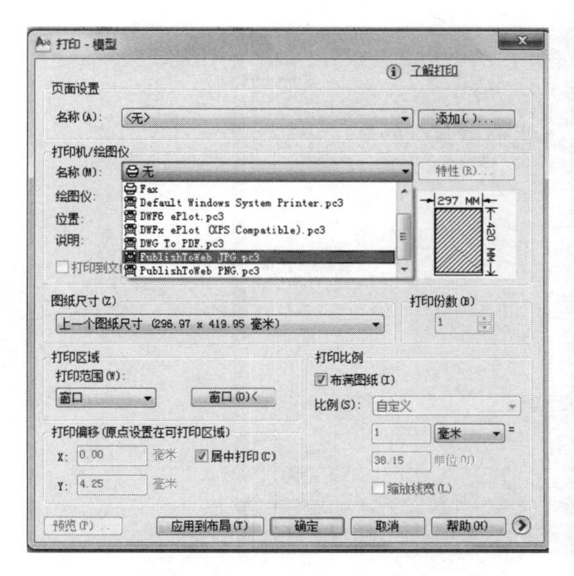

图 5-69　选择“PublishToweb JPG.pc3”选项

图 5-70　“图纸尺寸”和“打印区域”的确定

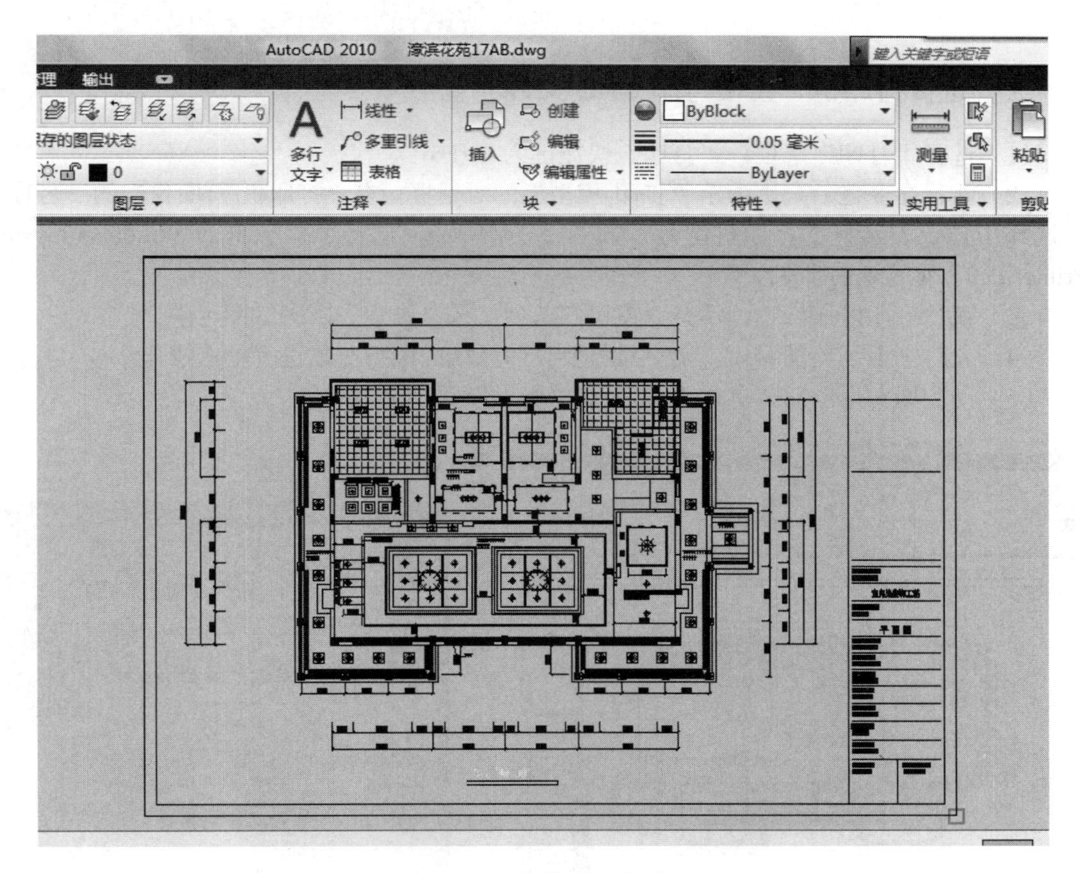

图 5-71　框选图形范围

（6）回到原对话框后，单击“确定”按钮，则会弹出“浏览打印文件”对话框，在此对话框中选择 JPG 图的存储路径，并对文件进行命名，最后单击“保存”按钮。如图 5-72 所示。

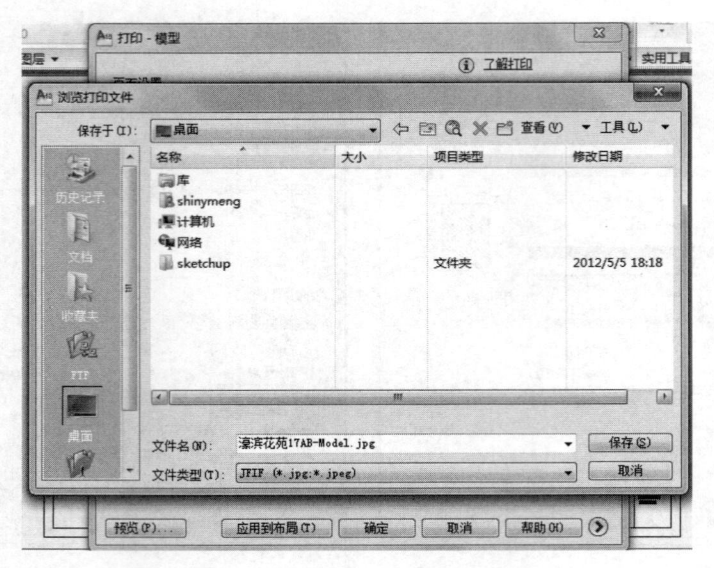

图 5-72 “浏览打印文件”对话框

（7）此时将出现保存运行的状态，等待完成，出图完毕。如图 5-73 所示对话框。

二、选择打印机，直接打印 CAD 文件

（1）选择“打印”选项，“打印”快捷键为 Ctrl+p。

（2）执行命令之后，则弹出“打印-模型”的对话框，在“打印机/绘图仪”的“名称”中选择用户已安装好的打印机型号，如图 5-74 所示，选择了“Default Windows System Printer.Pc3”型号的打印机。

（3）在“打印区域”中，选择“窗口”选项，按“确定”回到绘图区中。

（4）此时出现了绘图窗口，用户对将要打印区域的图形对象进行框选操作。

（5）回到原对话框后，单击“确定”按钮，即可打印出图。

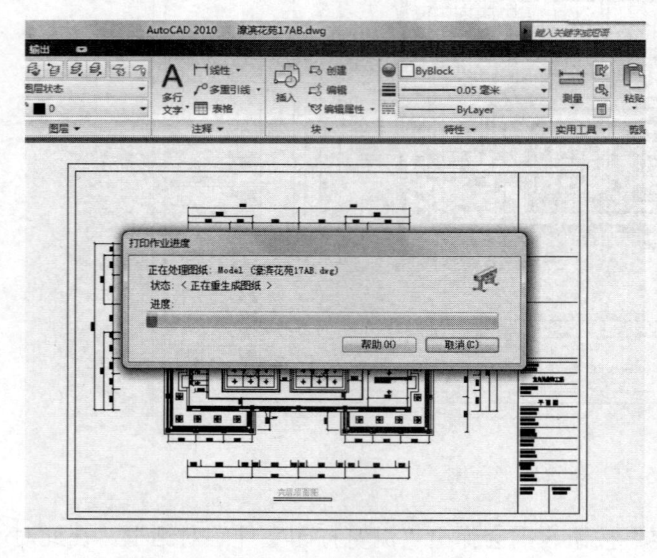

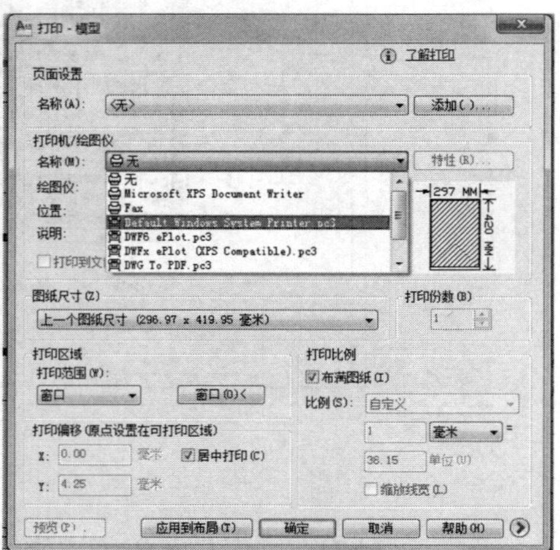

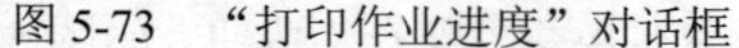
图 5-73 “打印作业进度”对话框

图 5-74 打印机的选择

项目六

环境工程三维图形

➤ 任务一　三维视点命令

任务概述： 认识AutoCAD 2010的三维绘图命令，使用这些命令绘制有关图形。

能力目标： 熟记三维绘图命令，并能够使用三维绘图命令绘制有关图形。

知识目标： 熟知三维视点、用户坐标系、三维空间中的点坐标编辑对象的方法，以及综合运用多种图形编辑命令绘制图形的方法。

素质目标： 独立操作软件，养成正确的绘图习惯。

知识导向： 深入理解软件的性能及特点，并能举一反三，融会贯通。

在AutoCAD 2010中，用户可以通过其三维命令创建一系列三维模型，结合视点和坐标能掌握具体运用。

一、三维视点

运用 CAD2010 绘制三维图形时，需要从不同角度观察图形，从而方便了解图形的实际情况并进行绘制和编辑等操作。

1．视点（快捷键 VPOINT）

在AutoCAD 2010中，选择"视图"→"三维视图"→"视点"命令，可以指定视点。

在命令行中输入"VPOINT"或选择"视图"→"三维视图"→"视点"进入三维视点命令，执行命令后AutoCAD 2010将会进入如下的操作。

命令: vpoint ；

当前视图方向:　VIEWDIR=0.0000,0.0000,1.0000 ；

指定视点或 [旋转(R)] <显示指南针和三轴架>:。

（1）指定视点：可输入X、Y、Z轴坐标值查看图形的视点。

（2）旋转(R)：输入"R"↙，将当前视点旋转一定角度，如图6-1所示，形成新视点。

系统提示：输入XY平面中与X轴的夹角 <当前值>：输入与 XY 平面的夹角 <当前值>：

显示指南针和三轴架：该项为缺省项，直接回车将出现如图6-2所示的三轴架和坐标罗盘。

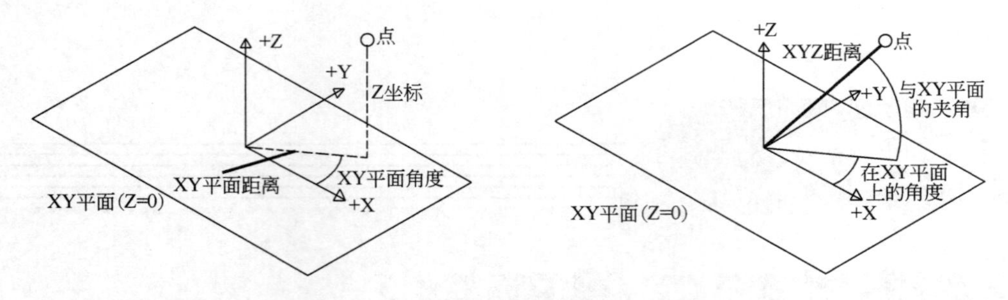

图 6-1 确定视点

2. 视点预置（快捷键 DDVPOINT）

选择“视图”→“三维视图”→“视点预置”命令，可对视点进行预置。

在命令行中输入“DDVPOINT”或选择“视图”→“三维视图”→“视点预置”进入视点预置命令，打开“视点预置”对话框，为当前视口设置视点。如图 6-3 所示。

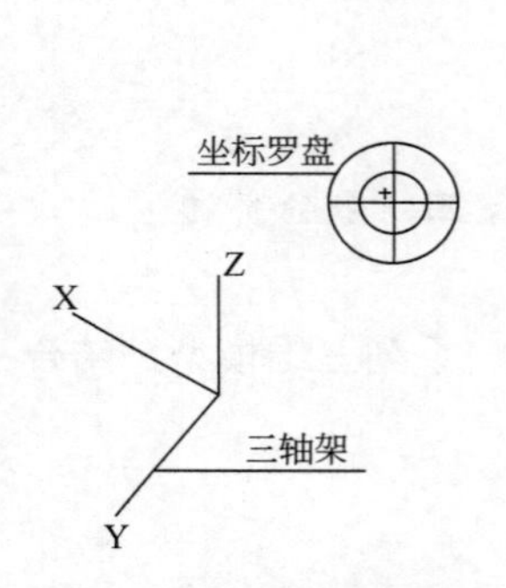

图 6-2 三轴架和坐标罗盘

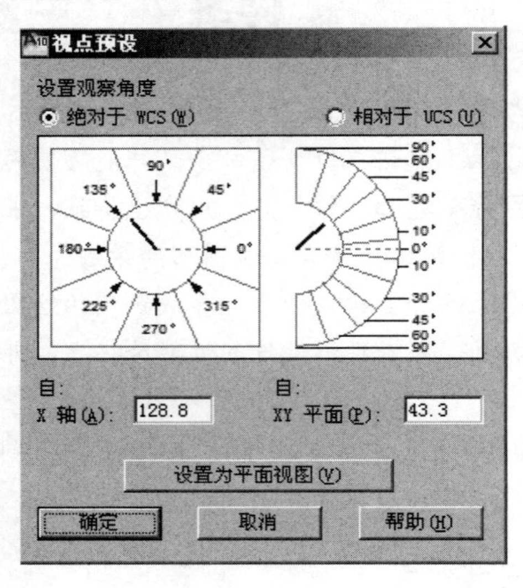

图 6-3 视点预置对话框

对话框中的左图用于设置原点和视点之间的连线在 XY 平面的投影与 X 轴正向的夹角；右面的半圆形图用于设置该连线与投影线之间的夹角，在图上直接拾取即可。也可以在“X 轴”、“XY 平面”两个文本框中输入相应的角度。

单击“设置为平面视图”按钮，可以将坐标系设置为平面视图。默认情况下，观察角度是相对于 WCS 坐标系的。选择“相对于 UCS”单选按钮，可相对于 UCS 坐标系定义角度。

3. 平面视图（快捷键 PLAN）

在 AutoCAD 2010 中，设置 UCS 的平面视图，即让当前 UCS 的 XY 平面平行于屏幕，以便方便用户的操作。

在命令行中输入“PLAN”或选择“视图”→“三维视图”→“平面视图”进入平面视图命令。

命令执行后系统会提示三个命令选项，分别为“当前 UCS（C）”、“UCS（U）”、“世界（W）”，以上三个命令选项可分别设置对应的平面视图。“当前 UCS（C）”选项表示生成相对于当前 UCS 的平面视图；“UCS（U）”选项表示恢复命名保存的 UCS 平面视图；“世界（W）”选项表示生成相对于 WCS 的平面视图。

4．快速设置视图

在 AutoCAD 2010 中，可以在菜单中快速设置不同的视图。

选择“视图”的相应按钮，如下图 6-4 所示。菜单中的“俯视”、“仰视”、“左视”、“右视”、“主视”、“后视”、“西南等轴测”、“东南等轴测”、“东北等轴测”和“西北等轴测”命令，便可以从多个方向来观察所绘制的图形了。

5．三维动态观察器（快捷键 3DORBIT）

在 AutoCAD 2010 中，可以通过三维动态观察器动态的设置视点，从而得到一个最佳的观察视角。

在命令行中输入“3DORBIT”或选择“导航”→“自由动态观察”命令，执行命令后 AutoCAD 2010 将会激活三维动态观察器，如图 6-5 所示。

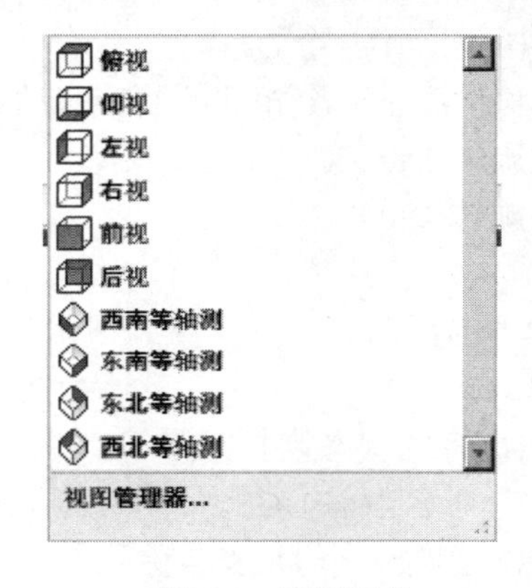

图 6-4　不同视角

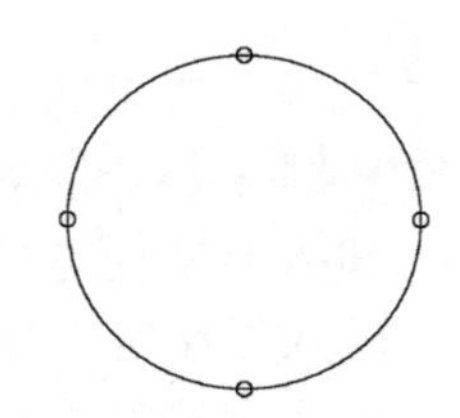

图 6-5　三维动态观察器

三维动态观察器是由一大四小五个圆组成的，光标出现在不同的位置将会导致图形对象以不同的形状出现，体现不同的功能，其功能分别如下：

（1）光标位于大圆内，按下鼠标左键并拖动鼠标，视点会绕图形对象作任意方向的旋转，可水平拖动、垂直拖动或任意方向拖动。

（2）光标位于大圆外，可以拖动视图绕垂直屏幕且通过轨道中心的轴移动。

（3）光标位于大圆上下两侧的小圆内，可拖动视图绕通过轨道中心水平方向的轴旋转。

（4）光标位于大圆左右两侧的小圆内，可拖动视图绕通过轨道中心垂直方向的轴旋转。

二、用户坐标系（UCS）

在 AutoCAD 2010 的二维绘图操作中，常用的坐标系为世界坐标系（WCS），也是其基本绘图操作的默认坐标系。

但对于三维图形来说，只用原点和各坐标轴方向固定不变的世界坐标系已经无法满足其绘图要求。因在 AutoCAD 2010 的三维状态下绘制的平面图形，总是在当前坐标系 XY 平面上或与其平行的平面上。故在绘制三维图形时，需要建立一个合适的坐标系也就是用户坐标系（UCS），以便于更好的绘制图形。

在命令行中输入“UCS”或选择“坐标”工具栏中单击按钮，执行命令后 AutoCAD 2010 将会进入如下的操作。

命令：

命令：_ucs

当前 UCS 名称： *世界*

指定 UCS 的原点或 [面(F)/命名(NA)/对象(OB)/上一个(P)/视图(V)/世界(W)/X/Y/Z/Z 轴(ZA)] <世界>：

1．指定 UCS 的原点

指定新 UCS 的原点。通过选取或输入当前 UCS 的原点，保持 X、Y、Z 轴方向不变，同时定义新 UCS，若不指定原点的 Z 轴坐标，此选项默认使用当前标高值。

2．面(F)

当输入“F”回车后，系统将会进行如下的提示。

选择实体对象的面：选择三维图形对象的面，创建新的 UCS。

输入选项 [下一个(N)/X 轴反向(X)/Y 轴反向(Y)] <接受>：

（1）下一个（N）：系统移动 UCS，将其移动到下一个相邻的面或移动到所选面的背面。

（2）X 轴反向（X）：新的 UCS 绕 X 轴旋转 180°。

（3）Y 轴反向（Y）：新的 UCS 绕 Y 轴旋转 180°。

3．命名(NA)

当输入“NA”回车后，系统将会进行如下的提示。

输入选项 [恢复(R)/保存(S)/删除(D)/?]：

（1）恢复（R）：输入要恢复的 UCS 名称，将现状态恢复至原 UCS。

（2）保存（S）：输入保存当前 UCS 名称，命名当前 UCS。

（3）删除（D）：输入要删除的 UCS 名称，删除一个 UCS 名称。

4．对象（OB）

当输入“OB”回车后，系统将会进行如下的提示。

选择对齐 UCS 的对象：

根据用户指定对象创建新的 UCS。

5．上一个（P）

如选择则返回到上一次所设置的坐标系统，此命令最多可重复运用十次。

6．视图（V）

将新的 XOY 平面设置为与当前视图相平行，X 轴指向当前视图的水平方向，原点不变。

7．世界（W）

此命令为 AutoCAD 2010 系统默认项，将当前 UCS 重置为世界坐标系（WCS）。

8．X/Y/Z

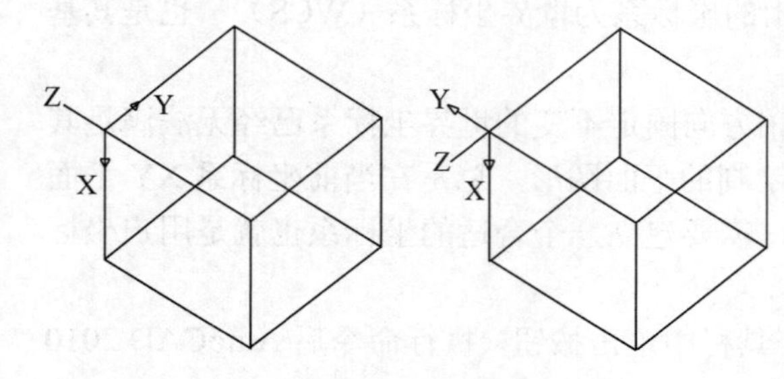

图 6-6 UCS 绕 X 轴旋转 90°

将原 UCS 绕 X 或 Y 或 Z 轴旋转指定角度，生成新的 UCS，以 X 轴为例，输入“X”回车后，系统将进行如下的提示。

指定绕 Z 轴的旋转角度 <90>：

可在提示下输入旋转角度数据，正负值用右手法来进行确定（将右手握轴，拇指指向轴正方向，其余四指弯曲即为角度旋转的正方向）。如图 6-6 所示。

9．Z 轴（ZA）

输入“ZA”后系统将提示。

指定新原点或 [对象(O)] <0,0,0>：（与指定新 UCS 的原点操作一致）。

在正 Z 轴范围上指定点 <当前坐标>：

输入或指定某一点，新原点与此点的连线方向为 Z 轴正方向；直接按回车则使新坐标系统的 Z 轴通过新原点，同时和原坐标系统的 Z 轴相平行且同向。如图 6-7 所示，新 Z 轴确定 UCS。

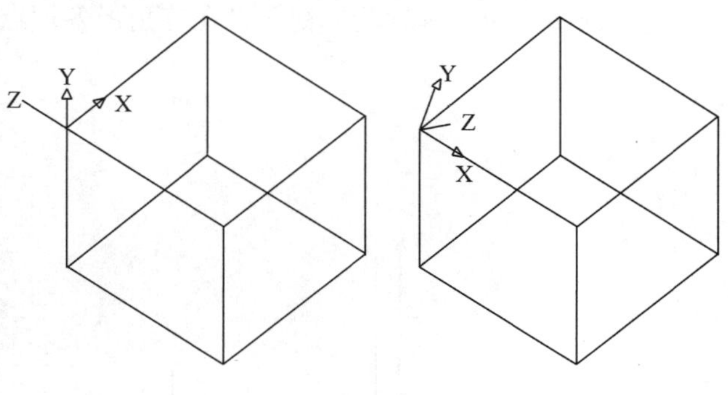

图 6-7　新 Z 轴确定 UCS

三、三维空间内的点坐标

在绘制三维图形的过程中，往往需要确定点在三维空间中的所在位置。在 AutoCAD2010 三维图形命令中，点的坐标有直角坐标、柱坐标和球坐标三大类。

1．直角坐标

直角坐标就是输入点对应于 X、Y、Z 轴上的垂直坐标数据，其坐标值之间用半角的逗号隔开。

2．柱坐标

柱坐标可以看成是极坐标在三维空间中的扩展和延伸，通过三个参数来描述空间内的某个点。该点在 XY 面上的投影与当前坐标系原点间的距离；该点的投影点与坐标系原点间的连接线以及与 X 轴正方向上组成的夹角；该点在 Z 轴上的坐标值数据。

距离与夹角角度之间用“<”隔开，夹角角度与 Z 轴坐标值数据之间用半角逗号进行隔开。

3．球坐标

球坐标同样也是运用三个参数来描述三维空间内某个点的位置的。具体为：该点与当前坐标系原点间的距离；坐标系原点与该点的连接线在 XY 面上的投影与 X 轴正方向上所形成的夹角；坐标系原点与该点的连接线与 XY 面上形成的夹角。以上三个角度数据之间均用“<”进行隔开。

4．在三维空间内绘制点

如果使用点“POINT”命令，来确定点的三轴坐标，既可以使用以上所述的三种坐标输入形式的一种；也可以通过利用对象捕捉等功能，来快速准确地确定三维空间内的某个特殊点。

四、任务训练

（1）如图 6-8 所示绘制相应图形。

① 在三维建模视图内选择“俯视”视角。

② 在“俯视”视角内绘制长 150，宽 100 的矩形。

③ 在三维建模视图内选择“左视”视角，此时矩形为一直线，在直线一端绘制长度为 100 的垂直线。

④ 选择“西南等轴测”视角，复制垂直线。

（2）如图 6-9 所示绘制相应图形。

① 在三维建模视图内选择“俯视”视角。

② 在“俯视”视角内绘制边长 200 的等边三角形。

③ 在三维建模视图内选择“左视”视角，此时三角形为一直线，在直线一端绘制长度为 300 的垂直线。

④ 选择“西南等轴测”视角，在三角形各顶点复制垂直线，用直线连接各垂直线顶点。

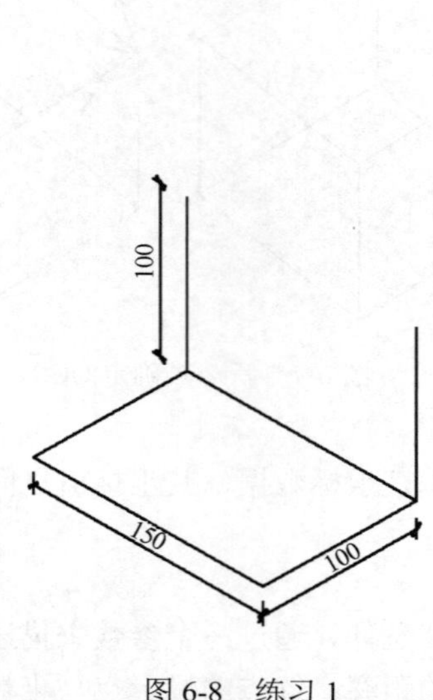

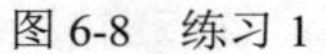
图 6-8 练习 1

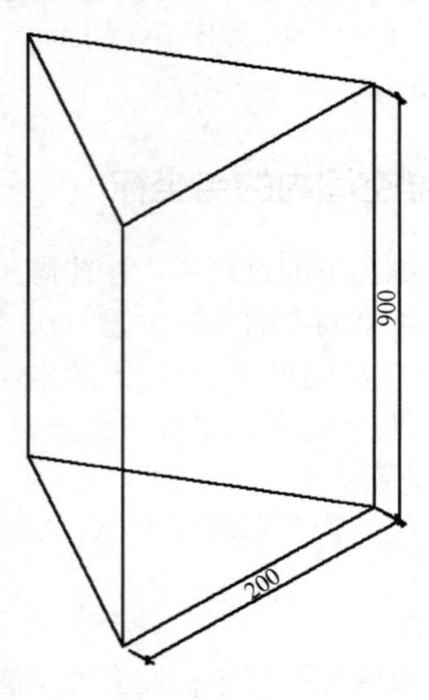

图 6-9 练习 2

任务二 三维绘制命令

任务概述： 认识 AutoCAD 2010 的三维绘图命令，并使用这些命令绘制有关图形。

知识目标： 灵活使用三维线框模型、三维表面模型、三维实体模型等编辑有关对象，综合运用多种图形编辑命令来绘制图形。

素质目标： 具有独立的软件操作能力以及，养成正确的绘图习惯。

知识导向： 通过 AutoCAD 的三维绘图命令系列的学习，深入理解软件的性能及特点，并能举一反三，将其他命令的操作融会贯通。

一、创建三维线框模型

三维线框是三维图形的框架，是一种较简单和直观的三维表达方式，主要由描述对象的线段和曲线组成。

1．绘制三维直线

在三维空间中指定两个点后，如点(0,0,0)和点(1,1,1)，这两个点之间的连线即是一条三维直线。一般在直线“LINE”命令下输入三维空间的端点位置即可。

如下图 6-10 所示，运用三维直线绘制长方体。

在命令行中输入“LINE”进入直线命令，AutoCAD 2010 将会进入如下的提示。

LINE 指定第一点：（绘图区内任意选择一点）。

指定下一点或 [放弃(U)]：@200，0↙。

指定下一点或 [放弃(U)]：@0，180↙。

指定下一点或 [闭合(C)/放弃(U)]：@-200，0↙。

指定下一点或 [闭合(C)/放弃(U)]：C↙。

此时则绘制出了一个长 200、高 180 的长方形。

在命令行中输入“CO”或“CP”进入复制命令，AutoCAD 2010 将会进入如下的提示。

命令: COPY↙。

选择对象: （选择当前已绘制的长方形）。

指定基点或 [位移(D)/模式(O)] <位移>: （指定长方形任意一角点）。

指定第二个点或 <使用第一个点作为位移>: @0，0，120↙。

指定第二个点或 [退出(E)/放弃(U)] <退出>: ↙。

点击“视图”→“三维视图”→“东北等轴测”改变视点，进入三维视角。在两个长方形对应角点的位置画直线进行连接，即可绘制出长方体的线框模型了。

2．绘制三维射线

在射线“RAY”命令下输入三维空间的端点位置即可绘制出三维的射线。

3．绘制三维构造线

在构造线“XLINE”命令下输入三维空间的端点位置即可绘制出三维的构造线。

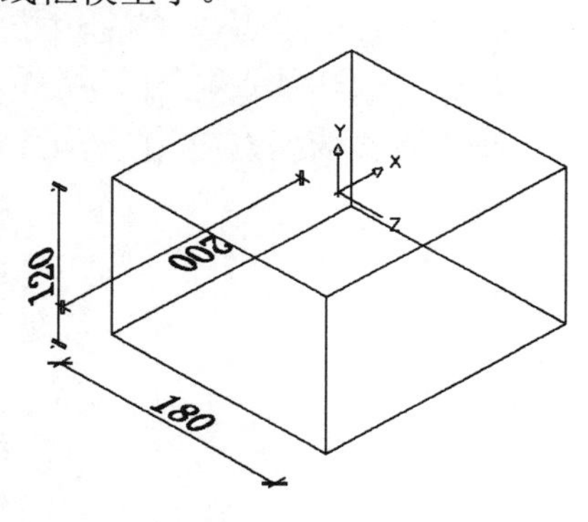

图 6-10　三维长方体

4．绘制三维多段线（快捷键 3DPOLY）

在命令行中输入“3DPOLY”进入三维多段线命令，AutoCAD 2010 将会进入如下的提示。

命令: 3dpoly↙。

指定多段线的起点: （绘图区内任意选择一点）。

指定直线的端点或 [放弃(U)]:（输入下一个三维点坐标）。

指定直线的端点或 [放弃(U)]: （输入下一个三维点坐标）。

指定直线的端点或 [闭合(C)/放弃(U)]: （输入下一个三维点坐标）。

……

实际操作中可见三维多段线与二维多段线相比，三维多段线只能绘制直线段，而不能绘制圆弧线。

5．编辑三维多段线（快捷键 PEDIT）

编辑三维多段线命令，可以从多方面来对三维多段线进行调整。

在命令行中输入“PEDIT”进入编辑三维多段线命令，AutoCAD 2010 将会进入如下的提示。

命令: PEDIT↙。

选择多段线或 [多条(M)]:

输入选项 [闭合(C)/编辑顶点(E)/样条曲线(S)/非曲线化(D)/反转(R)/放弃(U)]:

实际操作中以上各项命令与编辑二维多段线相类似，但是三维多段线不能改变线宽，也不能进行样条曲线的拟合操作。

绘制三维多段线。

在命令行中输入“3DPOLY”进入三维多段线命令，AutoCAD 2010 将会进入如下的提示。

命令: 3DPOLY↙。

指定多段线的起点: 200,0,0↙。

指定直线的端点或 [放弃(U)]: @200，45，20↙。

指定直线的端点或 [放弃(U)]: @200，90，40↙。

指定直线的端点或 [闭合(C)/放弃(U)]: @200，135，60↙。

指定直线的端点或 [闭合(C)/放弃(U)]: @200，180，80↙。

指定直线的端点或 [闭合(C)/放弃(U)]: @200，225，100↙。

指定直线的端点或 [闭合(C)/放弃(U)]: @200，270，120↙。

指定直线的端点或 [闭合(C)/放弃(U)]: @200，315，140↙。

指定直线的端点或 [闭合(C)/放弃(U)]: @200，360，160↙。

指定直线的端点或 [闭合(C)/放弃(U)]: @200，405，180↙。

指定直线的端点或 [闭合(C)/放弃(U)]: @200，450，200↙。

指定直线的端点或 [闭合(C)/放弃(U)]: @200，495，220↙。

指定直线的端点或 [闭合(C)/放弃(U)]: @200，540，240↙。

以上操作绘制出一条三维多段线，还可以输入端点坐标继续延长。点击“视图”→“三维视图”→“东北等轴测”改变视点，进入三维视角。如图 6-11 所示。

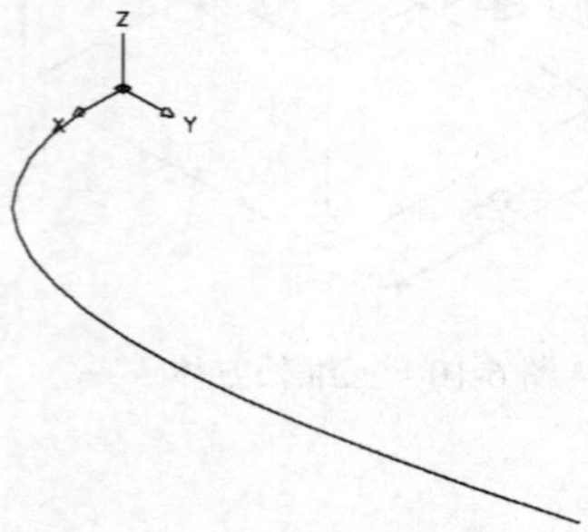

图 6-11 三维多段线

编辑三维多段线。

键入“PEDIT”进入编辑三维多段线命令，AutoCAD 2010 会进入以下提示。

命令: PEDIT↙。

选择多段线或 [多条(M)]:（选择当前绘制的三维多段线）。

输入选项 [闭合(C)/编辑顶点(E)/样条曲线(S)/非曲线化(D)/反转(R)/放弃(U)]: S↙。

输入选项 [闭合(C)/编辑顶点(E)/样条曲线(S)/非曲线化(D)/反转(R)/放弃(U)]: ↙。

结果将原三维多段线转换成样条曲线，从细节可以看出转换后的样条曲线更加光滑。如图 6-12 所示。

6. 绘制与编辑三维样条曲线

此命令与绘制与编辑二维样条曲线相类似，请参考二维图形绘图命令中的样条曲线的绘制与编辑。在此就不再细说。

二、创建三维表面模型

三维表面模型是用面来描述三维对象的，它不仅仅定义了三维图形对象的边界，同时也定义了表面，此刻三维图形对象就具有了面的特征。

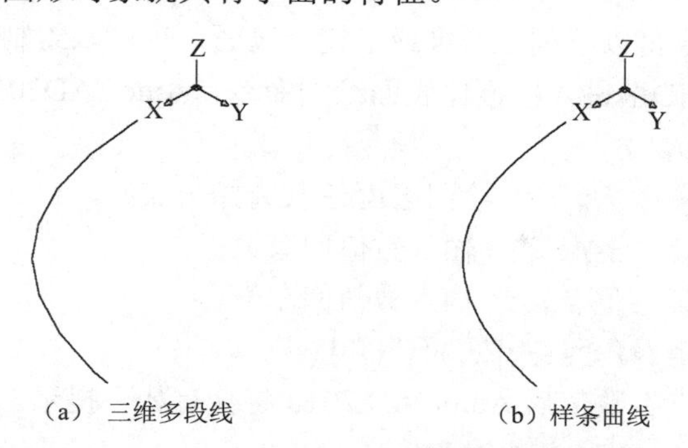

（a） 三维多段线　　（b）样条曲线

图 6-12　三维多段线转换为样条曲线

基本的三维表面有长方体表面、楔体表面、棱锥体表面、圆锥体表面、球体表面、上半球面、下半球面、圆环体表面以及网格表面。绘制以上这些对象可以直接使用相应的函数，此命令与普通命令使用方面相同。

1．长方体表面　（函数 AI_BOX）

绘制一个已知长、宽、高数据的长方体表面，可以使用长方体表面命令。如图 6-13 所示，绘制一个长方体表面。

在命令行中输入“AI_BOX”回车，进入长方体表面绘制命令，AutoCAD 2010 将会进入如下的提示。

命令: AI_BOX↙。

指定角点给长方体:（绘图区内任意选择一点）。

指定长度给长方体: 500↙。

指定长方体表面的宽度或 [立方体(C)]: 300↙。

指定高度给长方体: 600↙。

指定长方体表面绕 Z 轴旋转的角度或 [参照(R)]: 0↙。

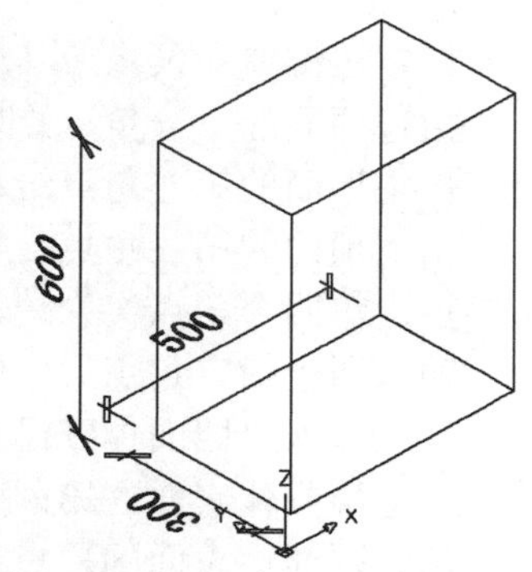

图 6-13　长方体表面

在输入数据过程中应注意，长方体的长为 X 轴方向，宽为 Y 轴方向，高为 Z 轴方向，所输入的这些数值不可为负值。

2．楔体表面　（函数 AI_WEDGE）

绘制一个楔体表面，可以使用以下命令。如图 6-14 所示。

在命令行中输入“AI_ WEDGE”，进入楔体表面绘制命令，AutoCAD 2010 将会进入如下的提示。

命令: AI_WEDGE↙。

指定角点给楔体表面:（绘图区内任意选择一点）。

指定长度给楔体表面:（输入长度数值回车）。

指定楔体表面的宽度:（输入宽度数值回车）。

指定高度给楔体表面:（输入高度数值回车）。

指定楔体表面绕 Z 轴旋转的角度:（输入旋转角度值回车）。

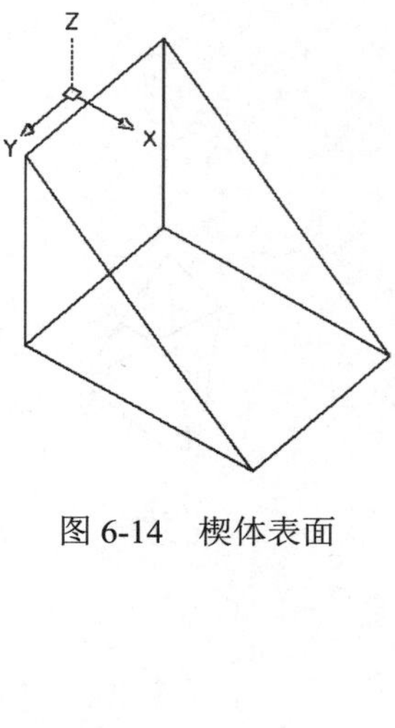

图 6-14　楔体表面

在输入数据过程中应注意，楔体的长、宽、高分别为当前 UCS 的 X、Y、Z 轴正方向，且数值也不可为负值。

3．棱锥体表面 （函数 AI_PYRAMID）

通过棱锥体表面命令可以绘制三棱锥或三棱台表面，也可以绘制四棱锥或四棱台表面。

键入“AI_PYRAMID”进入棱锥体表面绘制命令，AutoCAD2010 会进入以下提示。

命令: AI_PYRAMID↙。

指定棱锥体底面的第一角点: （绘图区内任意选择一点）。

指定棱锥体底面的第二角点: （输入数值回车）。

指定棱锥体底面的第三角点: （输入数值回车）。

指定棱锥体底面的第四角点或 [四面体(T)]:

（1）输入“第四角点”数值后 AutoCAD 2010 将会有如下提示。

指定棱锥体的顶点或 [棱(R)/顶面(T)]:

① 指定不在棱锥体底面上的一点，生成一个四棱锥。如图 6-15（a）所示。

② 棱(R)

指定棱锥体的顶点或 [棱(R)/顶面(T)]: r↙。

指定棱锥体棱的第一端点: 指定一点。

指定棱锥体棱的第二端点: 指定另一点。

生成顶端为一直线的一个四棱锥。如图 6-15（b）所示。

③ 顶面(T)

指定棱锥体的顶点或 [棱(R)/顶面(T)]: t↙。

指定顶面的第一角点给棱锥体: （指定一点）。

指定顶面的第二角点给棱锥体: （指定一点）。

指定顶面的第三角点给棱锥体: （指定一点）。

指定第四个角点作为棱锥体的顶点: （指定一点）。

输入四个指定角点后生成一个四棱台。如图 6-15（c）所示。

（2）输入“四面体(T)”命令后 AutoCAD 2010 将会有如下提示。

指定棱锥体底面的第四角点或 [四面体(T)]: t↙。

指定四面体表面的顶点或 [顶面(T)]:

① 指定四面体表面的顶点，生成一个三棱锥。如图 6-15（d）所示。

② 顶面(T)

指定四面体表面的顶点或 [顶面(T)]: t↙。

指定顶面的第一角点给四面体表面: （指定一点）。

指定顶面的第二角点给四面体表面: （指定一点）。

指定顶面的第三角点给四面体表面: （指定一点）。

输入三个指定角点后生成一个三棱台。如图 6-15（e）所示。

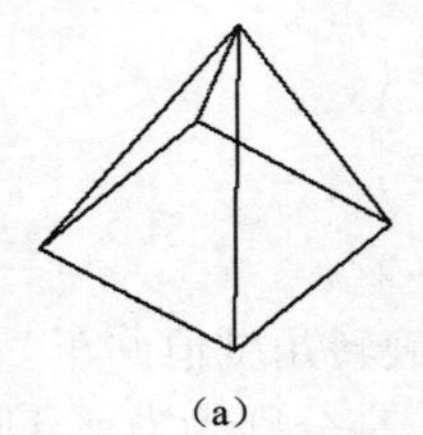
(a)
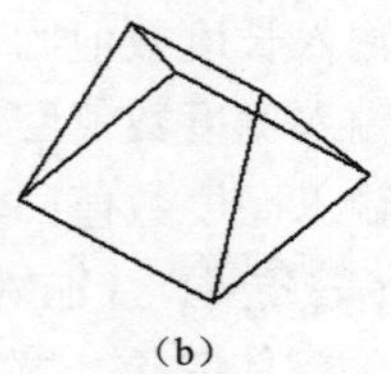
(b)
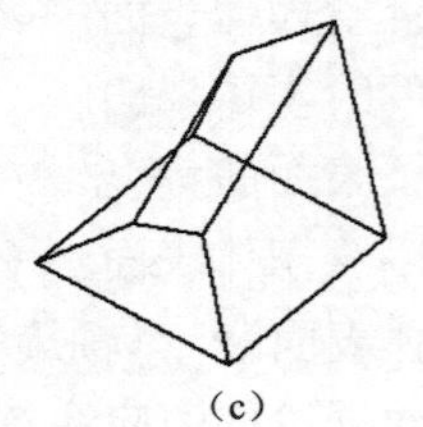
(c)
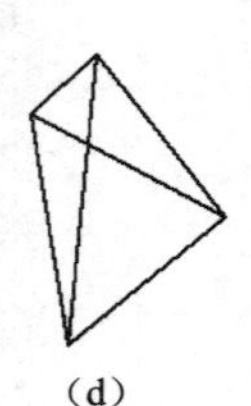
(d)
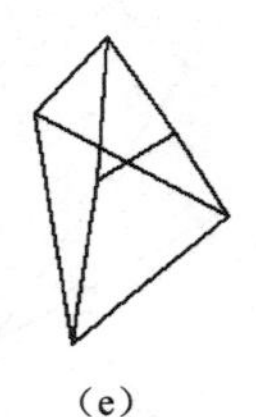
(e)

图 6-15 各种棱锥体和棱台体表面

4．圆锥体表面　（函数 AI_CONE）

通过圆锥体表面命令可以绘制圆锥体表面模型。

在命令行中输入“AI_CONE”进入圆锥体表面绘制命令，AutoCAD 2010 将会进入如下的提示。

命令: AI_CONE↙。

指定圆锥面底面的中心点:　（在绘图区任意拾取一点或输入指定点坐标值）。

指定圆锥面底面的半径或 [直径(D)]:　（输入半径或直径数值回车）。

指定圆锥面顶面的半径或 [直径(D)] <0>:　[回车直接生成圆锥面，如下图 6-16（a）所示；输入半径或直径数据则生成圆台面，如图 6-16（b）所示]

指定圆锥面的高度:　（输入高度数值回车）。

输入圆锥面曲面的线段数目 <当前值>: [输入线段数目（数目值越大，则圆锥体表面越平滑）]。

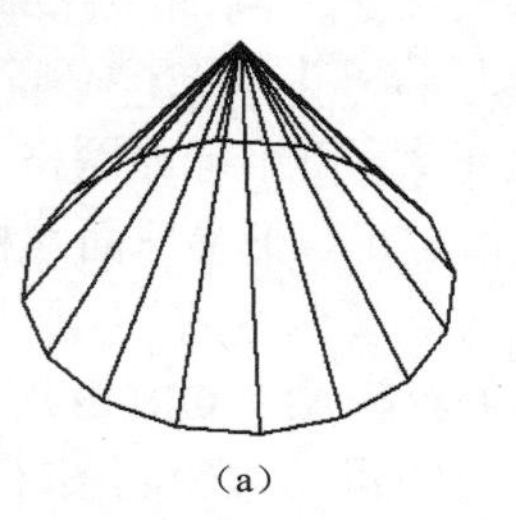
（a）

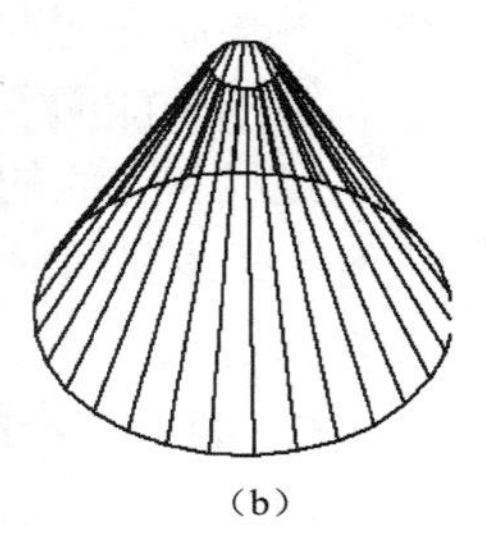
（b）

图 6-16　圆锥体和圆台体表面

5．球体表面　（函数 AI_SPHERE）

使用球体表面命令可以绘制球体表面模型。如图 6-17 所示。

在命令行中输入“AI_SPHERE”进入球体表面绘制命令，AutoCAD 2010 将会进入如下的提示。

命令: AI_SPHERE↙。

指定中心点给球面:　（在绘图区任意拾取一点或输入指定点坐标值）。

指定球面的半径或 [直径(D)]:　（输入半径或直径数值回车）。

输入曲面的经线数目给球面 <当前值>:　（输入线段数目回车）。

输入曲面的纬线数目给球面 <当前值>:　（输入线段数目回车）。

经线和纬线的数值越大，球体表面网格密度就越大，所形成的曲面也就越光滑；经线和纬线的数值越小，球体表面网格密度越小，曲面越呈现为网格状。

图 6-17　球体表面

6．上半球面　（函数 AI_DOME）

使用上半球面命令可以绘制出一个上面半个球面的模型。如图 6-18 所示。

在命令行中输入“AI_DOME”进入上半球面绘制命令，AutoCAD 2010 将会进入如下的提示。

命令: AI_DOME↙。

指定中心点给上半球面:　（在绘图区任意拾取一点或输入指定点坐标值）。

指定上半球面的半径或 [直径(D)]:　（输入半径或直径数值回车）。

输入曲面的经线数目给上半球面 <当前值>:　（输入线段数目回车）。

输入曲面的纬线数目给上半球面 <当前值>:　（输入线段数目回车）。

经线和纬线的数值越大，上半球面网格密度就越大，曲面也就越光滑；经线和纬线的数值越小，上半球面网格密度就越小，曲面越呈现为网格状。

7．下半球面 （函数 AI_DISH）

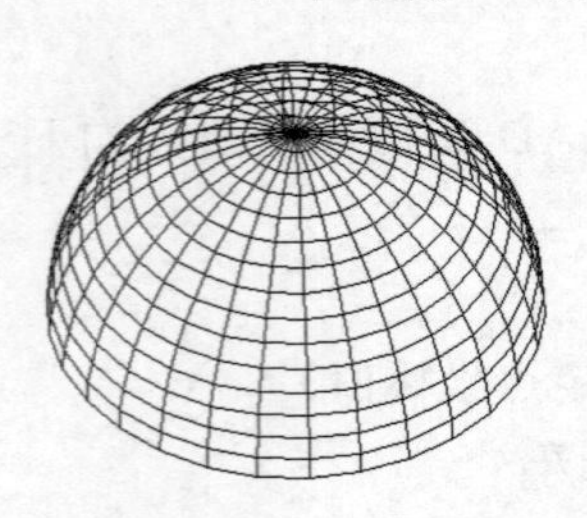

图 6-18　上半球面

使用下半球面命令可以绘制出只有下面半个球面的模型。如图 6-19 所示。

键入“AI_DISH”进入下半球面绘制命令，AutoCAD 2010 会进入以下提示。

命令: AI_DISH↙。

指定中心点给下半球面: （在绘图区任意拾取一点或输入指定点坐标值）。

指定下半球面的半径或 [直径(D)]: （输入半径或直径数值回车）。

输入曲面的经线数目给下半球面 <当前值>: （输入线段数目回车）。

输入曲面的纬线数目给下半球面 <当前值>: （输入线段数目回车）。

经线和纬线的数值越大，下半球面网格密度就越大，曲面也就越光滑；经线和纬线的数值越小，下半球面网格密度就越小，曲面越呈现为网格状。

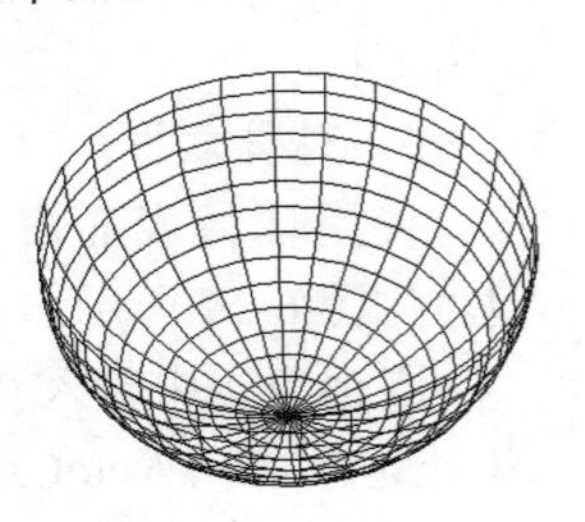

图 6-19　下半球面

8．圆环体表面 （函数 AI_TORUS）

通过圆环体表面命令可以用来绘制圆环体表面的模型。如图 6-20 所示。

在命令行中输入“AI_TORUS”进入圆环体表面绘制命令，系统将会进入如下的提示。

命令: AI_TORUS↙。

指定圆环面的中心点: （在绘图区任意拾取一点或输入指定点坐标值）。

指定圆环面的半径或 [直径(D)]: （输入半径或直径数据后回车）。

指定圆管的半径或 [直径(D)]: （输入半径或直径数据后回车）。

输入环绕圆管圆周的线段数目 <当前值>: （输入线段数目）。

输入环绕圆环面圆周的线段数目 <当前值>: （输入线段数目）。

经线和纬线的数值越大，圆环体表面的网格密度就越大，曲面也就越光滑；经线和纬线的数值越小，圆环体表面网格密度就越小，曲面越呈现为网格状。

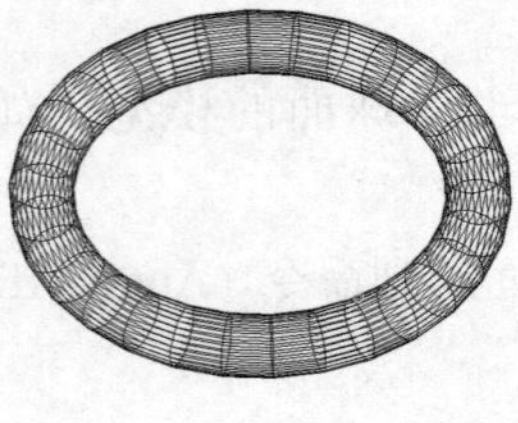

图 6-20　圆环体表面

9．网格表面 （函数 AI_MESH）

网格表面一般是由指定的四个角点生成的，这四个角点可以在同一平面上，也可以不在同一平面上。如图 6-21 所示。

绘制方法：在命令行中输入“AI_MESH”进入网格表面绘制命令，系统将提示。

命令: AI_MESH↙。

指定网格的第一角点: （在绘图区任意拾取一点或输入指定点坐标值）。

指定网格的第二角点: （在绘图区任意拾取一点或输入指定点坐标值）。

指定网格的第三角点: （在绘图区任意拾取一点或输入指定点坐标值）。

指定网格的第四角点: （在绘图区任意拾取一点或输入指定点坐标值）。

输入 M 方向上的网格数量: （输入线段数目回车）。

输入 N 方向上的网格数量: （输入线段数目回车）。

三、其他三维表面模型的创建方法

三维表面模型的创建还可用如下四种命令：旋转曲面、边界曲面、直纹曲面及平移曲面。

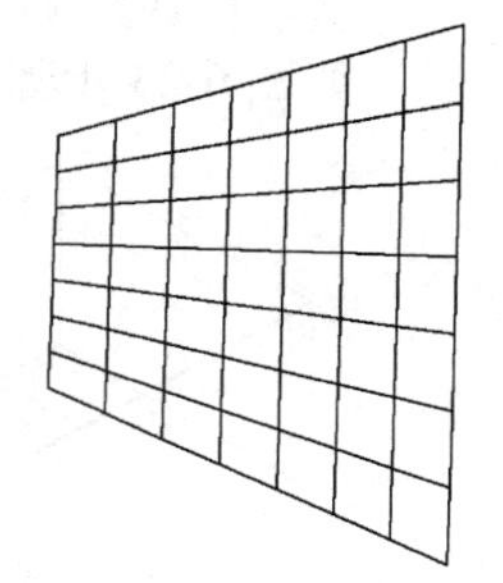

图 6-21　网格表面

1．旋转曲面　（快捷键 REVSURF）

在 AutoCAD 2010 三维命令中，将一段曲线绕着某根中心轴线旋转一定的角度即可生成一个旋转曲面，如果旋转 360°，那么该曲线将生成一个封闭的回转面。旋转线条可以是直线段、圆、圆弧、样条曲线、多段线等；旋转轴可以是直线段、多段线等对象，如果旋转轴对象是一条多段线，那么旋转轴本身即为该多段线首尾连接的直线。

在命令行中输入“REVSURF”，或在“网格建模”工具栏中单击按钮。当进入旋转曲面绘制命令时，AutoCAD 2010 将会有如下的提示。

命令: _revsurf

当前线框密度: SURFTAB1=20　SURFTAB2=20

选择要旋转的对象:　（选择对象）。

选择定义旋转轴的对象:　（选择对象）。

指定起点角度 <0>:　（输入角度值回车）。

指定包含角 (+=逆时针，－=顺时针) <360>:

如图 6-22 创建旋转曲面步骤所示。

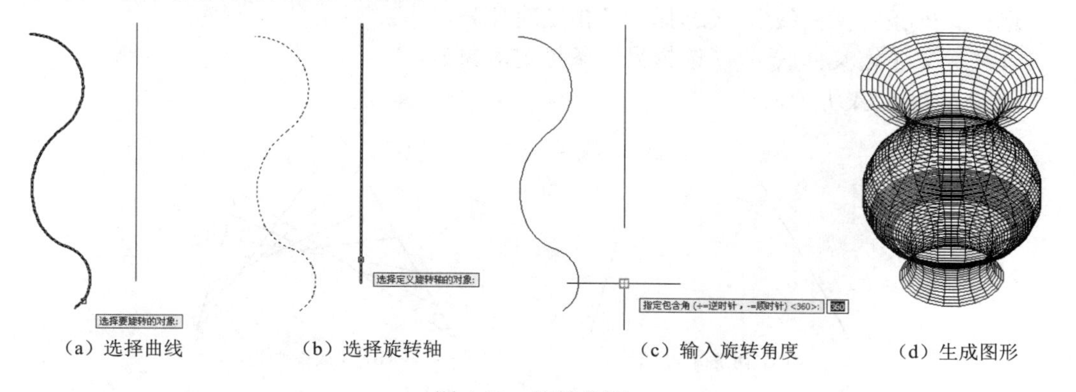

（a）选择曲线　（b）选择旋转轴　（c）输入旋转角度　（d）生成图形

图 6-22　旋转曲面

2．边界曲面　（快捷键 EDGESURF）

在 AutoCAD2010 三维命令中，边界曲面由四条首尾相连接的边创建而成。这四条边界可以是直线段、圆、圆弧、多段线等。

在命令行中输入“EDGESURF”，或在“网格建模”工具栏中单击按钮。当进入旋转曲面绘制命令时，AutoCAD 2010 将会出现如下的提示。

命令:edgesurf↙。

当前线框密度: SURFTAB1=6　SURFTAB2=6

选择用作曲面边界的对象 1:　（选择边界）。

选择用作曲面边界的对象 2:　（选择边界）。

选择用作曲面边界的对象 3:　（选择边界）。

选择用作曲面边界的对象 4: （选择边界）。

如图 6-23 步骤所示。

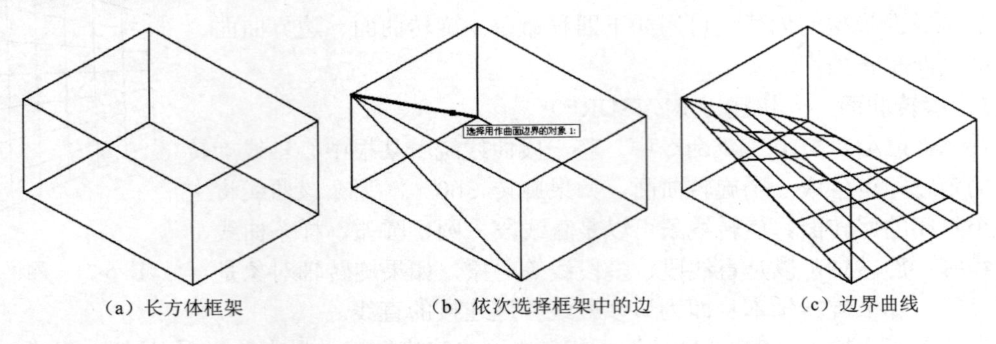

（a）长方体框架 （b）依次选择框架中的边 （c）边界曲线

图 6-23 边界曲面

3．直纹曲面 （快捷键 RULESURF）

在 AutoCAD 2010 三维命令中，直纹曲面是采用直线来连接两个指定对象从而生产的曲面。对象可以是点、直线、圆弧、圆、多段线等。

在命令行中输入“RULESURF”，或在“网格建模”工具栏中单击按钮。当进入旋转曲面绘制命令时，AutoCAD 2010 将会出现如下的提示。

命令: rulesurf↙。

当前线框密度: SURFTAB1=6

选择第一条定义曲线: （选择一条指定对象）。

选择第二条定义曲线: （选择另一条指定对象）。

如图 6-24 步骤所示。

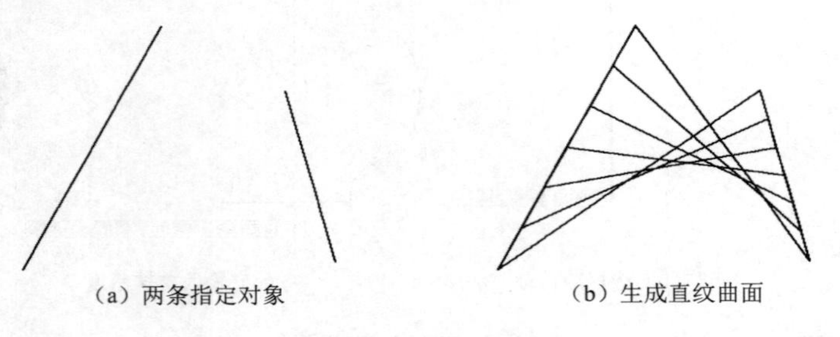

（a）两条指定对象 （b）生成直纹曲面

图 6-24 直纹曲面

4．平移曲面 （快捷键 TABSURF）

在 AutoCAD 2010 三维命令中，平移曲面指的是由一个初始图形沿一根轨迹线平行移动而形成的曲面效果。初始图形可以是直线段、圆、圆弧、多段线、样条曲线等；轨迹线可以是直线段、多段线等，如果将多段线作为轨迹线，那么它的拉伸移动方向是该多段线首尾连接的连线。

在命令行中输入“TABSURF”，或在“网格建模”工具栏中单击按钮。当进入旋转曲面绘制命令时，AutoCAD 2010 将会出现如下的提示。

命令: _tabsurf

当前线框密度: SURFTAB1=6

选择用作轮廓曲线的对象:（选择轮廓曲面)。

选择用作方向矢量的对象:（选择作方向矢量的轨迹线）。

如图 6-25 所示。

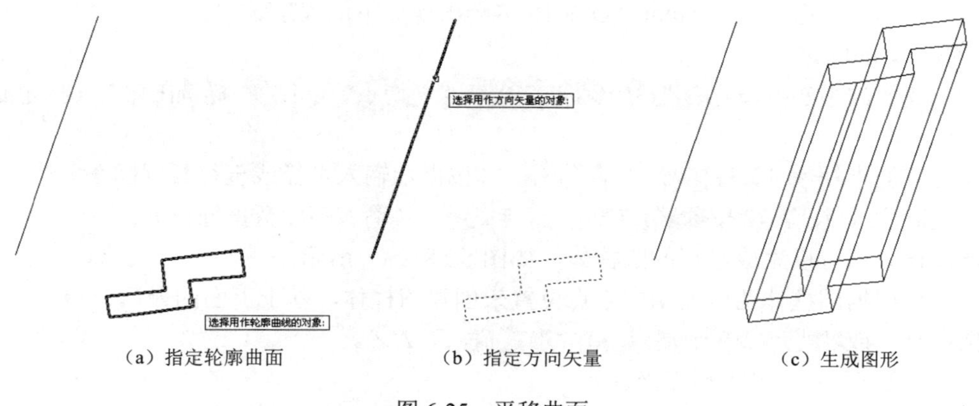

（a）指定轮廓曲面　（b）指定方向矢量　（c）生成图形

图 6-25 平移曲面

四、三维实体模型

AutoCAD 2010 三维建模模式下可以直接在“常用”→“建模”内点击实体模型按钮，如图 6-26 所示，或者直接输入快捷命令进行图形绘制。

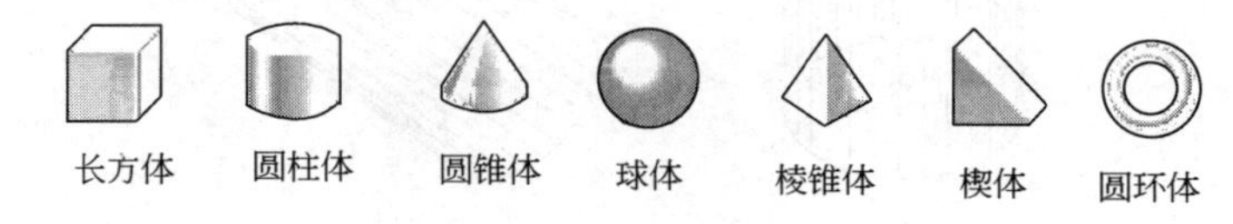

图 6-26 实体模型

1．长方体　（快捷键 BOX）

使用 AutoCAD 2010 三维命令创建长方体实体模型。如图 6-27 所示。

在命令行输入“BOX”，或是在“常用”→“建模”工具栏中单击 长方体 按钮。当进入长方体绘制命令时，AutoCAD 2010 将会出现如下的提示。

命令: box↙。

指定第一个角点或 [中心(C)]:　（指定长方体底面一个角点位置）。

指定其他角点或 [立方体(C)/长度(L)]:　（指定长方体底面另一个对角角点位置）。

指定高度或 [两点(2P)]:　（输入长方体高度）。

此方法是指定长方体底面对角两个角点以及高度，从而生成长方体，根据提示命令还有以下三种创建方法：

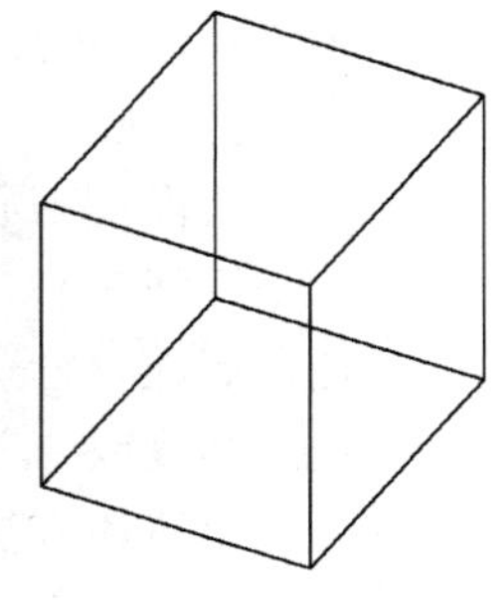

图 6-27 长方体

（1）指定长方体底面的中心点和一个角点位置，输入高度数据，生成长方体。

（2）指定长方体的一个角点位置，输入长、宽、高数据生成长方体。

（3）指定长方体的两个对角顶点位置，生成长方体。

2．圆柱体 （快捷键 CYLINDER）

使用 AutoCAD 2010 三维命令来创建圆柱体实体模型。

在命令行中输入“CYLINDER”，或在“常用”→“建模”工具栏中单击圆柱体按钮。当进入圆柱体绘制命令时，AutoCAD 2010 将会出现如下的提示。

命令: cylinder↙。

指定底面的中心点或 [三点(3P)/两点(2P)/切点、切点、半径(T)/椭圆(E)]: （指定底面中心点坐标回车）。

指定底面半径或 [直径(D)] <当前值>: （按提示输入半径或直径数据回车）。

指定高度或 [两点(2P)/轴端点(A)] <当前值>: （输入高度数据回车）。

通过该方法可以生成竖直的圆柱体，如图 6-28（a）所示。

另，可根据圆柱体两底面轴中心点位置来创建圆柱体，基于上面的最后一步。

指定高度或 [两点(2P)/轴端点(A)] <当前值>： A↙。

指定轴端点： （输入端点坐标）。

通过该方法可以生成任意方向横置的圆柱体，如图 6-28（b）所示。

如果改变变量 IOSLINES 数据，可以用来控制圆柱体的线框密度。

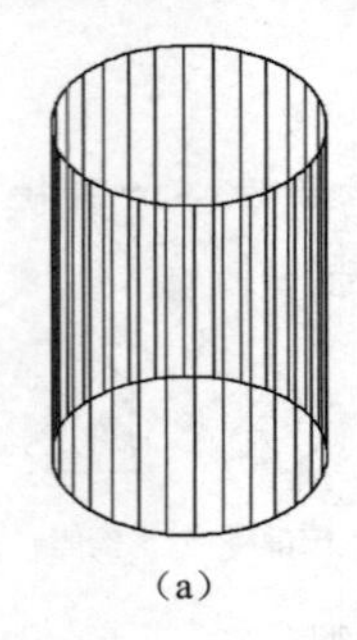

（a）

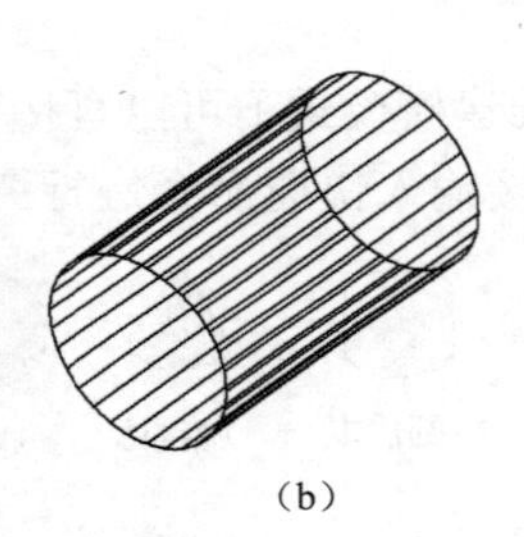

（b）

图 6-28 圆柱体

3．圆锥体 （快捷键 CONE）

使用 AutoCAD 2010 三维命令创建圆锥体实体模型。

在命令行中输入“CONE”，或在“常用”→“建模”工具栏中单击圆锥体按钮。当进入圆锥体绘制命令时，AutoCAD 2010 将会出现如下的提示。

命令：cone↙。

指定底面的中心点或 [三点(3P)/两点(2P)/切点、切点、半径(T)/椭圆(E)]: （指定底面中心点坐标回车）。

指定底面半径或 [直径(D)] <当前值>: （按提示输入半径或直径数据回车）。

指定高度或 [两点(2P)/轴端点(A)/顶面半径(T)] <当前值>： （输入高度数据回车）。

通过上述该方法，可以生成竖直的圆锥体，如图 6-29（a）所示。

另，可根据圆锥体底面中心点和顶点位置来创建圆锥体，基于上述的最后一步：

指定高度或 [两点(2P)/轴端点(A)/顶面半径(T)] <当前值>： A↙。

指定轴端点： （输入端点坐标）。

通过该方法可以生成任意方向横置的圆锥体，如图 6-29（b）所示。

但是如果输入顶面半径(T)，且数据大于“0”，其最终生成的实体为圆台体。

如果改变变量 IOSLINES 数据可以用来控制圆锥体线框密度，初始默认值为 4，数据越大线框密度越大。

4．球体　（快捷键 SPHERE）

使用 AutoCAD 2010 三维命令可以用来创建球体实体模型。如图 6-30 所示。

在命令行中输入“SPHERE”，或在“常用”→“建模”工具栏中单击 按钮。当进入球体绘制命令后，AutoCAD 2010 将会出现如下的提示。

命令：sphere↙。

指定中心点或 [三点(3P)/两点(2P)/切点、切点、半径(T)]:　（指定中心点坐标）。

指定半径或 [直径(D)] <当前值>:　（输入半径或直径数据）。

如果改变变量 IOSLINES 数据可以控制球体线框密度，初始默认值为 4，数据越大线框密度越大。

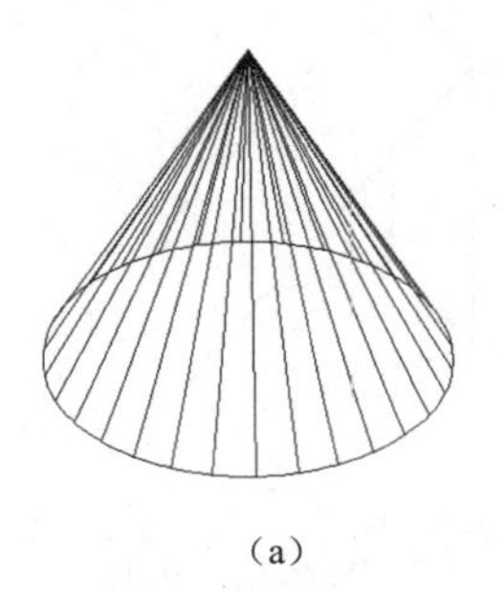

（a）　（b）

图 6-29　圆锥体

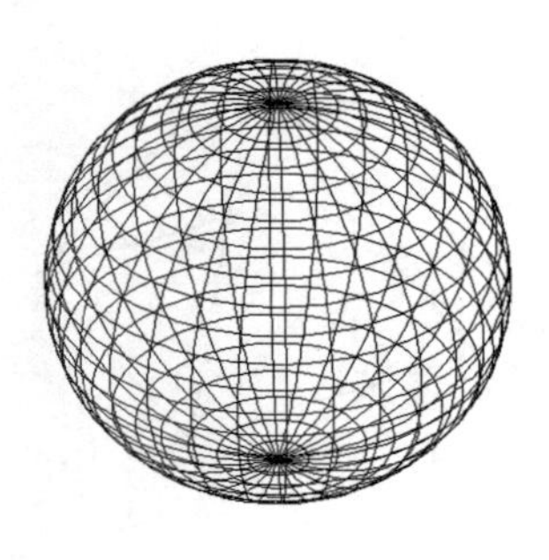

图 6-30　球体

5．棱锥体　（快捷键 PYRAMID）

使用 AutoCAD 2010 三维命令可以用来创建棱锥体实体模型。

绘制方法：在命令行中输入“PYRAMID”，或在“常用”→“建模”工具栏中单击 按钮。当进入棱锥体绘制命令后，AutoCAD 2010 将会出现如下的提示。

命令: pyramid↙。

4 个侧面　外切

指定底面的中心点或 [边(E)/侧面(S)]:　（指定底面中心点坐标回车）。

指定底面半径或 [内接(I)] <当前值>:　（输入底面所在外切圆半径数据回车）。

指定高度或 [两点(2P)/轴端点(A)/顶面半径(T)] <当前值>:　（输入高度数据回车）。

通过该方法可以生成竖直的棱锥体，如图 6-31（a）所示。

另，可根据棱锥体底面中心点和顶点位置来创建棱锥体，基于上述最后一步.

指定高度或 [两点(2P)/轴端点(A)/顶面半径(T)] <当前值>:　A↙。

指定轴端点:　（输入端点坐标）。

通过该方法可以生成任意方向横置的棱锥体，如图 6-31（b）所示。

但是如果输入顶面半径(T)，且数据大于“0”，其最终生成的实体为棱台体。

如果改变变量 IOSLINES 数据可以控制棱锥体线框密度，初始默认值为 4，数据越大线框密度越大。

6．楔体　（快捷键 WEDGE）

使用 AutoCAD 2010 三维命令可以用来创建楔体实体模型。如图 6-32 所示。

绘制方法：在命令行中输入“WEDGE”，或在“常用”→“建模”工具栏中单击楔体按钮。当进入楔体绘制命令后，AutoCAD 2010 将会出现如下的提示。

命令: wedge↙。

指定第一个角点或 [中心(C)]: （输入楔体底面一个角点坐标回车）。

指定其他角点或 [立方体(C)/长度(L)]: （输入楔体底面对角另一个角点坐标回车）。

指定高度或 [两点(2P)] <当前值>: （输入楔体高度数据回车）。

此方法是指定楔体底面对角两个角点以及高度，从而生成楔体，根据提示命令还有以下三种创建方法：

（1）指定楔体底面的一个角点位置，输入长、宽、高数据生成楔体。

（2）指定楔体斜面中心点和底面角点位置生成楔体。

（3）指定楔体斜面中心点位置，输入长、宽、高数据生成楔体。

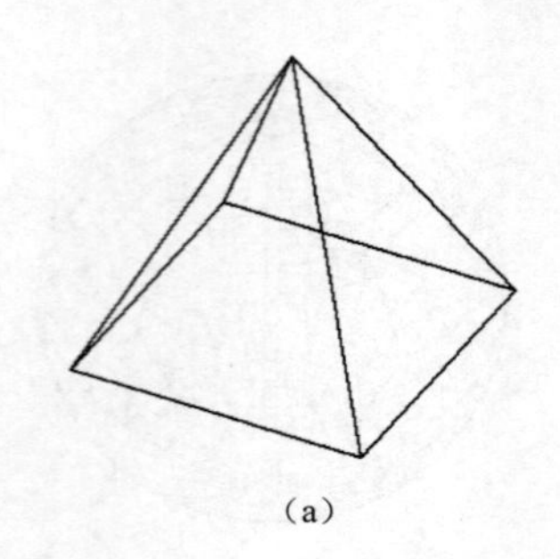

（a）　　（b）

图 6-31　棱锥体

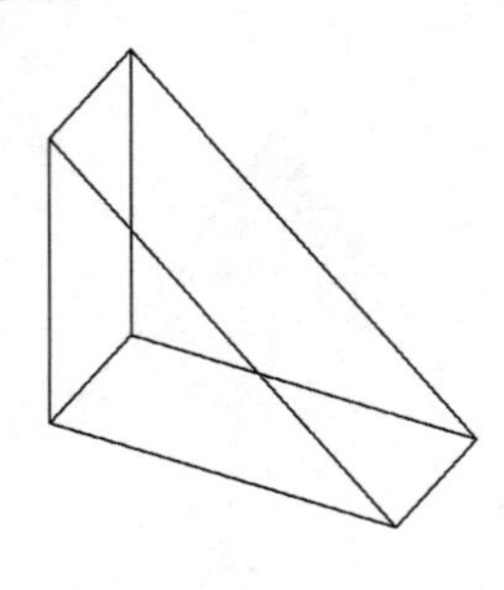

图 6-32　楔体

7. 圆环体　（快捷键 TORUS）

使用 AutoCAD 2010 三维命令创建圆环体实体模型，如图 6-33 所示。

绘制方法：在命令行中输入“TORUS”，或在“常用”→“建模”工具栏中单击圆环体按钮。当进入圆环体绘制命令后，AutoCAD 2010 将会出现如下提示。

命令:torus↙。

指定中心点或 [三点(3P)/两点(2P)/切点、切点、半径(T)]:（指定圆环体中心点坐标回车）。

指定半径或 [直径(D)] <当前值>: （输入圆环体半径或者直径数据回车）。

指定圆管半径或 [两点(2P)/直径(D)]: （输入圆环体圆管半径或者直径数据回车）。

改变变量 IOSLINES 的数据，可以控制圆环体线框的密度，初始默认值为 4，数据越大线框密度越大。

五、其他三维实体模型的创建方法

三维实体模型的创建也可以通过以下四种命令：拉伸、放样、旋转以及扫掠。如图 6-34 图标所示。

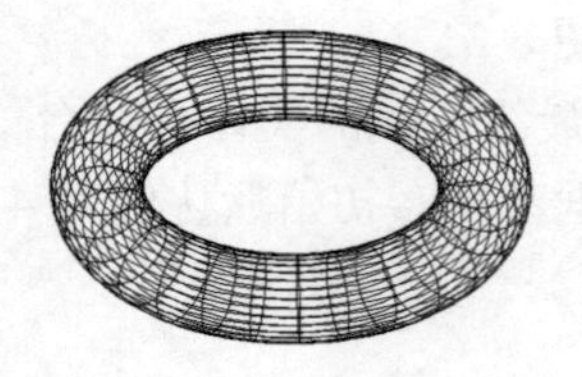

图 6-33　圆环体

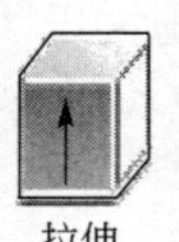

拉伸

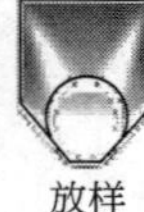

放样

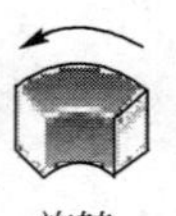

旋转

扫掠

图 6-34　编辑实体

1．拉伸　（快捷键 EXTRUED）

通过对二维对象的拉伸来创建三维实体或曲面，也就是将二维对象按指定的高度或路径进行拉伸，拉伸对象必须是封闭的图形，如圆、椭圆等。

在命令行中输入“EXTRUED”，或在“常用”→“建模”工具栏中单击按钮。当进入拉伸命令后，AutoCAD 2010 将会出现如下提示，如图 6-35（a）所示。

命令:extrude↙。

当前线框密度:　ISOLINES=4

选择要拉伸的对象:　（选择要拉伸的图形）

选择要拉伸的对象:　↙。

指定拉伸的高度或　[方向(D)/路径(P)/倾斜角(T)] <当前值>:　（输入高度数据回车）。

如果是使用“倾斜角”来拉伸对象的，则输入“T”↙后提示如下，如图 6-35（b）所示。

指定拉伸的高度或　[方向(D)/路径(P)/倾斜角(T)] <当前值>:　T↙。

指定拉伸的倾斜角度　<当前值>:　（输入角度数据回车）。

指定拉伸的高度或　[方向(D)/路径(P)/倾斜角(T)] <当前值>:　（输入高度数据回车）。

如果是使用指定“路径”来拉伸对象的，则输入“P”↙后提示如下，如图 6-35（c）所示。

指定拉伸的高度或　[方向(D)/路径(P)/倾斜角(T)] <当前值>:　P↙。

选择拉伸路径或　[倾斜角(T)]:　（选择拉伸路径）。

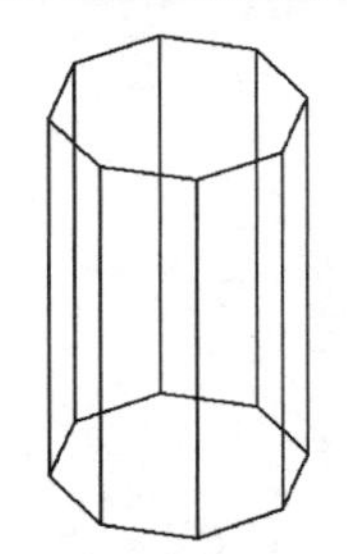

（a）无倾角拉伸实体

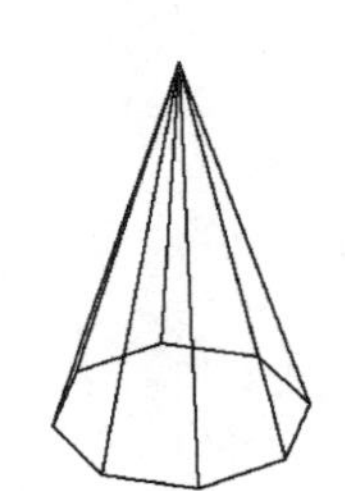

（b）有倾角拉伸实体

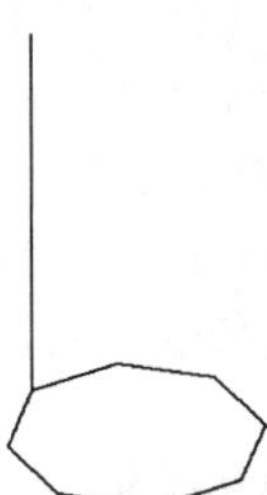

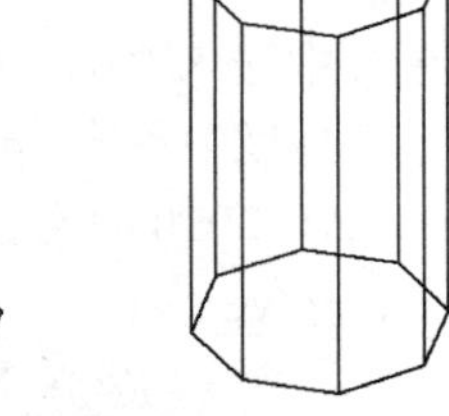

（c）沿路径拉伸实体

图 6-35　拉伸实体

2．放样　（快捷键 LOFT）

通过在几个横截面之间的空间中创建三维实体或曲面。横截面可以为打开或闭合的二维对象，如圆、圆弧或样条曲线等。

绘制方法：在命令行中输入“LOFT”，或在“常用”→“建模”工具栏中单击按钮。当进入放样命令后，AutoCAD 2010 将会出现如下提示。

命令: _loft

按放样次序选择横截面:　（选择一个横截面）。

按放样次序选择横截面:　（选择第二个横截面）。

按放样次序选择横截面:　（选择第三个横截面）。

按放样次序选择横截面:　↙。

输入选项　[导向(G)/路径(P)/仅横截面(C)] <仅横截面>:　（按提示输入命令）。

输入“G”提示：选择导向曲线:　(选择导向曲线后放样而成三维实体)。

输入“P”提示：选择路径曲面:　（选择路径曲线后放样而成三维实体）。

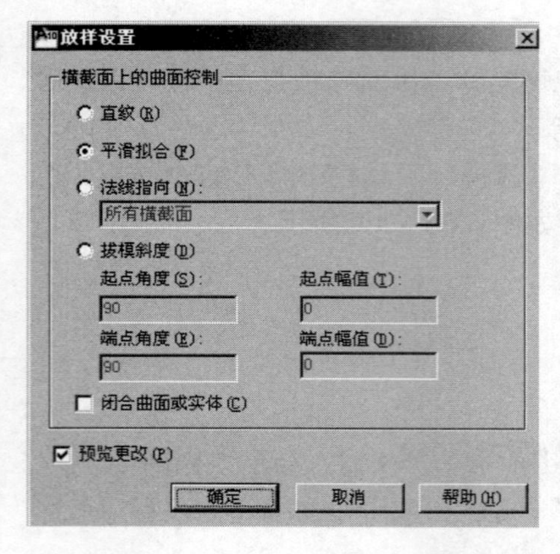

图 6-36 “放样设置”对话框

输入“C”提示：进入放样设置对话框，如图 6-36 所示。

放样设置对话框各选项意义如下。

（1）直纹：即指定实体或曲面在横截面之间是直纹（也就是直的纹样），并且在横截面处具有鲜明边界。

（2）平滑拟合：即指定在横截面之间绘制平滑实体或曲面，并且在起点和终点横截面处具有鲜明边界。

（3）法线指向：即控制实体或曲面在其通过横截面处的曲面法线。

（4）拔模斜度：即控制放样实体或曲面的第一个和最后一个横截面的拔模斜度和幅度，拔模斜度为曲面的开始方向。

（5）闭合曲面或实体：即闭合和开放曲面或实体。

放样结果如图 6-37 所示。

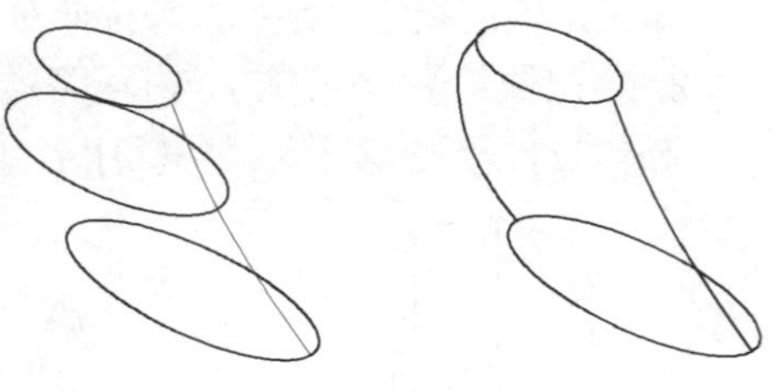

图 6-37　放样

3．旋转　（快捷键 REVOLVE）

旋转生成实体是指，封闭的二维图形对象通过指定的轴，旋转而成三维的实体。用于旋转的对象必须是封闭的，如圆、椭圆等。

在命令行中输入“REVOLVE”，或在“常用”→“建模”工具栏中单击按钮。当进入旋转命令后，AutoCAD 2010 将会出现如下提示。

命令: _revolve

当前线框密度:　ISOLINES=4

选择要旋转的对象:　（选择需要旋转的图形对象）。

选择要旋转的对象:　↙。

指定轴起点或根据以下选项之一定义轴 [对象(O)/X/Y/Z] <对象>:　（选择轴的一个端点）。

指定轴端点:　(选择轴的另一个端点)。

指定旋转角度或 [起点角度(ST)] <360>:　（直接回车或者输入旋转角度数据）。

如图 6-38 所示。

如改变变量 IOSLINES 的数据，可控制线框密度，所设置的数据越大线框密度也越大。

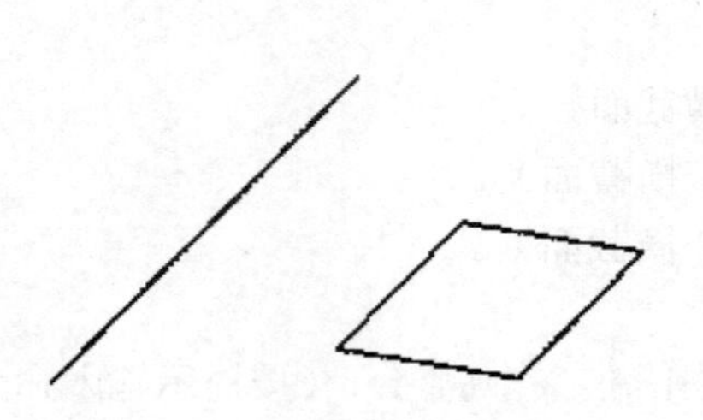

（a）用于旋转的长方形和旋转轴

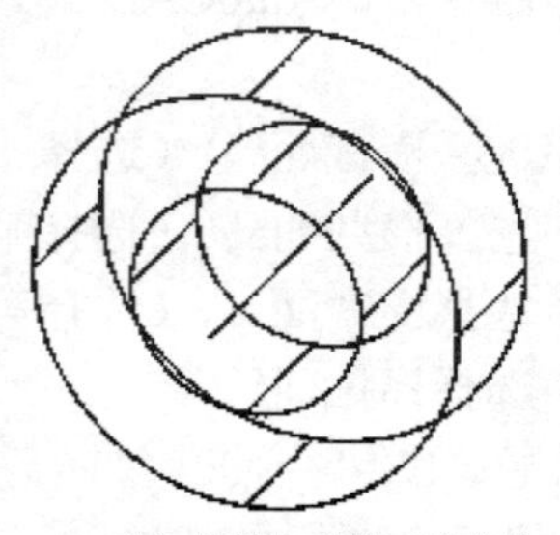

（b）旋转生成的三维实体

图 6-38　旋转

4. 扫掠 （快捷键 SWEEP）

扫掠命令是通过沿路径扫掠二维对象来创建三维实体或曲面。用于扫掠的对象必须是封闭的二维图形，如圆、椭圆等。选择要扫掠的对象时，该对象将自动与用作路径的对象对齐。

在命令行输入“SWEEP”，或在“常用”→“建模”工具栏中单击扫掠按钮。当进入扫掠命令后，AutoCAD 2010 将会出现如下的提示。

命令：_sweep

当前线框密度：ISOLINES=4

选择要扫掠的对象： （选择需要扫掠的对象）。

选择要扫掠的对象： ↙。

选择扫掠路径或 [对齐(A)/基点(B)/比例(S)/扭曲(T)]： （选择扫掠的路径）。

生成三维实体，如图 6-39 的步骤所示。

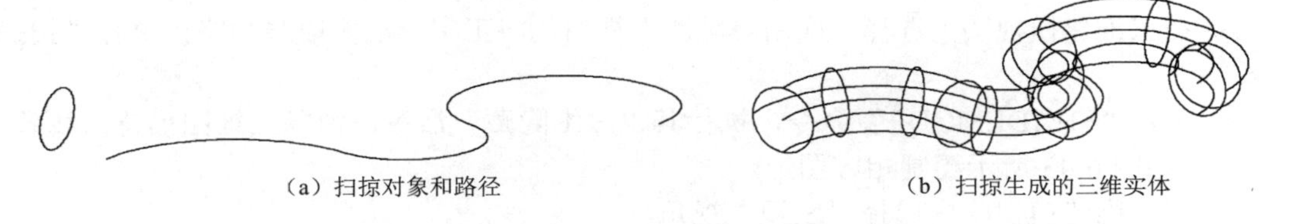

（a）扫掠对象和路径　（b）扫掠生成的三维实体

图 6-39 扫掠

六、任务训练

（1）如图 6-40 所示绘制相应图形。

① 在三维建模视图内选择“俯视”视角。

② 在“俯视”视角内使用多段线绘制相应长度的工字形。

③ 在三维建模视图内选择“西南等轴测”视角，将工字形执行“拉伸”命令。

④ 输入“SHADEMODE”命令，执行其“三维隐藏”命令，消隐三维图形背部线条。

（2）绘制棱锥体、棱台体、圆锥体、球体表面，并从不同视角进行观察。

（3）如图 6-41 所示绘制相应图形。

① 在三维建模视图中选择“俯视”视角，将 ISOLINES 值设置为 30。

② 在“俯视”视角内使用多段线绘制实上面第一题中所画的相应长度的工字形，并在其一边绘制一根作为旋转轴的直线。

③ 在三维建模视图内选择“西南等轴测”视角，将工字形围绕旋转轴执行“旋转”命令。

④ 输入“SHADEMODE”命令，执行其“三维隐藏”命令，消隐三维图形背部线条。

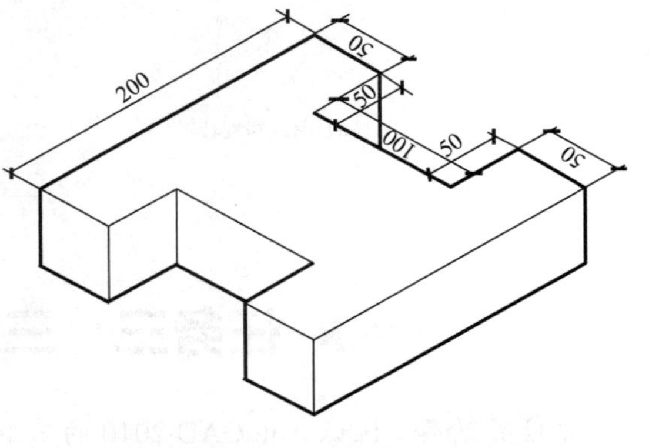

图 6-40 练习 1

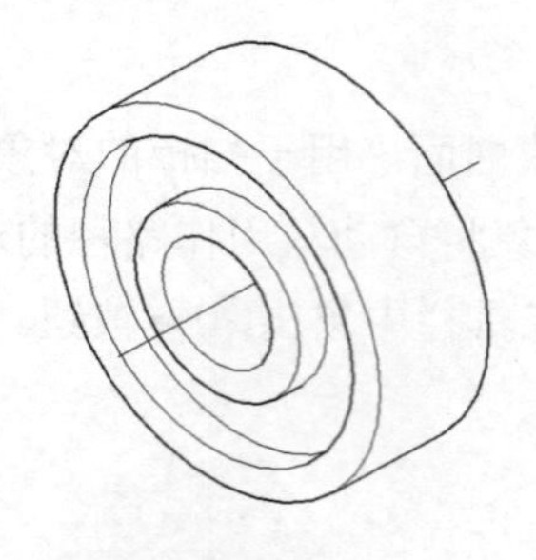

图 6-41 练习 3

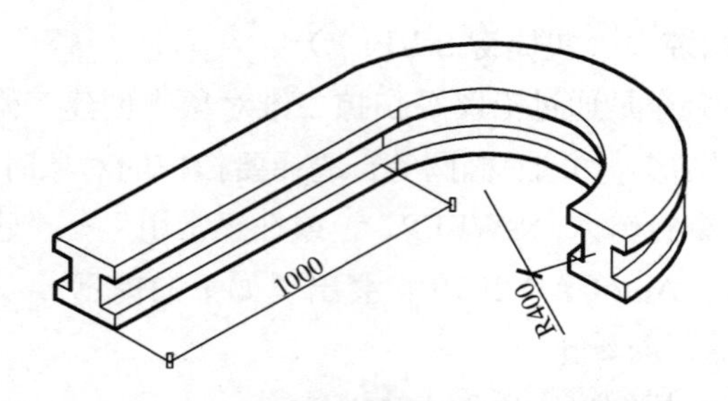

图 6-42 练习 4

（4）如图 6-42 所示绘制相应图形。

① 在三维建模视图内选择“俯视”视角，将 ISOLINES 值设置为 30。

② 在“左视”视角内使用多段线绘制上面第一题中所绘制的相应长度的工字形，在“俯视”视角内绘制直线长 1000、其一端为半径 400 半圆的多段线。

③ 在三维建模视图内选择“西南等轴测”视角，将工字形沿多段线为路径执行“扫掠”命令。

④ 输入“SHADEMODE”命令，执行其“三维隐藏”命令，消隐三维图形背部线条。

（5）如图 6-43 所示绘制相应图形。

① 在三维建模视图内选择“左视”视角。

② 在“左视”视角内使用多段线绘制如图 6-43（a）中相应的线条。

③ 在三维建模视图内选择“西南等轴测”视角，进入“网格建模”将 SURFTAB1 值和 SURFTAB2 值均设置为 20，将曲线沿直线为旋转轴执行“旋转曲面”命令。

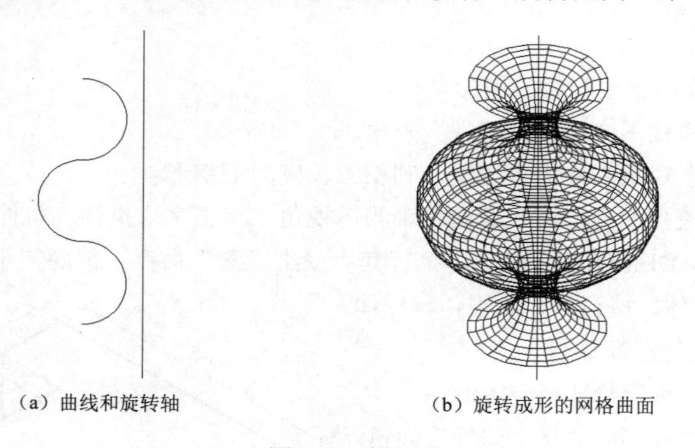

（a）曲线和旋转轴　　（b）旋转成形的网格曲面

图 6-43 练习 5

▶ 任务三 三维实体编辑命令

任务概述： 认识 AutoCAD 2010 的三维编辑命令，使用这些命令绘制相关图形。

能力目标： 能够使用三维编辑命令，绘制相关图形。

知识目标： 三维实体布尔运算的概念与方法、三维实体编辑与渲染方法，综合运用多种图形编辑命令绘制图形。

素质目标： 具有独立的软件操作能力，养成正确的绘图习惯。

知识导向： 运用 AutoCAD 的三维编辑命令绘制相关图形，理解软件的性能及特点，并能举一反三，将其他命令的操作融会贯通。

在 AutoCAD 2010 中，用户可以通过其三维编辑命令编辑计算一系列三维模型，结合不同视角掌握其具体运用。

一、布尔运算

三维实体的布尔运算就是对两个及两个以上多个实体进行相应运算，对其进行并集、差集以及交集的运算，将不同的三维实体进行组合，生成所需的实体。选择如图 6-44 两图形。

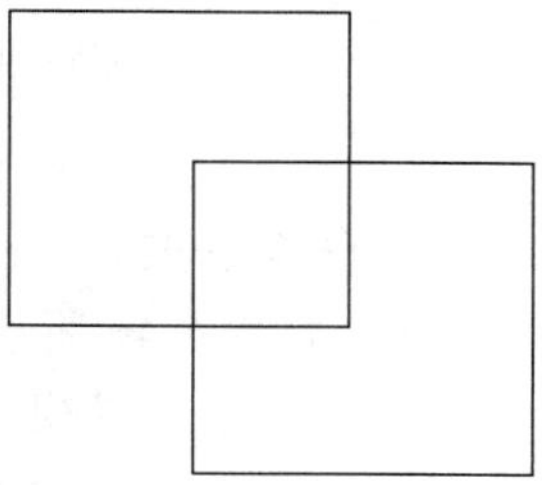

图 6-44　布尔运算起始图形

1．并集运算　（快捷键 UNION）

并集运算可以将两个或两个以上的三维实体、曲面或二维面域合并为一个组合三维实体、曲面或面域，但必须选择相同类型的对象进行合并。如图 6-45（a）所示。

在命令行中输入“UNION”，或在“常用”→“实体编辑”工具栏中单击按钮。当进入并集运算命令后，AutoCAD 2010 将会出现如下的提示。

命令：_union

选择对象：（选择一个对象）。

选择对象：（选择另一个对象，可以继续选择或者回车结束命令）。

2．差集运算　（快捷键 SUBTRACT）

差集运算是在一部分实体中减去另一部分实体而得到的三维实体。如图 6-45（b）所示。

在命令行中输入“SUBTRACT”，或在“常用”→“实体编辑”工具栏中单击按钮。当进入差集运算命令后，AutoCAD 2010 将会出现如下的提示。

命令：_subtract 选择要从中减去的实体、曲面和面域...

选择对象：（选择被减的三维实体）。

选择对象：（继续选择或者回车结束选择）。

选择要减去的实体、曲面和面域...

选择对象：（选择要减去的三维实体）。

选择对象：（继续选择或者回车结束选择）。

3．交集运算　（快捷键 INTERSECT）

交集运算是对多个三维实体共同拥有的部分进行保留，并将此公共部分形成一个新实体，而各个实体的非公共部分将被删除。如图 6-45（c）所示。

在命令行中输入“INTERSECT”，或在“常用”→“实体编辑”工具栏中单击按钮。当进入交集运算命令后，AutoCAD 2010 将会出现如下的提示。

命令：_intersect

选择对象：（选择一个需要交集运算的三维实体）。

选择对象：（选择另一个需要交集运算的三维实体）。

选择对象：（继续选择或者回车结束选择）。

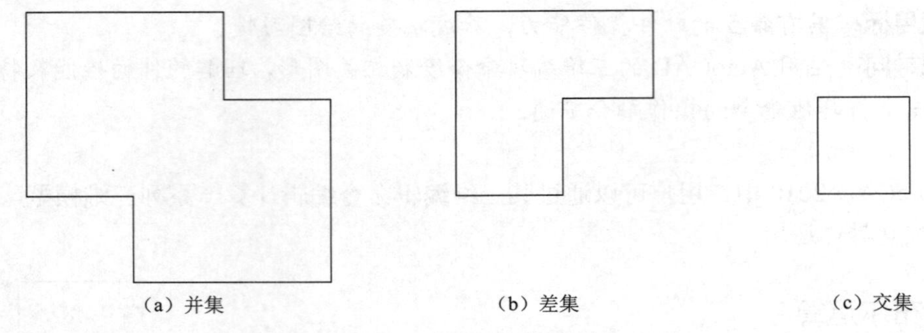

图 6-45　布尔运算后图例

4. 任务训练

(1) 如图 6-46 所示绘制相应图形。

① 在三维建模视图内选择“西北等轴测”视角。

② 在“西北等轴测”视角内，绘制长、宽、高分别为 750、500、300 的长方体。

③ 借助捕捉，在长方体一角绘制两边分别长 250、450，高 200 的楔体。

④ 在“前视”视角内绘制半径为 50 的圆柱体，并将其移动至长方体中部且穿过长方体。执行布尔运算的差集命令，在长方体上掏出圆孔。

⑤ 选择“西北等轴测”视角，在“常用”→“视图”工具栏中打开“视觉样式”，或输入“SHADEMODE”命令，执行其“三维隐藏”命令，消隐三维图形背部线条。

(2) 如图 6-47 所示绘制相应图形。

① 在三维建模视图内选择“前视”视角。

② 在“前视”视角内使用“多段线”命令，绘制长、宽各为 500，圆弧半径为 250 的多段线。

③ 执行“拉伸”命令，将此多段线拉伸 100 厚。

④ 以多段线圆弧中心为圆心，绘制半径为 200 的圆柱体，并将其移动并穿过拉伸后的多段线；重复执行此命令，再次绘制一个半径为 100 的圆柱体。执行布尔运算的差集命令，在图形上掏出两个圆孔。

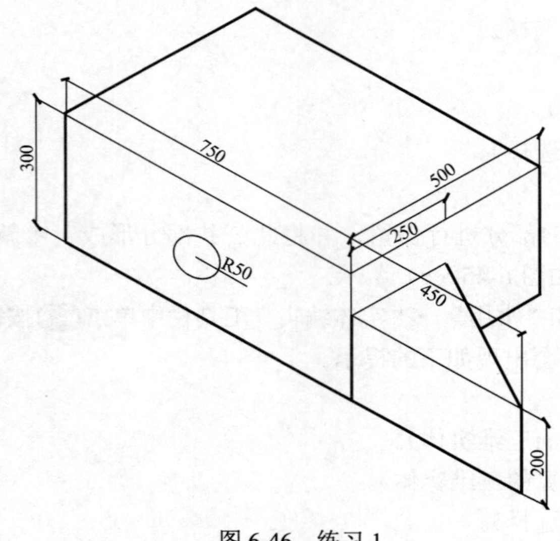

图 6-46　练习 1

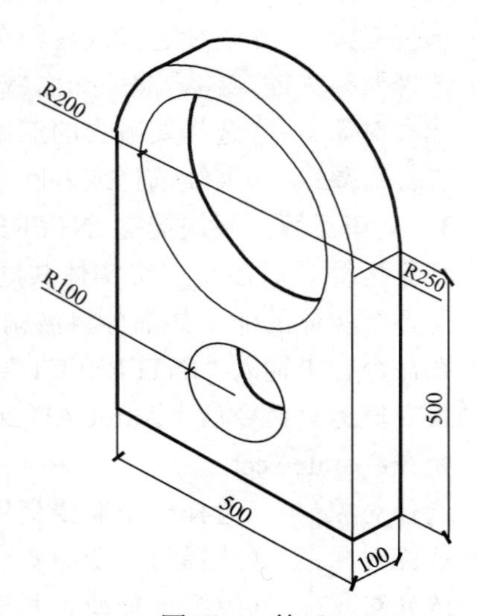

图 6-47　练习 2

⑤ 选择“西北等轴测”视角，在“常用”→“视图”工具栏中打开“视觉样式”，或输入“SHADEMODE”命令，执行其“三维隐藏”命令，消隐三维图形背部线条。

二、三维实体的编辑

AutoCAD 2010 的三维实体可以通过相应编辑命令进行相应调整。具体有以下几种主要编辑方式。

1．干涉　（快捷键 INTERFERE）

干涉命令是指两个实体相互重叠，重叠部分就是干涉的部分。可以用这个重叠的部分形成一个实体，类似于交集所形成的实体。如图 6-48 所示。

在命令行中输入“INTERFERE”，或在“常用”→“实体编辑”工具栏中单击按钮。当进入干涉命令后，AutoCAD 2010 将会出现如下的提示。

命令：_interfere

选择第一组对象或 [嵌套选择(N)/设置(S)]：　（选择一个需要干涉运算的三维实体）。

选择第一组对象或 [嵌套选择(N)/设置(S)]：　（继续选择或者回车结束选择）。

选择第二组对象或 [嵌套选择(N)/检查第一组(K)] <检查>：　（选择另一个需要干涉运算的三维实体）。

选择第二组对象或 [嵌套选择(N)/检查第一组(K)] <检查>：　（正在重生成模型）。

最终生成的图 6-48（b）中深色部分即为干涉运算后的三维实体。

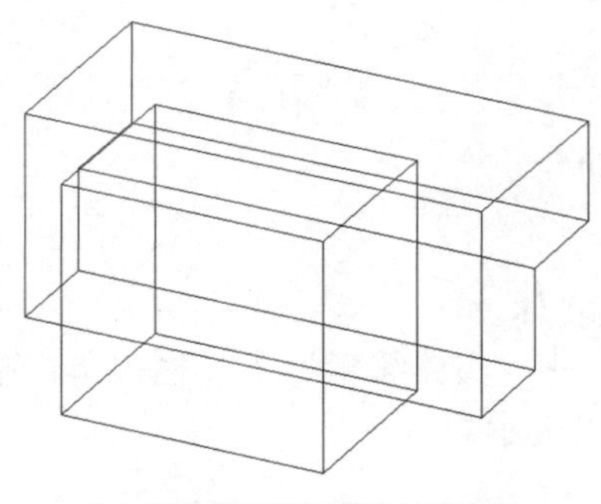

（a）两个需干涉运算的三维实体

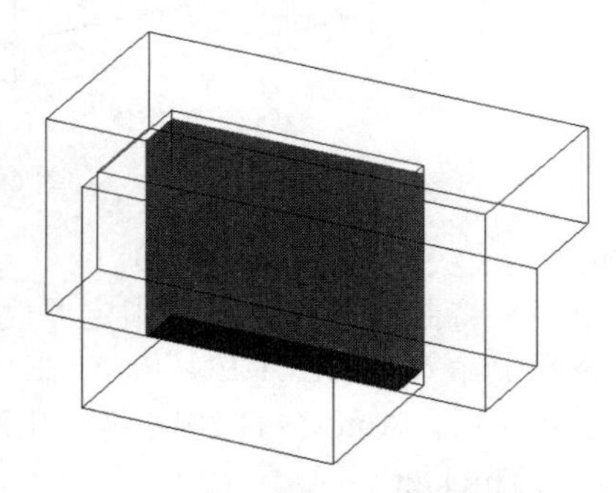

（b）干涉运算后的三维实体

图 6-48　干涉

2．剖切　（快捷键 SLICE）

通过剖切或分割现有对象创建新的三维实体和曲面。

在命令行中输入“SLICE”，或在“常用”→“实体编辑”工具栏中单击按钮。当进入剖切命令后，AutoCAD2010 将会出现如下的提示。

命令：_slice

选择要剖切的对象：　（选择剖切对象）。

选择要剖切的对象：　（继续选择或者回车结束选择）。

指定 切面 的起点或 [平面对象(O)/曲面(S)/Z 轴(Z)/视图(V)/XY(XY)/YZ(YZ)/ZX(ZX)/三点(3)] <三点>：　（按提示多种剖切方式）。

（1）平面对象(O)：将指定对象所在的平面作为剖切面。

输入命令后系统则出现如下的提示。

选择用于定义剖切平面的圆、椭圆、圆弧、二维样条线或二维多段线：

（2）曲面(S)：将曲面作为剖切面。

输入命令后系统则出现如下的提示。

选择曲面：

(3)Z 轴(Z)：通过确定剖切面上任一点和垂直该剖面的直线上的任意一点来确定剖切面。

输入命令后系统则出现如下的提示。

指定剖面上的点：（指定剖切面上任一点）。

指定平面 Z 轴（法向）上的点：（指定另一点，该点于前一点的连线垂直于剖切面）。

（4）视图(V)：将于当前视图平面平行的平面作为剖切面。

输入命令后系统则出现如下的提示。

指定当前视图平面上的点 <0,0,0>：（输入一点坐标或者指定屏幕一点确定剖面位置）

（5）XY(XY)/YZ(YZ)/ZX(ZX)：此三项将与当前 UCS 下的 XOY、YOZ、ZOX 平面相平行的平面作为剖切面。如选 YZ 后系统提示，如图 6-49 所示。

指定 YZ 平面上的点 <0,0,0>：输入一点坐标或者指定屏幕一点确定剖面位置

在所需的侧面上指定点或 [保留两个侧面(B)] <保留两个侧面>：

（6）三点(3)：该项为默认选项，通过指定三点来确定剖切面。

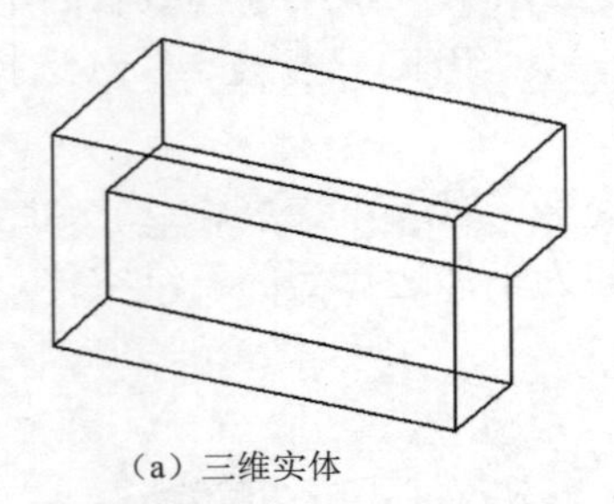

（a）三维实体　　（b）剖切面

图 6-49　剖切

3．加厚　（快捷键 THICKEN）

加厚命令是将曲面转换为具有指定厚度的三维实体。

在命令行中输入“THICKEN”，或在“常用”→“实体编辑”工具栏中单击按钮。当进入加厚命令后，AutoCAD 2010 将会出现如下的提示。

命令：_Thicken

选择要加厚的曲面：（选择需要加厚的曲面）。

选择要加厚的曲面：（继续选择或者回车结束选择）。

指定厚度 <0.0000>：（输入加厚数据）。

如图 6-50 所示。

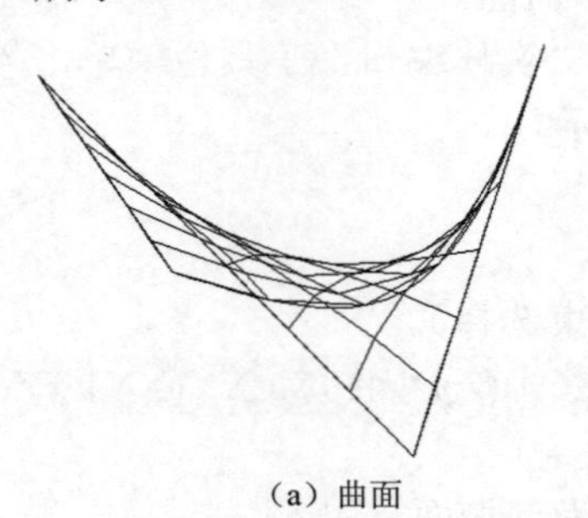

（a）曲面

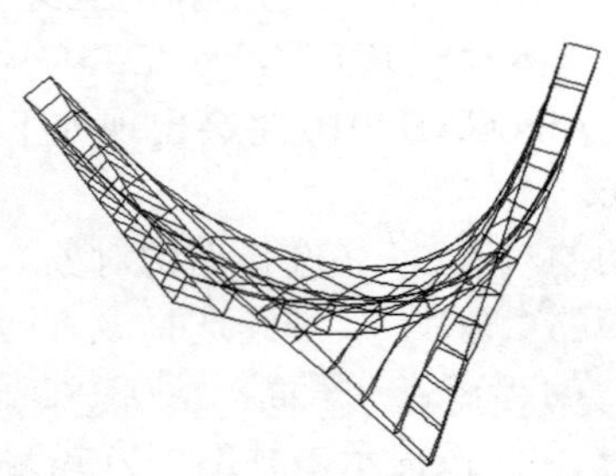

（b）曲面加厚为三维实体

图 6-50　加厚

4．提取边　（快捷键 XEDGES）

通过三维实体、曲面、网格、面域或子对象的边创建线框几何图形。此命令所产生的直线、圆弧、样条曲线或三维多段线等，都是沿选定的对象或子对象的边而创建出来的。

在命令行中输入“XEDGES”，或在“常用”→“实体编辑”工具栏中单击提取边按钮。当进入提取边命令后，AutoCAD 2010 将会出现如下的提示。

命令: _xedges

选择对象:　（选择需要提取边的三维实体）。

选择对象:　（选择另一个需要提取边的三维实体）。

选择对象:　（继续选择或者回车结束选择）。

5．压印　（快捷键 IMPRINT）

将二维几何图形压印到三维实体上，从而在平面上创建更多的边。

在命令行中输入“IMPRINT”，或在“常用”→“实体编辑”工具栏中单击压印按钮。当进入压印命令后，AutoCAD 2010 将会出现如下的提示。

命令: _imprint

选择三维实体或曲面:　（选择被压印的三维实体或者曲面）。

选择要压印的对象:　（选择要压印的图形）。

是否删除源对象 [是(Y)/否(N)] <N>:　（“Y”↙删除源对象,“N”↙保留源对象）。

选择要压印的对象:　（继续选择或者回车结束选择）。

如图 6-51 所示。

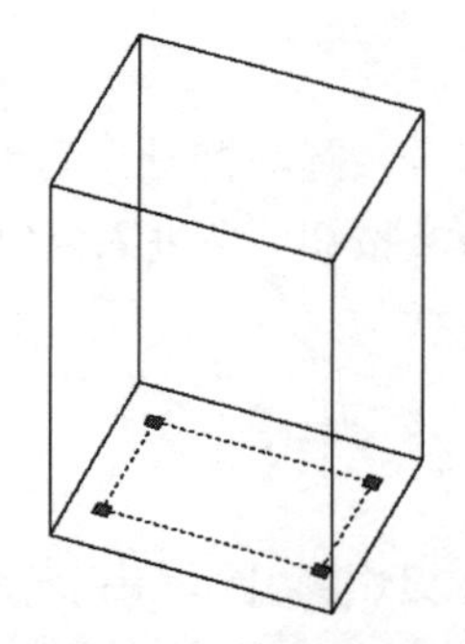

（a）需要压印的三维实体和图形

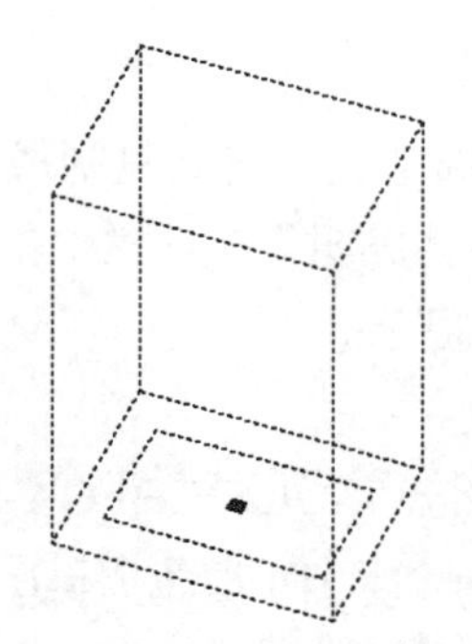

（b）压印后形成的三维实体

图 6-51　压印

6．着色边

着色边命令用来更改三维实体上边的颜色。

在“常用”→“实体编辑”工具栏中单击着色边按钮。当进入着色边命令后，AutoCAD 2010 将会出现如下的提示。

命令: _solidedit

实体编辑自动检查:　SOLIDCHECK=1

输入实体编辑选项 [面(F)/边(E)/体(B)/放弃(U)/退出(X)] <退出>: _edge

输入边编辑选项 [复制(C)/着色(L)/放弃(U)/退出(X)] <退出>: _color

选择边或 [放弃(U)/删除(R)]:　（选择需要着色的边）。

选择边或 [放弃(U)/删除(R)]:　（继续选择需要着色的边）。

选择边或 [放弃(U)/删除(R)]: （继续选择需要着色的边）。

选择边或 [放弃(U)/删除(R)]: （继续选择需要着色的边）。

选择边或 [放弃(U)/删除(R)]: （回车，在色板内挑选需要的颜色）。

输入边编辑选项 [复制(C)/着色(L)/放弃(U)/退出(X)] <退出>: （回车继续其他命令或者退出命令）。

实体编辑自动检查: SOLIDCHECK=1

输入实体编辑选项 [面(F)/边(E)/体(B)/放弃(U)/退出(X)] <退出>: （回车继续其他命令或者退出命令）。

如图 6-52 所示。

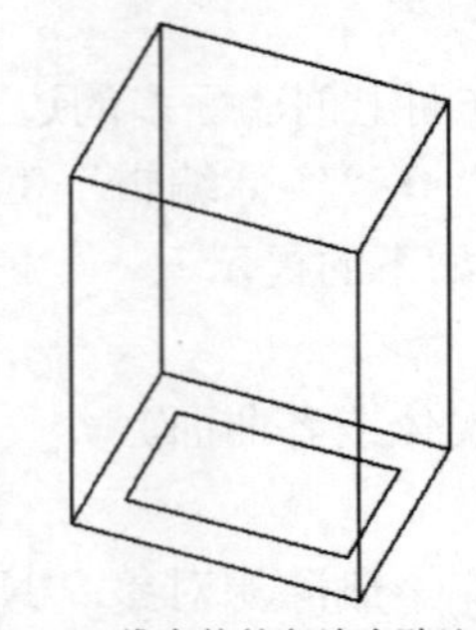

（a）三维实体的各边为默认色

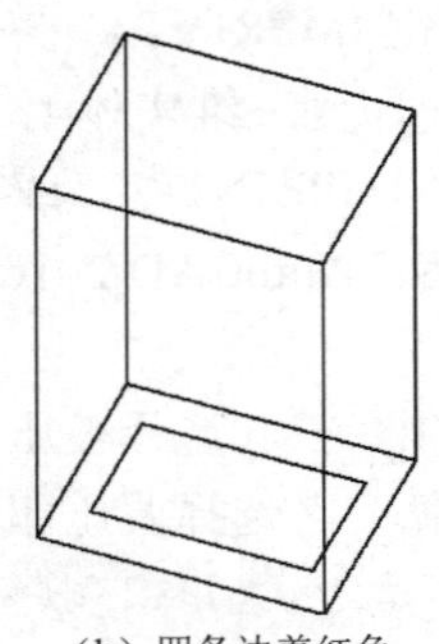

（b）四条边着红色

图 6-52 着色边

7. 复制边

在三维实体上的选定边，将其复制成为二维圆弧、圆、椭圆、直线或样条曲线。

在“常用”→“实体编辑”工具栏中单击 复制边 按钮。当进入复制边命令后，AutoCAD 2010 将会出现如下的提示。

命令: _solidedit

实体编辑自动检查: SOLIDCHECK=1

输入实体编辑选项 [面(F)/边(E)/体(B)/放弃(U)/退出(X)] <退出>: _edge

输入边编辑选项 [复制(C)/着色(L)/放弃(U)/退出(X)] <退出>: _copy

选择边或 [放弃(U)/删除(R)]: （选择需要复制的边）。

选择边或 [放弃(U)/删除(R)]: （选择需要复制的边）。

选择边或 [放弃(U)/删除(R)]: （继续选择或者回车结束选择)。

指定基点或位移: （输入基点坐标或者在屏幕上指定一点）。

指定位移的第二点: （输入第二个基点坐标或者在屏幕上指定一点）。

输入边编辑选项 [复制(C)/着色(L)/放弃(U)/退出(X)] <退出>: （回车继续其他命令或者退出命令）。

实体编辑自动检查: SOLIDCHECK=1

输入实体编辑选项 [面(F)/边(E)/体(B)/放弃(U)/退出(X)] <退出>: （回车继续其他命令或者退出命令）。

如图 6-53 所示。

8．拉伸面

按指定的距离或按某条路径，拉伸出三维实体选定的平面。

在“常用”→“实体编辑”工具栏中单击按钮。当进入拉伸面命令后，AutoCAD 2010 将会出现如下的提示。

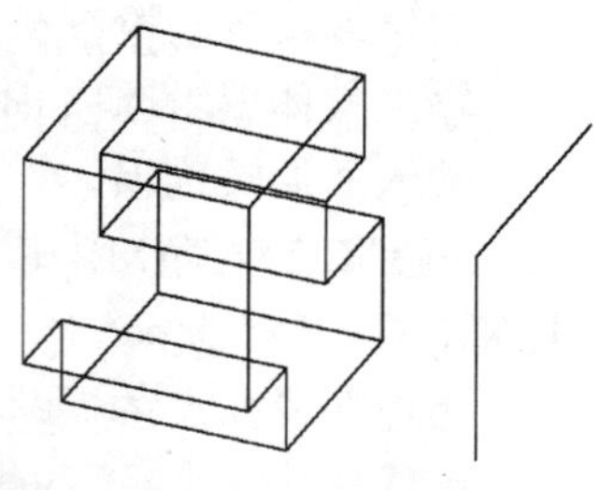

图 6-53 复制边

命令: _solidedit

实体编辑自动检查: SOLIDCHECK=1

输入实体编辑选项 [面(F)/边(E)/体(B)/放弃(U)/退出(X)] <退出>: _face

输入面编辑选项

[拉伸(E)/移动(M)/旋转(R)/偏移(O)/倾斜(T)/删除(D)/复制(C)/颜色(L)/材质(A)/放弃(U)/退出(X)] <退出>:

_extrude

选择面或 [放弃(U)/删除(R)]: （选择需要拉伸的面）。

选择面或 [放弃(U)/删除(R)/全部(ALL)]: （继续选择或者回车结束选择）。

指定拉伸高度或 [路径(P)]: （输入拉伸长度数据或者指定路径）。

指定拉伸的倾斜角度 <0>: （输入倾斜角度数据）。

已开始实体校验。

已完成实体校验。

输入面编辑选项

[拉伸(E)/移动(M)/旋转(R)/偏移(O)/倾斜(T)/删除(D)/复制(C)/颜色(L)/材质(A)/放弃(U)/退出(X)] <退出>: （继续选择或者回车结束选择）。

实体编辑自动检查: SOLIDCHECK=1

输入实体编辑选项 [面(F)/边(E)/体(B)/放弃(U)/退出(X)] <退出>: （继续选择或者回车结束选择）。

如图 6-54 所示。

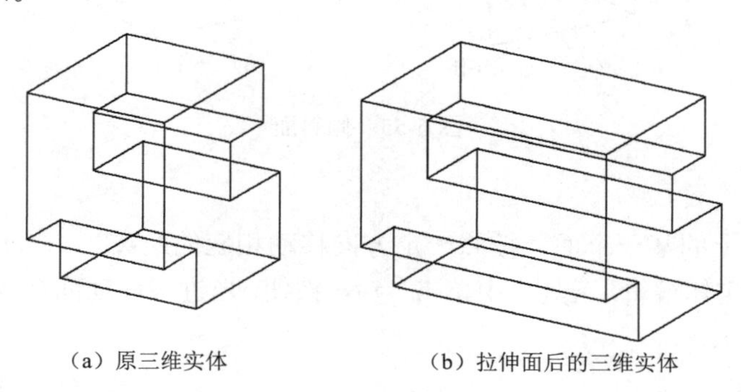

（a）原三维实体　　（b）拉伸面后的三维实体

图 6-54 拉伸面

9．倾斜面

按指定角度倾斜三维实体上的面。

在“常用”→“实体编辑”工具栏中单击倾斜面按钮。当进入倾斜面命令后，AutoCAD 2010 将会出现如下的提示。

命令: _solidedit

实体编辑自动检查： SOLIDCHECK=1

输入实体编辑选项 [面(F)/边(E)/体(B)/放弃(U)/退出(X)] <退出>: _face

输入面编辑选项

[拉伸(E)/移动(M)/旋转(R)/偏移(O)/倾斜(T)/删除(D)/复制(C)/颜色(L)/材质(A)/放弃(U)/退出(X)] <退出>: _taper

选择面或 [放弃(U)/删除(R)]: （选择需要倾斜的面）。

选择面或 [放弃(U)/删除(R)/全部(ALL)]: （继续选择或者回车结束选择）。

指定基点: （指定倾斜轴一点或者输入该点坐标）。

指定沿倾斜轴的另一个点: （指定倾斜轴另一点或者输入该点坐标）。

指定倾斜角度: （输入倾斜角度数据）。

已开始实体校验。

已完成实体校验。

输入面编辑选项

[拉伸(E)/移动(M)/旋转(R)/偏移(O)/倾斜(T)/删除(D)/复制(C)/颜色(L)/材质(A)/放弃(U)/退出(X)] <退出>: （继续选择或者回车结束选择）。

实体编辑自动检查： SOLIDCHECK=1

输入实体编辑选项 [面(F)/边(E)/体(B)/放弃(U)/退出(X)] <退出>: （继续选择或者回车结束选择）。

如图 6-55 所示。

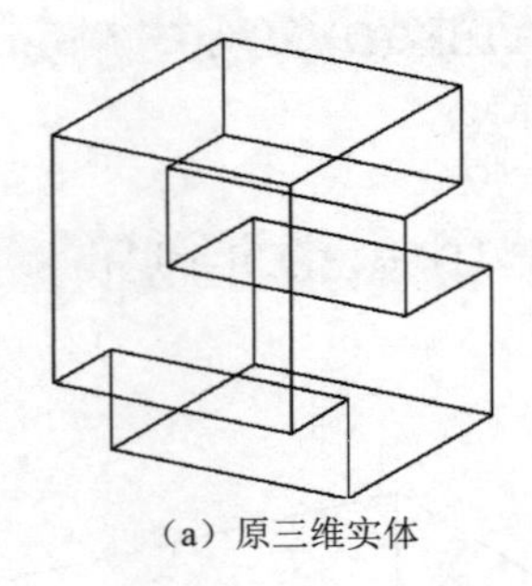

（a）原三维实体

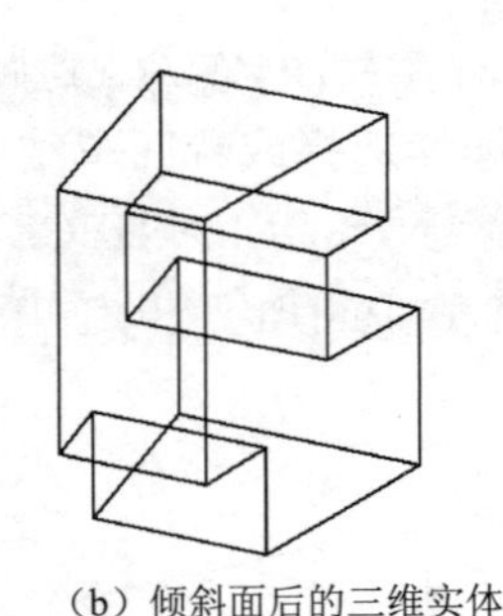

（b）倾斜面后的三维实体

图 6-55 倾斜面

10. 移动面

指定三维实体上的某一个面，按照一定方向移动相应的距离。一般用于微调。

在“常用”→“实体编辑”工具栏中单击移动面按钮。当进入移动面命令后，AutoCAD 2010 将会出现如下的提示。

命令: _solidedit

实体编辑自动检查： SOLIDCHECK=1

输入实体编辑选项 [面(F)/边(E)/体(B)/放弃(U)/退出(X)] <退出>: _face

输入面编辑选项

[拉伸(E)/移动(M)/旋转(R)/偏移(O)/倾斜(T)/删除(D)/复制(C)/颜色(L)/材质(A)/放弃(U)/退出(X)] <退出>: _move

选择面或 [放弃(U)/删除(R)]: （选择需要移动的面）。

选择面或 [放弃(U)/删除(R)/全部(ALL)]: （继续选择或者回车结束选择）。

指定基点或位移: （指定移动的基点或者输入该点坐标数据）。

指定位移的第二点: （指定移动的另一个基点或者输入该点坐标数据）。

已开始实体校验。

已完成实体校验。

输入面编辑选项

[拉伸(E)/移动(M)/旋转(R)/偏移(O)/倾斜(T)/删除(D)/复制(C)/颜色(L)/材质(A)/放弃(U)/退出(X)] <退出>: （继续选择或者回车结束选择）。

实体编辑自动检查: SOLIDCHECK=1

输入实体编辑选项 [面(F)/边(E)/体(B)/放弃(U)/退出(X)] <退出>: （继续选择或者回车结束选择）。

如图 6-56 所示。

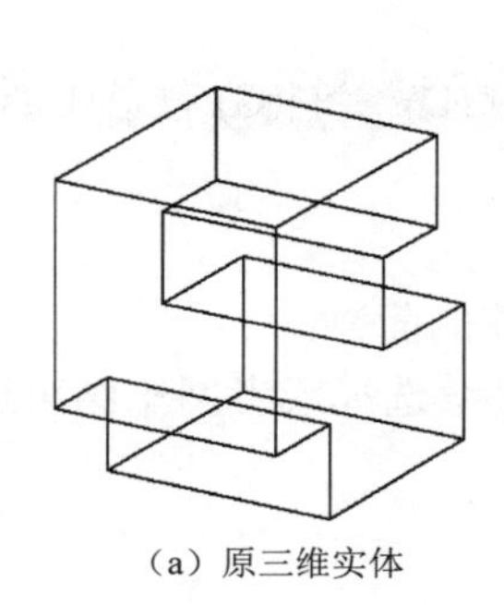

（a）原三维实体　　（b）移动面后的三维实体

图 6-56　移动面

11．复制面

复制三维实体上的面，从而生成面域或实体。

在"常用"→"实体编辑"工具栏中单击 复制面 按钮。当进入复制面命令后，AutoCAD 2010 将会出现如下的提示。

命令: _solidedit

实体编辑自动检查: SOLIDCHECK=1

输入实体编辑选项 [面(F)/边(E)/体(B)/放弃(U)/退出(X)] <退出>: _face

输入面编辑选项

[拉伸(E)/移动(M)/旋转(R)/偏移(O)/倾斜(T)/删除(D)/复制(C)/颜色(L)/材质(A)/放弃(U)/退出(X)] <退出>: _copy

选择面或 [放弃(U)/删除(R)]: （选择需要复制的面）。

选择面或 [放弃(U)/删除(R)/全部(ALL)]:（继续选择或者回车结束选择）。

指定基点或位移: （指定基点或者输入该点坐标数据）。

指定位移的第二点: （指定另一点或者输入该点坐标数据）。

输入面编辑选项

[拉伸(E)/移动(M)/旋转(R)/偏移(O)/倾斜(T)/删除(D)/复制(C)/颜色(L)/材质(A)/放弃(U)/退出(X)] <退出>: （继续选择或者回车结束选择）。

实体编辑自动检查: SOLIDCHECK=1

输入实体编辑选项 [面(F)/边(E)/体(B)/放弃(U)/退出(X)] <退出>: (继续选择或者回车结束选择)。

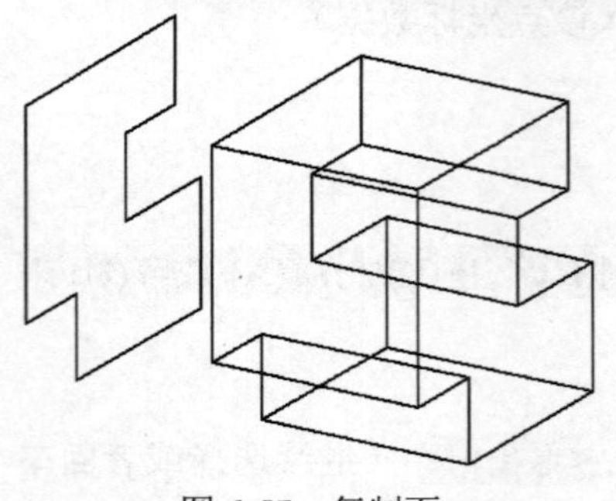

图 6-57 复制面

如图 6-57 所示。

12．偏移面

按指定的距离偏移三维实体的选定面，从而更改其形状。

在“常用”→“实体编辑”工具栏中单击偏移面按钮。当进入偏移面命令后，AutoCAD 2010 将会出现如下的提示。

命令: _solidedit

实体编辑自动检查: SOLIDCHECK=1

输入实体编辑选项 [面(F)/边(E)/体(B)/放弃(U)/退出(X)] <退出>: _face

输入面编辑选项

[拉伸(E)/移动(M)/旋转(R)/偏移(O)/倾斜(T)/删除(D)/复制(C)/颜色(L)/材质(A)/放弃(U)/退出(X)] <退出>:

_offset

选择面或 [放弃(U)/删除(R)]: （选择需要偏移的面）。

选择面或 [放弃(U)/删除(R)/全部(ALL)]: （继续选择或者回车结束选择）。

指定偏移距离: （输入偏移距离数据）。

已开始实体校验。

已完成实体校验。

输入面编辑选项

[拉伸(E)/移动(M)/旋转(R)/偏移(O)/倾斜(T)/删除(D)/复制(C)/颜色(L)/材质(A)/放弃(U)/退出(X)] <退出>: （继续选择或者回车结束选择）。

实体编辑自动检查: SOLIDCHECK=1

输入实体编辑选项 [面(F)/边(E)/体(B)/放弃(U)/退出(X)] <退出>: （继续选择或者回车结束选择）。

如图 6-58 所示。

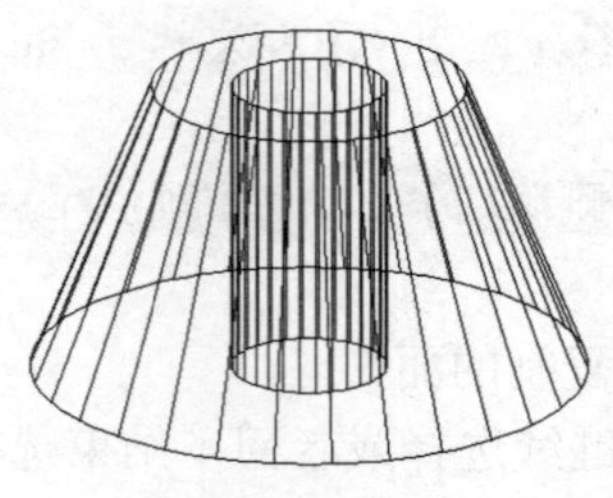

（a）原三维实体

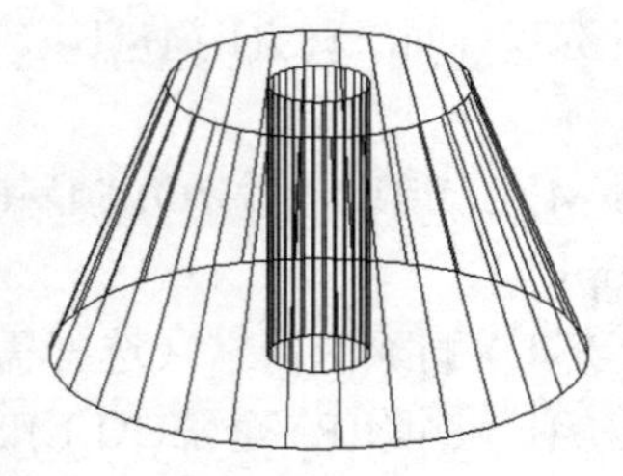

（b）偏移面后的三维实体

图 6-58 偏移面

13．删除面

删除三维实体上的面，包括实体内表面、圆角和倒角等。

在“常用”→“实体编辑”工具栏中单击删除面按钮。当进入删除面命令后，AutoCAD

2010 将会出现如下的提示。

命令: _solidedit

实体编辑自动检查: SOLIDCHECK=1

输入实体编辑选项 [面(F)/边(E)/体(B)/放弃(U)/退出(X)] <退出>: _face

输入面编辑选项

[拉伸(E)/移动(M)/旋转(R)/偏移(O)/倾斜(T)/删除(D)/复制(C)/颜色(L)/材质(A)/放弃(U)/退出(X)] <退出>:

_delete

选择面或 [放弃(U)/删除(R)]: （选择需要删除的面）。

选择面或 [放弃(U)/删除(R)/全部(ALL)]: （继续选择或者回车结束选择）。

已开始实体校验。

已完成实体校验。

输入面编辑选项

[拉伸(E)/移动(M)/旋转(R)/偏移(O)/倾斜(T)/删除(D)/复制(C)/颜色(L)/材质(A)/放弃(U)/退出(X)] <退出>: （继续选择或者回车结束选择）。

实体编辑自动检查: SOLIDCHECK=1

输入实体编辑选项 [面(F)/边(E)/体(B)/放弃(U)/退出(X)] <退出>: （继续选择或者回车结束选择）。

如图 6-59 所示。

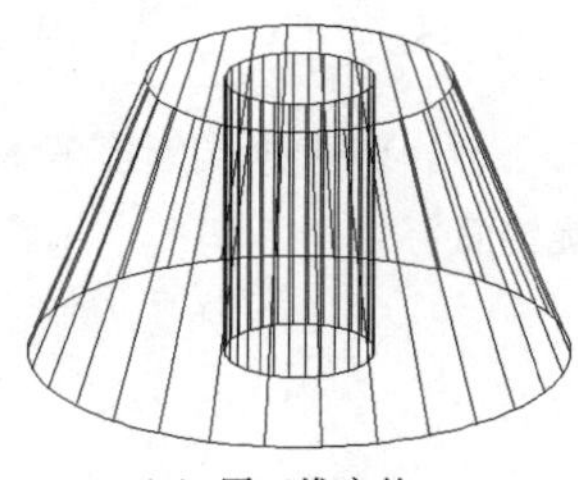

（a）原三维实体

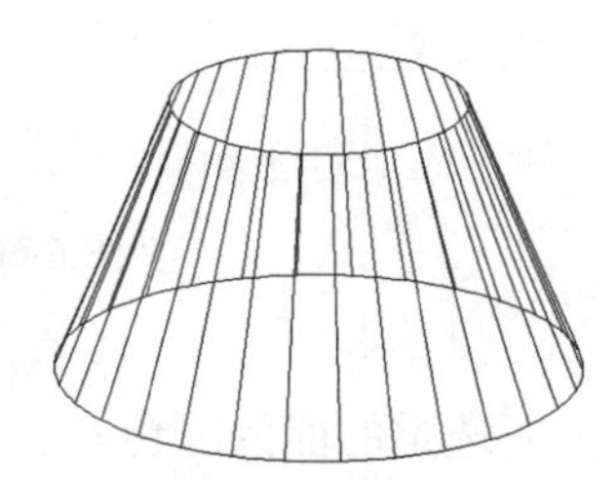

（b）删除面后的三维实体

图 6-59 删除面

14．旋转面

绕指定的轴旋转三维实体上的选定面。

在"常用"→"实体编辑"工具栏中单击 旋转面 按钮。当进入旋转面命令后，AutoCAD 2010 将会出现如下的提示。

命令: _solidedit

实体编辑自动检查: SOLIDCHECK=1

输入实体编辑选项 [面(F)/边(E)/体(B)/放弃(U)/退出(X)] <退出>: _face

输入面编辑选项

[拉伸(E)/移动(M)/旋转(R)/偏移(O)/倾斜(T)/删除(D)/复制(C)/颜色(L)/材质(A)/放弃(U)/退出(X)] <退出>:

_rotate

选择面或 [放弃(U)/删除(R)]: （选择需要旋转的面）。

选择面或 [放弃(U)/删除(R)/全部(ALL)]: （继续选择或者回车结束选择）。

指定轴点或 [经过对象的轴(A)/视图(V)/X 轴(X)/Y 轴(Y)/Z 轴(Z)] <两点>: （指定旋转轴一点或者输入坐标数据）。

在旋转轴上指定第二个点: （指定旋转轴另一点或者输入坐标数据）。

指定旋转角度或 [参照(R)]: （输入旋转角度数据）。

已开始实体校验。

已完成实体校验。

输入面编辑选项

[拉伸(E)/移动(M)/旋转(R)/偏移(O)/倾斜(T)/删除(D)/复制(C)/颜色(L)/材质(A)/放弃(U)/退出(X)] <退出>: （继续选择或者回车结束选择）。

实体编辑自动检查: SOLIDCHECK=1

输入实体编辑选项 [面(F)/边(E)/体(B)/放弃(U)/退出(X)] <退出>: （继续选择或者回车结束选择）。

如图 6-60 所示。

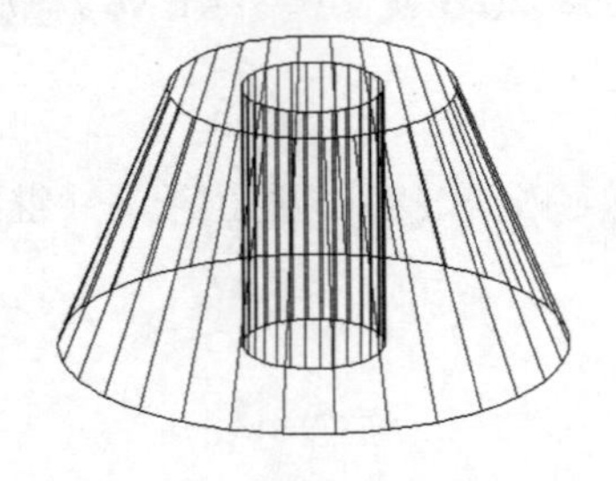

（a）原三维实体

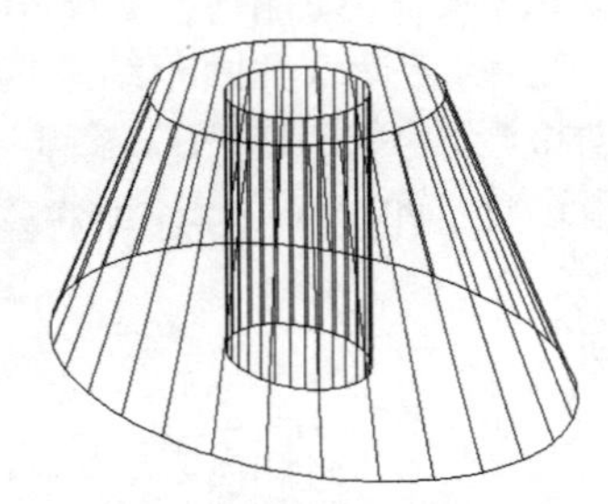

（b）旋转面后的三维实体

图 6-60 旋转面

15. 着色面

更改三维实体上所选定的面的颜色。

16. 分割

在“常用”→“实体编辑”工具栏中单击分割按钮，进入分割命令后，该命令将那些多个不连续部分的三维实体对象，分割为具有独立特性的三维实体。具体表现在将并集后但相互之间没有连接的三维实体分割成各自相互独立的对象。

17. 清除

在“常用”→“实体编辑”工具栏中单击清除按钮，进入清除命令后，该命令将会删除掉那些三维实体表面所有多余的边界线和定点。

18. 抽壳

抽壳是指将三维实体转换成中空的壳体对象，其壁具有指定的厚度。

19. 检查

在“常用”→“实体编辑”工具栏中单击检查按钮，进入检查命令后，该命令将会进行检查三维实体中的几何数据，它属于一种调试工具。

三、渲染

AutoCAD 2010 的三维实体是以线框形式显示的，如果要显示最终效果必须要通过渲染步骤，这样才能生成逼真的图形效果。其中主要是由光源、材质和渲染三大部分构成。

1．光源

光源是提供场景内的光照功能。通过“光源”下拉对话栏进行调整亮度、对比度、色调等相应参数，如图 6-61 所示。

光源类型有三种：点光源、聚光灯、平行光。

（1）点光源 点光源　由一点向四周各个方向发射光线。

（2）聚光灯 聚光灯　由一点向一个圆形区域发射光线。

（3）平行光 平行光　发射出亮度一致的平行光线。

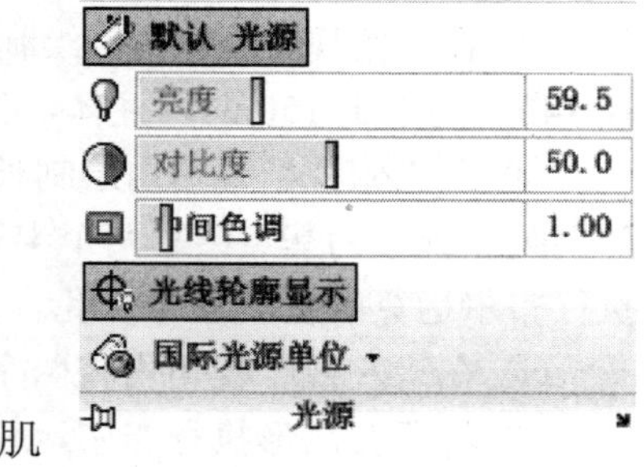

图 6-61　光源调整

2．材质

材质可以赋予所指定的三维实体，使其更具有真实性。

（1）材质/纹理 材质/纹理关 关　不显示所赋材质的质感和肌理性。

（2）材质开/纹理 材质开/纹理关 关　显示材质的色调和质感，不显示凹凸的纹理效果。

（3）材质/纹理 材质/纹理开 开　显示材质的质感和纹理效果。

3．渲染

调整完光源和材质，需要进行渲染才能展现出最终效果。通过“渲染”下拉栏可以调整最终效果图的相关数据。如图 6-62 所示，由上往下分别为：

（1）渲染预设　选择渲染图片的质量。

（2）渲染进度　显示完成当前渲染所需使用的时间。

（3）渲染输出文件　指定保存渲染图像所要使用的文件名以及渲染图像的保存位置。

（4）渲染质量　调整模型的渲染质量。

（5）渲染输出大小　设置渲染图像的输出分辨率。

（6）调整曝光　用于为最近渲染的输出调整全局光源。

（7）环境　用于控制对象的能见距离。

（8）渲染窗口　显示渲染窗口而不执行渲染操作。

图 6-62　渲染调整

4．实例

（1）如图 6-63 所示绘制相应图形。

① 在三维建模视图内选择“俯视”视角。

② 在“俯视”视角内使用建模命令，绘制半径 850、高 200 的圆柱体；以此圆柱体圆心为中心，绘制两个半径分别为 500 和 450，高分别为 1000、1200 的两个圆柱体。

③ 在“左视”视角内，绘制外径 300、内径 250、长 1500 的圆筒（两圆柱的差集命令）。

④ 将圆筒和半径 500 的圆柱体交叉放置（保证位置精度），执行布尔运算的交集命令。

⑤ 将半径 450、高 1200 的圆柱体插入已绘制完成三维图形中，执行布尔运算差集命令。

⑥ 选择“西北等轴测”视角，在“常用”→“视图”

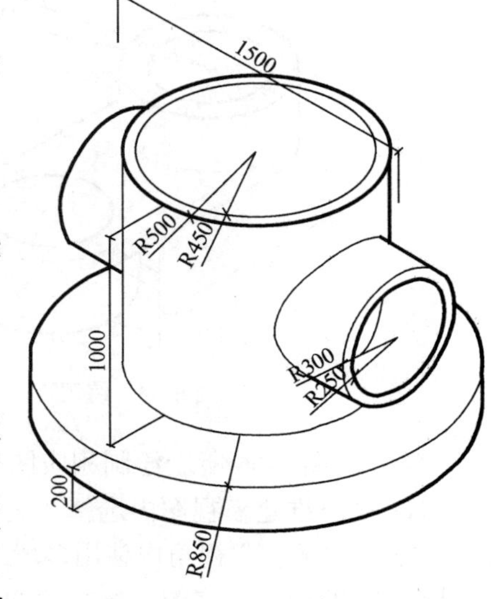

图 6-63　练习 1

工具栏中打开“视觉样式”，或输入“SHADEMODE”命令，执行其“三维隐藏”命令，消隐三维图形背部线条。

（2）如图 6-64 所示绘制相应图形。

① 在三维建模视图内选择“俯视”视角。

② 在“俯视”视角内，绘制半径 200、高 150 的圆柱体；以柱体圆心为中心，绘制一半径 140，高大于 150 的圆柱体，将两者执行布尔运算差集命令，形成圆筒形，复制为两个。

③ 在“俯视”视角内绘制长 500、两端半径 200 圆弧的封闭多段线，拉伸 50 厚度，以两端圆弧圆心为基点绘制两个半径 140、高度大于 50 的圆柱体，切换不同视角保证位置精度，执行布尔运算的差集命令开孔。

④ 在“左视”视角内将两个圆筒形放置到位。

⑤ 将所有图形执行布尔运算的并集命令，形成整体。

⑥ 选择“西南等轴测”视角，在“常用”→“视图”工具栏中打开“视觉样式”，或输入“SHADEMODE”命令，执行其“三维隐藏”命令，消隐三维图形背部线条。

（3）如图 6-65 所示绘制相应图形。

① 在三维建模视图内选择“左视”视角。

② 在“左视”视角内，绘制半径 150、高 50 的圆柱体；以此圆柱体圆心为中心，绘制一个半径为 120，高度大于 50 的圆柱体，将两者执行布尔运算的差集命令，形成圆筒形。

③ 在“左视”视角内使用建模命令，绘制半径 90、高 50 的圆柱体；以此圆柱体圆心为中心，绘制一半径 60，高大于 50 的圆柱体，将两者执行布尔运算差集命令，形成圆筒形。

④ 在“左视”视角内将两个圆筒形放置到位。

⑤ 在两个圆筒形间隔的位置绘制一个半径为 15 的球体，以两圆筒形中心轴为旋转轴，执行“三维环形阵列”命令，输入球体数量为 16。

⑥ 将所有图形放置到指定位置。

⑦ 选择“西南等轴测”视角，在“常用”→“视图”工具栏中打开“视觉样式”，或输入“SHADEMODE”命令，执行其“三维隐藏”命令，消隐三维图形背部线条。

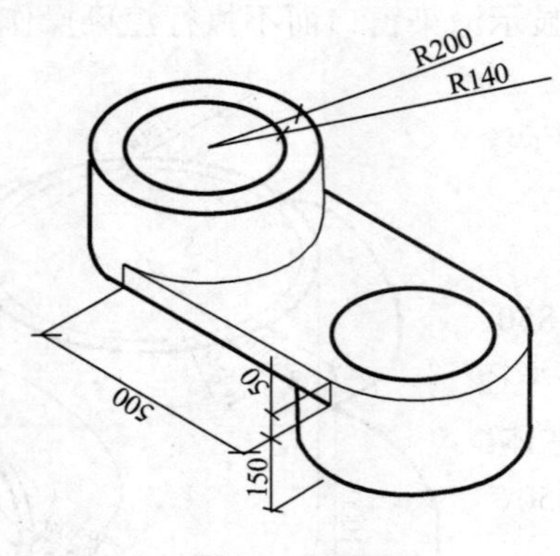

图 6-64　练习 2

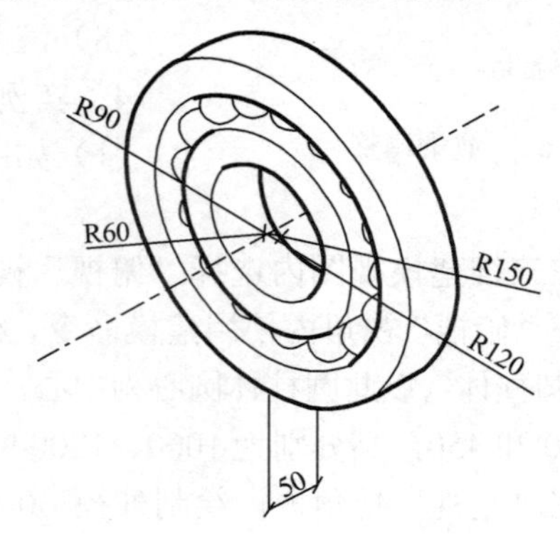

图 6-65　练习 3

（4）如图 6-66 所示绘制相应图形。

① 在三维建模视图内选择“俯视”视角。

② 在“俯视”视角内使用多段线命令绘制长 300、宽 180 的闭合长方形，将其两角调整为半径 50 的圆角；将图形执行拉伸命令，厚度 50。

③ 在“前视”视角内使用多段线命令绘制长 100、宽 150，一端为半径 75 圆弧的闭合多段线图形；将图形执行拉伸命令，厚度 50；以此圆弧圆心为中心，绘制一个半径为 60，高度大于 50 的圆柱体，将两者执行布尔运算的差集命令开孔。

④ 在“左视”视角内将上下两部分图形放置到位。

⑤ 选择“西南等轴测”视角，在“常用”→“视图”工具栏中打开“视觉样式”，或输入“SHADEMODE”命令，执行其“三维隐藏”命令，消隐三维图形背部线条。

（5）如图 6-67 所示绘制相应图形。

① 在三维建模视图内选择“左视”视角。

② 在“左视”视角内使用多段线命令绘制相应封闭图形；将图形执行拉伸命令，厚度分别为 100、150；将两个图形移动至指定位置（注意倒角数据）。

③ 在“前视”视角内绘制两个半径 20、高 100 的圆柱体，并移动至相应图形中，执行布尔运算的差集命令开孔；在“俯视”视角内绘制一个半径 30、高 50 的圆柱体，并移动至相应图形中，执行布尔运算的差集命令开孔。

④ 将两部分图形放置到位。

⑤ 选择“西南等轴测”视角，在“常用”→“视图”工具栏中打开“视觉样式”，或输入“SHADEMODE”命令，执行其“三维隐藏”命令，消隐三维图形背部线条。

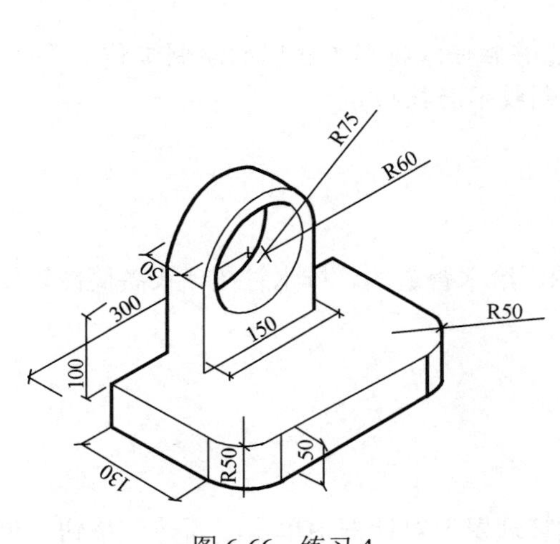

图 6-66　练习 4

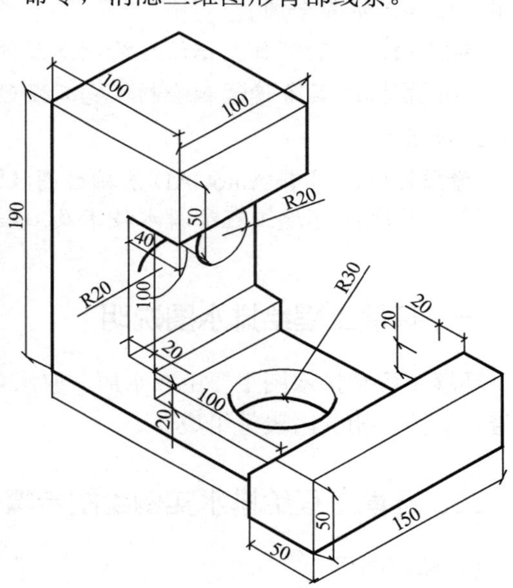

图 6-67　练习 5

项目七

环境工程图

➤ 任务一　环境工程专业给水排水工程图

任务概述： 绘制给水厂区布置设计图、实地布置图、取水泵房总图、给水管道图、节点图总图和混水管全图。

能力目标： 能够独立识读与绘制水厂的有关设计图，并绘出完整的标识和说明。

知识目标： 具备读懂和绘制环境工程CAD工程制图的基础知识，对于图形符号、标识等做到应用自如。

素质目标： 具有AutoCAD基础绘图技能，能够胜任给排水工程图的绘制工作。

知识导向： 环境工程给排水技术及工程图绘制技术与技巧。

一、环境工程给排水图说明

环境工程给排水图主要由取水厂、取水泵房图、给水管道图、排水管图、设备简图以及符号、标注、相关附表等组成。

二、环境工程给排水实例绘图步骤

1. 新建图层

格式下拉菜单中单击“图层”，在“图层格式管理器”对话框中单击“新建”按钮，创建以下新图层。

“中心线”，红色，线型为CENTER2，线宽为0.13mm；

“设备”，白色，线型为continuous，线宽为0.30mm；

“标注”，白色，线型为continuous，线宽为默认；

“绿草”，绿色，线型为continuous，线宽为默认；

“管道”，红色，线型为continuous，线宽为0.30mm；

“附表”，蓝色，线型为continuous，线宽为默认；

“打印边框”，白色，线型为continuous，线宽为默认；

“绘图边框”，红色，线型为continuous，线宽为1.00mm；

“文字”，绿色，线型为continuous，线宽为默认。

2．设置捕捉功能

右键单击“捕捉功能”按钮，选择“设置（s）”，弹出“草图设置”对话框，在“对象捕捉”选项卡中勾选“端点”、“中点”、“交点”、“圆心”、“垂足”等自动捕捉选项。

3．绘制图形及设备

（1）取水平面图的绘制

取水平面图有厂区布置设计图（图7-1）和厂区实地布置图（图7-2）。

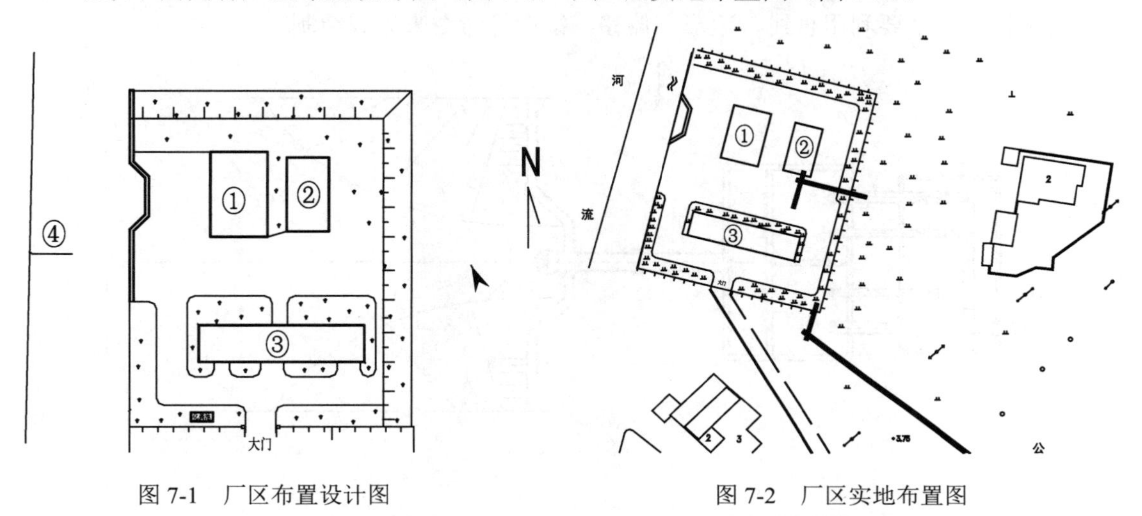

图7-1　厂区布置设计图　　　　图7-2　厂区实地布置图

设计图主要包括厂区构筑物及设备的布置、管线安排、绿化区域等。

对于厂区布置设计图（图7-1），绘图时应该要考虑各处距离、比例是否合理并且应标出具体大小。如图7-1所示，其中①是吸水井，②是阀门井，③是配电、值班室，④是河流中心线。先用矩形（REC↙）和直线（L↙）绘出厂区外围围墙、构筑物等设施。

绿化带的绘制：先绘制必要矩形、直线，并用修剪（TR↙）命令进行修剪，效果如图7-3所示。然后使用圆角（F↙）功能将各个角倒成圆角，效果如图7-4所示。同样利用圆角命令处理图中其他需要处理的直角。最后在绿化带中先画一株小草，然后使用复制命令复制。

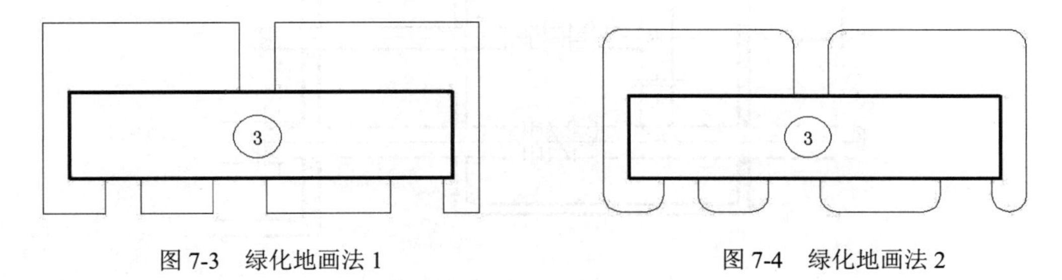

图7-3　绿化地画法1　　　　图7-4　绿化地画法2

厂区实际效果图，实际就是将已经绘制好的厂区设计图，“安放”到实际地图中（图7-2）。实际地图应根据实际情况大致绘出，标出绿化带、村庄、道路、河流等。

具体操作步骤如下：先将之前绘制好的厂区设计图全部选中，然后输入创建块（B↙）命令，指定块名称为“厂区”，指定基点，确定创建块。然后输入插入块（I↙）插入，选择

“厂区”，基点选择河岸上合适的位置。然后选中块，输入旋转（RO↙）命令，旋转到合适角度，使用多段线补上厂区出口道路，完成。

（2）取水泵房的绘制，效果如下图 7-5 所示。

取水泵房包括俯视图和剖视图。

由于此图绘制的是实际建筑，所以在绘制取水泵房俯视图时应注意标出各处尺寸的距离。具体可从左向右画，因为绘制矩形尺寸已知，所以绘制矩形时应使用“D”命令确定矩形的长和宽。而绘制第二个矩形时不仅要考虑水平方向上的距离，还要考虑垂直方向上对称。

绘制提示：主要利用直线、矩形、偏移、镜像等命令来完成绘制。

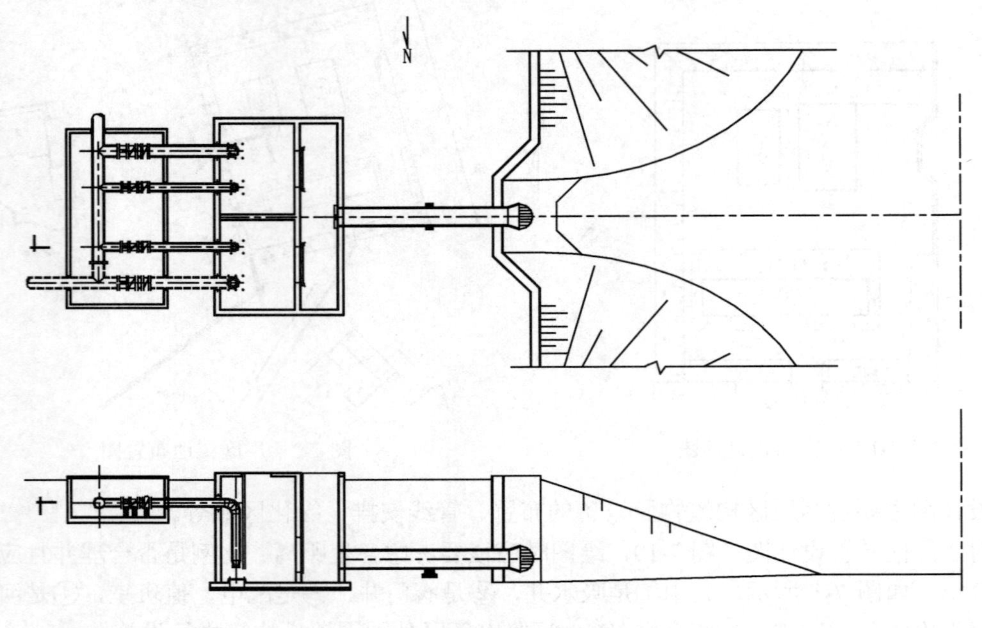

图 7-5　取水泵房总图

泵房俯视细节图如图 7-6 所示，泵房中管道在绘制时应先绘制中心轴线，然后通过镜面（MI↙）命令对称复制管道，然后使用修剪（TR↙）命令进行必要的修剪。

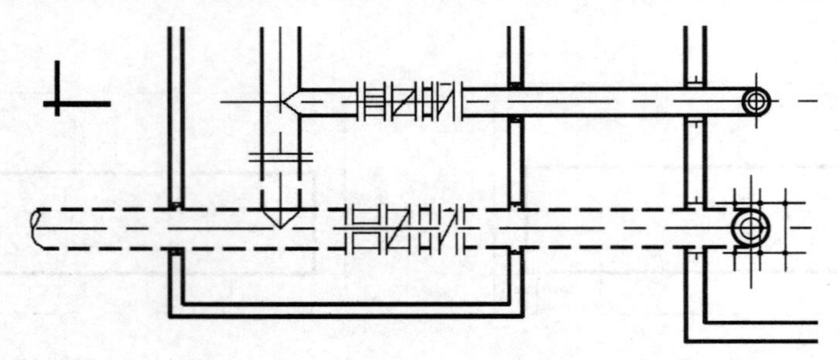

图 7-6　取水泵房俯视图局部

剖视图见图 7-7，在绘制时应考虑与俯视图相对应，可以从俯视图中引出相应的铅垂线来辅助作图，完成绘图后再自行删除。剖视图中应考虑各处高程位置，因而绘制时要尽量多使用确定的尺寸而不是随手画出。

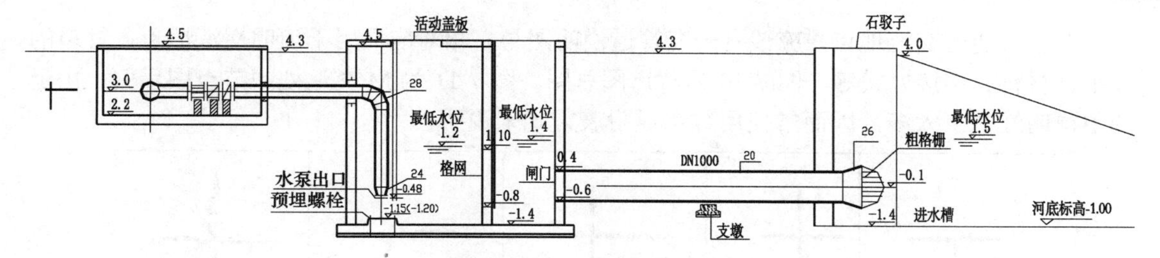

图 7-7 取水泵房剖视图（局部）

（3）给水管道图的绘制

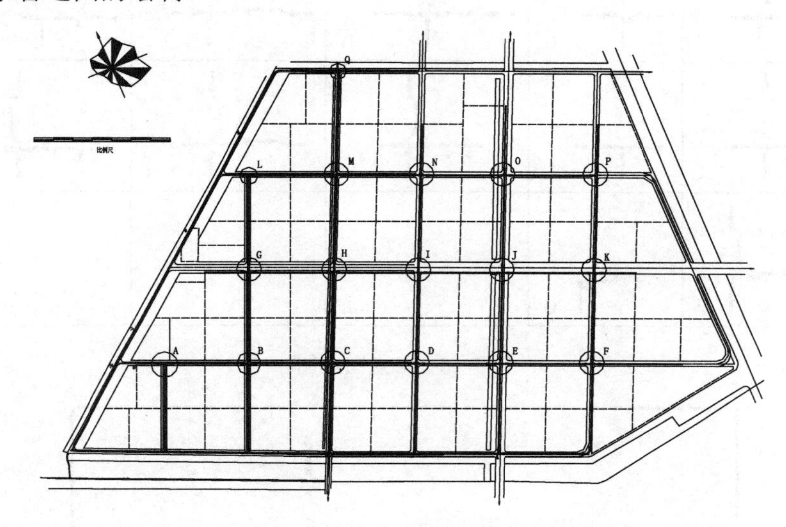

图 7-8 城域给水管道图

城镇给水管道图如图 7-8 所示。应先画出外围河流、干道等，然后再绘制城镇中的纵横网格般的道路，绘制时应先绘制道路中心线。网格道路将城镇分成多个板块，板块边缘可使用圆角（F↙）命令倒出圆角，使用修剪（TR↙）命令修剪掉路口交叉处多余线段。然后绘制管道。为了区别管道线和道路线，管道线使用红色加粗，并且不覆盖道路线以及道路中心线。图 7-9 为给水管道图细节。

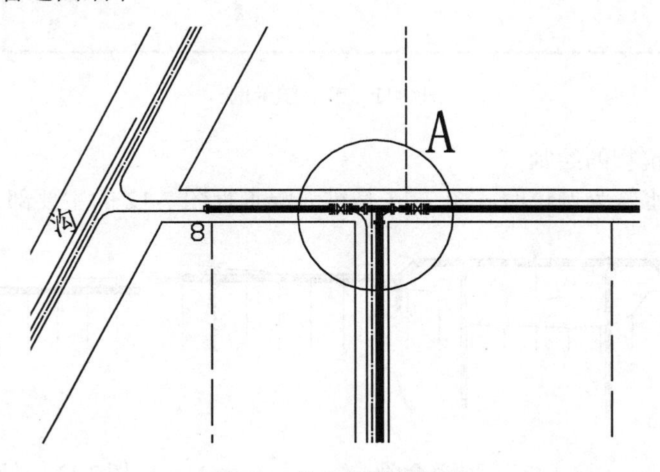

图 7-9 给水管道图细节

对于管道的交汇地点，应该有一套管道说明图与之相对应，用于说明交汇地点各管道的大小、材料、连接方式等。图 7-10 为节点图总图。图 7-11 为 M 交汇处的节点图示例。由于图中说明性文字太多，因而常使用数字或附表方式来说明。

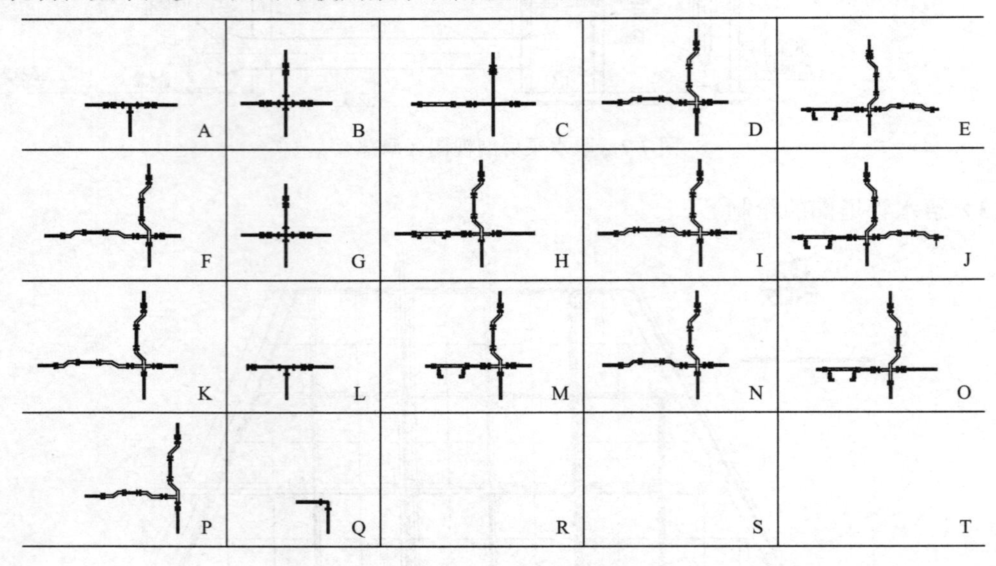

图 7-10　节点图总图

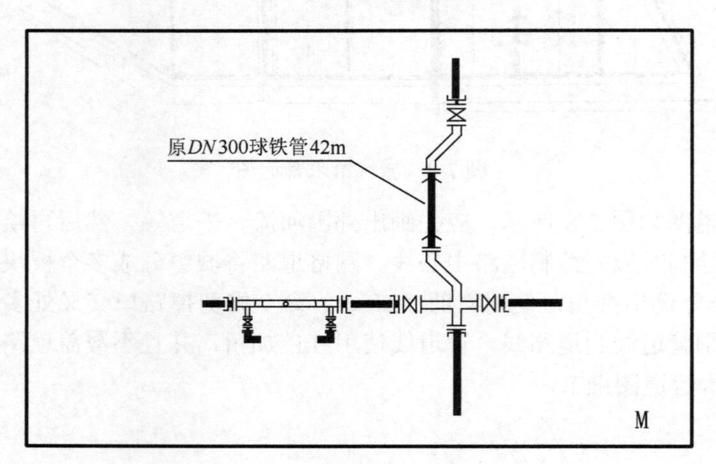

图 7-11　节点图示例

（4）设备及构筑物的绘制

这里以过河混水管为例说明，图 7-13 是过河混水管图 7-12 的主要部分。

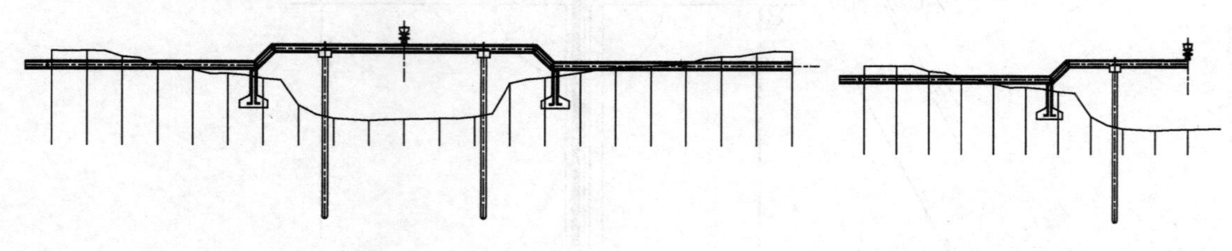

图 7-12　混水管全图

图 7-13　过河混水管（左半部分）

由于图形对称，因此只要绘制其中一半的图形即可。

▶ 任务二　环境工程水处理工程图

任务概述： 绘制水厂、污水处理厂和废水处理站工程图。

能力目标： 具有识读和绘制水处理工程图的基本能力，能够独立绘制水厂、污水处理厂和废水处理站的有关工程图。

知识目标： 了解环境工程 CAD 工程制图的基础知识，熟知环境工程 CAD 工程制图的专业术语。

素质目标： 胜任自来水厂、城市污水处理厂和工业废水处理站工程图的识读与绘制。

知识导向： 水污染控制技术有关术语及水处理工程图的识读与绘制。

一、自来水厂工程图

给水公司工艺流程图主要由厂区平面图、高程图、各种建筑（设备）图、各种标注和相关附表组成。

二、给水公司工艺实例绘制步骤

1．新建图层

格式下拉菜单中单击“图层”，在“图层格式管理器”对话框中单击“新建”按钮，创建以下新图层。

“中心线”，红色，线型为 CENTER2，线宽为 0.13mm；

“细线”，白色，线型为 continuous，线宽为 0.30mm；

“宽线”，白色，线型为 continuous，线宽为 1.40mm；

“标注”，绿色，线型为 continuous，线宽为默认；

“附表”，蓝色，线型为 continuous，线宽为默认；

“打印边框”，白色，线型为 continuous，线宽为默认；

“绘图边框”，红色，线型为 continuous，线宽为 1.00mm；

“文字”，绿色，线型为 continuous，线宽为默认；

“流程线”，白色，线型为 continuous，线宽为 0.60mm。

2．设置捕捉功能

右键单击“捕捉功能”按钮，选择“设置（s）”，弹出“草图设置”对话框，在“对象捕捉”选项卡中勾选“端点”、“中点”、“交点”、“圆心”、“垂足”等自动捕捉选项。

3．绘制图形

（1）高程图

高程图（图 7-14）可从左到右绘制(具体可参照后面的局部图 7-15～图 7-17 所示)，考虑到建筑物都以地面为基准，可先在细线层绘出水平直线代表地面，待建筑绘制成形时用裁剪命令去除多余部分。

设置“宽线”层为当前层，管道用多段线（PL↙）绘制，绘制时指定宽度（W）为 0.8，注意灵活运用 F8 切换正交模式。相关建筑可用矩形（REC↙）命令画出，同时注意布局。其中虹吸管可在正交模式下用多段线（PL↙）命令通过直线（L↙）和圆弧（A↙）之间切换一次画出。

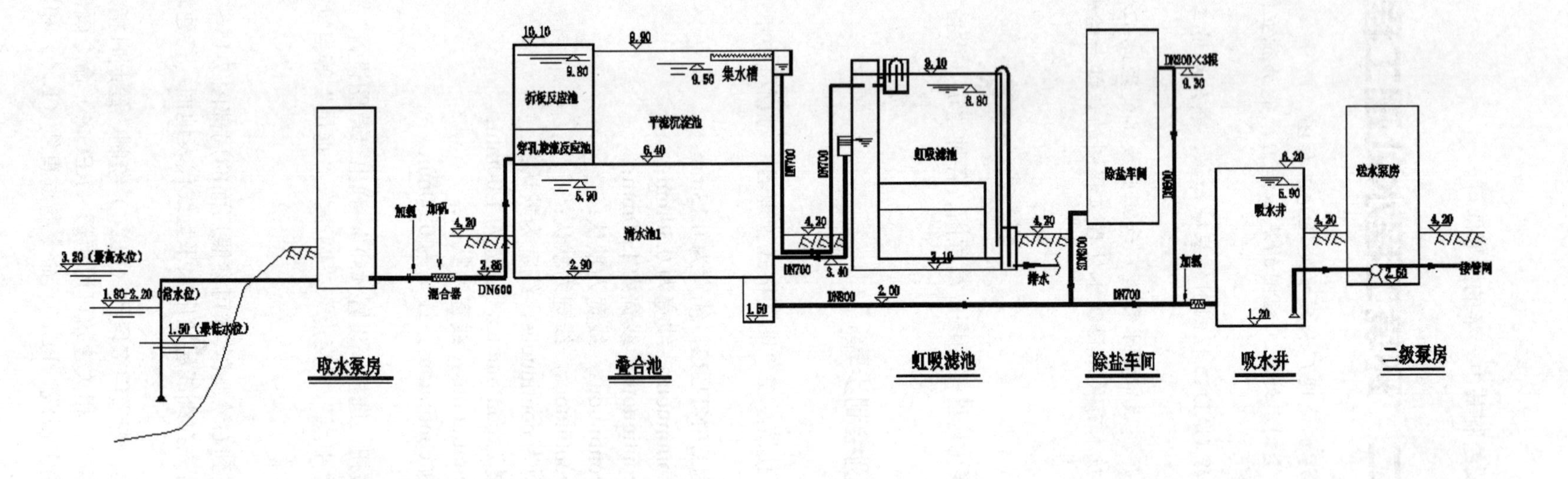
取水泵房
叠合池
虹吸滤池
除盐车间
吸水井
二级泵房
折板反应池
穿孔旋流反应池
平流沉淀池
集水槽
清水池1
虹吸滤池
除盐车间
吸水井
送水泵房
混合器
加氯
加矾
排水
接管网
DN600
DN700
DN800
3.20（最高水位）
1.80-2.20（常水位）
1.50（最低水位）
4.20
2.85
10.10
9.90
9.80
9.50
6.40
5.90
2.90
1.50
3.40
2.00
9.10
8.80
3.10
9.30
8.20
1.20
2.50
说明：
1. 图中管径以毫米计，高程以米计，水厂地面高程暂定为4.20米，废黄河高程系统。
2. 图中构、建筑物、设备仅为示意，不表示实际尺寸。

图 7-14　高程图总图

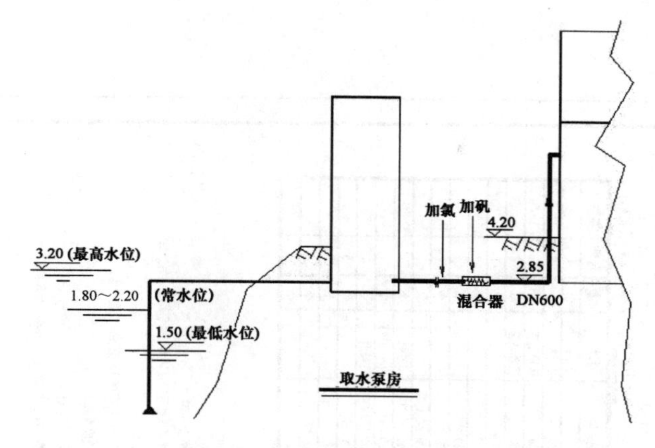

图 7-15　高程图细节（左）

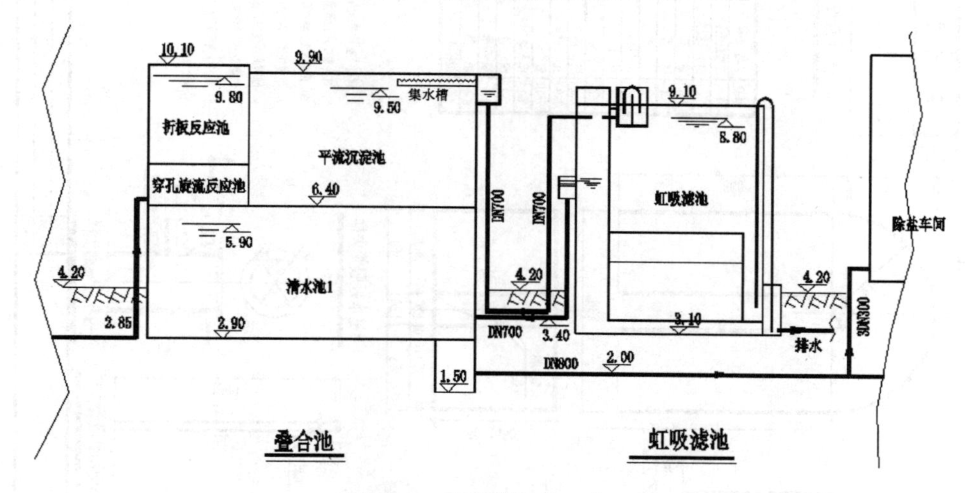

图 7-16　高程图细节（中）

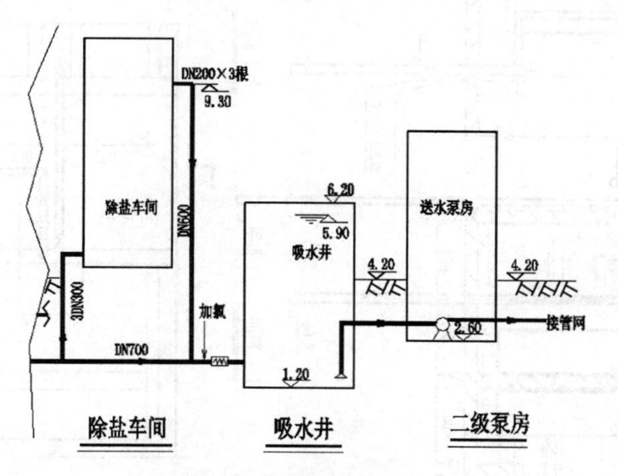

图 7-17　高程图细节（右）

在空白处用多段线（PL↙）绘制，设置端点宽度为 0 和 2，然后通过 C（复制）、RO（旋转）等命令在各管段标明水流方向。地面标高、水面标高以及地面下阴影可用复制命令进行复制。

（2）虹吸管的绘制

下图 7-18 为虹吸管设备总图，具体可分为以下几步完成。

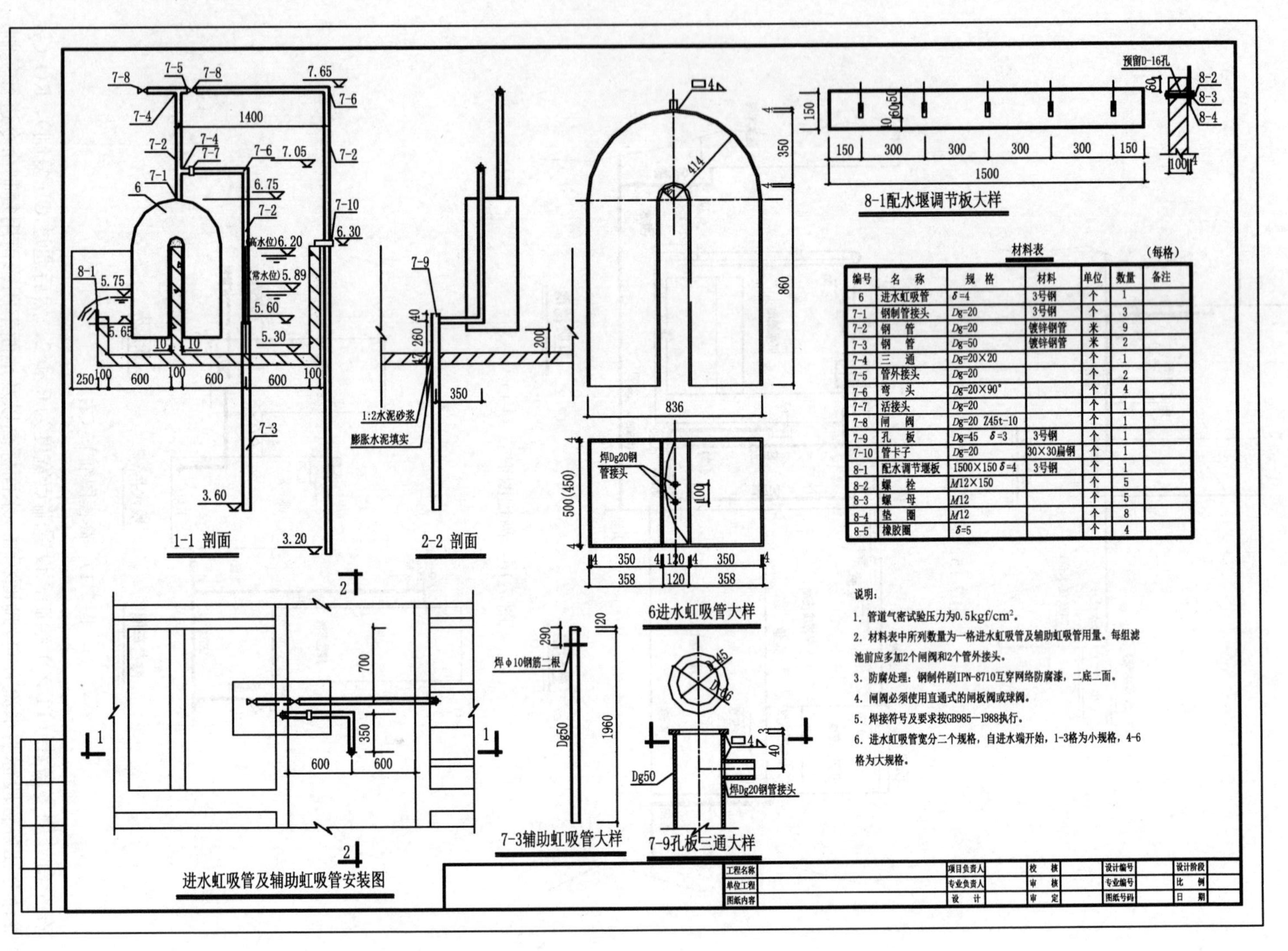

材料表 （每格）

编号	名称	规格	材料	单位	数量	备注
6	进水虹吸管	δ=4	3号钢	个	1	
7-1	钢制管接头	Dg=20	3号钢	个	3	
7-2	钢管	Dg=20	镀锌钢管	米	9	
7-3	钢管	Dg=50	镀锌钢管	米	2	
7-4	三通	Dg=20×20		个	1	
7-5	管外接头	Dg=20		个	2	
7-6	弯头	Dg=20×90°		个	4	
7-7	活接头	Dg=20		个	1	
7-8	闸阀	Dg=20 Z45t-10		个	1	
7-9	孔板	Dg=45 δ=3	3号钢	个	1	
7-10	管卡子	Dg=20	30×30扁钢	个	1	
8-1	配水调节堰板	1500×150 δ=4	3号钢	个	1	
8-2	螺栓	M12×150		个	5	
8-3	螺母	M12		个	5	
8-4	垫圈	M12		个	8	
8-5	橡胶圈	δ=5		个	4	

说明：
1. 管道气密试验压力为0.5kgf/cm²。
2. 材料表中所列数量为一格进水虹吸管及辅助虹吸管用量。每组滤池前应多加2个闸阀和2个管外接头。
3. 防腐处理：钢制件刷IPN-8710互穿网络防腐漆，二底二面。
4. 闸阀必须使用直通式的闸板阀或球阀。
5. 焊接符号及要求按GB985—1988执行。
6. 进水虹吸管宽分二个规格，自进水端开始，1-3格为小规格，4-6格为大规格。

图 7-18 虹吸管总图

1）绘制安装图

如图 7-19 为安装，较为简单些，主要是直线和矩形的组合，具体大小可参照图中所标参数。先绘制外围矩形，然后用竖直线将其分为三个部分，每一部分分别绘制。绘制时可多使用修剪（TR↙）命令进行修剪，使图形绘制既美观又快速。

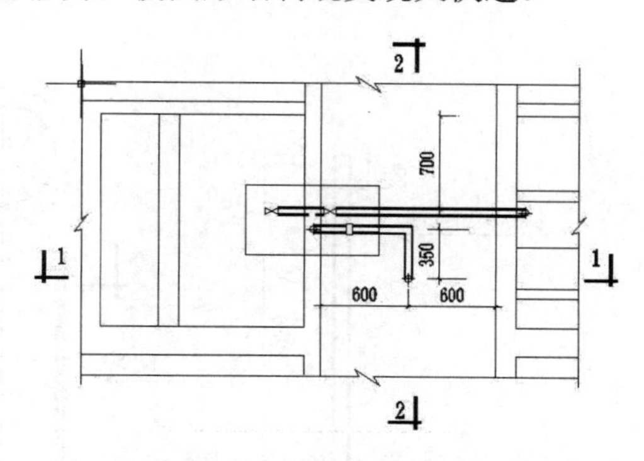

图 7-19　进水虹吸管及辅助虹吸管安装图

2）1—1 剖面、2—2 剖面

参照图 7-20、图 7-21 来进行绘制。

剖面图中阴影部分画法：填充（H↙）；选择图案；设定合适的比例；在右侧边界栏选择"添加：拾取点"命令，在要填充的空白处点击，或用"添加：选择对象"命令选择作为填充边界的对象；然后按回车键来确认；最后单击"确定"按钮结束操作。

绘图时应注意绘图顺序，先绘制基础性结构和主体图形，再在结构基础上构筑相关图形，最后是相关补充和说明。如图 7-20 所示，虹吸管以水池构筑物为基础，而其他附属物再以虹吸管和水池构筑物为基础，因而应先绘制水池构筑物，然后绘制虹吸管以及其他附属物。

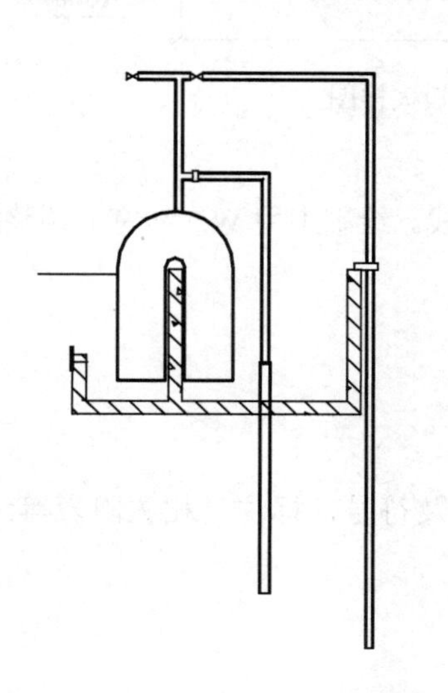

图 7-20　虹吸管 1—1 剖面图

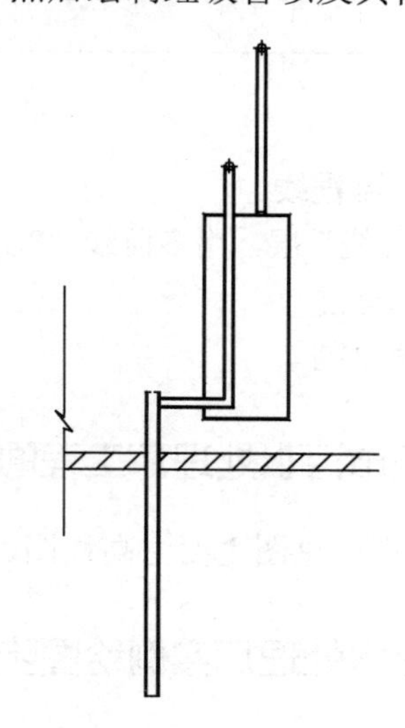

图 7-21　虹吸管 2—2 剖面图

3）绘制其他设备细节图

其他设备细节图主要有进水虹吸管（图 7-22）、辅助虹吸管（图 7-23）、三通管（图 7-24）、配水堰调节板（图 7-25）。在绘制主、俯视图的时候应注意主视图与俯视图之间的垂直位置关系，制作时应先用辅助线确定上下图形的位置关系，再画图，图形绘制完成后最后删除辅助线。

对于其中位置关系强烈的重复组件应用阵列（AR↙）命令，而不是复制（CO↙）命令，因为阵列命令更容易确定精确距离。

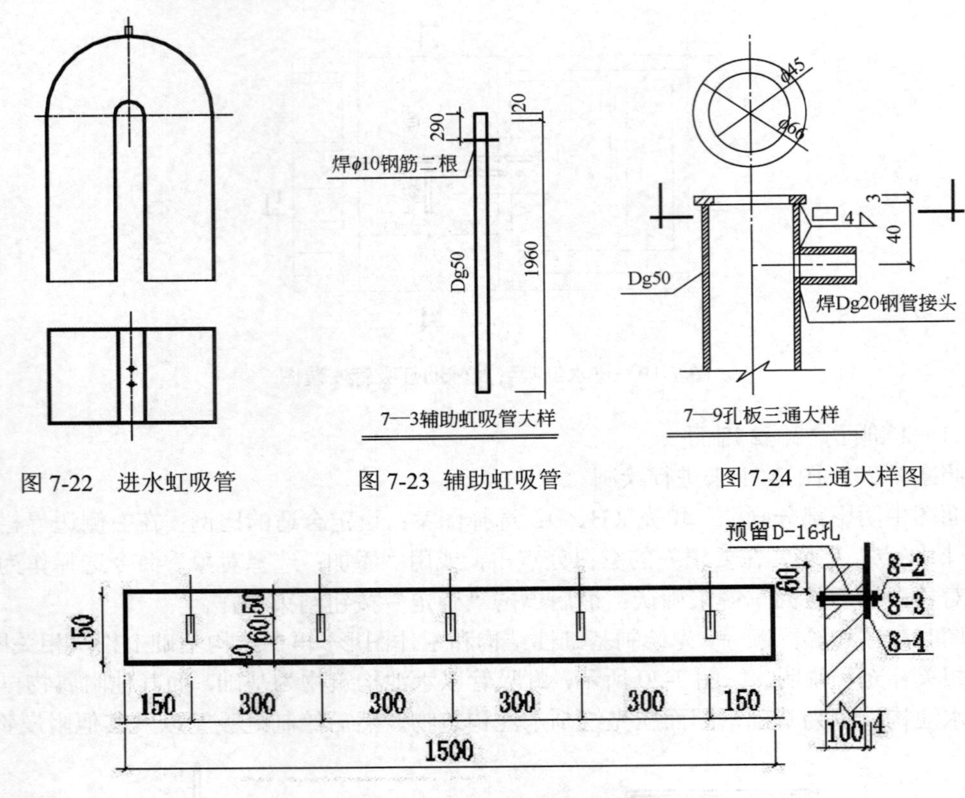

图 7-22　进水虹吸管

图 7-23　辅助虹吸管

图 7-24　三通大样图

图 7-25　配水堰调节板大样图

4．绘制流程线

在“流程线”层，用多段线（PL↙），绘制流程线。绘制中用 W（线宽）调整线宽绘箭头。

5．文本标注

6．附表绘制

三、城市污水处理厂工程图

污水处理厂总图主要由高程图、各构筑物图以及符号、标注、相关附表等组成。

四、污水处理厂实例绘图步骤

1．新建图层

格式下拉菜单中单击“图层”，在“图层格式管理器”对话框中单击“新建”按钮，创建以下新图层。

“中心线”，红色，线型为 CENTER2，线宽为 0.13mm；

“设备”，白色，线型为 continuous，线宽为 0.30mm；

“标注”，绿色，线型为 continuous，线宽为默认；
“附表”，蓝色，线型为 continuous，线宽为默认；
“打印边框”，白色，线型为 continuous，线宽为默认；
“绘图边框”，红色，线型为 continuous，线宽为 1.00mm；
“文字”，绿色，线型为 continuous，线宽为默认；
“流程线 1”，绿色，线型为 continuous，线宽为 0.60mm；
“流程线 2”，黄色，线型为 continuous，线宽为 0.60mm；
“流程线 3”，蓝色，线型为 continuous，线宽为 0.60mm。

2．设置捕捉功能

右键单击“捕捉功能”按钮，选择“设置（s）”，弹出“草图设置”对话框，在“对象捕捉”选项卡中勾选“端点”、“中点”、“交点”、“圆心”、“垂足”等自动捕捉选项。

3．绘制主要设备

（1）高程图

高程图总图如图 7-26 所示。

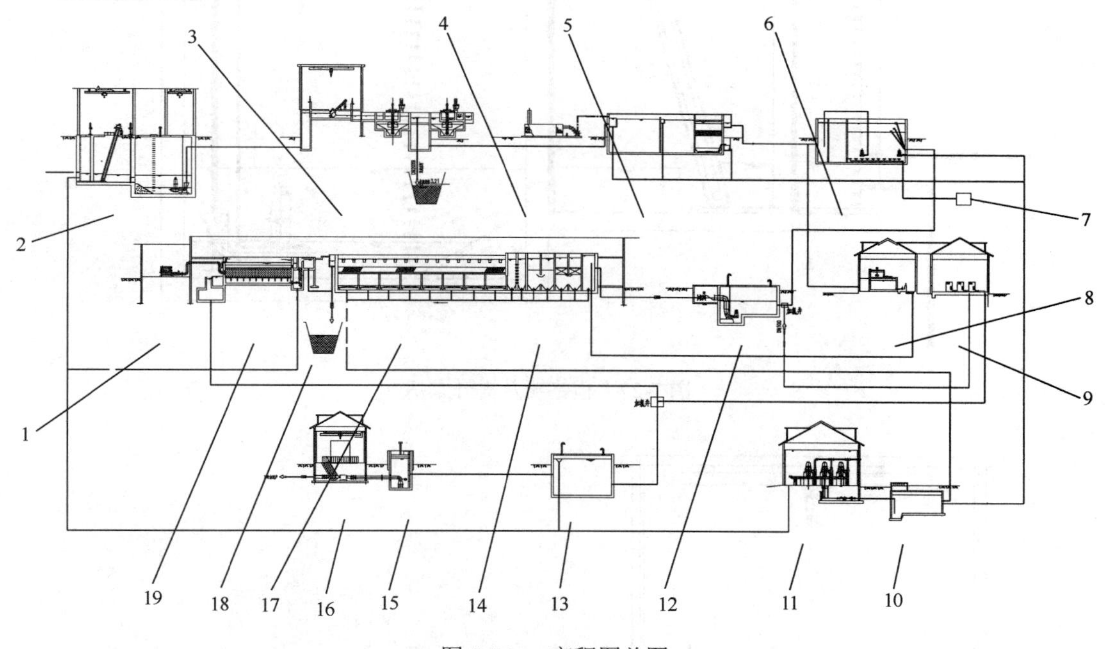

图 7-26　高程图总图

1—鼓风机房；2—粗格栅及提升泵房；3—细格栅及沉砂池；4—除臭装置；5—均质-水解酸化池；6—循环式活性污泥生化池；7—离心鼓风机；8—加药间；9—加氯间；10—污泥储池；11—污泥脱水间；12—接触池；13—清水池；14—折板反应池；15—吸水井；16—送水泵房；17—斜板沉淀池；18—咸水河；19—均质滤料滤池

按流程顺序先后绘制 2、3、5、4、6、7、10、11、12、14、17、19、1、18、13、15、16（参照图 7-27～图 7-33）。

下面以斜板沉淀池和折板反应池的图为例介绍图形的画法：按照流程方向应先画折板反应池，先用矩形（REC↙）命令绘出整体的矩形，再用直线（L↙）命令将其分成三个部分，再画中心分隔线、折板，再用直线（L↙）画出水位线，则折板反应池大致绘制完成。斜板沉淀池相对复杂，下部的支撑可以用阵列（AR↙）命令复制：选中支撑，输入 AR 命令，弹出“阵列”对话框，设定行数为 1，列数为 7，行偏移可以点击后面的“拾取行偏移”按钮在图上拾取行偏移，点确定确认，上面的溢流堰以及斜板上的斜线也是通过阵列命令绘制出的，余下部分基本是矩形和直线的组合，不再赘述。用上述方法绘制其他图形。

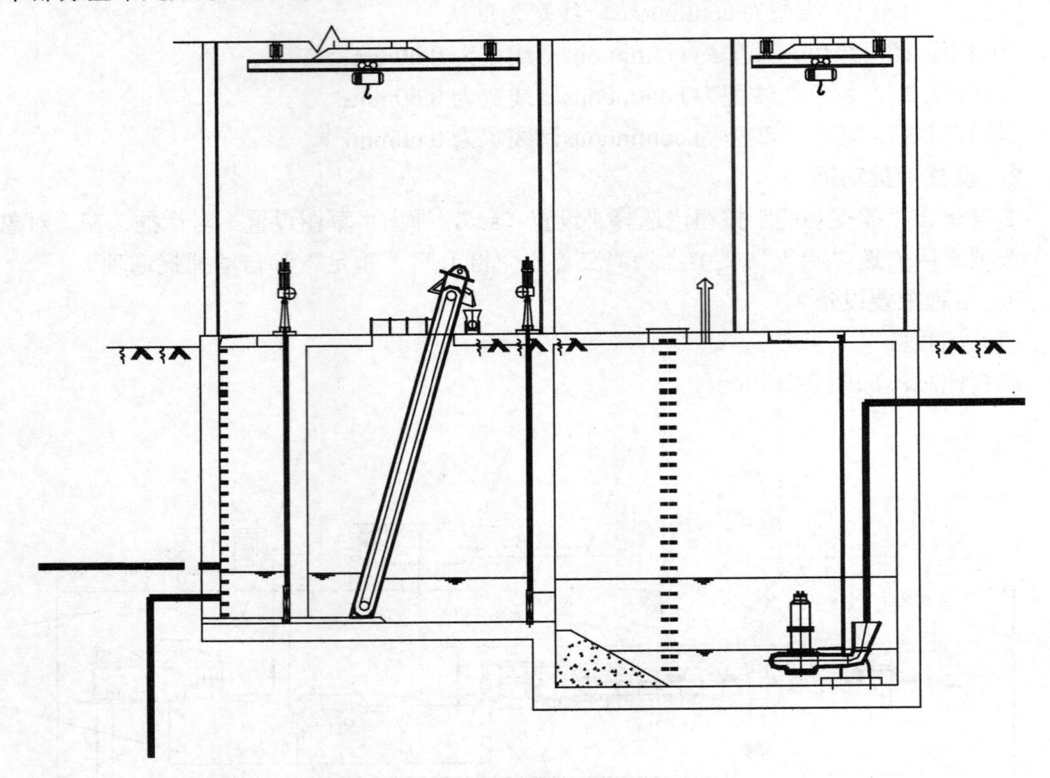

图 7-27　粗格栅及提升泵房

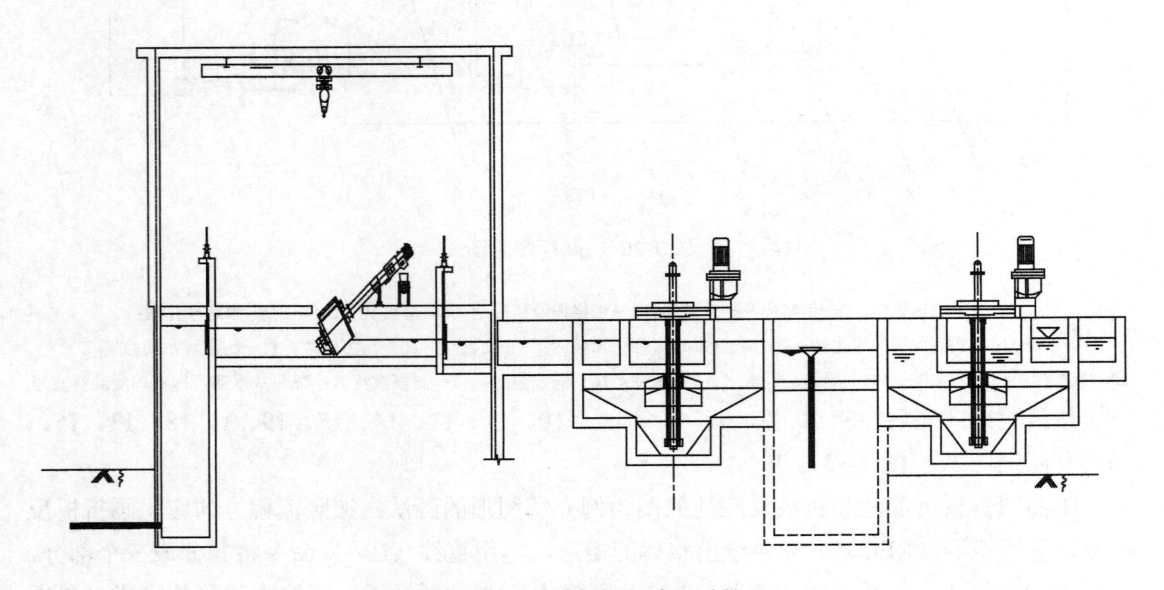

图 7-28　细格栅及涡流沉砂池

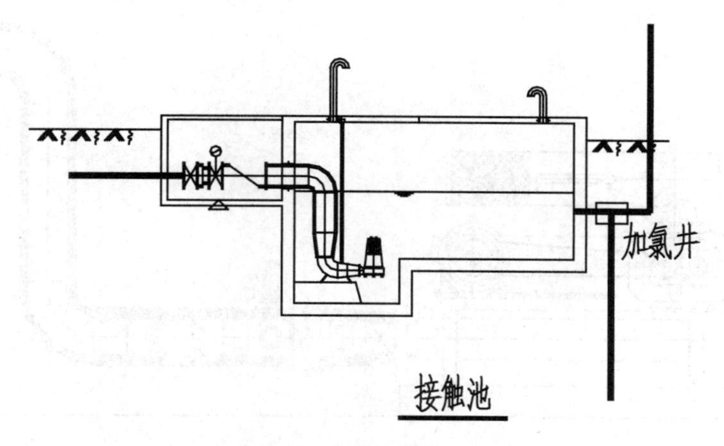

图 7-29　接触池及加氯井

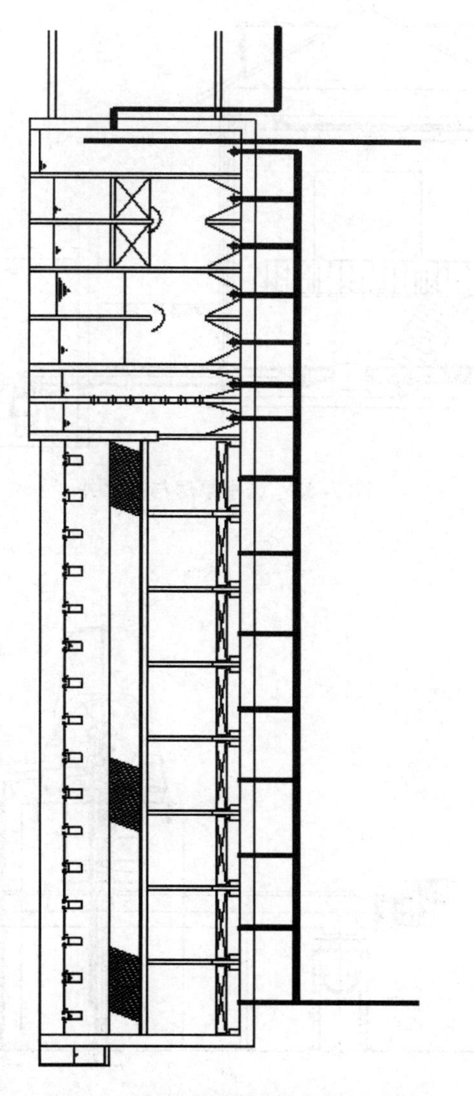

图 7-30　斜板沉淀池和折板反应池

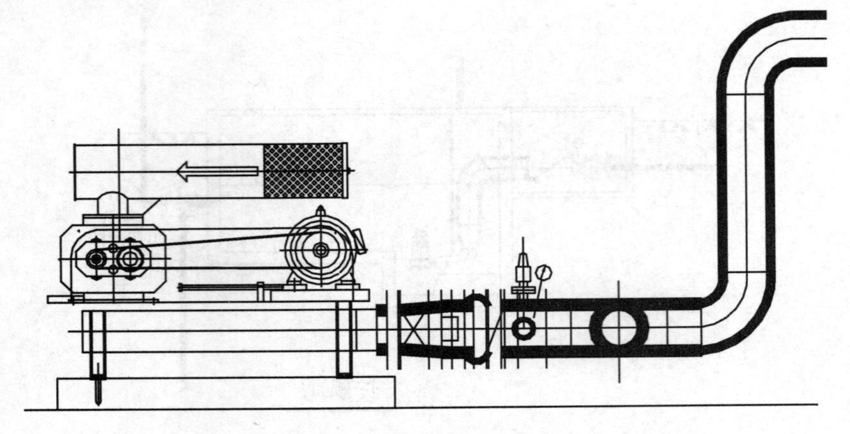

图 7-31　鼓风机

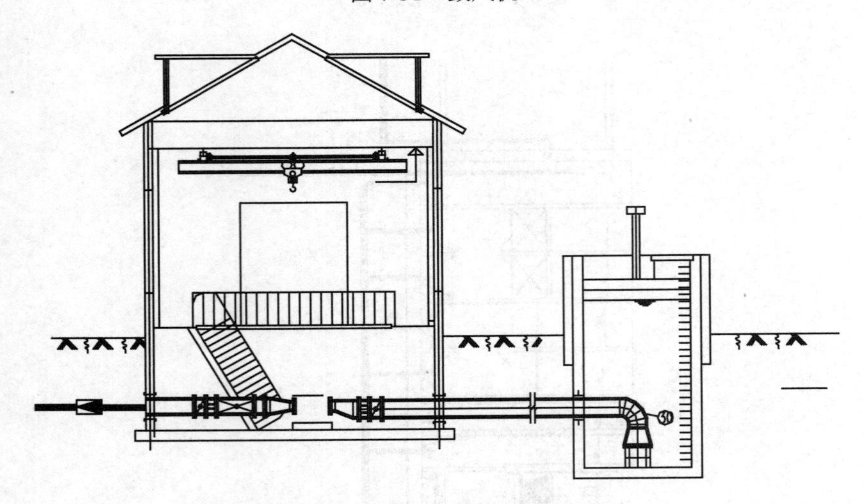

图 7- 32　送水泵房与吸水井

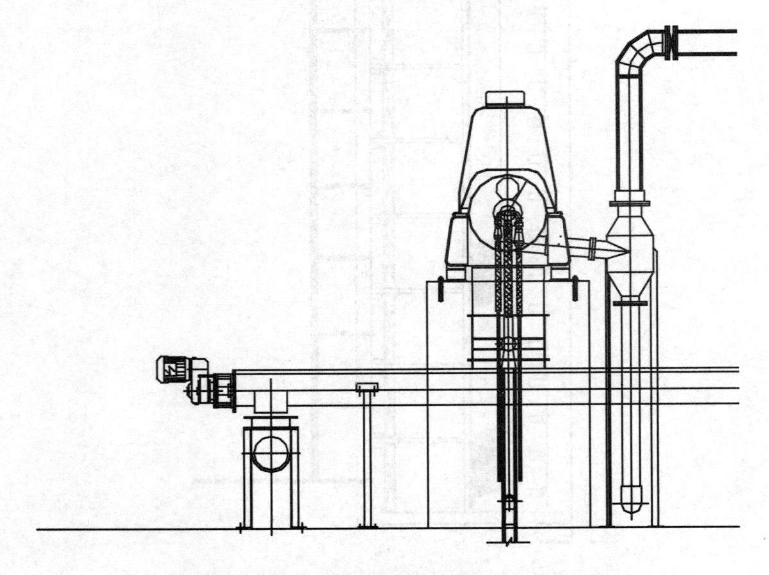

图 7-33　污泥脱水间部分细节图

（2）粗格栅及提升泵房的构筑图

粗格栅及提升泵房平面图，如图7-34所示。分为格栅部分和泵房部分，污水从右边进入，经过粗格栅后进入泵房。绘制完主体结构后，在绘制栅格和提升泵的时候，具体可参考粗格栅细节图（如图7-35）和提升泵局部细节图（如图7-36）。

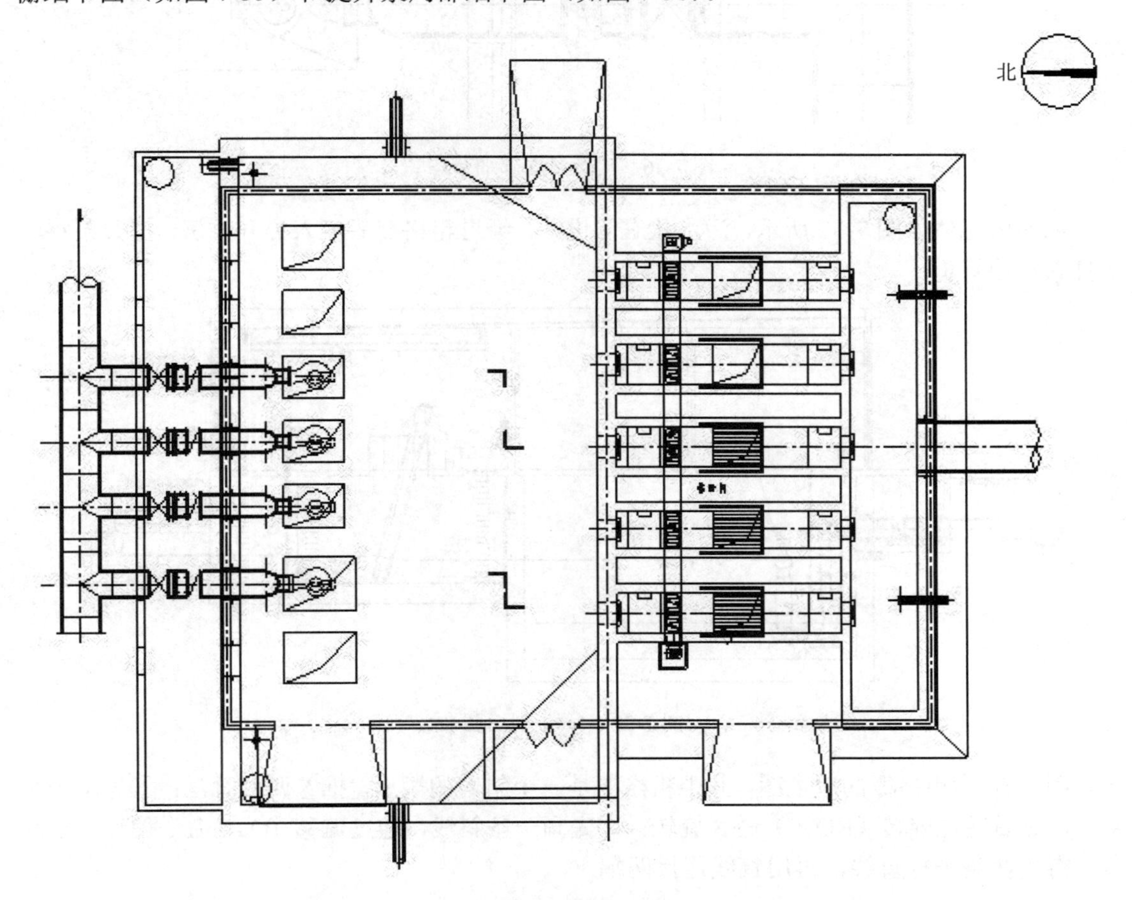

图7-34　粗格栅及提升泵房平面图

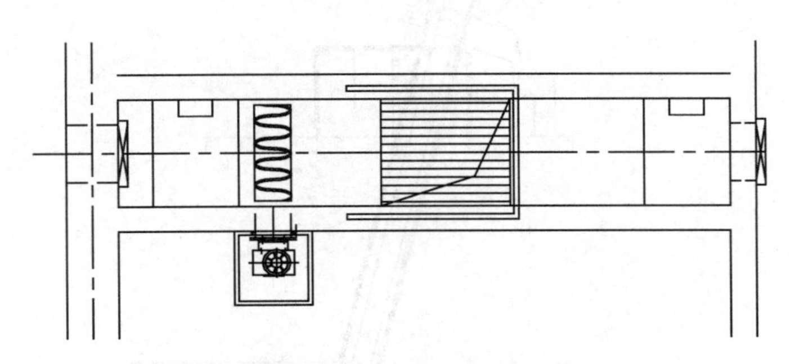

图7-35　粗格栅局部细节图

其中的正弦曲线可以通过多段线（PL↙）绘制，其余部分都是直线、矩形、圆的组合，绘图时灵活运用镜像（MI↙）、复制（CO↙）、阵列（AR↙）、修剪（TR↙）等命令可以简化操作，提高效率。

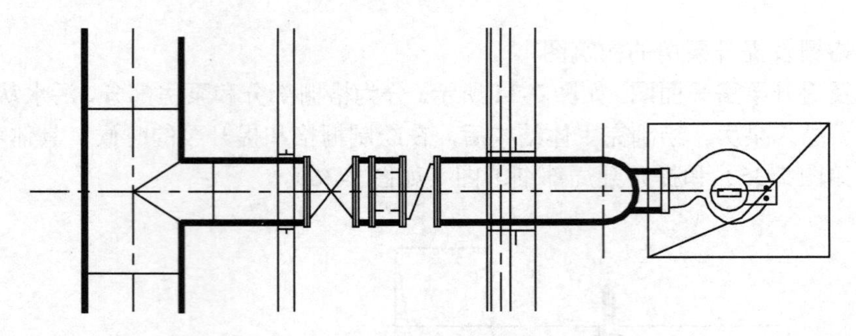

图 7-36　提升泵局部细节图

剖面图总体如图 7-37 所示，污水从右侧进入，经过粗格栅后流入提升泵房，提升泵将污水打入左边管道。

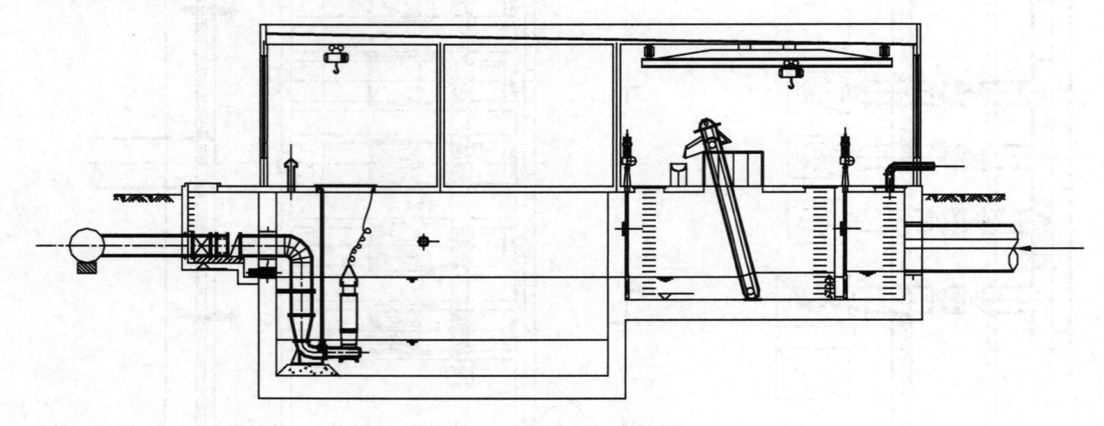

图 7-37　1—1 剖面图

图 7-38 为粗格栅的放大图，其中粗格栅是一个斜着的矩形，推荐两种画法：①先画一个矩形，然后通过旋转（RO↙）命令旋转；②先画一条斜线，通过偏移 (O↙)命令偏移一定距离，得到两条平行直线，再用直线连接两端。

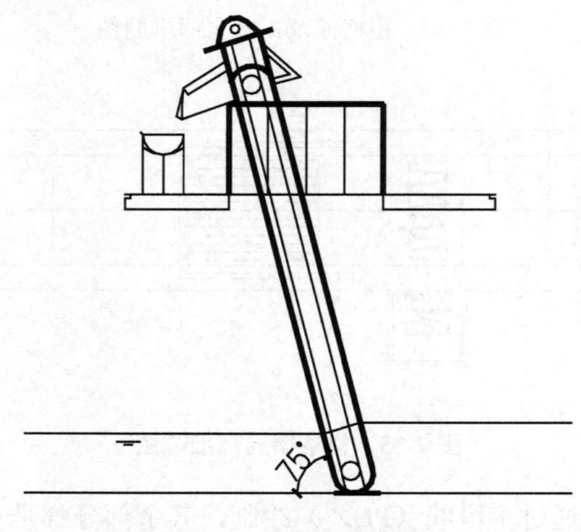

图 7-38　粗格栅放大图

提升泵剖面图（图 7-39）的绘制：对于管状结构，可以先绘制其中心线，然后通过镜像功能绘制另一半，弯头处应注意“共圆心原则”，即两管壁线和中心线应是一组共圆心的圆弧。泵下支座是混凝土结构，可用填充功能适当填充图形。

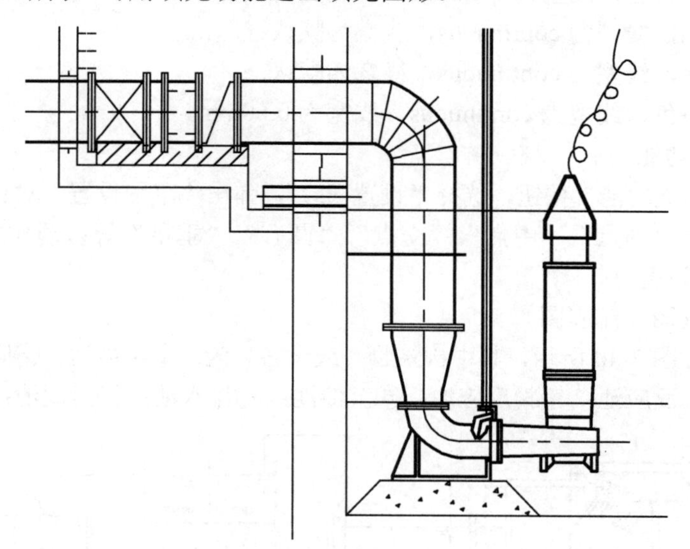

图 7-39 提升泵剖面图

4．绘制流程线

在“流程线”层，用多段线（PL↙）命令，绘制流程线。绘制中用 W（线宽）调整线宽绘制箭头。

5．文本标注

（1）设置文字样式

用 ST（设置文字样式），执行命令后，弹出“文字样式”对话框。在对话框中，新建文字样式“宋体”，字体为宋体，宽度比例为 0.75，其余视需要设置。

（2）标注

6．附表绘制

五、工业废水处理站工程图

某厂工业废水处理总图是由高程图、构筑物（设备）图及符号、标注、相关附表等组成。

六、某厂工业废水处理实例绘图步骤

1．新建图层

格式下拉菜单中单击“图层”，在“图层格式管理器”对话框中单击“新建”按钮，创建以下新图层。

“中心线”，红色，线型为 CENTER2，线宽为 0.13mm；

“设备”，白色，线型为 continuous，线宽为 0.30mm；

“标注”，绿色，线型为 continuous，线宽为默认；

“附表”，蓝色，线型为 continuous，线宽为默认；

“打印边框”，白色，线型为 continuous，线宽为默认；

“绘图边框”，红色，线型为 continuous，线宽为 1.00mm；

“文字”，绿色，线型为 continuous，线宽为默认；

“剖面”，棕色，线型为 continuous，线宽为默认；

“流程线”，白色，线型为 continuous，线宽为 0.60mm。

2．设置捕捉功能

右键单击“捕捉功能”按钮，选择“设置（s）”，弹出“草图设置”对话框，在“对象捕捉”选项卡中勾选“端点”、“中点”、“交点”、“圆心”、“垂足”等自动捕捉选项。

3．绘制主要设备

（1）绘制高程图（流程图）

高程图总图如图 7-40 所示，其中构筑物（或设备）为：①事故池；②隔油池；③储油池和调节池；④混合反应池；絮凝反应池；⑤沉淀池；⑥排水池；⑦污泥池；⑧板框压滤机。

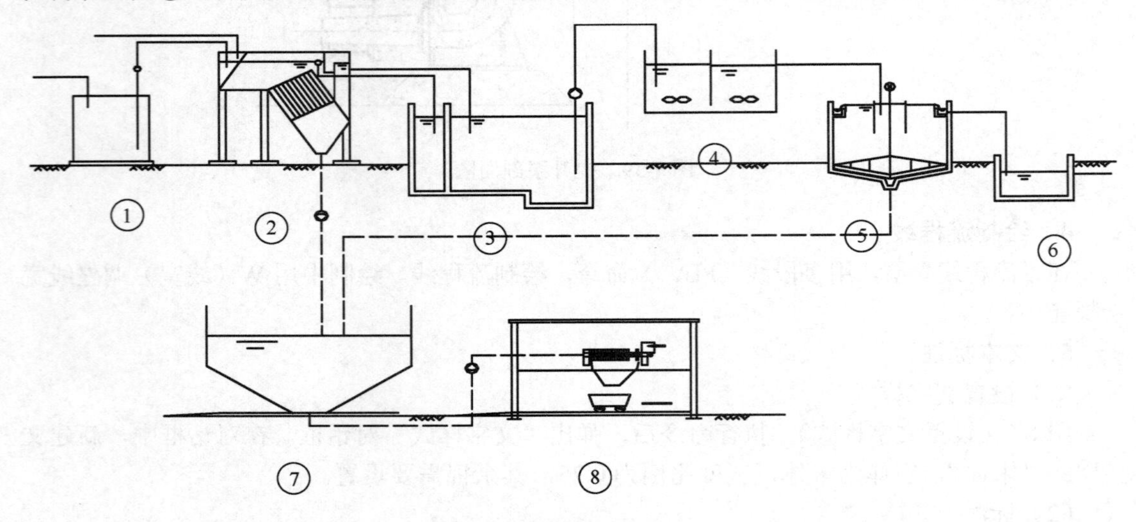

图 7-40　高程图总图

由于图中有标高关系，因此应先绘制零高度线[即地面，可先打开正交模式绘制一水平直线，总图画好后再用修剪（TR↙）命令进行修剪]。下面主要介绍一下隔油池中斜线栅格以及沉淀池下菱形的绘制：由于“阵列”命令不能做到排列方向正好垂直于斜线，因而使用偏移（O↙）命令；输入 O↙、指定要偏移的距离为 10、选中要偏移的直线、点击要偏移的那一侧，则一次偏移成功；此时接着再选中刚刚偏移形成的直线还可以继续偏移，如此可以偏移出需要的一系列斜线。要绘制菱形，关键在于对称性，可以先绘制两条对称轴，而后再确定顶点对称，确定顶点对称有很多方法，比如画圆、画椭圆、镜像命令等，因而在绘制图形时应灵活考虑，自由发挥。

（2）绘制构筑物（设备）图

此处介绍沉淀池和排水池。沉淀池俯视图和剖视图如图 7-41、图 7-42 所示。俯视图中要画一系列同心圆，可先将中心线绘出，然后以中心线交点作为圆心作一系列同心圆；而刮泥板可用矩形绘制，考虑到关于中心线对称，可先画平行直线然后通过镜像命令复制以达到对称的效果；刮泥机在图上是倾斜一定角度的矩形，可先画一矩形，再通过 RO（旋转）命令将其旋转，然后通过阵列或镜像等命令将其复制。剖视图中虽然大都为直线和矩形的组合，但也可以通过镜像、修剪、延伸等命令使操作大大简化，节约时间、提高效率。

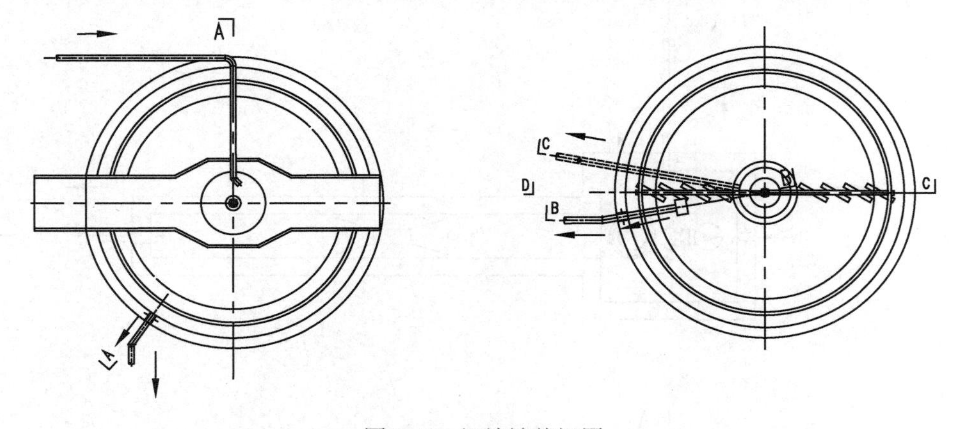

图 7-41　沉淀池俯视图

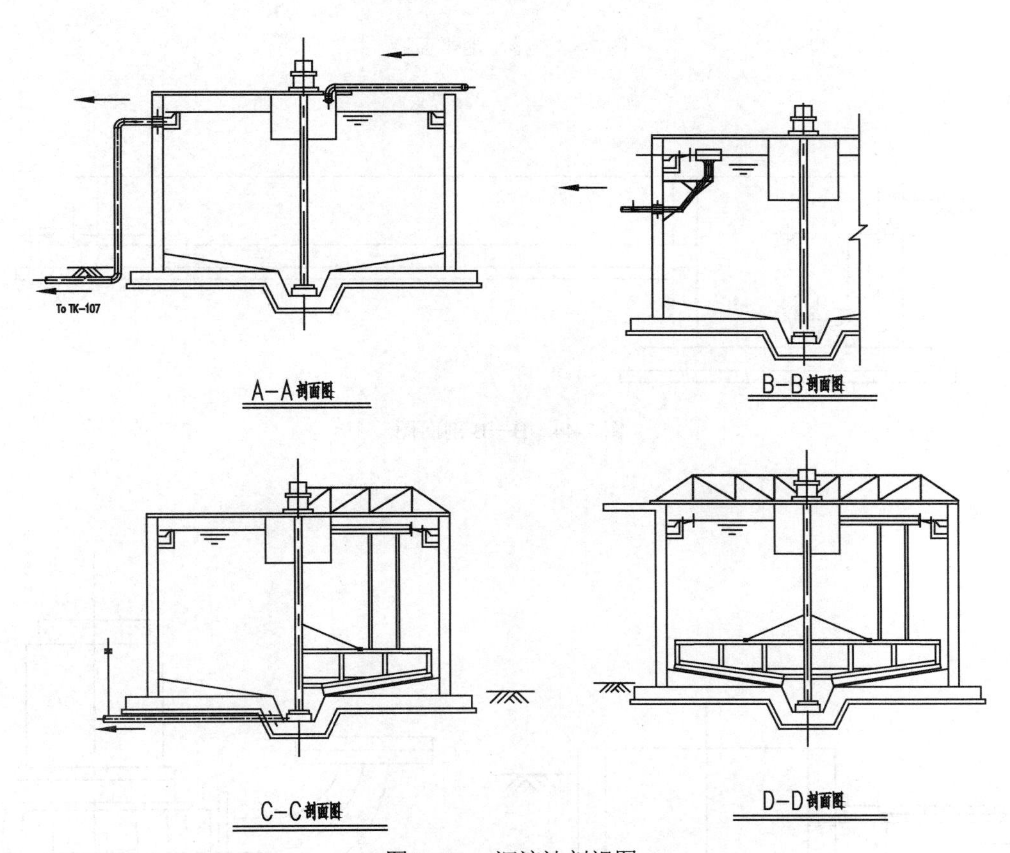

图 7-42　沉淀池剖视图

排水池（图 7-43～图 7-45）结构较为简单，只有提升泵相对复杂。提升泵（图 7-46）可以先绘制右边泵体部分，泵体部分左右对称，可通过镜像命令获得。然后绘制出水管道和支撑，对于半径变化的管道，可用多段线（PL↙）绘制完成（最好先将两端口确定）。最后根据弯管的形状绘制支撑。最后排水池绘制结果如图 7-47 所示。

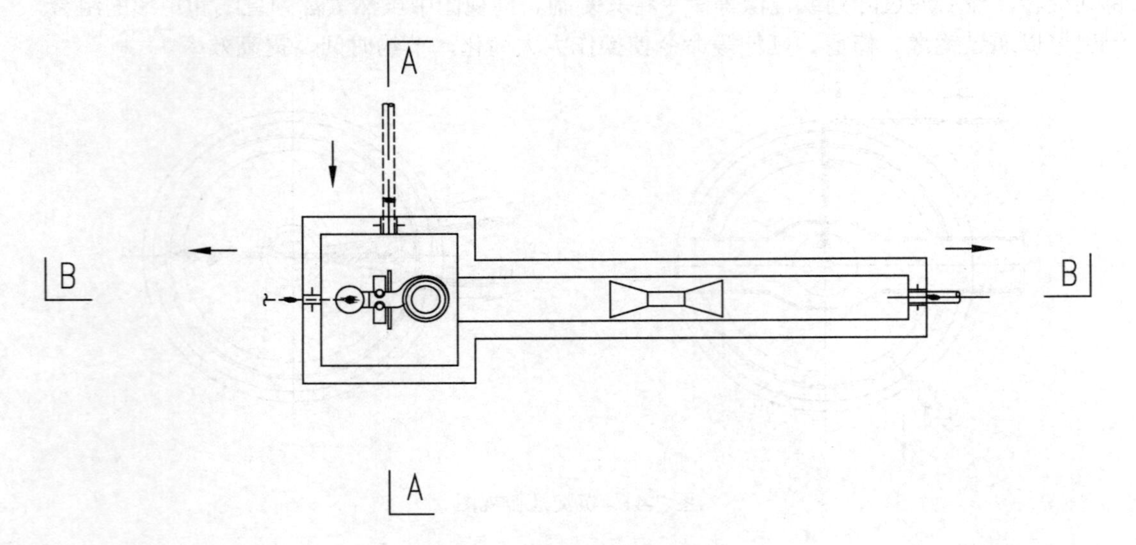

图 7-43 排水池平面图

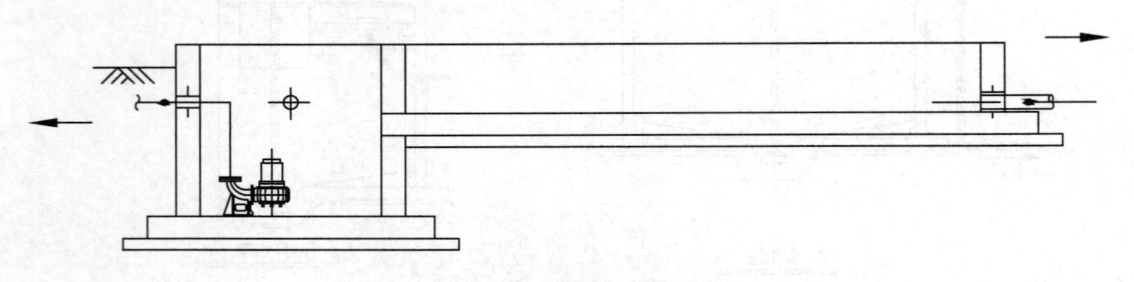

图 7-44 B—B 剖面图

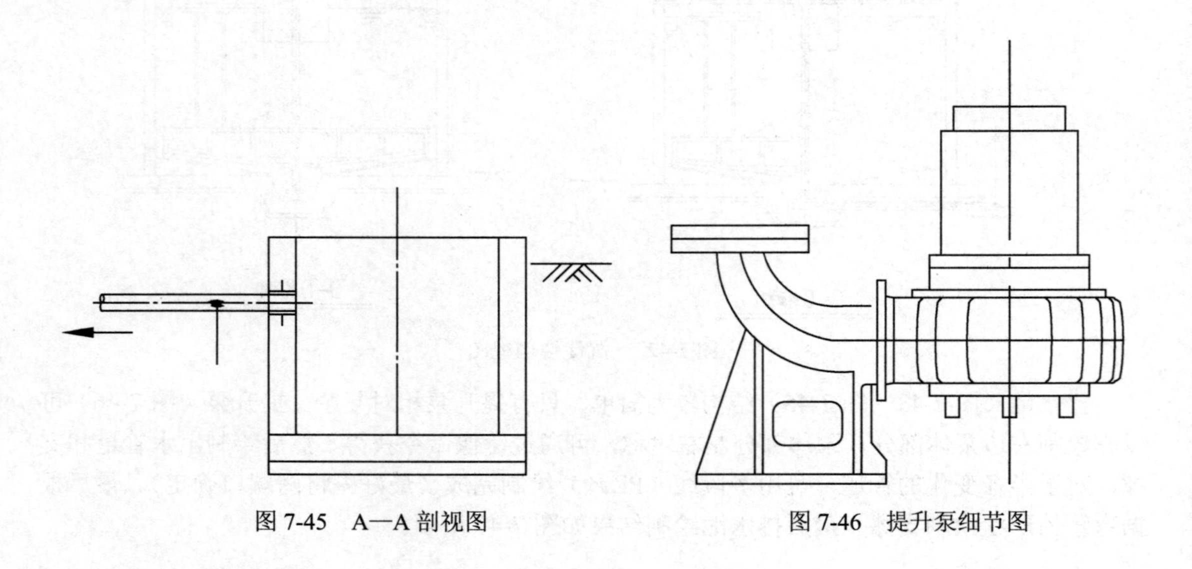

图 7-45 A—A 剖视图 图 7-46 提升泵细节图

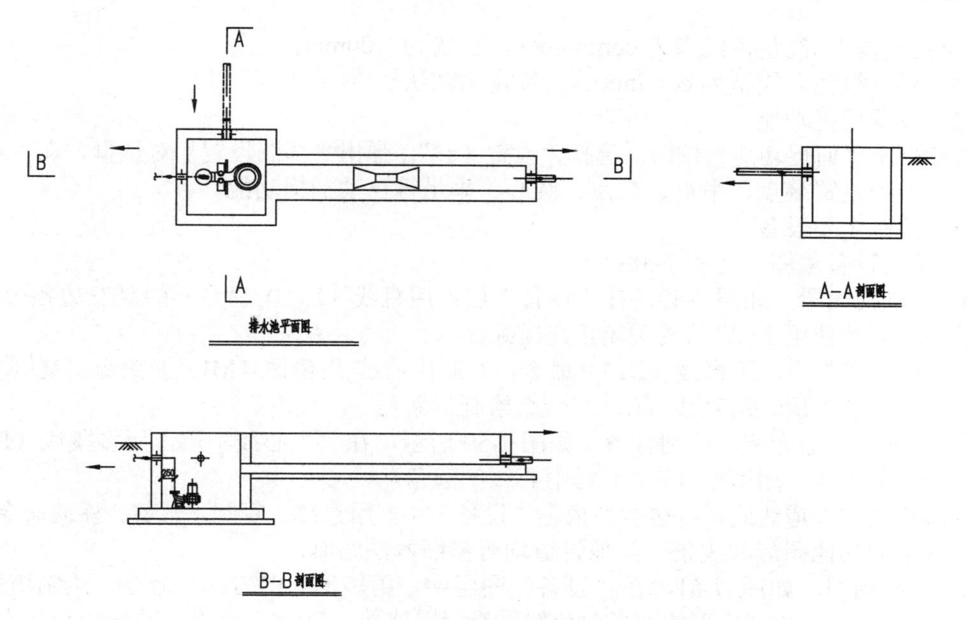

图 7-47　排水池图

任务三　环境工程专业的其他工程图

任务概述： 绘制含萘废气处理工艺设备总图、吸收塔体剖视图、气体分布板和垫板图。

能力目标： 能够读懂吸收单元操作设计图，具有识读和绘制环境工程专业相关工程图的基本能力。

知识目标： 了解环境工程相关工程图，熟知环境工程专业工程制图的专业术语。

素质目标： 熟练运用 Auto CAD 基础绘图技能，完成环境工程相关任务工程图的绘制。

知识导向： 吸收单元操作原理及吸收塔设计图的绘制。

一、含萘废气处理试验工艺流程图

1．含萘废气处理试验工艺流程图说明

含萘废气处理试验工艺流程图主要由相关设备简图、符号、流程线、各种标注和相关附表组成。

2．实例绘制步骤

（1）新建图层

格式下拉菜单中单击“图层”，在“图层格式管理器”对话框中单击“新建”按钮，创建以下新图层。

“中心线”，红色，线型为 CENTER2，线宽为 0.13mm；

“设备”，白色，线型为 continuous，线宽为 0.30mm；

“标注”，绿色，线型为 continuous，线宽为默认；

“附表”，蓝色，线型为 continuous，线宽为默认；

“打印边框”，白色，线型为 continuous，线宽为默认；

“绘图边框”，红色，线型为 continuous，线宽为 1.00mm；

“文字”，绿色，线型为 continuous，线宽为默认。

（2）设置捕捉功能

右键单击“捕捉功能”按钮，选择“设置（s）”，弹出“草图设置”对话框，在“对象捕捉”选项卡中设置端点、中点、交点、圆心、垂足等自动捕捉功能。

（3）绘制主要设备

1）绘制设备总图　见图 7-48。

① 绘制抽气罩　如图 7-49，在“设备”层，用直线（L↙）命令，绘制左边各个直线，绘制过程中交替使用 F8 启用或关闭正交模式。

在“中心线”层，用直线（L↙）命令，绘制中心线,用镜像（MI↙）命令，复制右半部图形。在“设备”层，用直线（L↙）命令绘制折断线。

② 以抽气管道为例，绘制管道　如图 7-50 所示，在“中心线”层，用多段线（PL↙）命令，绘制中心线，用圆角（F↙）对中心线倒圆角。

用偏移复制管道边线，将边线切换至“设备”层，用直线、复制、修剪、移动命令绘制、修改设备中的其他图形和线条。其他管道均可参照本法绘制。

③ 绘制阀门　如图 7-51，在“设备”图层中，用矩形（REC↙）命令，绘制矩形；用直线（L↙）命令，绘制矩形的两条对角线；最后用修剪（TR↙）命令，剪掉矩形的上下边。

用创建块（B↙）命令，将该阀门定义为块。在弹出的“块定义”对话框中，在名称文

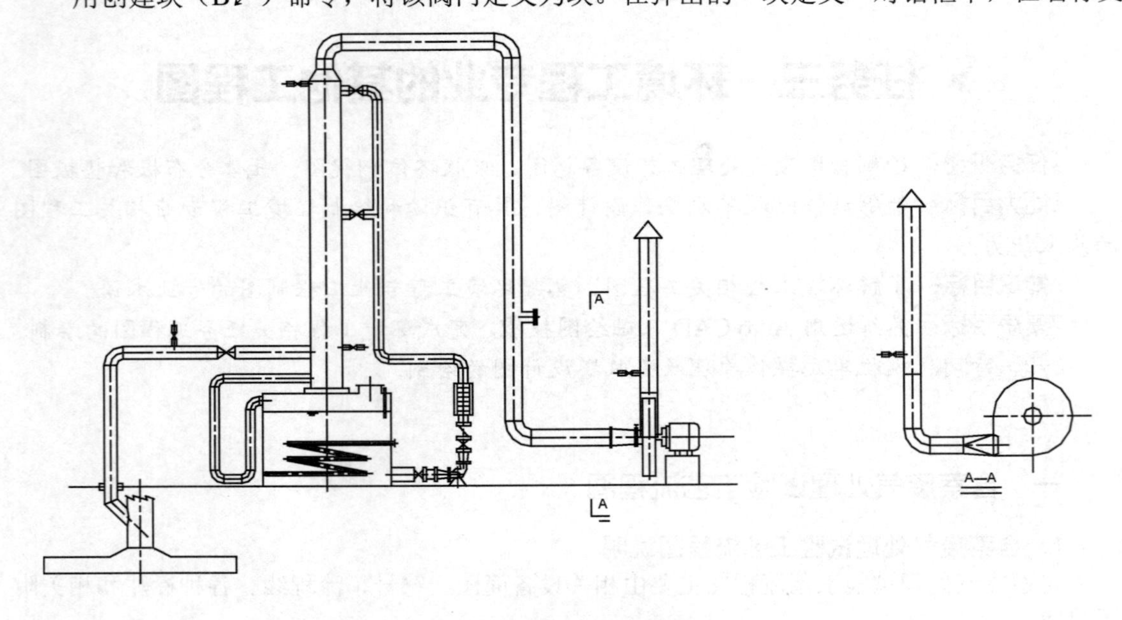

图 7-48　设备总图

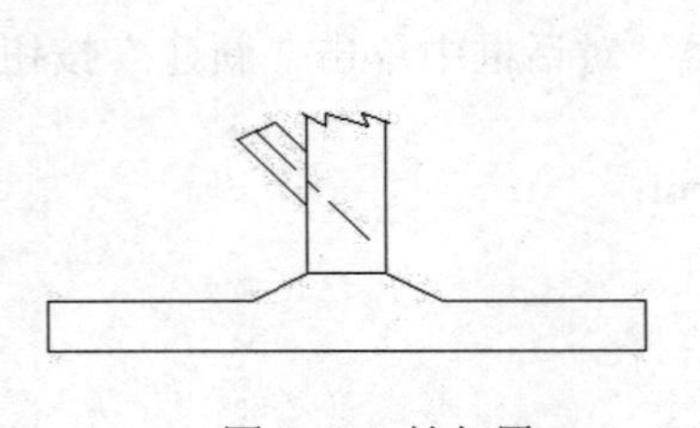

图 7-49　抽气罩

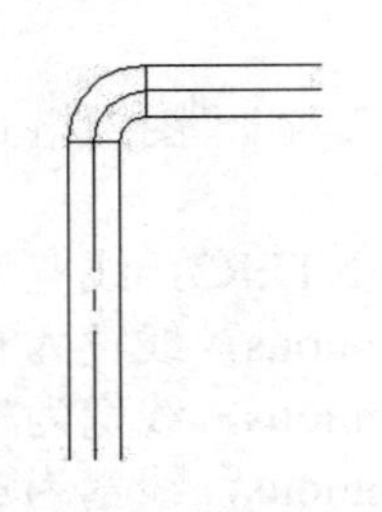

图 7-50　抽气管道

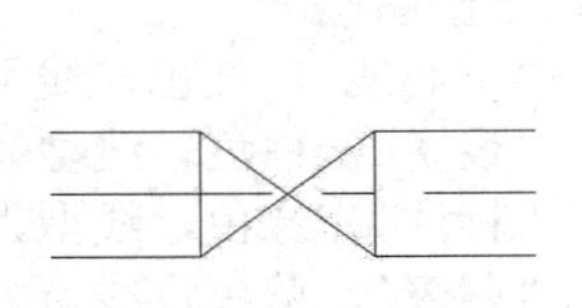

图 7-51　阀门

本框中填入块名字“阀门”，单击“拾取点”按钮，选择左下角点作为基点；单击“选择对象”按钮，选中绘制好的阀门符号，最后单击“确定”按钮。

插入阀门：用插入块（I↙）命令，在弹出的“插入”对话框中，选择块名称“阀门”，在屏幕上指定“插入点”、“比例”、“旋转角度”等，将阀门插入指定位置。图块插入后亦可用移动、旋转、缩放等命令调整块的位置、方向、大小。

同样的方法绘制采样管。

④ 洗油输送泵　如图 7-52 所示，在“中心线”图层中，用直线（L↙）命令，绘制中心线。

在“设备”图层中，用矩形（REC↙）命令，绘制矩形 1、2，其他矩形可用复制（CO↙）等命令绘制，也可用矩形（REC↙）命令绘制；用直线（L↙）命令，绘制直线。用圆弧（ARC）命令，绘制弧线。用修剪（TR↙）命令修剪多余线段。

⑤ 椭圆齿轮流量计　如图 7-53 所示，在“设备”图层中，用直线（L↙）命令，绘制一条水平直线，再用阵列（AR↙）命令，将直线阵列 8 行。用矩形（REC↙）命令，绘制外围左侧矩形，用镜像（MI↙）命令，对称复制矩形。

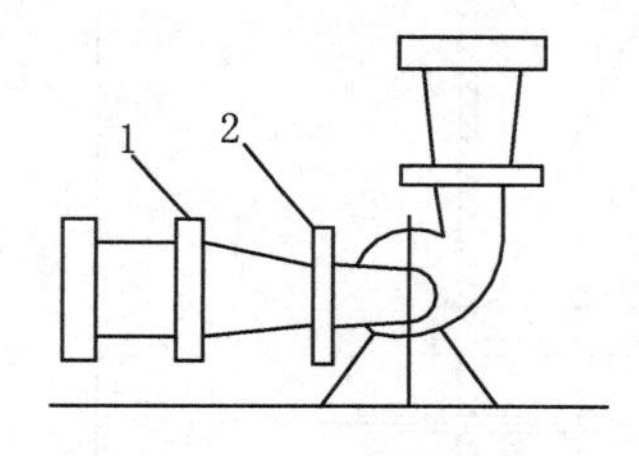

图 7-52　洗油输送泵

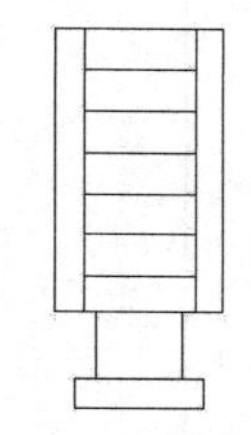
图 7-53　椭圆齿轮流量计

⑥ 引风机　如图 7-54 所示，在“设备”图层中，用矩形（REC↙）命令，绘制矩形表示电机，用圆角（F↙）对矩形倒圆角。用直线（L↙）和矩形（REC↙）命令，绘制其他直线及矩形。

⑦ A—A 剖面　如图 7-55 所示，在“中心线”层，用直线（L↙）命令，绘制中心线。

在“设备”图层中，用圆（C↙）命令，绘制一个大圆和一个小圆，用修剪（TR↙）命令，以中心线为剪切边界，修剪大圆。管道部分参照上述管道绘制方法绘制。灵活运用矩形（REC↙）、直线（L↙）等命令。

⑧ 绘制其他设备　其他设备的绘制可参照以上方法自行绘制。

2）绘制塔体剖面图、气体分布板详图、垫板详图　塔体详图如图 7-56，先画出中心线，用直线绘出一边筒体后(注意各部分长度和宽度)，用镜像（MI↙）命令对称画出另一半。用矩形（REC↙）在筒体外壁画出各种接口以及塔内填料区域等，再用修剪（TR↙）裁剪掉多余线段。

塔壁的阴影填充：用填充（H↙）命令弹出“图案填充和渐变色”对话框，选择图案、设定合适比例，在右侧点击“添加：拾取点”前的按钮，在需要填充的多个空白处点击，完成后按回车键后，再点“确定”，图案填充完成。

垫板的绘制：如图 7-57，先绘制正交中心线，再在另一个图层绘制两个同心圆，直径参照图中标注，以小圆与中心线的一个交点为圆心画一个圆（ϕ14）。选中这个圆，输入阵列（AR↙）弹出阵列对话框，选择环形阵列、拾取中心点为正交中心线交点，输入项目总数为 12，点“确定”，12 个环形分布的小圆绘制完成。

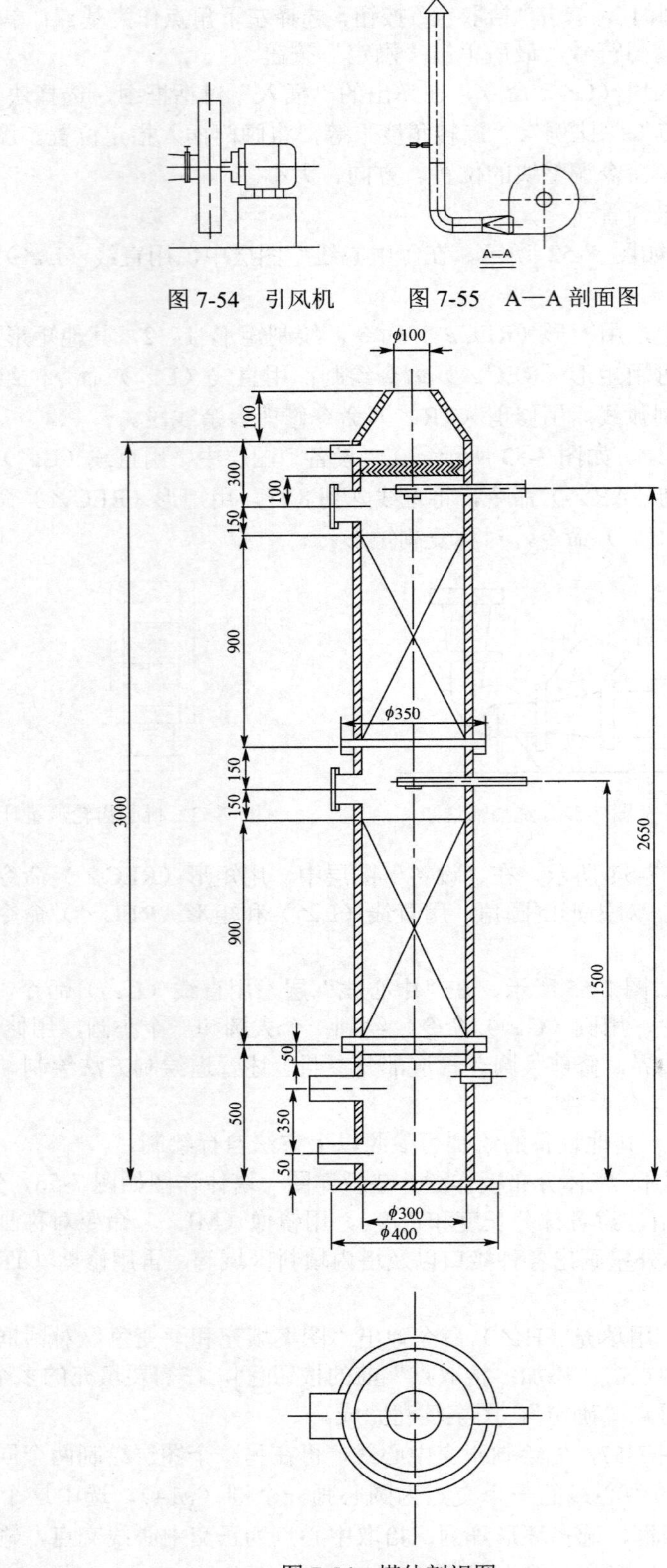

图 7-54 引风机 图 7-55 A—A 剖面图

图 7-56 塔体剖视图

用上述方法绘制气体分布板（图 7-58），先绘制中心线，再以中心线为圆心绘制一系列同心圆。小孔参照垫板画法中阵列方法绘制。各部分大小参照图中标注。

绘制填料支撑板（图 7-59），其中圆钢可用长直线通过阵列画出（注意是两组直线），然后用修剪（TR↙）以小圆为边界修剪掉超出部分。

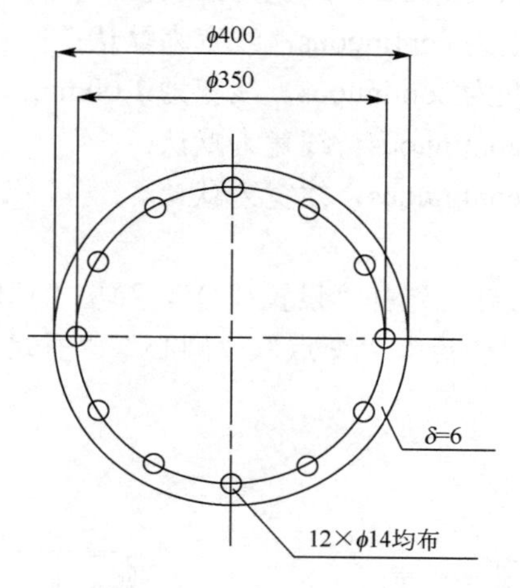

图 7-57　垫板

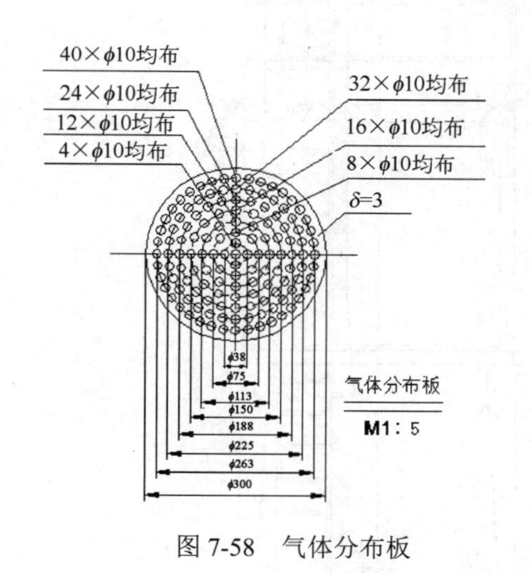

图 7-58　气体分布板

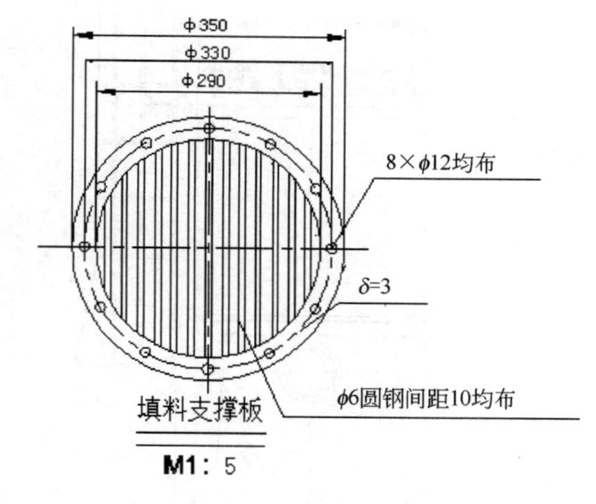

图 7-59　填料支撑板

二、脉冲单机布袋除尘器总图说明

脉冲单机布袋除尘器总图主要由布局图、设备简图以及符号、标注、相关附表等组成。

三、脉冲单机布袋除尘器实例绘图步骤

1. 新建图层

格式下拉菜单中单击“图层”，在“图层格式管理器”对话框中单击“新建”按钮，创建以下新图层。

“中心线”，红色，线型为 CENTER2，线宽为 0.13mm；

“设备”，白色，线型为 continuous，线宽为 0.30mm；

“标注”，绿色，线型为 continuous，线宽为默认；
“护栏和爬梯”，绿色，线型为 continuous，线宽为 0.30mm；
“透视”，浅蓝色，线型为 continuous，线宽为 0.30mm；
“附表”，蓝色，线型为 continuous，线宽为默认；
“打印边框”，白色，线型为 continuous，线宽为默认；
“绘图边框”，红色，线型为 continuous，线宽为 1.00mm；
“文字”，绿色，线型为 continuous，线宽为默认；
“剖面”，棕色，线型为 continuous，线宽为默认。

2．设置捕捉功能

右键单击“捕捉功能”按钮，选择“设置（s）”，弹出“草图设置”对话框，在“对象捕捉”选项卡中勾选“端点”、“中点”、“交点”、“圆心”、“垂足”等自动捕捉选项。

3．绘制主要设备

（1）绘制设备简图

设备简图如图 7-60 所示。

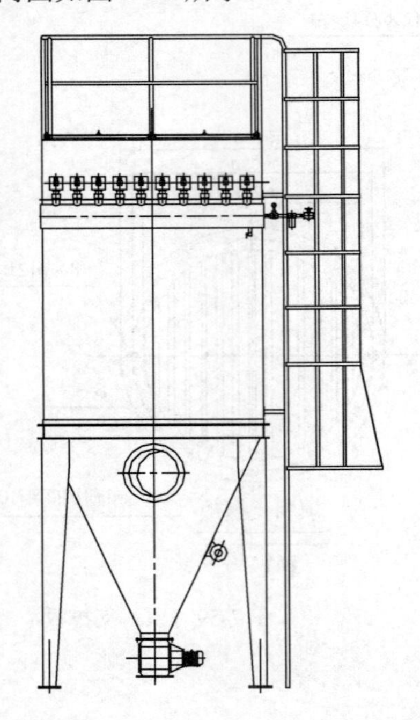
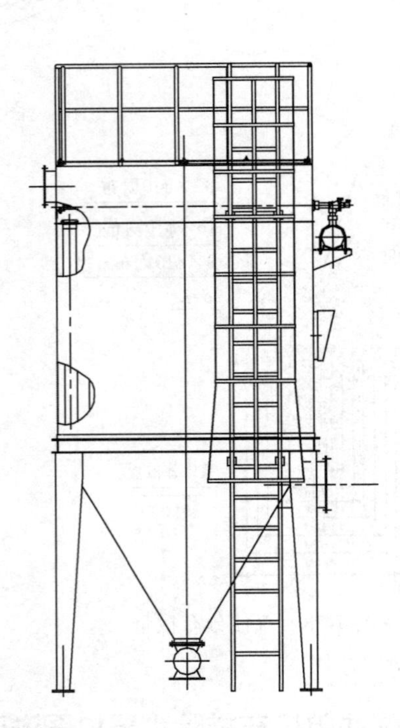

图 7-60 设备简图

在“打印边框”、“绘图边框”图层分别用矩形（REC↙）绘出打印边框和绘图边框。

在“中心线”图层中绘制中心线（按 F8 可开关正交模式）。

在“设备”图层中，用直线（L↙）、多段线（PL↙）绘制中心线一侧的设备框架，注意支腿中心线到设备中心线的距离。选中已绘制出的半边设备，通过镜像（MI↙）命令绘出设备的另一半。除尘器主体轮廓绘制完成后，用圆（C↙）命令绘出进口法兰、防爆阀等。绘制剖视图（见图 7-61）时，可先用矩形（REC↙）等命令画出一条布袋，再用样条曲线 （SPL↙）画出剖面，然后用修剪（TR↙）命令进行修剪。

鼓风机细节如图 7-62 所示。在“中心线”图层中绘出鼓风机中心线，并在“设备”图层中绘出鼓风机的上半部分，其中电机盒盖可用圆角（F↙）命令修改出圆角（半径自行设置），电机上的散热片可先画一条直线，再通过阵列（AR↙）命令绘制；选中电机上半部分，用镜像（MI↙）命令绘出另一半。

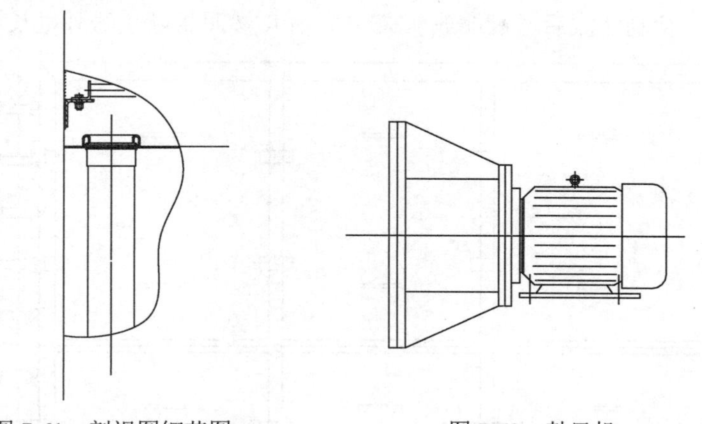

图 7-61　剖视图细节图　　　　图 7-62　鼓风机

其余图形大都是矩形、直线、多段线、圆的组合，用户自行进行绘制，如图 7-63 给出了几个部件的细节图所示。多个重复图形如喷吹系统也可通过阵列命令绘制出来。

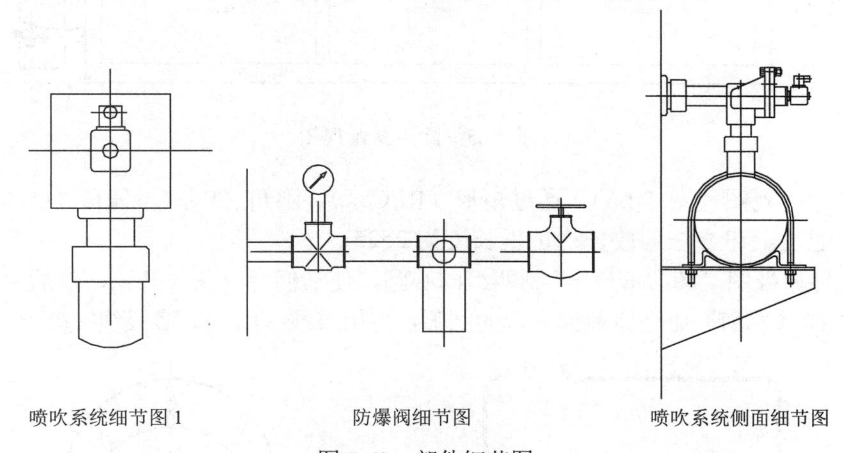

图 7-63　部件细节图

（2）绘制平面布局图

平面布局总图见图 7-64。

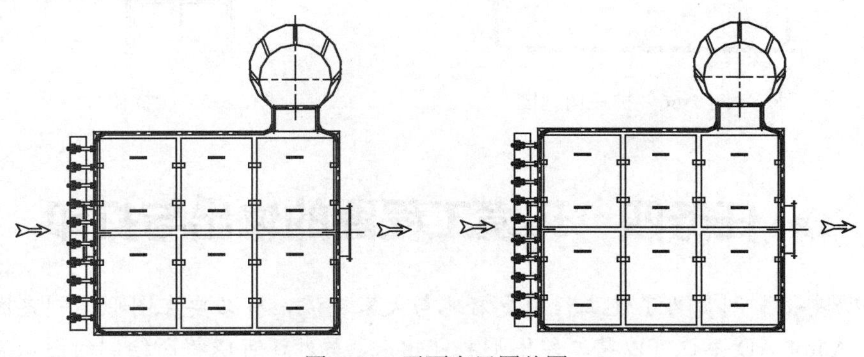

图 7-64　平面布局图总图

在“打印边框”、“绘图边框”图层分别用矩形（REC↙）绘出打印边框和绘图边框；

在空白处先绘制除尘器俯视图（图 7-65），可先通过阵列（AR↙）和矩形（REC↙）等命令画出俯视图总体形状，其中喷吹系统组件要细致画出，可先绘制一个，然后通过阵列（AR↙）命令复制得到。绘制完成后通过缩放（SC↙）中 R 参照将除尘器外框长度设置到 2525。

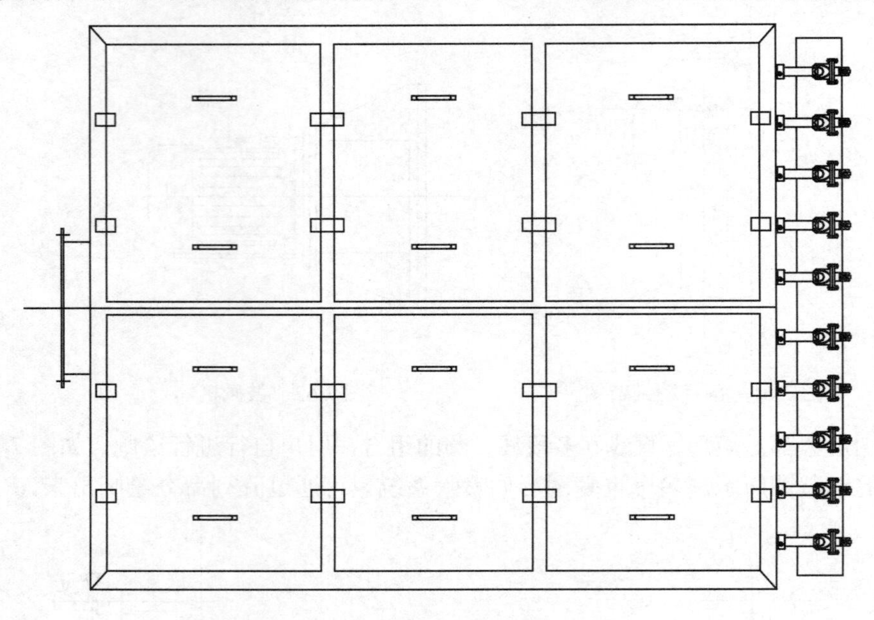

图 7-65　除尘器俯视图

绘制护栏俯视图（图 7-66），通过矩形（REC↙）、圆角（F↙）、偏移（O↙）等绘出护栏俯视图，通过上述方法缩放护栏边框长度为 2525。

绘制爬梯俯视图（图 7-67）:绘制两组同心圆，使它们有一条公共弦，然后用直线画出公共弦，通过 TR（修剪）命令修剪掉多余的圆弧，再用直线（L↙）、多段线（PL↙）绘出支架。

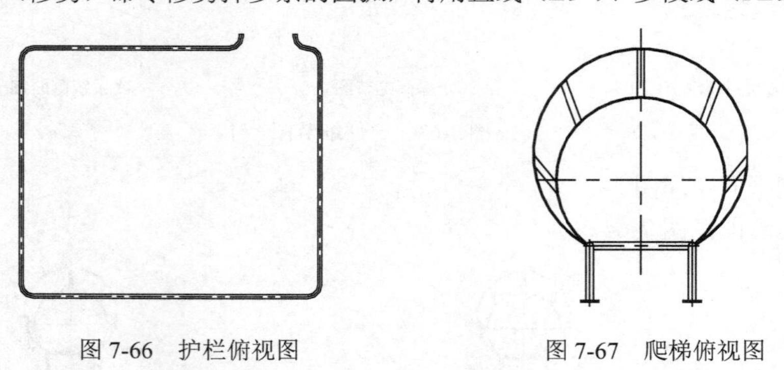

图 7-66　护栏俯视图　　　　图 7-67　爬梯俯视图

▶ 任务四　环境工程图的输出与打印

任务概述： 制图员为了使工程图更好地与大家交流，有必要在图形绘制完成之后将其打印输出。AutoCAD 不仅可以将二维图形打印出来，另外还可以将所绘制的图形直接发布成网页。

能力目标： 规范打印出图的能力。

知识目标： 了解模型空间与图纸空间的区别与用途。

素质目标： 学习网上浏览和网上发布。

知识导向： 熟悉页面设置和打印输出的设置。

一、模型空间与图纸空间

CAD 中有两个工作空间的模式，一是模型空间，二是图纸空间。用户习惯在模型空间中按照原比例进行绘制图形。制图人员为了交流图纸，就将其安排到图纸空间。

1. 模型空间

模型空间中的图形，都是运用绘图工具及编辑命令而完成的对象。可以这么说，模型空间就是绘制图形时所在的 CAD 环境。当用户在启动 AutoCAD 2010 软件后，系统默认打开模型空间，绘图窗口下面的“模型”选项卡为激活状态。此时用户可以在模型空间中，对图形进行一系列的操作，如实际标注、编辑图形、观看不同角度的二维或三维图形。

2. 图纸空间

图纸空间和模型空间有所不同，用户可以把图纸空间就看成是一张图纸，它与真实的图纸相对应，图纸空间是用来设置和管理图形输出的 AutoCAD 环境。在图纸空间里，可以把图形对象不同的方位按照一定的比例显示在图纸中，也可以对图纸的大小、生成的图框和标题栏进行定义。对于三维的对象在图纸空间的呈现均为二维平面上的投影图形，可以说图纸空间是一个二维图形空间。

当 AutoCAD 启动后，系统就默认地设置了两个“布局”选项卡，每一个“布局”选项卡提供一个图纸空间的绘图环境，用户可以根据需要在“布局”选项卡上单击鼠标右键，在弹出的快捷菜单中选择创建、复制或删除布局等操作。

模型空间可以和图纸空间进行相互的切换操作，其切换的方法为：单击绘图区左下角的“模型”和“布局”选项卡来实现，或者在状态栏中单击“模型/图纸”按钮来实现。

二、视口的创建

视口是用来显示二维或三维图形的不同区域的，用户可以创建多个视口用来更直观地观看图形特征。在“模型”选项卡上，可以将绘图区域划分为多个观看窗口，这些窗口就是模型空间的视口了。如果用户在一个视口中对图形做了修改操作，那么其他视口也会跟随着更新处理。对于比较大的或比较复杂的图形而言，这是一个非常好的处理图形方法，因为显示不同的视口可以缩短在单一的视口中进行缩放平移的更新时间。

1. 二维三维图形的视口表现优势

对于二维图形来说，可以用多个视口来表现复杂图形的不同部位的细节部分。如图 7-68 所示。

对于三维图形来说，可以用多个视口来观看立体模型的不同方位的图，如前视图、俯视图、左视图和等轴测视图。如图 7-69 所示。

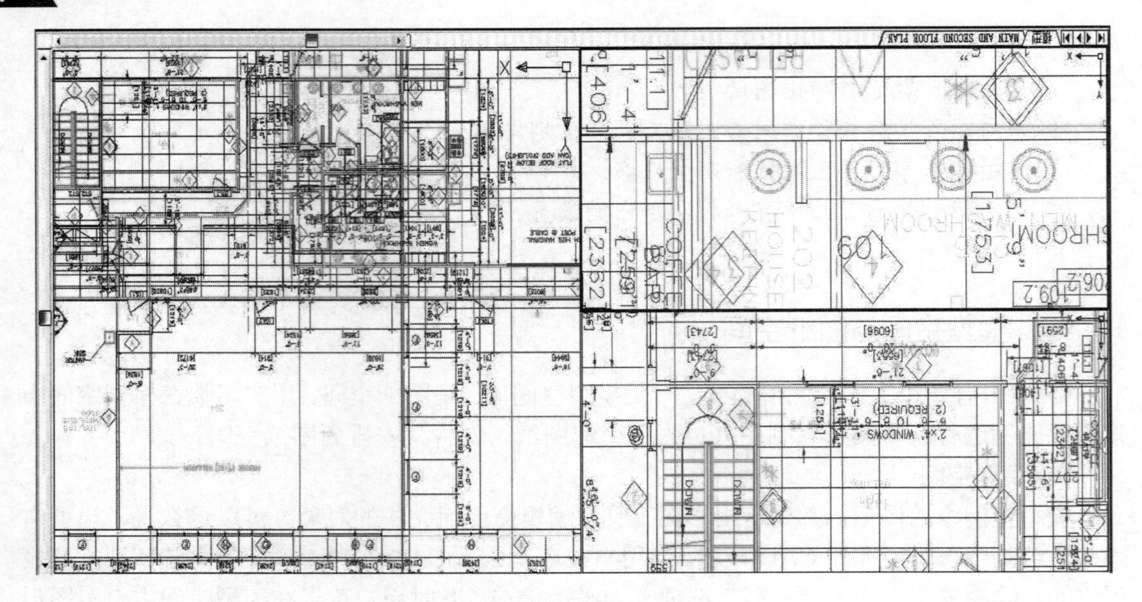

图 7-68 “三个：右视口”

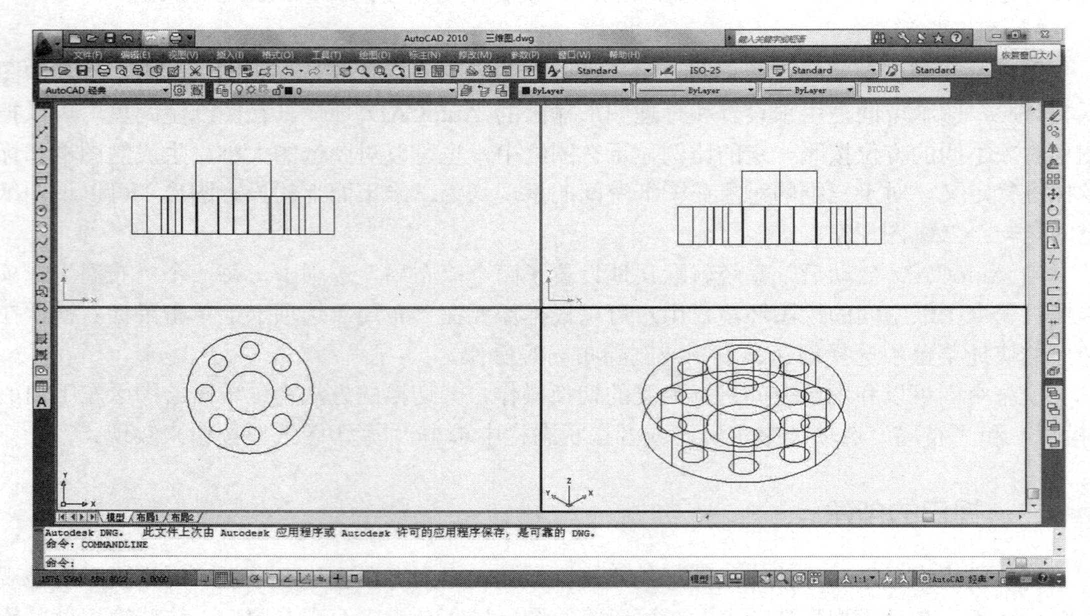

图 7-69 “四个：相等视口”

2．视口的创建方法

一是命令输入：vports↙

二是菜单栏：视图→视口→（相应的菜单项）。

三是工具栏：单击“视口”工具栏中的相应按钮。

命令执行后便打开“视口”选项卡，如图 7-70 所示。

3．视口选项卡

“新名称”文本框，对所创建的视口进行命名。

“标准视口”选择框，系统默认的系列视口的种类配置，可供直接选择。

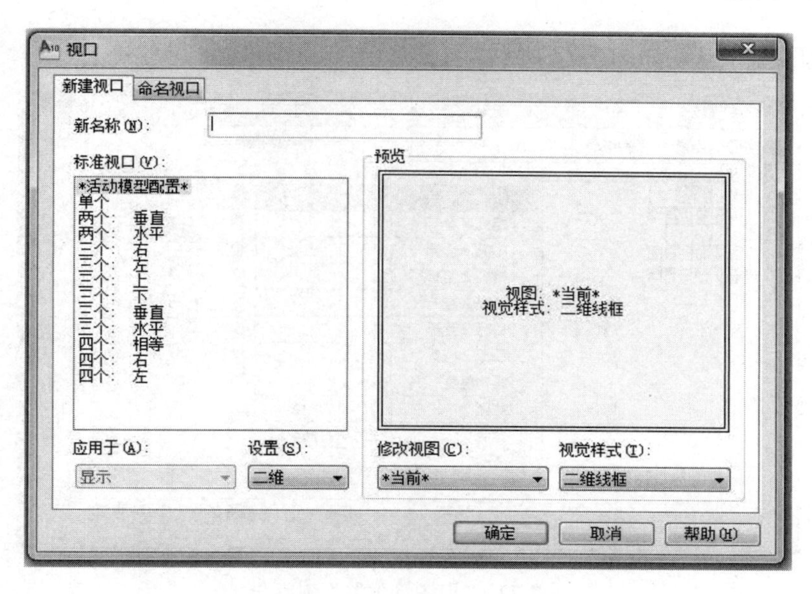

图 7-70　“视口“对话框

“预览”框，用来预览已经选好的视口配置，和给定好的视口默认观看视图类型。

“应用于”下拉栏，将指定好的视口配置应用于全部的或当前的视口显示中。

“设置”下拉栏，如选二维选项，就会在新视口配置中显示均为当前视图。如选三维选项，就在视口配置应用于标准的正交三维视图来进行设置。

“修改视图”下拉栏，从视图配置列表中选好一个视图对当前视图进行替换。

4．视口的重命名和删除

在“命名视口”选项卡中，列出了当前的视图设置，只要将鼠标在当前视口名称上右击，就可在弹出的快捷菜单中，选择“重命名”或“删除”等的操作了。

5．实例操作

（1）打开 AutoCAD 程序文件夹下的 sample 文件夹下的 Database Connectivity 文件夹，打开 db_smap.dwg 文件。如图 7-71 所示。

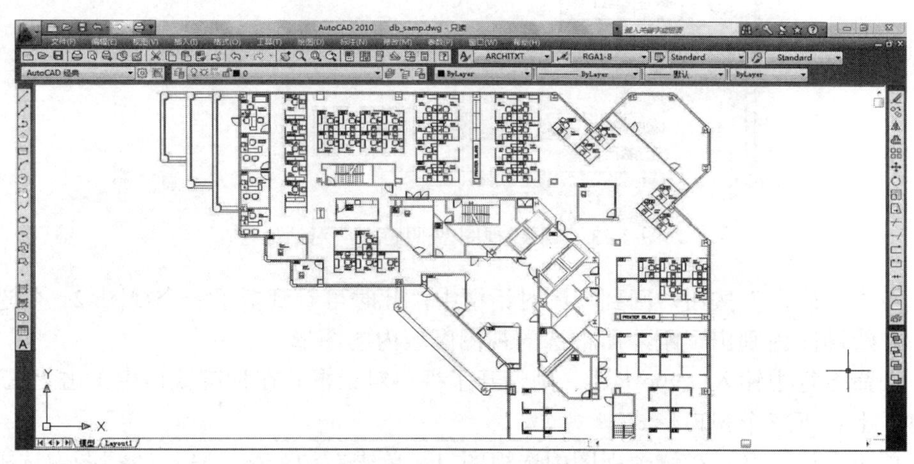

图 7-71　打开“db_smap.dwg”文件

（2）在命令行输入 view↙。命令执行后弹出对话框。可直接看到该文件已经保存了两个视图形式，即当前和 1。如图 7-72 所示。

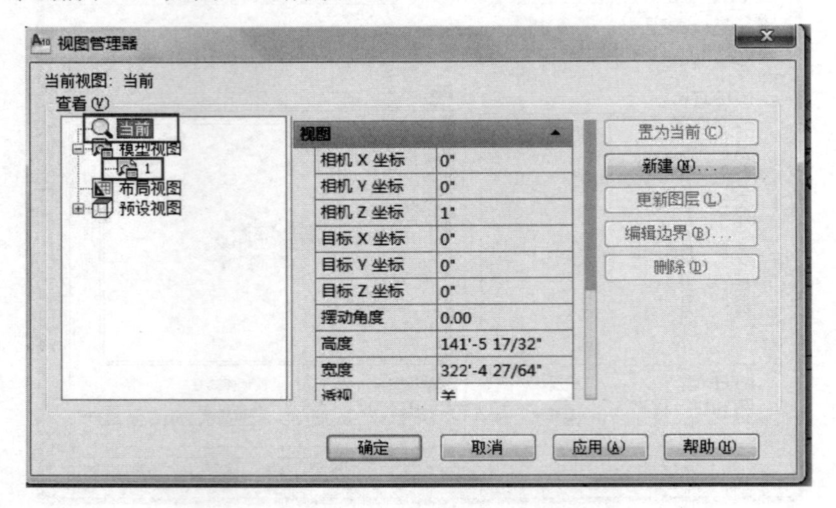

图 7-72 “视图管理器”对话框

（3）选择视图“1”，单击“置为当前”，单击“确定”。命令执行后，可看到原来是视图更改为系统预设“1”的视图了。

（4）在命令行输入：view↙。在选项卡上单击“新建”按钮，并弹出新建对话框，如下图所示。在“视图名称”文本框中输入“2”，之后勾选“定义窗口”选项卡，在绘图区划出一个区域，此区域内的图形则被命名为视图 2 了。如图 7-73 所示。

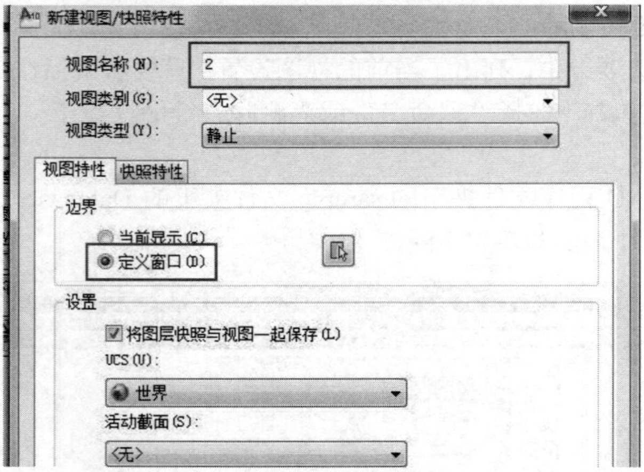

图 7-73 “新建视图/快照特性”对话框

（5）单击“确定”按钮，回到视图对话框中，此时可看到多了一个视图 2。勾选视图 2 置为当前，绘图区内则出现刚才所框选的视图区域内的图形。

（6）在命令行中输入：vports↙。则打开了视口对话框。在标准视口中单击“三个-左”，则出现左、上、下三个视口形式。

（7）单击左边一格，在修改视图中选视图 1；单击右边一格，在修改视图中选视图 2。如下图所示。单击确定，即可实现视口的调整了。如图 7-74 所示。

（8）另外，在“命名视图”选项卡中，还可以对视图进行删除、编辑和信息查询等的操作。

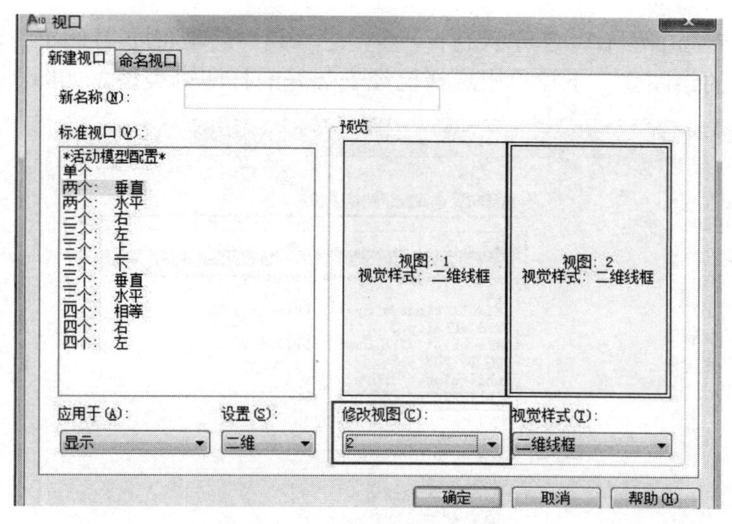

图 7-74 “视口”对话框

三、布局的管理

布局就是图纸空间。一个布局就是一张图纸，可以观看到预先设置好的打印页面。用户可以在布局中设置定位视口，生成图纸框和标题栏等。在一个图形文件中，模型空间只有一个，也只能有一个，但是布局可设置多个，用户可以利用布局在图纸空间中创建多个视口来显示不同的视图，每一个视图也可设置成不同的比例显示和图层的特殊操作。这样就可以用多个图纸多个方面来展示图形对象了。如在工程图中，可将总图拆成多张不同专业的图纸。

1．利用布局向导创建布局

执行布局向导命令有以下几种方法。

一是菜单栏：工具→向导→创建布局。

二是菜单栏：插入→布局→创建布局向导。

三是输入命令：layoutwizard↙

2．实例创建布局操作

（1）在命令行中输入 layoutwizard↙

（2）此时已经打开了“创建布局-开始”的对话框，在“输入新布局的名称”文本框中输入上合适的布局编号，在这里采用了默认的输入名“布局 1”，如图 7-75 所示。

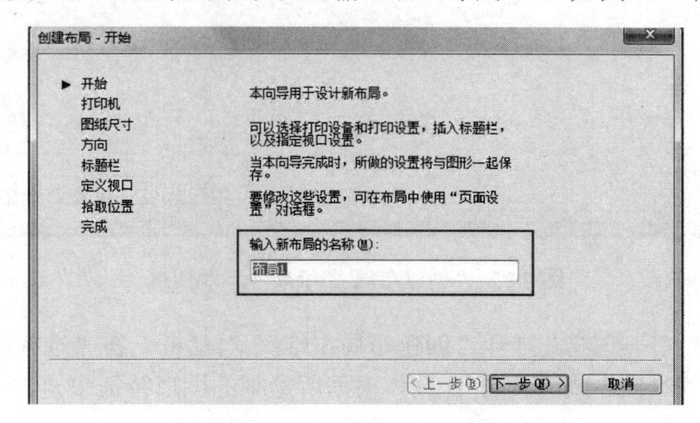

图 7-75 “创建布局-开始”对话框

（3）输入完布局名称后，方可单击下一步，进入到“创建布局-打印机”对话框，在“为新布局选择配置的绘图仪”下拉单中选择已经安装好的打印机类型。如图 7-76 所示。

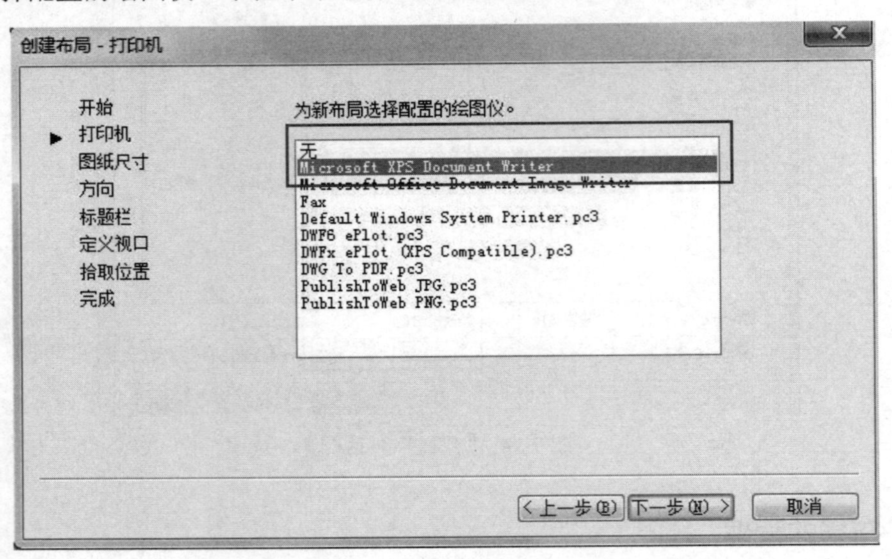

图 7-76 “创建布局-打印机”对话框

（4）选好打印机类型后，单击“下一步”，便可打开“创建布局-图纸尺寸”对话框，如下图所示。“图形单位”采用默认的“毫米”，“选择布局使用的图纸尺寸”可根据需求来设置，如“A4”。如图 7-77 所示。

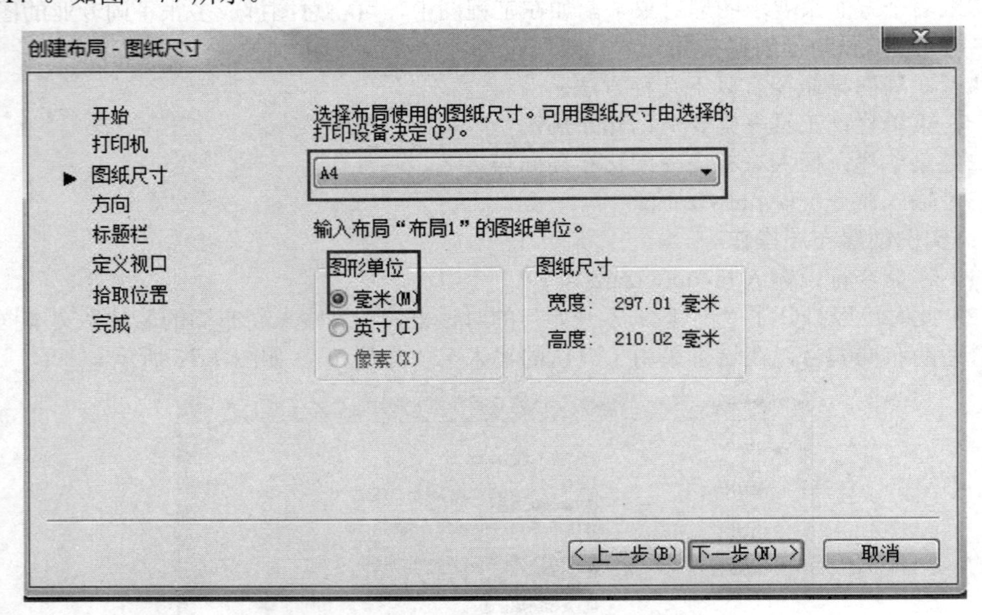

图 7-77 “创建布局-图纸尺寸”对话框

（5）继续单击“下一步”，打开“创建布局-方向”对话框，在“选择图形在图纸上的方向”单选中可选择“纵向”或“横向”，具体根据所绘制的图形特征来定，一般情况下设置为“横向”。如图 7-78 所示。

图 7-78 “创建布局-方向”对话框

（6）继续单击“下一步”，打开“创建布局-标题栏”对话框，对边框和标题栏的样式进行设置。在对话框右侧有个预览图，可以边设置边预览到所设置的效果。在 “类型”单选栏中，可以指定所选择的标题栏，是作为块的方式还是作为外部参照方式，插入到当前的图形中来。如图 7-79 所示。

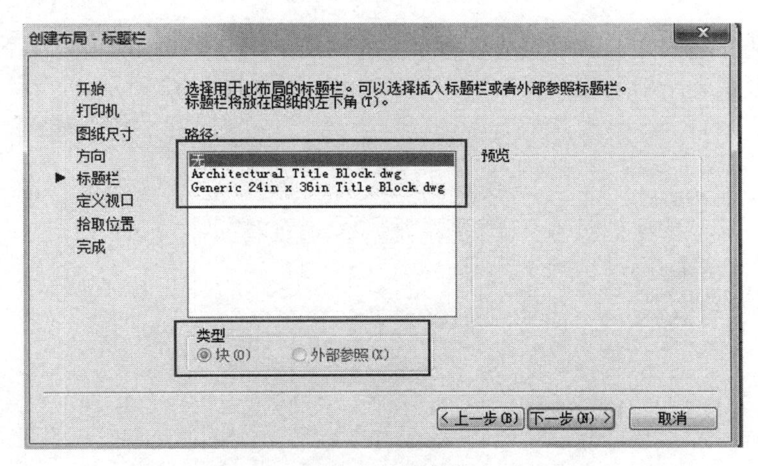

图 7-79 “创建布局-标题栏”对话框

（7）继续单击“下一步”，打开“创建布局-定义视口”对话框，此步骤为不更改默认方式，也就是在“视口设置”单选中选择“单个”，在“视口比例”下拉栏中选择“按图纸空间缩放”。如图 7-80 所示。

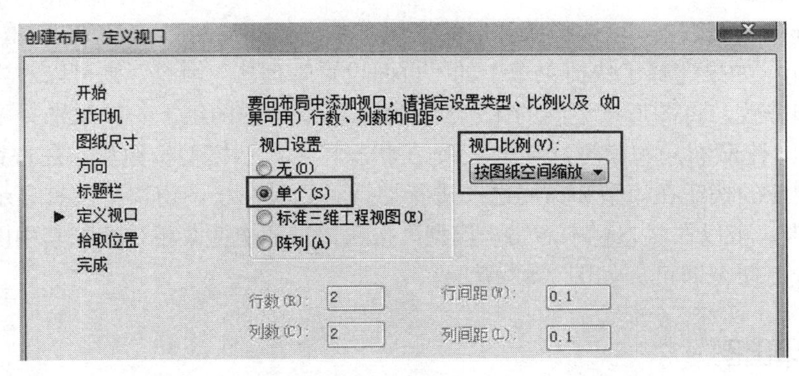

图 7-80 “创建布局-定义视口”对话框

（8）继续单击“下一步”，打开“创建布局-拾取位置”对话框，单击“选择位置”，系统则回到绘图窗口，让用户来选择所要布局的视口位置。如图 7-81 所示。

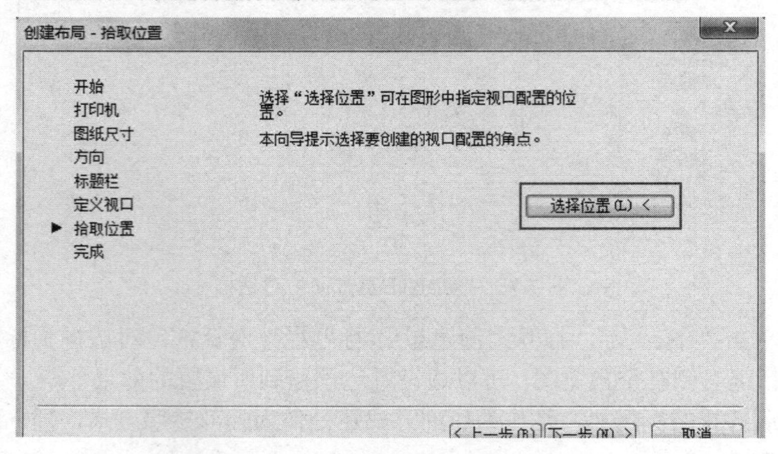

图 7-81 “创建布局-拾取位置”对话框

（9）最后单击“完成”，便可完成对新布局的创建了，同时在绘图窗口左下侧的“布局 2”选项卡旁边又多了一个新创建的“布局 2”选项卡了。如图 7-82 所示。

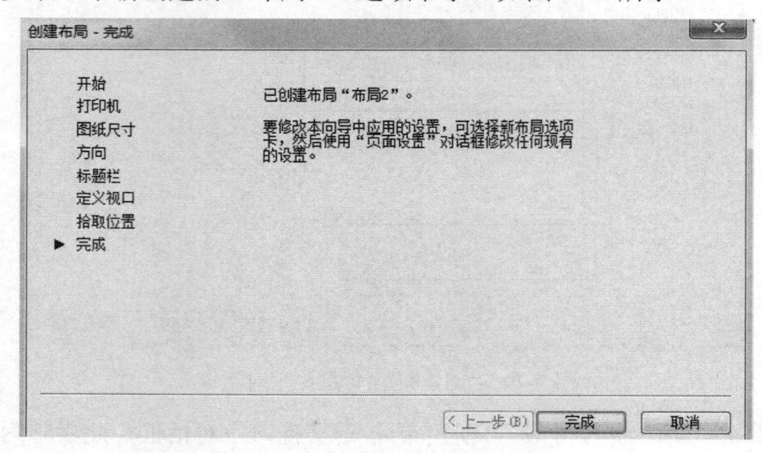

图 7-82 “创建布局-完成”对话框

3．管理布局

在布局选项卡上右击，可选择所弹出的快捷菜单进行布局的删除、新建和重命名等操作。如图 7-83 所示。如果选择了快捷菜单中的“页面设置管理器”命令，则可以对当前的页面布局进行设置和修改，将图形按不同的比例打印到不同规格的图纸上。如果选择了快捷菜单中最后一个选项“隐藏布局和模型选项卡”，则在状态栏中显示模型按钮和布局按钮，根据需要可进行单击相应的按钮在模型和布局之间进行切换。如果在绘图窗口中没有显示“模型”和“布局”选项卡，可以在状态栏中右击“模型”按钮，打开快捷菜单，选择其中的“显示布局和模型选项卡”命令即可。如图 7-83 所示。

四、打印出图

1．打印样式管理器

打印样式就是用来控制所输出的图纸上的基本特性，如线的粗细、线的颜色显示、图形的填充模式、所打印的颜色深浅、线的连接形式等。在 AutoCAD2010 版本里，运用“打印样式管理器”来设置和编辑打印样式。

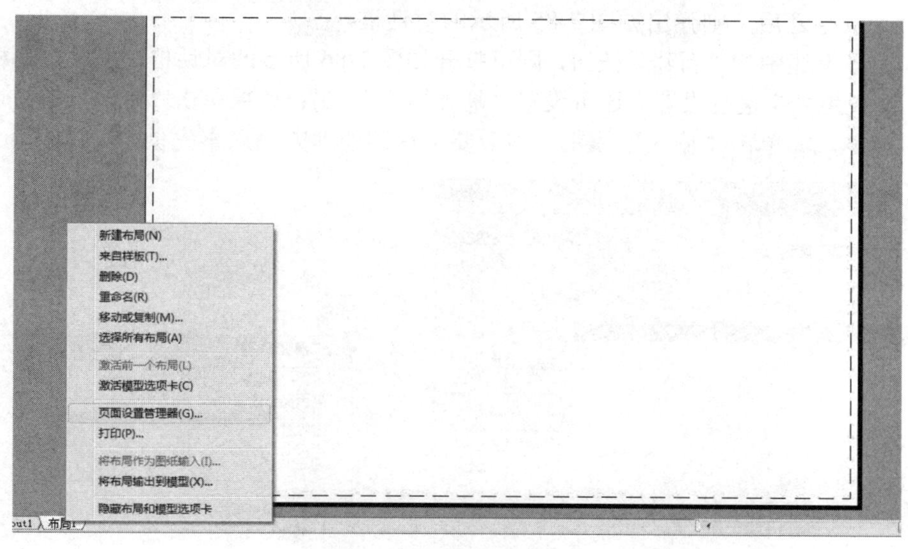

图 7-83　布局选项

命令设置如下。

一是命令输入：stylesmanager↙

二是菜单栏：文件→打印样式管理器

Windows 菜单：开始→控制面板→Autodesk 打印样式管理器

当命令执行之后便打开了“打印样式管理器”，如图 7-84 所示。在“打印样式管理器”的列表里罗列出了当前正在使用的打印样式文件。这些打印样式文件是已存储好的文件。

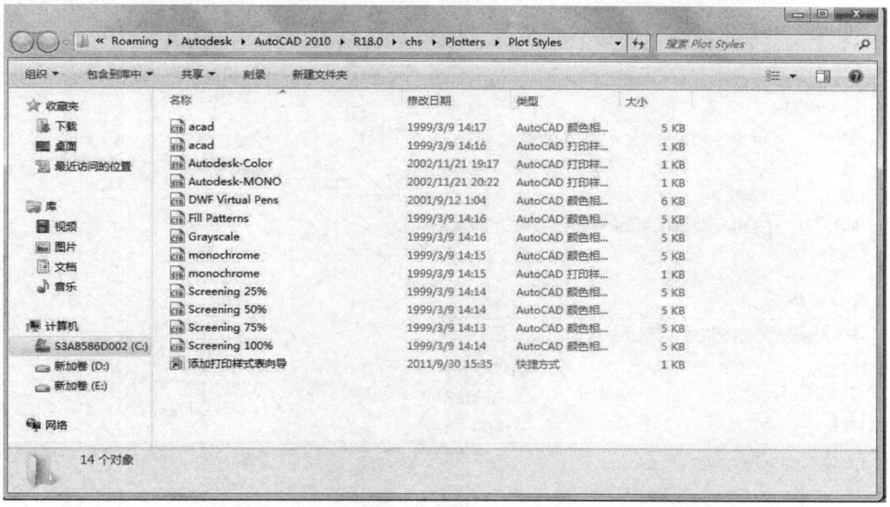

图 7-84　“打印样式管理器”对话框

2. 页面设置管理器

为了出图的美观性，所以用户在输出图形之前，有必要对图纸的页面进行相关的设置。具体的命令设置如下。

一是命令输入：pagesetup↙

二是菜单栏：文件→页面设置管理器。

当命令执行之后，则弹出如图 7-85 所示的对话框。

当单击了上述中的“新建”按钮，则可打开如图 7-86 所示的对话框，在此对话框中可以对“新页面设置名”进行设置，还可设置“基础样式”（另：如果单击“修改”按钮也可打开如下的对话框。如单击“输入”按钮，则会要求从其他地方输入事先创建好的页面设置。）

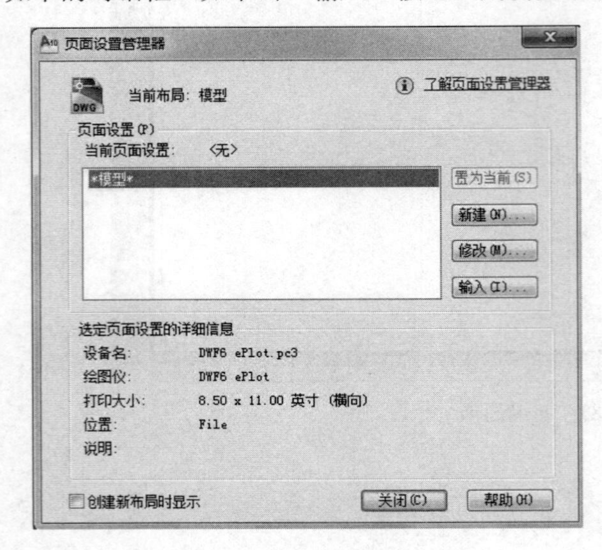

图 7-85 “页面设置管理器”对话框

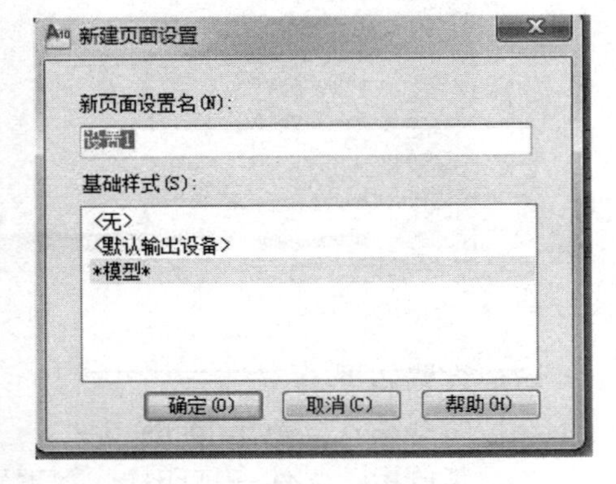

图 7-86 “新建页面设置”对话框

设置完成后，单击“确定”按钮，便可打开如图 7-87 所示的“页面设置-模型”对话框。

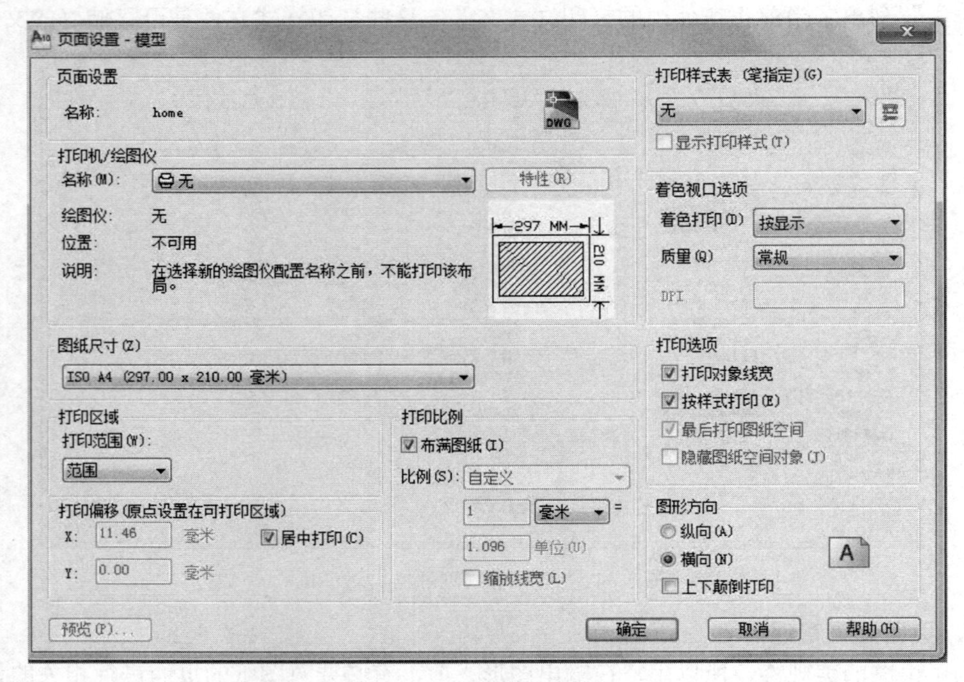

图 7-87 “页面设置-模型”对话框

此对话框的内容解释如下。

（1）“页面设置”。主要是显示当前页面设置的名称。

（2）“打印机/绘图仪”。

“名称”：在此下拉表框中可以进行打印机种类及其他打印输出设备的选择。在输出设备中有一种为电子输出设备，所谓电子输出，就是将 CAD 图形以文件的形式输出，输出的格式名为“*.dwf”。此文件输出后可以在网络浏览器中打开，并发送出去。电子输出实际上就是将 CAD 图形文件与 DWF 文件进行转换。

“特性”：如单击了此按钮，则将会打开“绘图仪配置编辑器”对话框。

（3）“打印样式表”。

此栏是用来设置和编辑打印样式，同时还可创建新的打印样式文件。

“编辑”按钮：在选好一种打印文件后即可单击此按钮，系统便会打开“打印样式编辑器”对话框，就可对要打印的文件进行编辑了。如果，在“编辑”按钮的左侧下拉框中选择了“无”那么“编辑”按钮就无法点击了，显示为灰色。

“显示打印样式”复选框：此选项主要用来确认将打印样式的每一个样式都附加给图形，而且它只对已经定义好的打印样式有效。

（4）“着色视口选项”。

指定着色和视口渲染的打印形式，另外还约束了分辨率大小和像素数量。

“着色打印”下拉表框：约束视图的打印形式。

“质量”下拉表框：用来约束所打印的分辨率大小。

（5）“图纸尺寸”。

在下拉框中可进行打印纸张大小的选择，选出合适的图纸尺寸。在系统中提供了三种图纸尺寸单位，为英寸、毫米和像素。在选项中具有 ISO 字样的为国标标准图纸系列。

（6）“打印区域”。

在“打印区域”的“打印范围”下来框中有五种可选方式。

“图形界限”可选项：用来指定所设定的图形界限内的图形部分被打印出来。

“范围”可选项：指在当前空间内的所有图形都被打印出来。

“显示”可选项：指在模型选项卡的当前视口上的或者在布局选项卡上当前图纸空间视图中的视图部分被打印出来。

“视图”可选项：指利用 view 命令保存过的视图，如果在所绘制的图形中没有设置保存的视图，当然此选项也无法实现了。如曾保存过多个命名视图，可从所提供的列表中选择所需要打印的视图。

“窗口”可选项：可以通过指定的窗口范围选择所要打印的图形区域。如选择了此选项，则在其右侧出现一个“窗口”按钮，单击其按钮，CAD 则自动切换到绘图区域，用鼠标拾取一个矩形区域，也可通过坐标来确定选择区域。选好后则回到页面设置对话框。

（7）“打印偏移”。

该项为控制打印区域相对于图纸起点，也就是图纸的左下角的偏移值。打印的偏移值单位可以设定为英寸或毫米，在输入框中可以输入正值或负值来调整打印偏离的基点。如果调至布局中时，所指定的打印区域的基点也就是打印范围的左下角位于图纸的左下页边距值。

X 文本框：输入打印基点在 X 轴方向的偏移值。

Y 文本框：输入打印基点在 Y 轴方向的偏移值。

“居中打印”复选框：如对其进行勾选，则系统将自行计算出 X 轴及 Y 轴的偏移值，并将要进行打印的图形居中放置在图纸的正中间。

（8）“打印比例”。

该区域是用来设置绘图比例，控制图形单位所对应的打印单位的相对尺寸。在打印布局时，一般打印比例的默认值为1:1。而打印模型空间时，默认设置为“按图纸空间缩放”，比例值将显示在“自定义”上。

（9）“打印选项”。

“打印对象线宽”：如勾选该选项，则打印出对象和图层的线宽的设置。

“按样式打印”：如勾选该选项，则打印出所应用于对象和图层的打印样式。

“最后打印图纸空间”：在默认的情况下该复选框为勾选状态，所以系统将自动先对模型空间的图形进行打印。在一般情况下，该选项为灰色，只有在设置之前先切换至布局选项卡上，方可对其进行勾选或去除勾选。如处于灰色状态时，一般都是先打印图纸空间的图形，然后再打印模型空间的图形。

“隐藏图纸空间对象”：如勾选该选项，则在图纸空间的视口中的图形对象上应用上“隐藏”的操作，但该操作只对布局选项卡上产生作用，进行操作后在布局上看不出效果，但在打印预览中能看到所设置的效果。

（10）“图形方向”。

用来选择打印出图的方向。用户可进行“纵向”、“横向”、“反向打印”的选择，从而改变图形输出的方向，如 0°、90°、180°、270°角度的旋转打印出图。在右下角的“字母 A 图标”表示图纸的打印方向，而 A 的朝向表示页面上的图形朝向。

（11）“预览”。

单击该按钮，则预览所设置好的打印图形及页面设置情况，如设置的符合用户的需求，便可进行下一步的打印了。

五、打印

1. 打印命令操作

在完成以上所述的（打印机/绘图仪的添加；配置和打印样式的管理；编辑和页面设置等）操作之后就可以对图形进行打印操作了。

打印的命令执行如下。

一是命令输入：plot↙

二是菜单栏：文件→打印

三是工具栏：标准→打印

当命令执行后可打开如图 7-88 所示的对话框。

打开的对话框和前面提到的“页面设置”对话框极为相似，所以其操作方法也基本一样。只是在对话框中比“页面设置”对话框少了“打印样式表”、“着色视口选项”、“打印选项”和“图纸方向”的选项设置，却多出了“添加页面设置”、“打印份数”和“应用到布局”选项的设置。

各部分都设置完成之后，在“打印”对话框中单击“确定”按钮，CAD 将开始输出图形并动态显示图形进度，如果图形输出时出现了问题或中断了绘图，可以直接按 Esc 键，软件则自行结束当前图形的输出。

2．实例讲解。

（1）打开 AutoCAD 程序文件夹下的 sample 文件夹下的 designcenter 文件夹，打开 Home - Space Planner.dwg 文件。如图 7-89 所示。

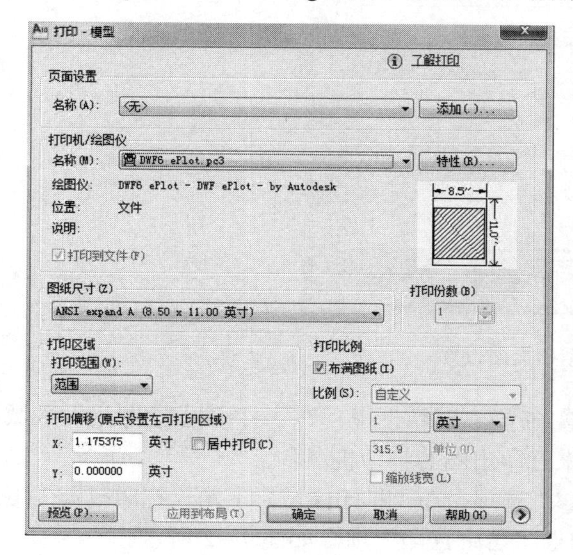

图 7-88　“打印-模型“对话框

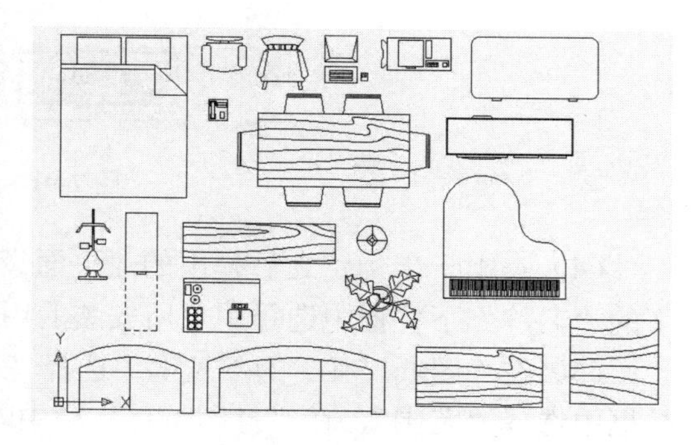

图 7-89　打开的文件图形

（2）选择菜单栏的“文件”→“页面设置管理器”选项，则打开如图 7-90 所示的“页面设置管理器”对话框。

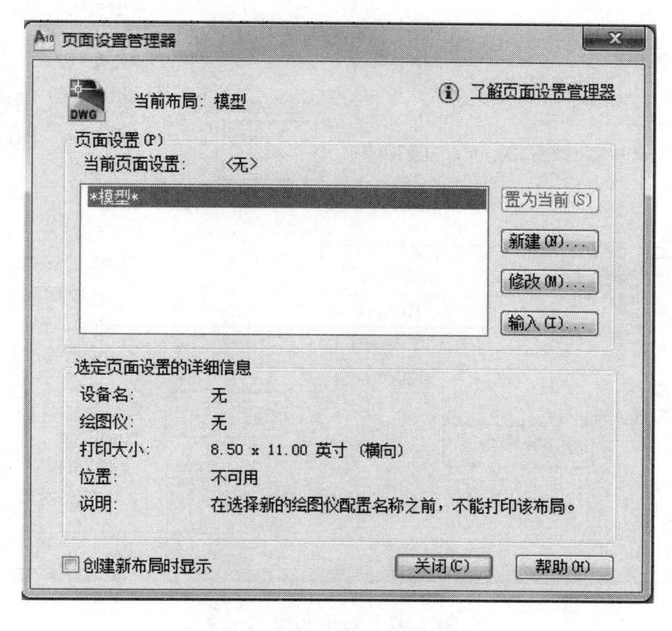

图 7-90　“页面设置管理器”对话框

（3）单击对话框中的“新建”按钮，便可打开“新建页面设置”对话框，在“新页面设置名”的文本框中输入“home”（这里的文本可根据用户需要，自行设定。）然后单击“确定”

按钮。如图 7-91 所示。

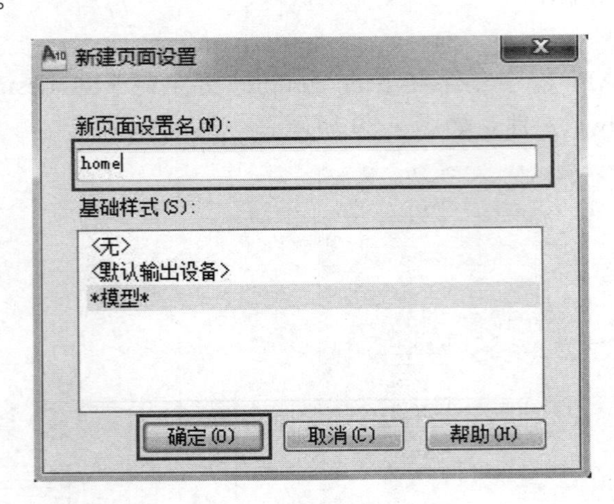

图 7-91　新建页面设置

（4）在上一步确定之后弹出的“页面设置-布局”对话框中，在“打印机/绘图仪”区域下的“名称”下拉框中选择用户所安装的用来打印出图的打印机名称。

（5）在“图纸尺寸”的下拉框中选择“A4”选项，在“打印区域”下的“打印范围”下拉框中选择“范围”，在“打印偏移”栏中勾选“居中打印”项。如图 7-92 所示。

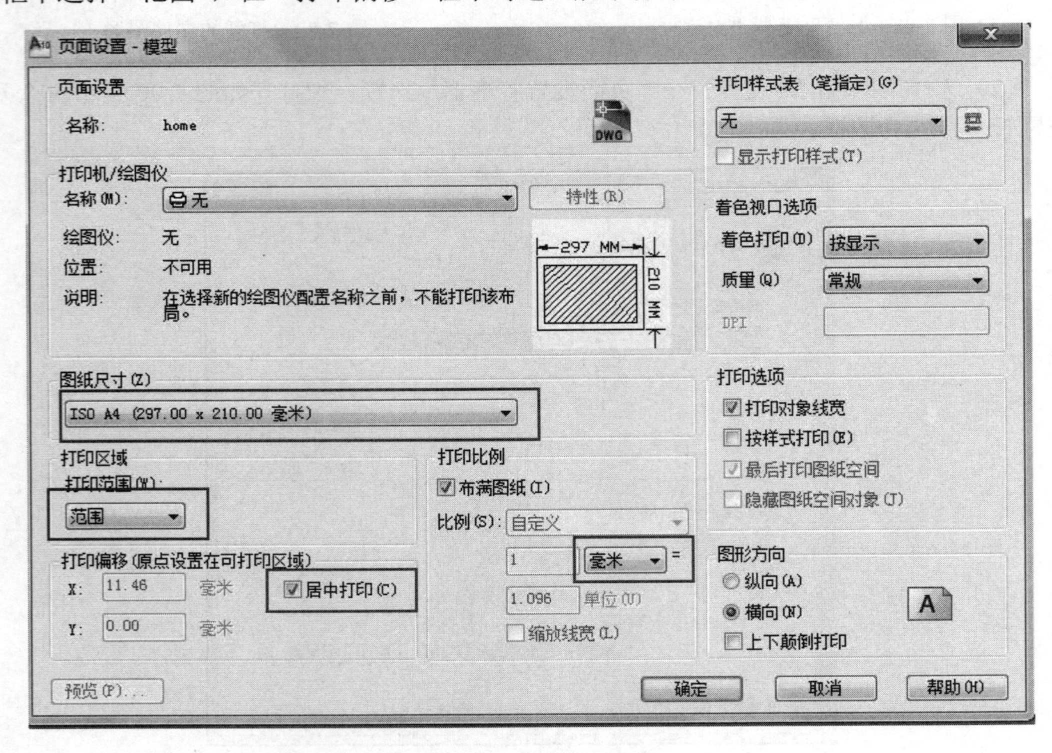

图 7-92　页面设置（一）

（6）在“打印比例”中勾选“布满图纸”选项，在“比例”下的单位里选择“毫米”选项。

（7）在“着色视口选项”区域的“质量”下拉框中选择“常规”选项，在“打印选项”中勾选“打印对象线宽”和“按样式打印”及“最后打印图纸空间”选项，最后勾选“图形方向”中的“横向”选项。如图 7-93 所示。

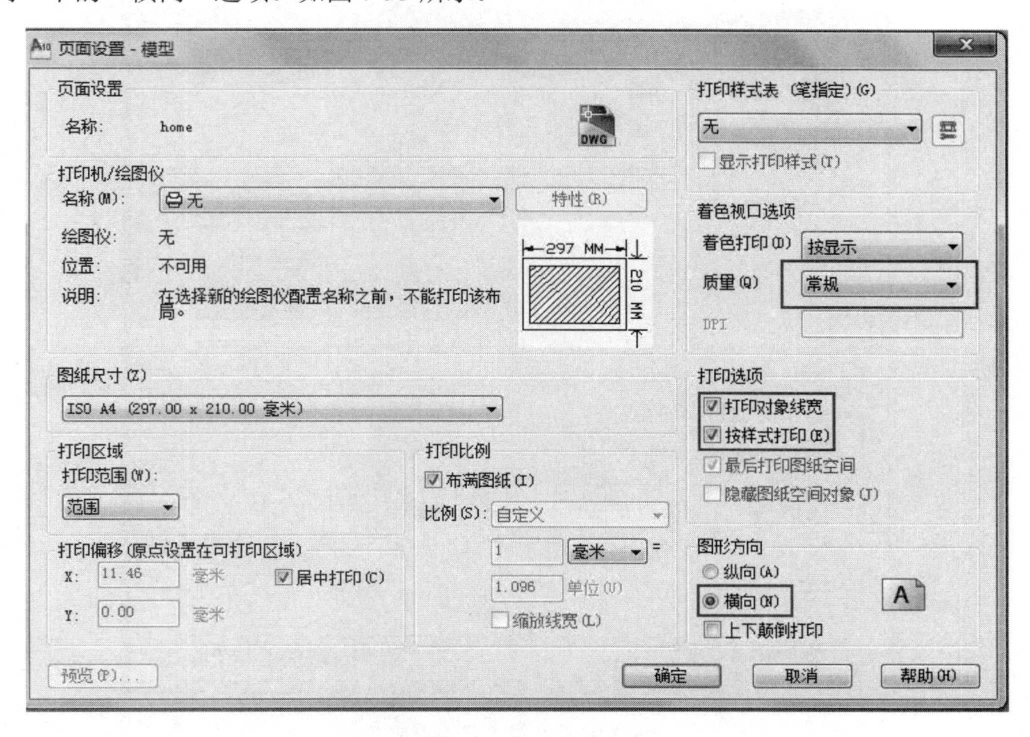

图 7-93　页面设置（二）

（8）设置好之后，单击对话框左下角的“预览”按钮，查看预览效果。如图 7-94 所示。

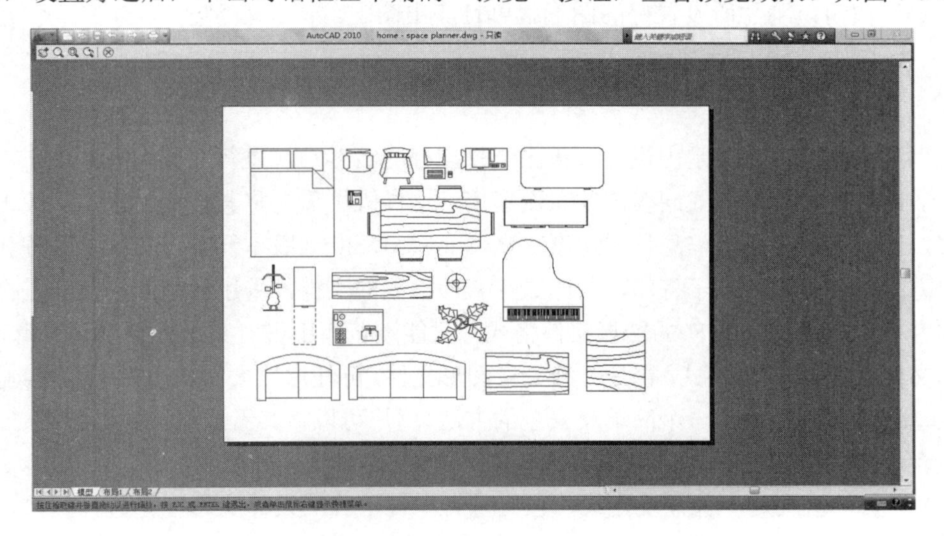

图 7-94　预览效果

（9）单击预览图上的“确定”按钮，返回到“页面设置-布局”对话框。

（10）单击“确定”按钮，回到第二个步骤的对话框，即返回到“页面设置管理器”对话框，单击“置为当前”按钮将“home”页面设置为当前，随后单击“关闭”按钮，结束对话框的操作。如图 7-95 所示。

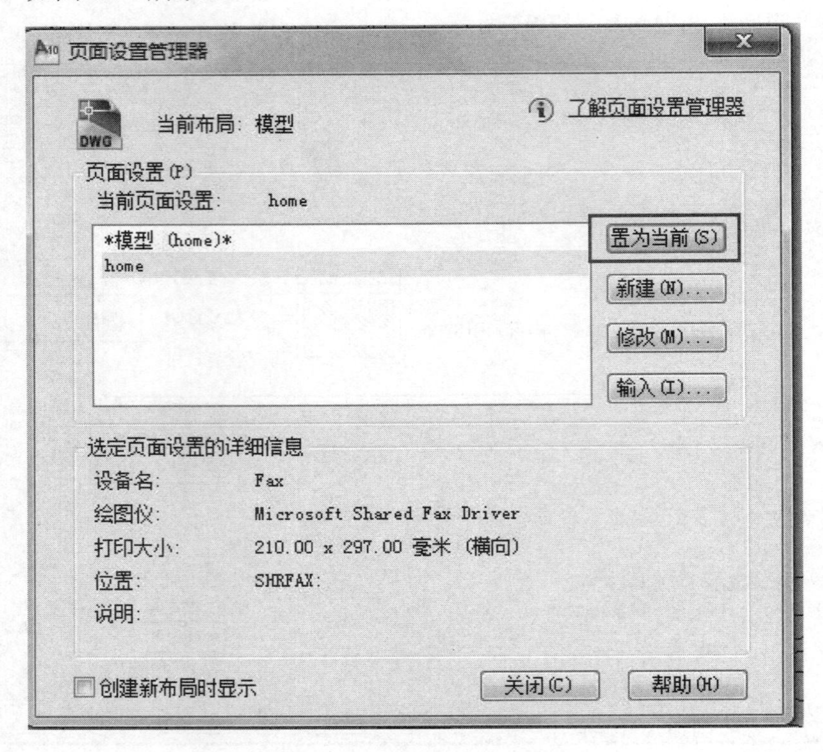

图 7-95 设置“置为当前”

（11）单击菜单栏，选择“文件”→“打印”选项，则打开了“打印-布局”对话框，单击“确定”按钮，刚才所设置好的图形就可打印出图了。

六、电子打印

在以往的情况下，都是由设计师将图纸打印好交给客户，进行交流沟通，现在用户可以通过 DWF 的电子打印方式向客户发布图形集，这样既不需要将其打印出来，又免去了纸张的浪费，还大大地提高了信息传递速度。从 AutoCAD 2010 版本开始，提供了这种新型的图形输出方式，可以进行电子打印，打印成 DWF 格式的文件，采用特殊的浏览器进行浏览。这种向客户所传递的 DWF 的图形文件格式，只能浏览而不可对其进行修改和编辑。DWF 格式的文件为 Web 图形格式，它是一种矢量图形文件，可任意放大和缩小而不改变浏览质量。它为共享设计数据提供了一个简单又安全的方法。用户可以将其看成设计数据包的一个载体，其中包含了可供打印的图形的各种设计信息。

DWF 文件格式是一种开发格式，它可以有多种不同的设计应用程序进行发布，它又是一个可快速共享和查看的格式，查看 DWF 文件格式无需安装 AutoCAD 软件，只要使用 Autodesk DWF Composer 或免费的 Autodesk DWF Viewer 即可查看 DWF 文件了。这个 Autodesk DWF Viewer 在安装 AutoCAD2010 版本时，将进行自动安装，所以可直接进行查看

DWF 文件。

1．电子打印的优点及实施方法

由于安装了 Autodesk DWF Viewer，也将会自动在 IE 浏览器中安装上 DWF 插件，这样便可在 IE 浏览器中浏览 DWF 图形文件了，该操作方法同 Autodesk DWF Viewer 的操作。也为在互联网上发布 DWF 图形文件提供了可能。

（1）电子打印的优势

① 所产生的 DWF 文件是矢量图文件，故文件较小，便于在网上交流及传递。

② 看图很方便，不需安装 CAD 软件，只要用指定的浏览器进行查看即可。

③ 与客户交流图纸时不需打印，大大节约了能源，起到环保作用。

④ 生成 DWF 文件格式的操作即快捷又简单。

⑤ 所生成的 DWF 文件格式安全性高，如果涉及商业机密，用户可为图形集设置用户密码，仅供相关人员进行查看。

（2）电子打印机的实施步骤

① 选择“菜单栏”中的“打印”选项。

② 在所弹出的“打印”对话框中，选择“打印机/绘图仪”选项下的“名称”下拉框，选择相应的打印设备 DWF6eplot.pc3。

③ 单击“确定”按钮，弹出“浏览打印文件”对话框。一般情况下，系统会在该图形文件名后面加上“-Model”或“-布局”的字样（在“模型”或“布局”选项卡中选择打印操作的会出现不同的文件名添加），作为打印的文件名。文件格式为.dwf。

④ 选择文件的保存路径，单击“保存”按钮，完成所有的操作。

注意：如果在上面第二个步骤中没有采用 DWF6eplot.pc3，而是采用了 PublishWeb JPG.pc3 或者 DWG To PDF.pc3 的虚拟打印机进行图形输出，则可输出为普通的 JPG 或 PDF 图形文件格式，这样就方便了没有安装 AutoCAD 的用户进行查看图形文件。

2．电子传递

（1）电子传递的优势

通常情况下，用户将图形文件发送给其他人时，常会把图形的从属文件，即外部参照文件和字体文件忽略了。从而造成收件人因为没有这些从属文件而无法正常查看图形文件。如果换成用电子传递的方式发送图形文件，也就是将打包文件以 Internet 传递出去，从属文件将会自动地包含在传递包中，一同被发送出去，因此降低了错误出现的可能性。

（2）创建电子传递

保存好已经完成的图稿，选择菜单栏中的“文件”→“电子传递”选项。即可打开“创建传递”对话框。如图 7-96 所示。

用户可以通过单击“添加文件”按钮添加其他的文件，单击“传递设置”按钮可以进行相关的设置，“查看报告”按钮可以查看传递中的报告信息。完成各种设置后，在“输入要包含此传递包中的说明”文本框中输入上相关的说明文字。最后单击“确定”按钮，弹出一个“指定 Zip 文件”对话框，如图 7-97 所示。选择好保存文件的路径，输入打包文件的名称，单击“保存”后便可创建相对应的传递压缩包文件了。

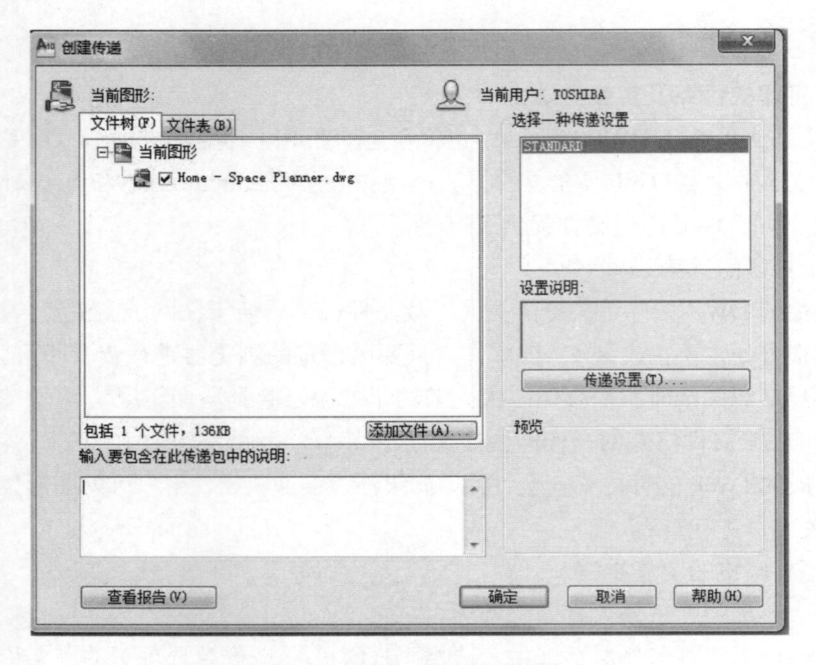

图 7-96 “创建传递”对话框

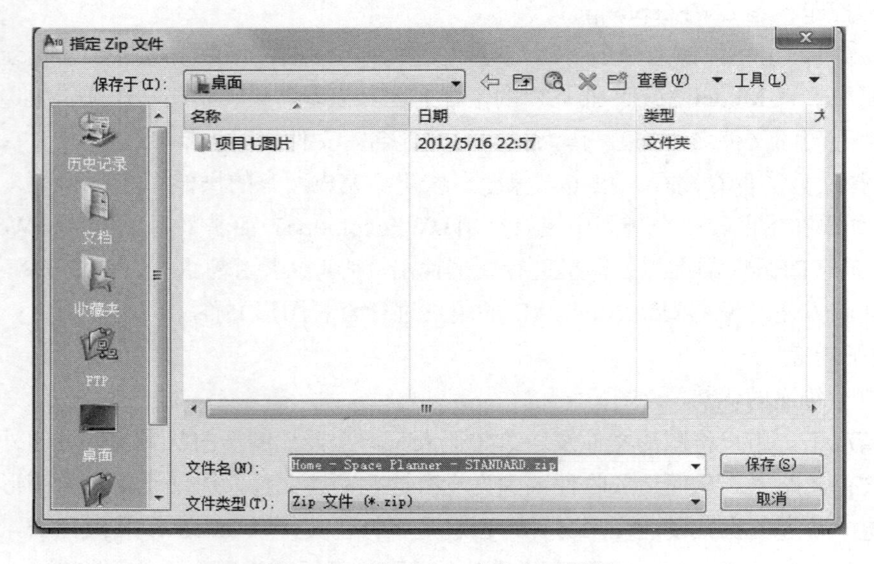

图 7-97 “指定 Zip 文件”对话框

七、网上发布

1. 网上发布的图形格式

在 AutoCAD 2010 中，对于网页的创建，主要是通过“网上发布”向导来实现的，可以创建出具有图形的 DWF、DWFx、JPEG 和 PNG 图像的格式化过的网页。其中 DWF、DWFx 两种文件格式是没有对原有图形文件进行压缩过的格式，相反 JPEG 和 PNG 图形文件格式属于压缩格式。JPEG 是有损压缩格式，主要是为了减小文件所占空间而针对性地去除了一些数据，使得 JPEG 为四种格式中最小的文件格式。PNG 为无损压缩格式，即不去除原始数据又可缩小文件空间，属于便携式的网络图形格式。

2．网上发布的操作方法

一是菜单栏：文件→网上发布

二是菜单栏：工具→向导→网上发布

三是命令输入：publishtoweb↙

无论采用上述的三种方法中的哪种都能打开如下的对话框，如图 7-98 所示。

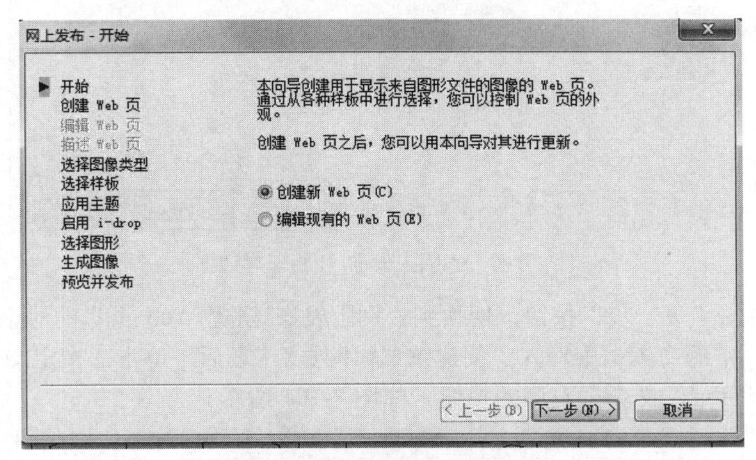

图 7-98 “网上发布-开始”对话框

3．网上发布的步骤

下面以某图书馆网页为例，介绍创建图形网页的具体步骤。

（1）打开“图书馆”图形文件，如图 7-99 所示。

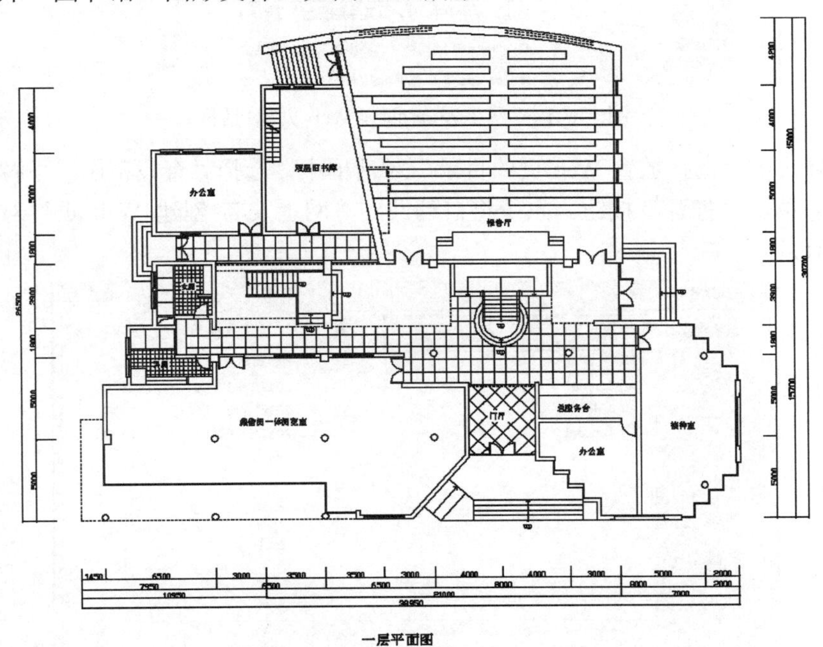

图 7-99 打开“图书馆”图形文件

（2）在命令行中输入 publishtoweb 回车，即可弹出“网页发布-开始”的对话框。勾选“创建新 Web 页”选项。如图 7-100 所示。

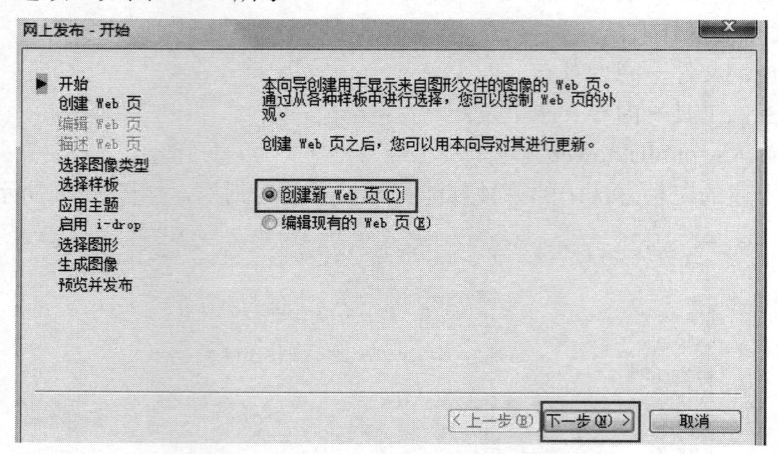

图 7-100 “网上发布-开始”对话框

（3）随后单击“下一步”按钮，切换到“网上发布-创建 Web 页”的对话框，在“指定 Web 页的名称”下的文本框中输入“创建图书馆网页”。之后，单击“指定文件系统中 Web 页文件夹的上级目录”文本框右侧的按钮。如图 7-101 所示。

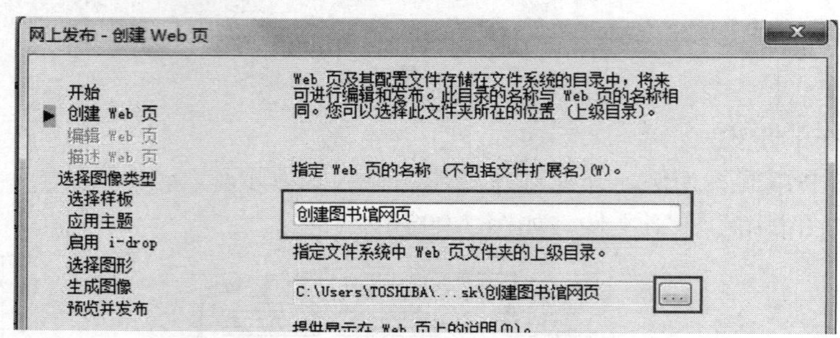

图 7-101 “网上发布-创建 Web 页”对话框

（4）在弹出的“选择放置 Web 页的目录”对话框中，选择“查找范围”下拉列表中的存储路径，之后单击“打开”按钮。系统将自动回到“网上发布-创建 Web 页”对话框中。如图 7-102 所示。

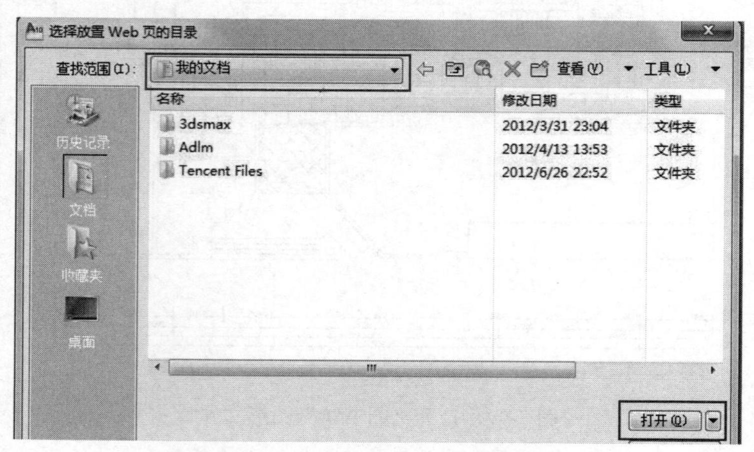

图 7-102 “选择放置 Web 页的目录”对话框

（5）在“提供显示在 Web 页上的说明”文本框中输入需要进行解释说明的相关文字。如图 7-103 所示。

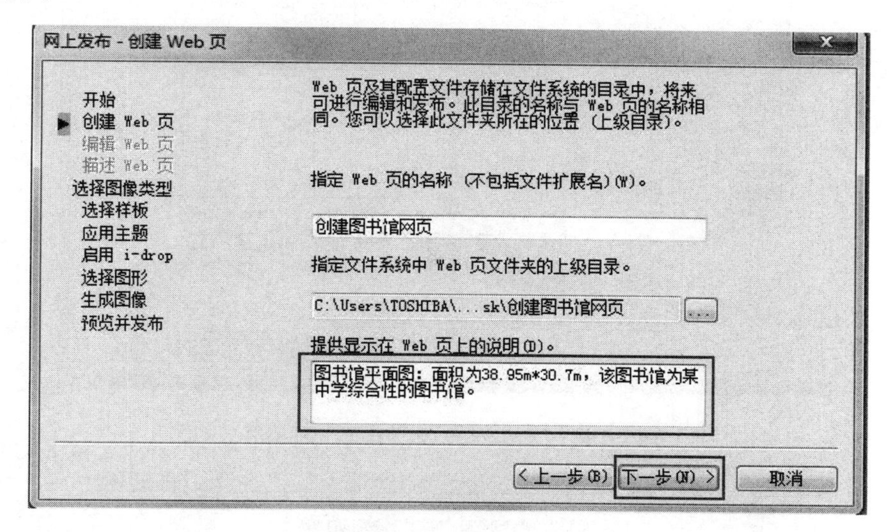

图 7-103　输入说明文字

（6）继续单击“下一步”按钮，即弹出“网上发布-选择图像类型”对话框，在“从下面的列表中选择一种图像类型”的下拉列表中选择“JPEG”类型，在“图像大小”的下拉框中选择“大”。如图 7-104 所示。

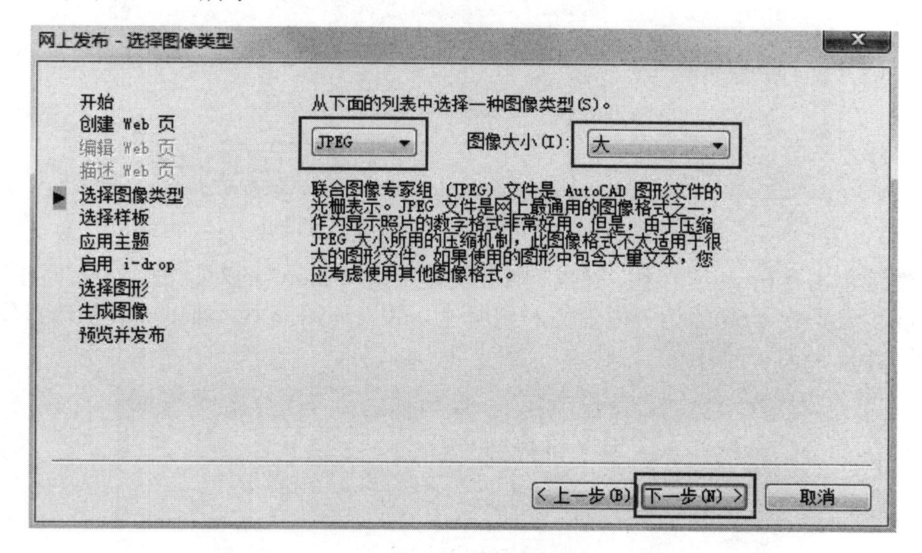

图 7-104　“网上发布-选择图像类型”对话框

（7）继续单击“下一步”按钮，弹出“网上发布-选择样板”对话框，在中间部位的列表框中选择“图形列表”选项，只要选好后就可以在右边的预览框中预览其效果。如图 7-105 所示。

（8）继续单击“下一步”按钮，弹出“网上发布应用主题”对话框，在下拉列表中选择“雨天”选项，当选择之后就可在下方看到其预览效果。如图 7-106 所示。

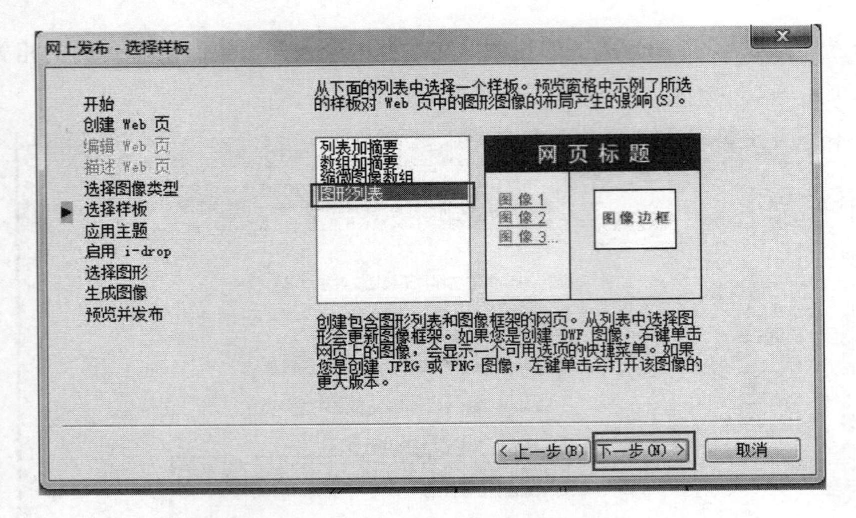

图 7-105 “网上发布-选择样板”对话框

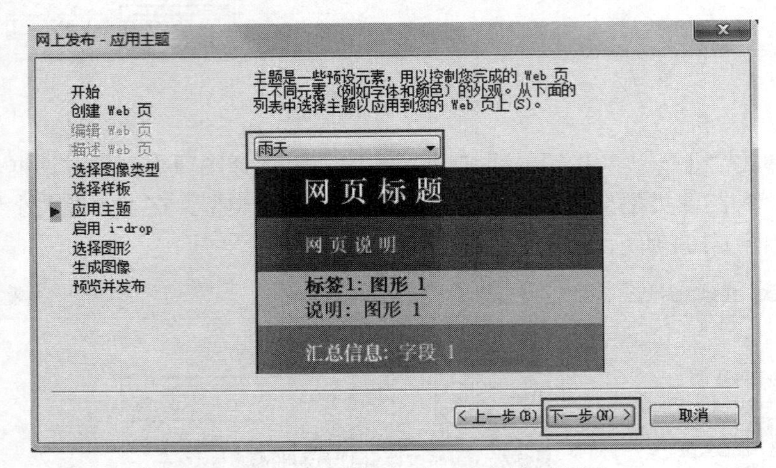

图 7-106 “网上发布-应用主题”对话框

（9）继续单击“下一步”按钮，弹出“网上发布-启用 i-drop”的对话框，勾选“启用 i-drop”项，i-drop 主要是将 web 的相关内容插入到所建立的当前图形中。所以一般都选择勾选该选项。如图 7-107 所示。

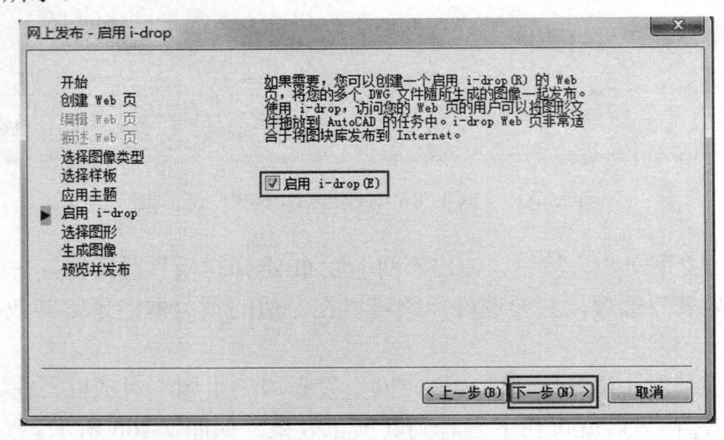

图 7-107 “网上发布-启用 i-drop”对话框

（10）继续单击“下一步”按钮，即可弹出“网上发布-选择图形”的对话框。在“图像设置”下的“图形”下拉框旁单击右侧的按钮，如图 7-108 所示。将“网上发布”对话框打开，选择相应的路径和所需发布的源文件，选好后单击“打开”按钮。如图 7-109 所示。

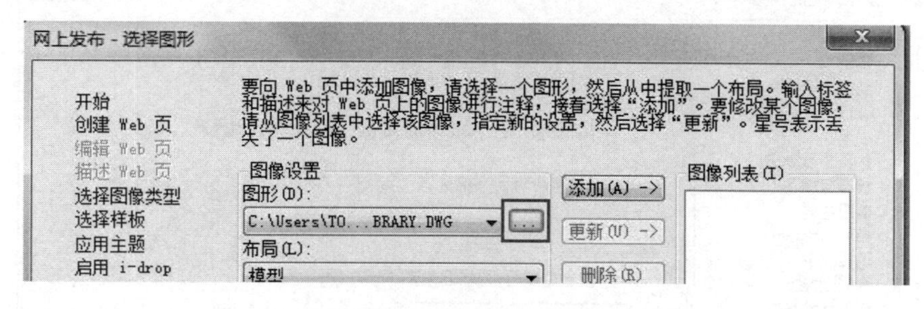

图 7-108 单击“图形”下拉框旁的按钮

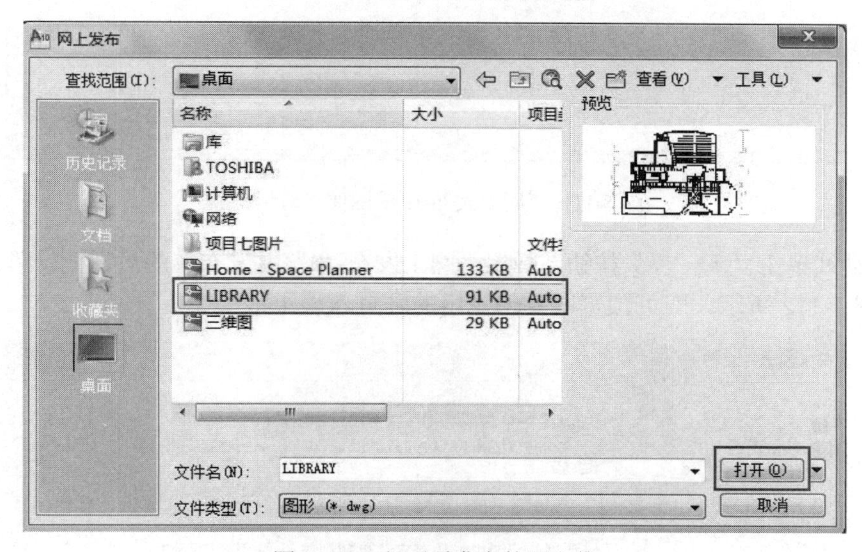

图 7-109 打开需发布的源文件

（11）上一步的操作完成后，将返回到“网上发布-选择图形”的对话框页面。在“布局”下拉列表中选择“模型”选项，在“标签”文本框中输入相关信息，如“模型”字样。之后单击“添加”按钮，此时就会在“图像列表”的表框中显示刚才所添加的标签内容。如图 7-110 所示。

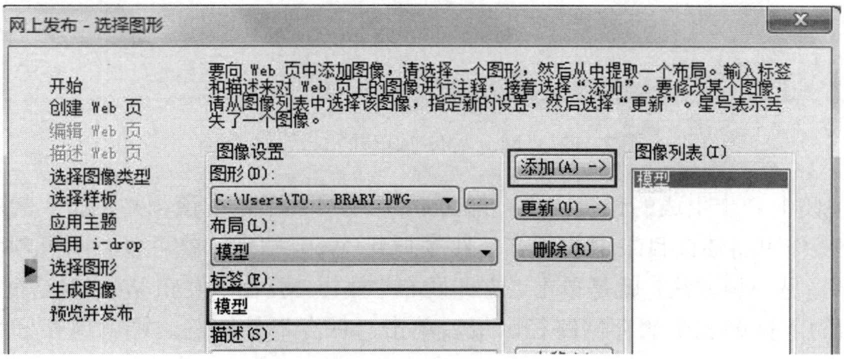

图 7-110 添加“标签”

（12）继续单击“下一步”按钮，弹出“网上发布-生成图像”的对话框，选择“重新生成所有图像”的单选按钮。如图 7-111 所示。

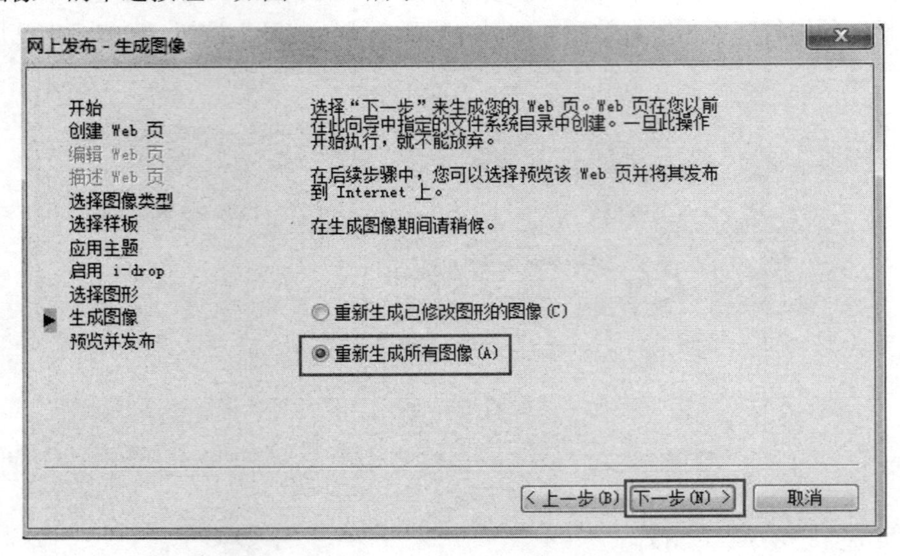

图 7-111 “网上发布-生成图像”对话框

（13）继续单击“下一步”按钮，弹出“网上发布-预览并发布”的对话框。单击“预览”按钮，如图 7-112 所示。即可预览所要创建出的网页效果了。

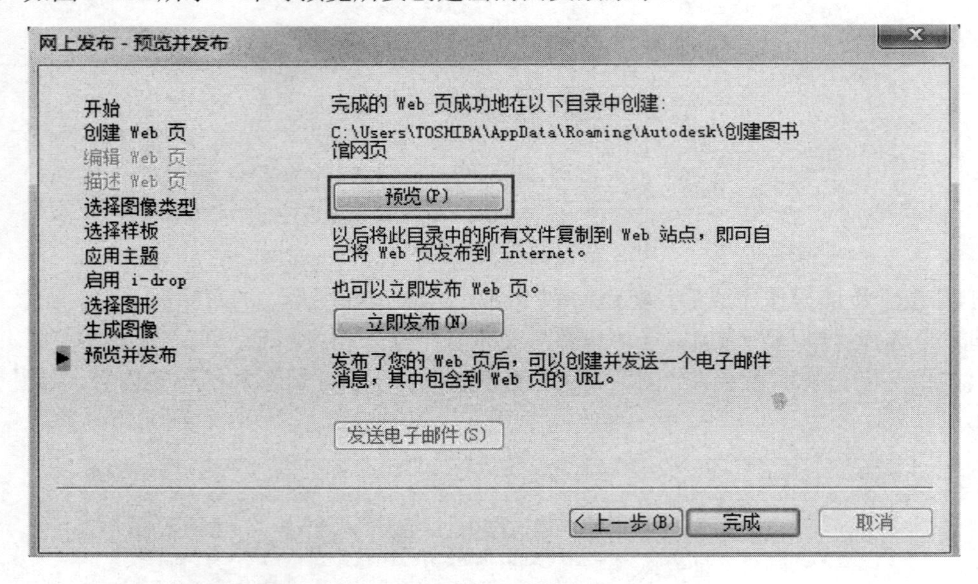

图 7-112 “网上发布-预览并发布”对话框

（14）关闭上一步生成的预览网页，即可返回到“网上发布-预览并发布”的对话框，通过上一步的操作可将该此目录中的所有文件复制到 Web 站点，就可以将网页顺利的发布到 Internet 上了。另一种方法，就是单击“立即发布”按钮，弹出“发布 Web”对话框，选择“保存于”后面的下拉列表中的存储路径，最后单击“保存”按钮。这样就保存好所创建的网页了。

（15）当网页发布成功之后，系统会自动弹出“发布成功完成”的对话框，单击“确定”按钮，结束网页发布。如图 7-113 所示。

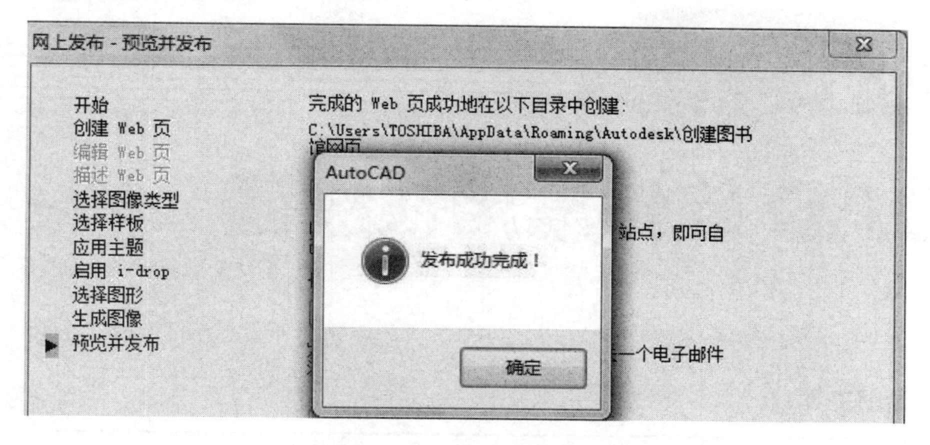

图 7-113 “发布成功完成”对话框

（16）如果返回“网上发布-预览并发布”对话框，用户还可以进行电子邮件的发送操作。单击“发送电子邮件”按钮，弹出“未命名-邮件（纯文本）”窗口，可以像发送普通邮件的形式那样将网页以电子邮件的形式发送出去。

（17）关闭上一步所打开的窗口，返回“网上发布-预览并发布”的对话框，单击“完成”按钮，完成所有的操作。

八、任务训练

（1）在模型空间里对已有二维图形的不同区域进行多个视口操作。

（2）在模型空间里对已有的三维图形进行不同方位的视口表示。

（3）试着进行添加打印机或绘图仪的操作。

（4）预览将要被打印出的图形。

（5）使用打印命令对图形完成打印出图。

（6）使用电子打印方式对已画好的图形进行图形的输出。

（7）对绘制好的图形创建网上发布文件。

附录

CAD 软件常用快捷键

1．绘图工具

直线	L	参照线	XL	多段线	PL
多边形	POL	矩形	REC	圆弧	A
圆	C	样条曲线	SPL	椭圆	EL
插入块	I	创建块	B	单点	PO
图案填充	H	单行文字	DT	多行文字	T
多线	ML	绘制二维面	SO	定义块并保存到硬盘中	W
定义块	B				

2．修改工具

删除	Delete 键/E	复制	CO/CP	镜像	MI
偏移	O	阵列	AR	移动	M
旋转	RO	比例缩放	SC	拉伸	S
修剪	TR	延伸	EX	打断	BR
倒角	CHA	圆角	F	分解	X

3．坐标

（1）快捷键 1

标注样式管理器	D	线型标注	DLI	对齐标注	DAL
坐标标注	DOR	直径标注	DDI	角度标注	DAN
快速标注	QDIM	基线标注	DBA	连续标注	DCO
引线标注	LE	公差标注	TOL	圆心标注	DLE
半径标注	DRA				

（2）快捷键 2

计算器	CAL	快速	Alt+N+Q	线型	Alt+N+L
对齐	Alt+N+G	坐标	Alt+N+O	半径	Alt+N+R
直径	Alt+N+D	角度	Alt+N+A	基线	Alt+N+B
连续	Alt+N+C	引线	Alt+N+E	公差	Alt+N+T
圆心	Alt+N+M	倾斜	Alt+N+Q	样式	Alt+N+S
替代	Alt+N+V	更新	Alt+N+U	设置当前坐标	V
尺寸资源管理器	D				

4. 精确绘图

（1）查询

群组	G	平移	P	外部块	W
视图对话框	V	显示缩放	Z	引线管理器	LE
文字样式管理器	ST	特性	CH	查询两点间的距离	DI
面积	AREA	点坐标	ID	特性匹配	MA
质量特性	MASSPROP	列表显示	LS	时间	TIME
设置变量	SETTVAR	测量区域和周长	AA	拼音的校核	SP

（2）图层

图层	LA	颜色	COLOR	线型管理	LT
线宽管理	LW	单位管理	UN	厚度	TH

（3）捕捉

打开对相自动捕捉对话框	SE	临时追踪点	TT	从临时参照到偏移	FROM
捕捉到圆弧或线的最近端点	ENDP	捕捉圆弧或线的中点	MID	线/圆/圆弧的交点	INT
两个对象的外观交点	APPINT	线/圆弧/圆的延伸线	EXT	圆弧/圆心的圆心	CEN
圆弧/圆的象限点	QUA	圆弧/圆的象限点或切点	TAN	线/圆弧/圆的重足	PER
直线的平行线	PAR	捕捉到点对象	NOD	文字/块/形/属性的插入点	INS
最近点捕捉	NEA	栅格捕捉模式设置	SN		

5. 其他

帮助	F1	绘图窗口与文本窗口的切换	F2	对象自动捕捉开与关	F3/ Ctrl+F
数字化仪控制	F4	等轴测平面切换	F5	控制状态行上坐标的显示方式	F6
栅格开与关	F7/ Ctrl+G	正交开与关	F8	栅格捕捉开与关	F9/ Ctrl+B
极轴开与关	F10 /Ctrl+U	对象追踪式开与关	F11/ Ctrl+W	对齐	AL
将选择的对象复制到剪贴板上	Ctrl+C	粘贴剪贴板上的内容	Ctrl+V	剪切所选择的内容	Ctrl+X
重复执行上一步命令	Ctrl+J/Enter 键	超级链接	Ctrl+K	新建图形文件	Ctrl+N
打开选项对话框	Ctrl+M	加载*lsp 程序	AP	打开视图对话框	AV
打开字体设置对话框	ST	插入外部对相	OI	打开特性对话框	Ctrl+1
打开图像资源管理器	Ctrl+2	打开图像数据原子	Ctrl+6	打开图像文件	Ctrl+O
打开打印对话框	Ctrl+P	保存文件	Ctrl+S	重做	Ctrl+Y
取消上一步操作	Ctrl+Z	对相组合	G	恢复上一次操作	U

参 考 文 献

[1] 马英.环境工程制图[M]. 北京：中国环境科学出版社，2007.

[2] 王晓燕，杨静.环境工程 CAD[M]. 北京：高等教育出版社，2008.

[3] 李丽，张彦娥.现代工程制图基础[M]. 北京：中国农业出版社，2008.

[4] 王春梅.环境工程 CAD[M]. 北京：科学出版社，2009.

[5] 龚野.环境工程制图[M]. 北京：化学工业出版社，2010.

[6] 张樱枝，吴永福. AutoCAD2010 中文版基础入门与范例精通[M].北京：科学出版社，2010.

[7] 李娜，张春燕等. AutoCAD2010 中文版入门与提高[M]. 北京：清华大学出版社，2010.

[8] 中华人民共和国住房和城乡建设部.房屋建筑制图统一标准（GB/T 50001—2010）[S]. 北京：中国计划出版社，2011.